U0241023

普通高等教育“十一五”国家级规划教材

高职高专机电类专业系列教材

电工电子技术及应用

第3版

主　编　申凤琴

副主编　田培成

参　编　张世忠　孟宪芳　杨　宏

唐伯蓉　张利玲

机械工业出版社

本书是普通高等教育“十一五”国家级规划教材，可供高等职业教育机电一体化技术、数控设备应用与维护和机电类其他专业（多学时）使用。

上篇主要内容有：电路的基本概念和基本定律，简单电阻电路的分析，单相正弦交流电路，三相正弦交流电路；磁路与变压器，直流电动机，异步电动机等。

下篇主要内容有：常用半导体器件及应用，运算放大器的应用；数字电路基本知识，组合逻辑电路和时序逻辑电路；晶闸管及应用，变频器简介。

本书各章配有相关实验课题和边学边练，章前有学习目标，习题形式多样，书末附有习题答案，可供读者参考。

为教学方便，本书配有免费电子课件、章后思考题与习题详解、模拟试卷及答案。凡选用本书作为授课教材的教师可来电（010－88379375）索取，或登录 www. cmpedu. com 网站，注册、免费下载。

本书数字化资源通过扫描封底立体书城 APP 二维码下载 APP 应用后，进行扫码呈现。

图书在版编目（CIP）数据

电工电子技术及应用/申凤琴主编. —3 版. —北京：机械工业出版社，2016. 2（2022. 1 重印）

普通高等教育“十一五”国家级规划教材　高职高专机电类专业系列教材

ISBN 978-7-111-52773-2

Ⅰ. ①电…　Ⅱ. ①申…　Ⅲ. ①电工技术－高等职业教育－教材 ②电子技术－高等职业教育－教材　Ⅳ. ①TM ②TN

中国版本图书馆 CIP 数据核字（2016）第 019617 号

机械工业出版社（北京市百万庄大街 22 号　邮政编码 100037）
策划编辑：于　宁　责任编辑：冯睿娟
责任校对：刘志文　封面设计：陈　沛
责任印制：常天培
北京机工印刷厂印刷
2022 年 1 月第 3 版第 7 次印刷
184mm × 260mm · 20. 25 印张 · 496 千字
标准书号：ISBN 978-7-111-52773-2
定价：49. 00 元

电话服务	网络服务
客服电话：010-88361066	机　工　官　网：www. cmpbook. com
010-88379833	机　工　官　博：weibo. com/cmp1952
010-68326294	金　　书　　网：www. golden-book. com
封底无防伪标均为盗版	机工教育服务网：www. cmpedu. com

前言 Preface

本书第2版2008年出版，是普通高等教育“十一五”国家级规划教材，出版8年来，共印刷10次，受到师生的好评，并于2013年获西安理工大学优秀教材一等奖，同年获陕西省优秀教材二等奖，获机械工业出版社畅销书称号。

根据高等职业教育的发展和现状，我们对第2版教材进行了修订。第3版保留了原书的结构体系、特点和精华内容，难易程度符合现高职的生源状况。可供高等职业教育机电一体化技术专业、数控设备应用与维护专业和机电类其他专业（多学时）使用。

第3版主要修订内容：①本次主要对电子技术部分进行了修订，降低了理论难度；②修改了部分实验内容；③增加了边学边练内容，旨在使学有余力的学生开阔视野，掌握更多的电工电子技术技能。边学边练内容分为若干小内容，有利于自学。

本教材参考学时为110~140学时，学时分配见“学时分配建议”表，供教师参考。其中，实践学时含实验和边学边练所需课时，边学边练可安排在课外进行拓展训练。

学时分配建议

序号	课程内容		学时数			
			合计	理论	实践	习题课
1	电路基础	电路的基础知识	18	12	4	2
		单相正弦交流电路	18	12	4	2
		三相正弦交流电路	8	4	4	
2	电机与变压器	磁路与变压器	6	4	2	
		电动机	14	10	4	
3	模拟电子技术	常用半导体器件及应用	16	10	4	2
		运算放大器及应用	12	6	4	2
4	数字电子技术	数字电路基础及组合逻辑电路	14	8	4	2
		时序逻辑电路	12	8	4	
5	电力电子技术	半控型电力电子器件及应用	16	10	4	2
		全控型电力电子器件及应用	6	6		
合计			140	90	38	12

申凤琴任本书主编，同时编写了第一、十、十一章和附录，实验课题一、二、三、八，

边学边练一、二、四、十一；张世忠编写了第二、三章，边学边练三；孟宪芳编写了第四、五章，边学边练五、六；杨宏编写第六章；唐伯蓉编写了第七章；田培成任副主编，同时编写了第八、九章，边学边练七~十；实验课题四~七由张利玲编写。全书由申凤琴统稿。

由于编者水平所限，书中难免存在错误与疏漏，敬请读者批评指正。

编　者

目录 Contents

上篇

第一章 电路的基础知识

学习目标

通过本章的学习，你应达到：

(1) 掌握电压、电流的参考方向及功率的计算方法。

(2) 掌握电阻元件、电容元件、电感元件及其伏安特性。

(3) 理解电压源、电流源的概念及其伏安特性。

(4) 理解等效的概念，掌握电阻的串、并联及简单的混联电路。

(5) 掌握基尔霍夫定律及其应用，掌握电位的计算方法。

(6) 掌握戴维南定理，理解叠加定理。

(7) 理解 *RC* 的充放电过程。

第一节 电路的组成及主要物理量

一、电路的组成 

电路是各种电气元器件按一定的方式连接起来的总体。在人们的日常生活和生产实践中，电路无处不在。从电视机、电冰箱、计算机到自动化生产线，都体现了电路的存在。

最简单的电路实例是图 1-1a 所示的手电筒电路：用导线将电池、开关、白炽灯连接起来，为电流流通提供了路径。电路一般由三部分组成：一是提供电能的部分称为电源；二是消耗或转换电能的部分称为负载；三是连接及控制电源和负载的部分称为中间环节，如导线、开关等。

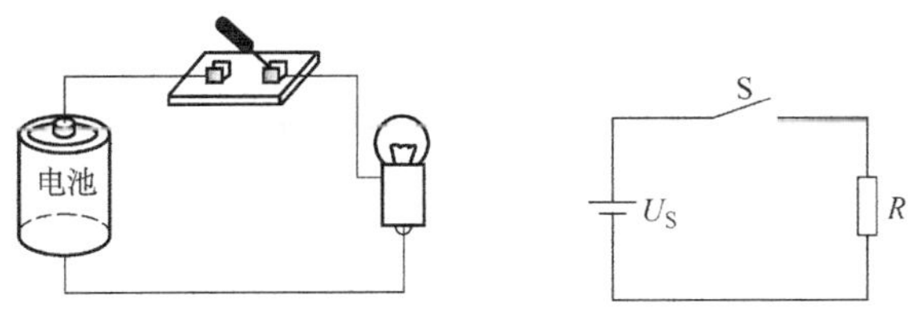

a) 电路实例　　b) 电路模型

图 1-1　简单电路实例及其电路模型

一个实际的元件在电路中工作时，所表现的物理特性不是单一的。例如，一个实际的线绕电阻，当有电流通过时，除了对电流呈现阻碍作用之外，还在导线的周围产生磁场，因而兼有电感器的性质。同时还会在各匝线圈间存在电场，因而又兼有电容器的性质。所以，直接对由实际元件和设备构成的电路进行分析和研究，往往很困难，有时甚至不可能。

为了便于对电路进行分析和计算，我们常把实际元件加以近似化、理想化，在一定条件下忽略其次要性质，用足以表征其主要特征的“模型”来表示，即用理想元件来表示。例如，“电阻元件”就是电阻器、电烙铁、电炉等实际电路元器件的理想元件，即模型。因为在低频电路中，这些实际元器件所表现的主要特征是把电能转化为热能，所以用“电阻元件”这样一个理想元件来反映消耗电能的特征。同样，在一定条件下，“电感元件”是线圈的理想元件，“电容元件”是电容器的理想元件。

由理想元件构成的电路，称为实际电路的“电路模型”。图1-1b是图1-1a所示实际电路的电路模型。

二、电路中的主要物理量

研究电路的基本规律，首先应掌握电路中的主要物理量：电流、电压和功率。

1. 电流及其参考方向

电流是电路中既有大小又有方向的基本物理量，其定义为在单位时间内通过导体横截面的电荷量。电流的单位为安培（A）。

电流主要分为两类：一类大小和方向均不随时间变化，叫作恒定电流，简称直流（简写DC），用大写字母I表示。另一类大小和方向均随时间变化，叫作可变电流，用小写字母i或$i(t)$ 表示。其中一个周期内电流的平均值为零的变化电流称为交变电流，简称交流（简写AC），也用i表示。

几种常见的电流波形如图1-2所示，图1-2a为直流，图1-2b、c为交流。

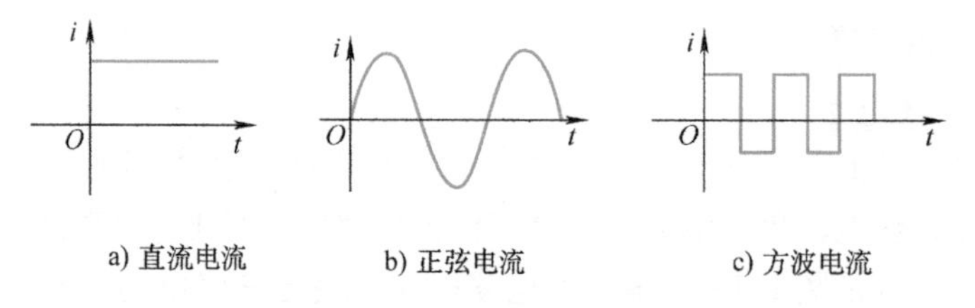

a) 直流电流　　b) 正弦电流　　c) 方波电流

图1-2　几种常见的电流波形

对于直流，若在时间t内通过导体横截面的电荷量为Q，则电流为

$$I=\frac{Q}{t}$$

对于交流，若在时间Δt内通过导体横截面的电荷量为ΔQ，则电流瞬时值为

$$i = \lim_{\Delta t\to 0}\frac{\Delta Q}{\Delta t} = \frac{\mathrm{d}Q}{\mathrm{d}t}$$

即

$$i = \frac{\mathrm{d}Q}{\mathrm{d}t} \tag{1-1}$$

电流常用单位有安培（A）、千安（kA）、毫安（mA）和微安（μA）。

$$1\text{kA}=10^3\text{A}\quad 1\text{mA}=10^{-3}\text{A}\quad 1\mu\text{A}=10^{-6}\text{A}$$

电流的方向规定为正电荷运动的方向。

在分析电路时，对复杂电路由于无法确定电流的实际方向，或电流的实际方向在不断地变化，所以引入了“参考方向”的概念。

参考方向是一个假想的电流方向。在分析电路前，须先任意规定未知电流的参考方向，并用实线箭头标于电路图上，如图 1-3 所示，图中方框表示一般二端元件。特别注意：图中实线箭头和电流符号 i 缺一不可。

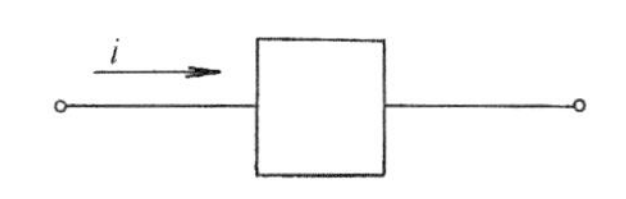

图 1-3　电流的参考方向

若计算结果（或已知）$i>0$，则电流的实际方向与参考方向一致；若 $i<0$，则电流的实际方向和参考方向相反。这样，就可以在选定的参考方向下，根据电流的正负来确定出某一时刻电流的实际方向。

2. 电压及其参考方向

（1）电压　电压是电路中既有大小又有方向（极性）的基本物理量。直流电压用大写字母 U 表示，交流电压用小写字母 u 表示。

对直流电路，若电场力将单位正电荷 q 从 A 点移动到 B 点所做的功为 W，则 A、B 两点之间的电压为

$$U_{\text{AB}}=\frac{W}{q}$$

对交流电路，若电场力将正电荷 Δq 从 A 点移动到 B 点所做的功为 ΔW，则 A、B 两点之间的电压为

$$u_{\text{AB}}=\lim_{\Delta q\to 0}\frac{\Delta W}{\Delta q}=\frac{\text{d}W}{\text{d}q}$$

即

$$u_{\text{AB}}=\frac{\text{d}W}{\text{d}q} \tag{1-2}$$

若电场力做正功，则电压 u 的实际方向为从 A 点到 B 点。

电压的单位为伏特（V），常用单位还有千伏（kV）和毫伏（mV）。

$$1\text{kV}=10^3\text{V}\quad 1\text{mV}=10^{-3}\text{V}$$

（2）电位　在电路中任选一点为电位参考点，则某点到参考点的电压就叫作这一点（相对于参考点）的电位。如 A 点的电位记作 V_{A}，当选择 O 点为参考点时，有

$$V_{\text{A}}=U_{\text{AO}} \tag{1-3}$$

电压是针对电路中某两点而言的，与路径无关。所以有

$$U_{\text{AB}}=U_{\text{AO}}-U_{\text{BO}}=V_{\text{A}}-V_{\text{B}} \tag{1-4}$$

这样，A、B 两点间的电压就等于该两点电位之差。所以，电压又叫电位差。引入电位的概念之后，电压的实际方向是由高电位点指向低电位点。

在分析电路时，也须对未知电压任意规定电压参考方向，其标注方法如图 1-4 所示。其中，图 1-4b 所示的标注方法，即参考极性标注法中，“+”号表示参考高电位端（正极），“-”号表示参考低电位端（负极）；图 1-4c 所示的标注方法中，参考方向是由 A 点指向 B 点。

选定参考方向后，才能对电路进行分析计算。当 $u>0$ 时，该电压的实际极性与所标的

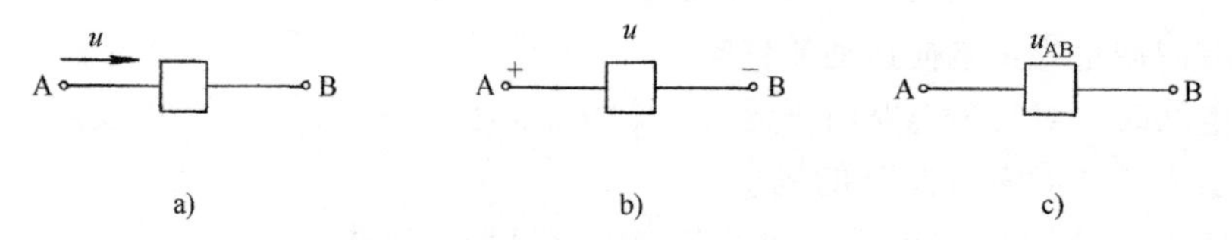

图 1-4　电压参考方向的几种标注方法

参考极性相同；当 $u<0$ 时，该电压的实际极性与所标的参考极性相反。

例 1-1　在图 1-5 所示的电路中，方框泛指电路中的一般元件，试分别指出图中各电压的实际极性。

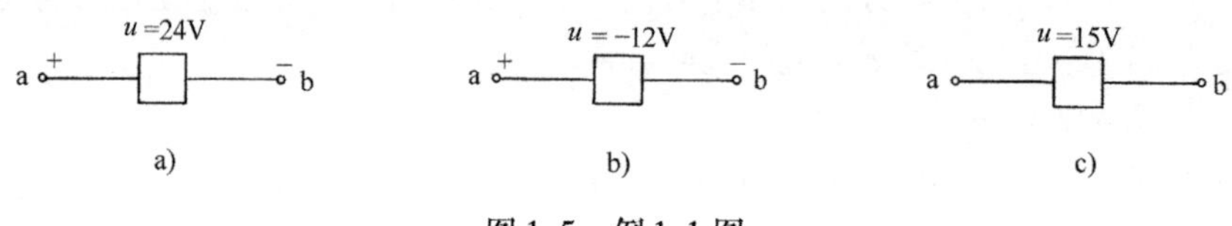

图 1-5　例 1-1 图

解　各电压的实际极性为

1）图 1-5a 中，a 点为高电位，因 $u=24\text{V}>0$，故所标参考极性与实际极性相同。

2）图 1-5b 中，b 点为高电位，因 $u=-12\text{V}<0$，故所标参考极性与实际极性相反。

3）图 1-5c 中，不能确定，虽然 $u=15\text{V}>0$，但图中没有标出参考极性。

当元件上的电流参考方向是从电压的参考高电位指向参考低电位时，称为关联参考方向，反之称为非关联参考方向，如图 1-6 所示。

（3）电动势　电源内部的局外力（电源力）将正电荷由低电位移向高电位，使电源两端具有的电位差称为电动势，用符号 e（或 E）表示。

如电池中的局外力是由电解液和金属极板间的化学作用产生的，发电机中的局外力是由电磁作用产生的。

电动势既有大小又有方向（极性）。电磁学中规定电动势的实际方向由低电位指向高电位。电动势和电压的参考方向如图 1-7 所示。

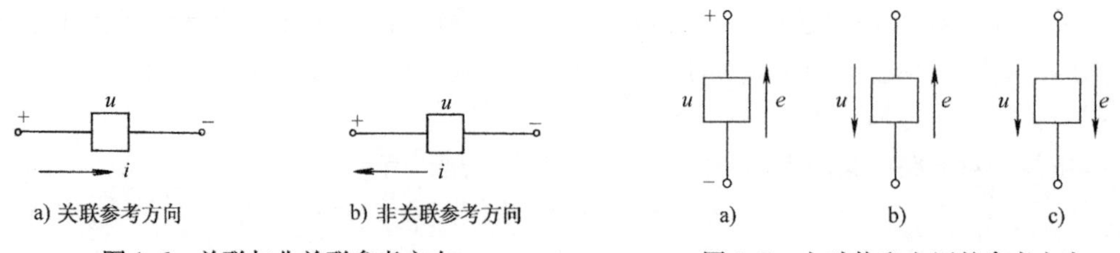

图 1-6　关联与非关联参考方向　　图 1-7　电动势和电压的参考方向

图 1-7a、b 中，

$$u=e \tag{1-5}$$

图 1-7c 中，

$$u=-e \tag{1-6}$$

3. 电功率

电功率是指单位时间内，电路元件上能量的变化量。

对直流电路，

$$P=\frac{W}{t}$$

对交流电路，
$$p(t)=\lim_{\Delta t\to 0}\frac{\Delta w}{\Delta t}=\frac{\mathrm{d}w}{\mathrm{d}t}$$
即
$$p(t)=\frac{\mathrm{d}w}{\mathrm{d}t} \tag{1-7}$$

在电路中，电功率简称功率。它反映了电流通过电路时所传输或转换电能的速率。功率的单位是瓦特（W）。常用单位还有千瓦（kW）和毫瓦（mW）。

$$1\mathrm{kW}=10^{3}\mathrm{W}\quad 1\mathrm{mW}=10^{-3}\mathrm{W}$$

将式（1-1）、式（1-2）代入式（1-7）得

$$p=\frac{\mathrm{d}w}{\mathrm{d}t}=\frac{u\mathrm{d}q}{\mathrm{d}t}=ui$$

功率是具有大小和正负值的物理量。

在 u、i 关联参考方向下，元件上吸收的功率定义为

$$p=ui \tag{1-8}$$

在 u、i 非关联参考方向下，元件上吸收的功率为

$$p=-ui \tag{1-9}$$

不论 u、i 是否是关联参考方向，若 $p>0$，则该元件吸收（或消耗）功率；若 $p<0$，则该元件发出（或供给）功率。

以上有关元件功率的讨论同样适用于一段电路。

例 1-2　试求图 1-8 所示电路中元件吸收的功率。

解　1）图 1-8a，所选 u、i 为关联参考方向，元件吸收的功率为

$$p=ui=4\times(-3)\mathrm{W}=-12\mathrm{W}$$

此时元件吸收功率 −12W，即发出的功率为 12W。

2）图 1-8b，所选 u、i 为非关联参考方向，元件吸收的功率为

$$p=-ui=-(-5)\times 3\mathrm{W}=15\mathrm{W}$$

此时元件吸收的功率为 15W 。

3）图 1-8c，所选 u、i 为非关联参考方向，元件吸收的功率为

$$p=-ui=-4\times 2\mathrm{W}=-8\mathrm{W}$$

此时元件发出的功率为 8W。

4）图 1-8d，所选 u、i 为关联参考方向，元件吸收的功率为

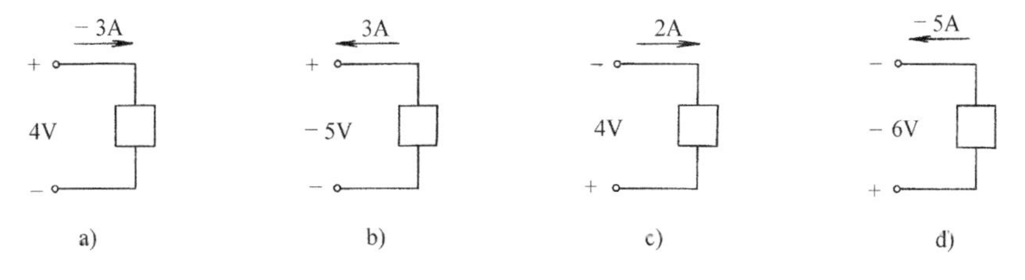

图 1-8　例 1-2 图

$$p=ui=(-6)\times(-5)\mathrm{W}=30\mathrm{W}$$

此时元件吸收的功率为 30W。

各种电气设备都有铭牌参数，铭牌参数是用户安全使用电气设备的指南，如额定电压、额定电流、额定功率等。超过额定电压有可能使绝缘损坏，电压过低时功率不足（如照明设备的亮度变暗），超过额定功率或额定电流时，会引起设备过热而损坏。

以上所涉及的电压、电流和功率的单位都是国际单位制（SI）的主单位，在实际应用中，还有辅助单位。辅助单位的部分常用词头见表1-1。

表1-1　部分常用的SI词头

词头名称		符　号	因　数
中　文	英　文		
皮	pico	p	10^{-12}
微	micro	μ	10^{-6}
毫	milli	m	10^{-3}
千	kilo	k	10^{3}
兆	mega	M	10^{6}

由表1-1可知，$p=10^{-12}$，$m=10^{-3}$，$M=10^{6}$等。实际应用中，注意单位的正确换算。例如，$5mA=5\times10^{-3}A$，$8MW=8\times10^{6}W$。

第二节　电路的基本元件

二端元件是指只有两个端钮和外电路连接的元件。本节讨论电阻元件、电容元件、电感元件、电压源和电流源等二端元件。

一、电阻元件

1. 电阻和电阻元件

电荷在电场力作用下做定向运动时，通常要受到阻碍作用。物体对电流的阻碍作用，称为该物体的电阻，用符号R表示，电阻的单位是欧姆（Ω）。常用单位还有千欧（kΩ）和兆欧（MΩ）。

电阻元件是对电流呈现阻碍作用的耗能元件的总称，如电炉、白炽灯、电阻器等。

2. 电导

电阻的倒数称为电导，是表征材料导电能力的一个参数，用符号G表示。

$$G=1/R \tag{1-10}$$

电导的单位是西门子（S），简称西。

3. 电阻元件上电压、电流的关系

1827年德国科学家欧姆总结出：施加于电阻元件上的电压与通过它的电流成正比。

如图1-9所示电路，u、i为关联参考方向，其伏安特性为

$$u=Ri \tag{1-11}$$

u、i 为非关联参考方向时，有

$$u = -Ri \tag{1-12}$$

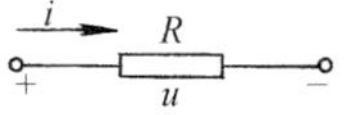

图 1-9　电阻元件的图形符号

4. 线性电阻和非线性电阻

在任何时刻，两端电压与其电流的关系都服从欧姆定律的电阻元件叫作线性电阻元件。线性电阻元件的伏安特性是一条通过坐标原点的直线（R 是常数），如图 1-10 所示。非线性电阻元件的伏安特性是一条曲线，图 1-11 所示为二极管的伏安特性。

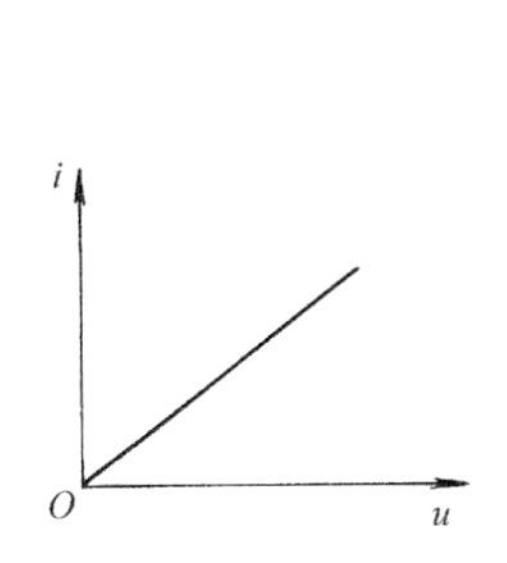

图 1-10　线性电阻元件的伏安特性

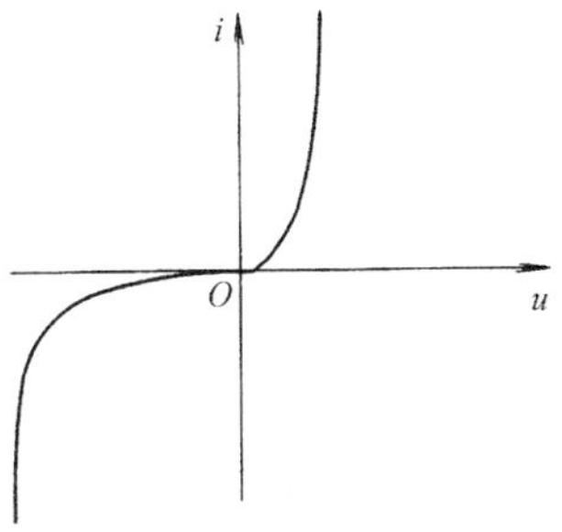

图 1-11　二极管的伏安特性

本书只介绍线性元件及含线性元件的电路。为了方便，常将线性电阻元件简称为电阻，这样，“电阻”一词既代表电阻元件，也代表电阻参数。

对于接在电路 A、B 两端的电阻 R 而言，当 $R=0$ 时，称 A、B 两点短路；当 $R\to\infty$ 时，称 A、B 两点开路。

5. 电阻元件上的功率

若 u、i 为关联参考方向，则电阻 R 上消耗的功率为

$$p = ui = (Ri)i = Ri^2 \tag{1-13}$$

若 u、i 为非关联参考方向，则

$$p = -ui = -(-Ri)i = Ri^2$$

可见，$p\geqslant 0$，说明电阻总是消耗（吸收）功率，而与其上的电流、电压极性无关。

例 1-3　如图 1-9 所示电路中，已知电阻 R 吸收功率为 3W，$i=-1\text{A}$。求电压 u 及电阻 R 的值。

解　由于 u、i 为关联参考方向，由式（1-13）得

$$p = ui = u\times(-1)\text{A} = 3\text{W}$$

$$u = -3\text{V}$$

所以，u 的实际方向与参考方向相反。

因 $p=Ri^2$，故

$$R = \frac{p}{i^2} = \frac{3\text{W}}{(-1\text{A})^2} = 3\Omega$$

6. 电阻器的使用

电阻器的种类很多，按外形结构可分为固定式和可变式两大类，如图 1-12 所示。按制造材料可分为膜式（碳膜、金属膜等）和线绕式两类。膜式电阻的阻值范围大，功率一般

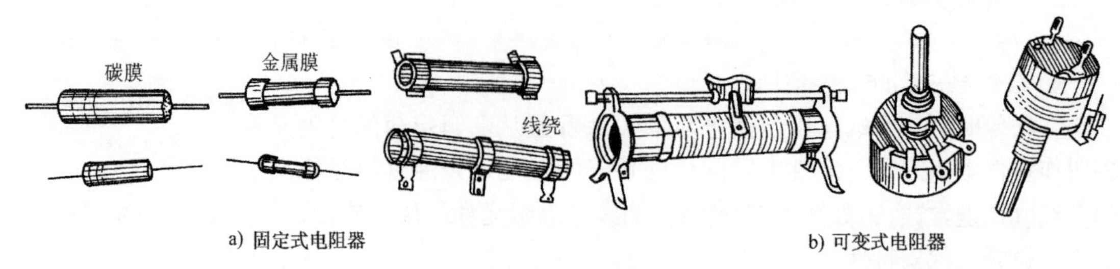

图1-12　电阻器

为几瓦，金属线绕式电阻器正好与其相反。

电阻器的主要参数有标称阻值、额定功率和允许误差。

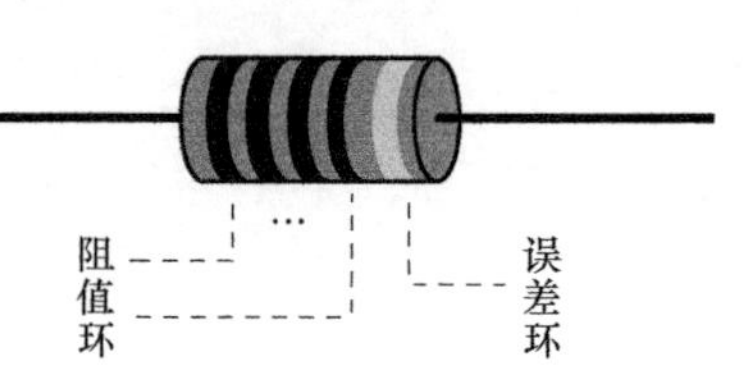

图1-13　色环电阻示意图

标称阻值和允许误差一般直接标在电阻体上，体积小的电阻则用色环标注。

电阻器的色环通常有五道，其中四道相距较近的作为阻值环，距前四道环较远的那道环作为误差环，如图1-13所示。

色环颜色对应的数码见表1-2，误差环颜色对应值见表1-3。

表1-2　色环颜色对应的数码

颜色	棕	红	橙	黄	绿	蓝	紫	灰	白	黑
数码	1	2	3	4	5	6	7	8	9	0

表1-3　误差环颜色对应的误差

颜色	金	银	无色
误差	±5%	±10%	±20%

对五环电阻，第一、二、三道环各代表一位数字，第四道环则代表零的个数（对金色，×0.1；银色，×0.01）。若是四环电阻，则前两环的含义同五环电阻前三环的含义，后两环的含义同五环电阻后两环的含义。例如某四环电阻，前三环的颜色分别是黄紫橙，则此电阻为47kΩ。

实际使用时应注意两点：①电阻值应选附录A所示的系列值；②消耗在电阻上的功率应小于所选电阻的额定功率（或标称功率）。

所谓额定功率是指电阻器在一定环境温度下，长期连续工作而不改变其性能的允许功率，如1/4W、1/8W等。

电阻器在电路中主要起三个作用：①限制电流；②分压、分流；③能量的转换。

二、电容元件

电容器的检测

1. 电容器

电容器是由两个导体中间隔以介质（绝缘物质）组成。此导体称为电容器的极板。电容器加上电源后，极板上分别聚集起等量异号的电荷。带正电荷的极板称为正极板，带负电荷的极板称为负极板。此时在介质中建立了电场，并储存了电场能量。当电源断开后，电荷在一段时间内仍聚集在极板上。所以，电容器是一种能够储存电场能量的元件。

常见电容器的类型如图 1-14 所示。其中，电解电容有“+、-”极性，在实物上和图形符号上都有标注。

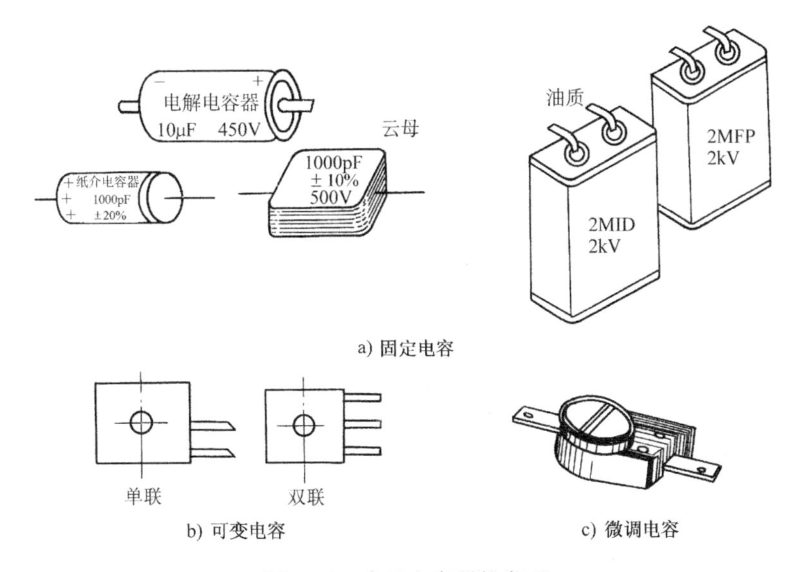

a) 固定电容

b) 可变电容　　c) 微调电容

图 1-14　常见电容器的类型

2. 电容元件

电容元件简称电容，是一种理想的电容器。电容的图形符号如图 1-15 所示。

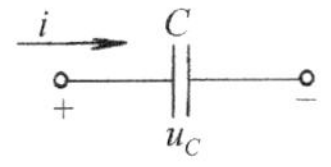

图 1-15　电容元件的图形符号

电容的符号是大写字母 C，其电容量与电容器存储的电荷 q 以及电容器两端的电压 u_C 有关，即

$$C = q/u_C \tag{1-14}$$

电容的 SI 单位为法拉（F），法拉单位太大，实际应用中常用微法（μF）和皮法（pF）等。

当 C 为一常数，而与电容两端的电压无关时，这种电容元件就叫线性电容元件，否则叫非线性电容元件。在此只研究线性电容元件。

3. 电容上的电压与电流

在图 1-15 所示电路中，u、i 选关联参考方向，其伏安关系为

$$i = \frac{\mathrm{d}q}{\mathrm{d}t} = C\mathrm{d}u_C/\mathrm{d}t \tag{1-15}$$

当 u、i 取非关联参考方向时，其伏安关系为

$$i = -C\mathrm{d}u_C/\mathrm{d}t \tag{1-16}$$

4. 电容器的使用

电容器的额定值主要有电容量、允许误差和额定工作电压（耐压值）。

在实际使用时主要应注意以下几点：①电容值应选附录A所示的系列值；②实际加在电容两端的电压应不超过标在电容器外壳上的耐压值；③电解电容的极性不能接错。

电容的作用：隔断直流，导通交流，滤波，移相，调谐等。

电阻的标称阻值和云母电容、瓷介电容的标称电容量，符合附录A中所列标称值（或表列数值乘以10^n，其中n为正整数或负整数）。

例如，附录A第一列中的数值1.1，可以是$1.1\times10^3\Omega=1.1\text{k}\Omega$或$1.1\times10^{-6}\text{F}=1.1\mu\text{F}$。

三、电感元件

1. 电感器

电感器一般由骨架、线圈、铁心和屏蔽罩等组成。常用电感器如图1-16所示。

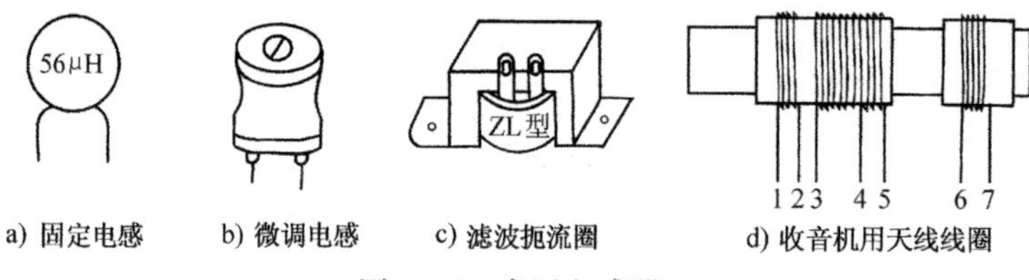

a) 固定电感　b) 微调电感　c) 滤波扼流圈　d) 收音机用天线线圈

图1-16　常用电感器

2. 电感

电感元件简称电感，是一种理想的电感器。电感的图形符号如图1-17所示。

电感的符号是大写字母L。其电感量L定义为磁链Ψ[⊖]与电感中的电流的比值，即

$$L=\frac{\Psi}{i}$$

式中，磁链Ψ与电流i的参考方向应满足图1-18所示的右手螺旋法则。

图1-17　电感元件的图形符号　　图1-18　磁链Ψ与电流i的参考方向

电感的SI单位为亨利（简称亨），用符号H表示。实际应用中常用毫亨（mH）和微亨（μH）等。

当L为一常数，而与元件中通过的电流无关时，这种电感元件就叫线性电感元件，否则叫非线性电感元件。在此只研究线性电感元件。

3. 电感上的电压与电流

在图1-19a所示电路中，由楞次定律可知

$$e=-\frac{\text{d}\Psi}{\text{d}t} \tag{1-17}$$

⊖ 磁链Ψ：与N匝线圈交链的总磁通称为磁链，即$\Psi=N\Phi$，式中Ψ为单匝线圈的磁通。

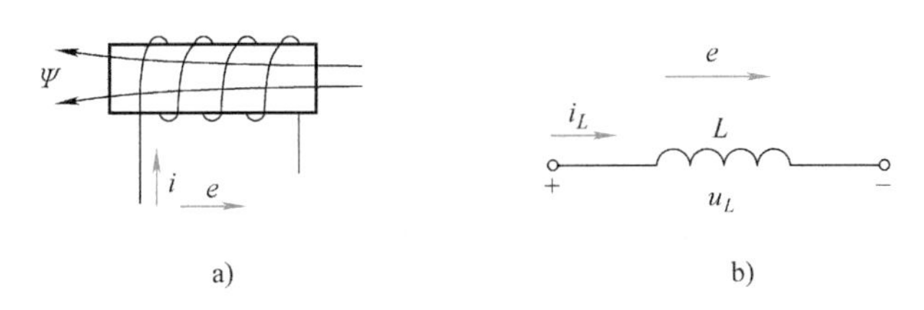

图 1-19　电感元件的电压、电流参考方向

由图 1-19b 可知
$$u = -e \tag{1-18}$$

所以，在 u、i 及 e 取如图 1-19b 所示的关联参考方向时，其伏安关系为

$$u = -e = \frac{\mathrm{d}(Li)}{\mathrm{d}t} = L\frac{\mathrm{d}i}{\mathrm{d}t}$$

即
$$u = L\frac{\mathrm{d}i}{\mathrm{d}t} \tag{1-19}$$

当 u、i 取非关联参考方向时，其伏安关系为

$$u = -L\mathrm{d}i_L/\mathrm{d}t$$

四、电压源

电路中的耗能元件要消耗电能，就必须有提供能量的元件即电源。常用的直流电源有干电池、蓄电池、直流发电机、直流稳压电源等。常用的交流电源有交流发电机、电力系统提供的正弦交流电源、信号发生器等。

理想电压源是一个理想二端元件，该理想二端元件的电压与通过它的电流无关，总保持为某给定值或给定的时间函数。如果实际电源（如干电池、蓄电池等）的内阻可以忽略时，则不论其输出电流为何值，其电压均为定值，这种电源的电路模型就是一个理想电压源。理想电压源简称电压源。

理想电压源不仅限于直流电源，交流发电机的电压虽然是时间的函数，但若内阻可以忽略时，电压也不受其输出电流的影响，所以，交流发电机的电路模型也是理想电压源。

电压源的图形符号及其伏安特性曲线如图 1-20 所示。图 1-20b 是直流电压源（恒压源）的图形符号，“+”、“−”号是 U_S 的参考极性（右图长线表示参考“+”极性，短线表示参考“−”极性）。

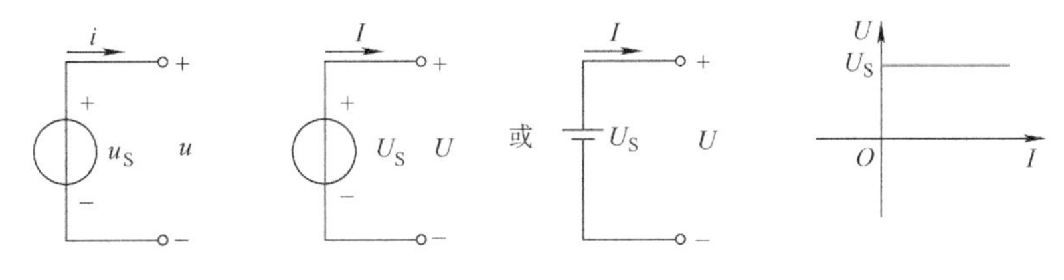

图 1-20　电压源的图形符号及其伏安特性曲线

电压源的伏安关系为

$$u = u_S \tag{1-20}$$

对恒压源： $U=U_S$ (1-21)

直流电压源具有如下两个特点：

1）它的端电压固定不变，与外电路取用的电流 I 无关。

2）通过它的电流取决于它所连接的外电路，电流值是可以改变的。

电压源的电路连接形式如图1-21所示。图1-21电路进一步说明：①无论电源是否有电流输出，$U=U_S$，与 I 无关；② I 由 U_S 及外电路共同决定。

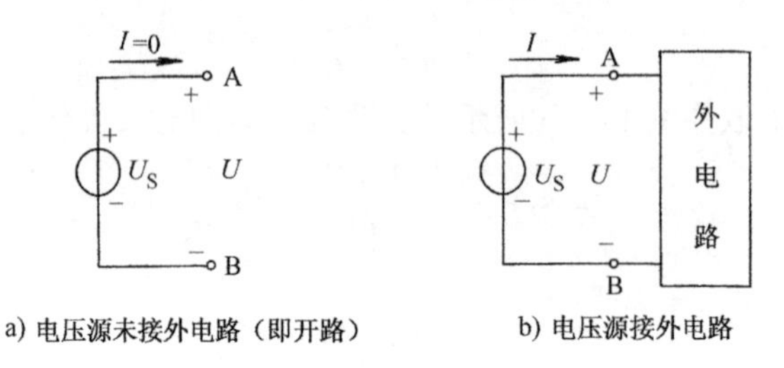

a) 电压源未接外电路（即开路）　　b) 电压源接外电路

图1-21　电压源的电路连接形式

例如，设 $U_S=5V$，将 $R=5\Omega$ 电阻连接与A、B两端，则有 $I=1A$；若将 R 改为 10Ω，则有 $I=U_S/R=0.5A$。

对于电压源，应注意以下几点：

1）在图1-21b中，对电压源来说，U、I 为非关联参考方向，电压源消耗的功率为 $P=-UI=-U_SI$。若 $U_S=24V$，$I=1A$，则有 $P=-24\times1W=-24W$，表明电压源提供24W的功率给外电路；若 $U=-24V$，$I_S=1A$，则有 $P=24W$，表明电压源不是处于产生功率的状态，而是处于吸收功率的状态。例如，U_S 是一个正在被充电的电池。

2）使用电压源时，当 $U_S\neq0$ 时，不允许将其“+”、“-”极短接。

3）当 $U_S=0$ 时，电压源处于短路状态。

五、电流源

提供电能的二端元件除了电压源，还有电流源。

理想电流源是一个理想二端元件，元件的电流与它的电压无关，总保持为某给定值或给定的时间函数。在实际应用中，有些电源近似具有这样的性质。例如，在具有一定照度的光线照射下，光电池将被激发产生一定值的电流，这电流与照度成正比，而与它的电压无关。又如交流电流互感器的二次侧电流取决于一次侧电流，是时间的正弦函数。所以，这一类实际电源的电路模型就是一个理想电流源。理想电流源简称电流源。

电流源的图形符号及其伏安特性曲线如图1-22所示，图1-22b是直流电流源（恒流源）的图形符号，图中箭头所指方向均为电流的参考方向。

电流源的伏安关系为

$$i=i_S \tag{1-22}$$

对恒流源： $I=I_S$ (1-23)

直流电流源具有如下两个特点：

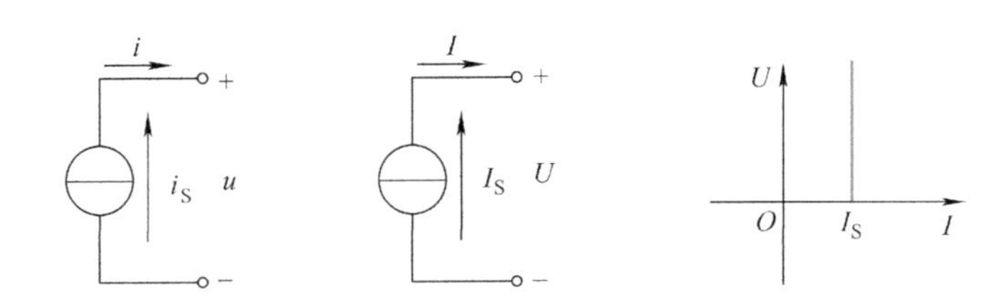

a) 一般电流源图形符号　b) 直流电流源图形符号　c) 直流电流源的伏安特性

图 1-22　电流源的图形符号及其伏安特性曲线

1）电流源流出的电流 I 是恒定的，即 $I = I_S$，与其两端的电压 U 无关。

2）电流源的端电压取决于它所连接的外电路，是可以改变的。

例如，设 $I_S = 3A$，将 $R = 5\Omega$ 的电阻连接于 A、B 两端，则有 $U = 15V$；若将 R 改为 6Ω，则有 $U = I_S R = 18V$。

对于电流源，应注意以下几点：

1）在图 1-22b 电路中，对电流源来说，U、I 为非关联参考方向，电流源消耗的功率为 $P = -UI_S$。若 $U = 24V$，$I_S = 2A$，则 $P = -48W$，表明电流源提供 48W 的功率给外电路；若 $U = -24V$，$I_S = 2A$，则 $P = 48W$，表明电流源不是处于产生功率的状态，而是处于吸收功率的状态，即从外电路吸收功率。

2）使用电流源时，当 $I_S \neq 0$，不允许将电流源开路。

3）$I_S = 0$ 时，电流源处于开路状态。

第三节　基尔霍夫定律

前一节介绍了元件的伏安关系，即元件的约束关系，是电路分析方法的重点。这些电路的基本元件按一定的连接方式连接起来，组成一个完整的电路，如图 1-23 所示。那么，电路应该遵守什么约束呢？基尔霍夫定律就是电路所要遵守的基本约束。

电路分析方法的根本依据是：元件的约束关系；电路的约束关系：基尔霍夫定律。

一、几个有关的电路名词

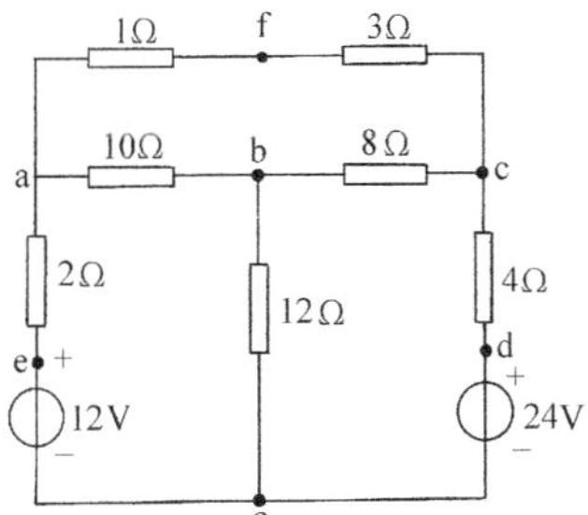

在介绍基尔霍夫定律之前，首先结合图 1-23 所示电路介绍几个有关的电路名词。

图 1-23　电路的组成

（1）支路　电路中具有两个端钮且通过同一电流的每个分支（至少含一个元件），叫支路。如图中的 afc、ab、bc、aeo 均为支路。

（2）节点　三条或三条以上支路的联接点叫作节点。图中 a、b、c、o 点都是节点。

（3）回路　电路中由若干条支路组成的闭合路径叫作回路。图中回路 aboea 是由 10Ω、12Ω、2Ω 电阻及 12V 电压源等元件组成的。

（4）网孔　内部不含有支路的回路称为网孔。图中回路 aboea 既是回路，也是网孔，但回路 afcoa 就不是网孔。

二、基尔霍夫电流定律（简称 KCL）

KCL 指出：任一时刻，流入电路中的任一个节点的各支路电流代数和恒等于零，即

$$\sum i = 0 \tag{1-24}$$

KCL 源于电荷守恒。

例 1-4　在如图 1-24 所示电路的节点 a 处，已知 $i_1 = 3\text{A}$，$i_2 = -2\text{A}$，$i_3 = -4\text{A}$，$i_4 = 5\text{A}$，求 i_5。

解　步骤一：据 KCL 列方程。若电流参考方向为“流入”节点 a 的电流前取“+”号，则“流出”节点 a 的电流前取“-”号。

$$i_1 - i_2 - i_3 + i_4 - i_5 = 0$$

步骤二：将电流本身的实际数值代入上式，得

$$3\text{A} - (-2)\text{A} - (-4)\text{A} + 5\text{A} - i_5 = 0$$

$$i_5 = 14\text{A}$$

应用 KCL，应注意以下几点：

1）KCL 还可以推广运用于电路中任一假设的闭合面（广义节点）。例如图 1-25 所示电路中，圆圈把 NPN 型晶体管围成的闭合面被视为一个广义节点，由 KCL 得

$$i_B + i_C - i_E = 0$$

2）在应用 KCL 解题时，实际使用了两套“+、-”符号：①在公式 $\sum i = 0$ 中，以各电流的参考方向决定的“+、-”号；②电流本身的“+、-”值。这就是 KCL 定义式中电流代数和的真正含义。

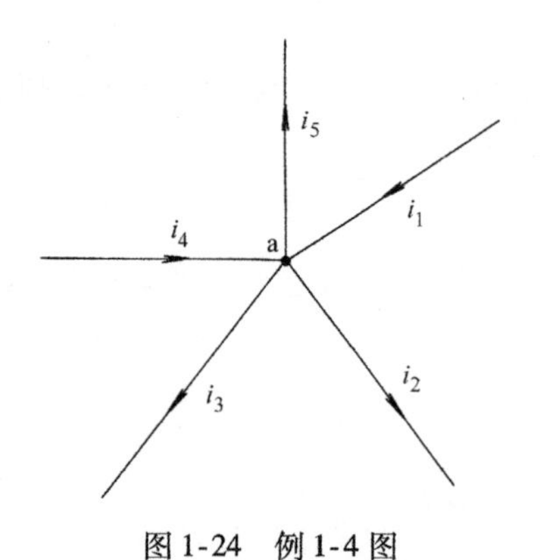

图 1-24　例 1-4 图

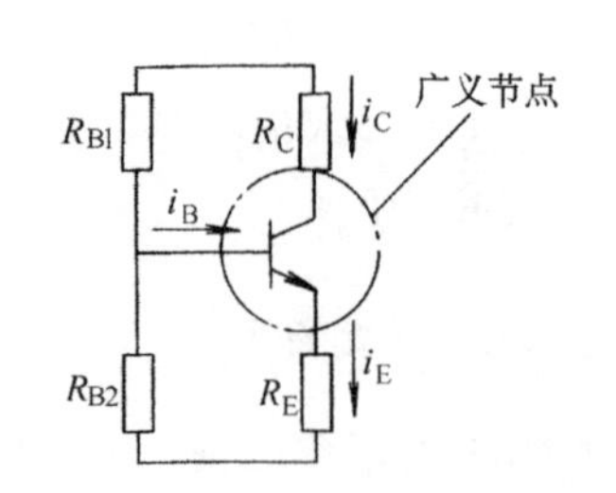

图 1-25　KCL 在广义节点上的应用

三、基尔霍夫电压定律（简称 KVL）

KVL 指出：任一时刻，沿电路中的任何一个回路，所有支路的电压代数和恒等于零，即

$$\sum u = 0 \tag{1-25}$$

KVL 源于能量守恒原理。

例 1-5　在如图 1-26 所示电路中，已知 $U_1 = 3\text{V}$，$U_2 = -4\text{V}$，$U_3 = 2\text{V}$。试应用 KVL 求电压 U_x 和 U_y。

解　方法一

步骤一：在如图 1-26 所示的电路图中，任意选择回路的绕行方向，并标注于图中（如图 1-26 所示回路Ⅰ，回路Ⅱ）。

步骤二：据 KVL 列方程。当回路中的电压参考方向与回路绕行方向一致时，该电压前取“+”号，否则取“-”号。

回路Ⅰ　　$-U_1 + U_2 + U_x = 0$

回路Ⅱ　　$U_2 + U_x + U_3 + U_y = 0$

步骤三：将各已知电压值代入 KVL 方程，得

回路Ⅰ　　$-3\text{V} + (-4)\text{V} + U_x = 0$

解得　　$U_x = 7\text{V}$

回路Ⅱ　　$(-4)\text{V} + 7\text{V} + 2\text{V} + U_y = 0$

解得　　$U_y = -5\text{V}$

可以看出，KVL 和 KCL 一样，在实际应用中也使用了两套“+、-”符号：①在公式 $\sum u = 0$ 中，各电压的参考方向与回路的绕行方向是否一致决定的“+、-”号；②电压本身的“+、-”值。这就是 KVL 定义式中电压代数和的真正含义。

方法二

利用 KVL 的另一种形式，用“箭头首尾衔接法”，直接求回路中惟一的未知电压，其方法如图 1-27 所示。

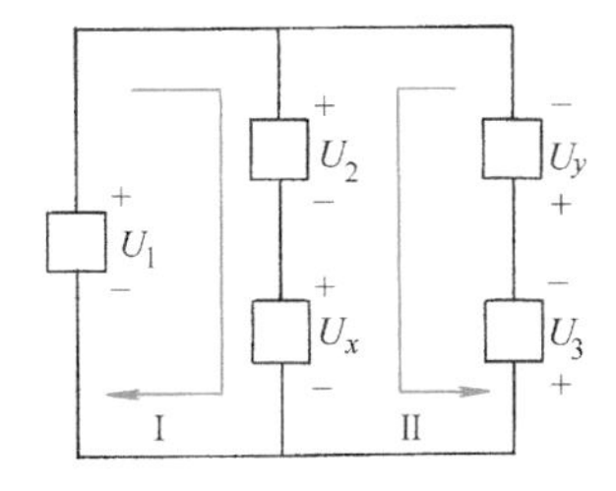

图 1-26　例 1-5 方法一图

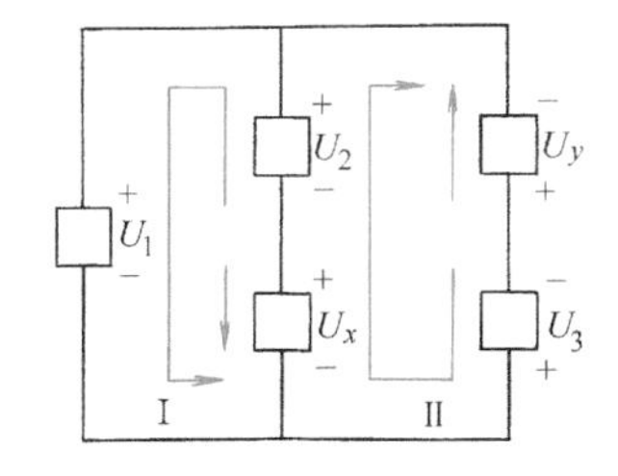

图 1-27　例 1-5 方法二图

回路Ⅰ　　$U_x = -U_2 + U_1 = -(-4)\text{V} + 3\text{V} = 7\text{V}$

回路Ⅱ　　$U_y = -U_3 - U_x - U_2 = -2\text{V} - 7\text{V} - (-4)\text{V} = -5\text{V}$

例 1-6　电路如图 1-28 所示，试求 U_{ab} 的表达式。

解　应用 KVL 的“箭头首尾衔接法”，分别列出下列方程：

因为　　$U_{ab} = U_{ac} + U_{cb}$

图 1-28a　$U_{ac} = IR$　　$U_{cb} = U_S$　　所以　$U_{ab} = IR + U_S$

图 1-28b　$U_{ac} = -IR$　　$U_{cb} = U_S$　　所以　$U_{ab} = -IR + U_S$

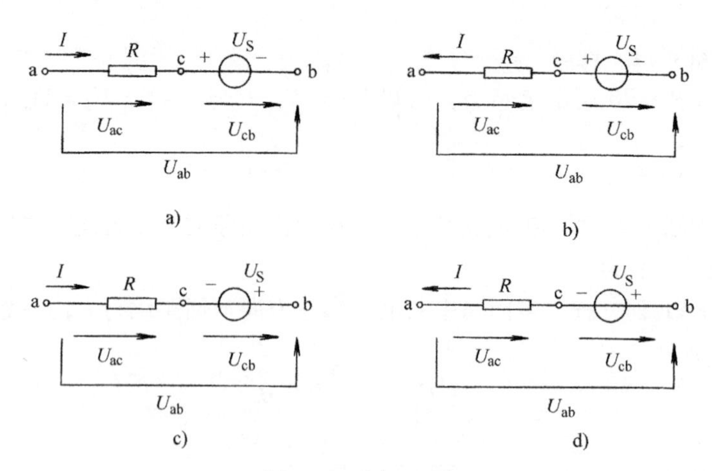

图1-28　例1-6图

图1-28c　$U_{ac}=IR$　　$U_{cb}=-U_S$　所以　$U_{ab}=IR-U_S$

图1-28d　$U_{ac}=-IR$　$U_{cb}=-U_S$　所以　$U_{ab}=-IR-U_S$

例1-7　电路如图1-29a所示，试求开关S断开和闭合两种情况下a点的电位。

解　图1-29a是电子电路中的一种习惯画法，即电源不再用符号表示，而改为标出其电位的极性和数值。图1-29a可改画为图1-29b。

(1) 开关S断开时，根据KVL得

$$(2+15+3)\text{k}\Omega\cdot I=(5+15)\text{V}$$

$$I=\frac{(5+15)\text{V}}{(2+15+3)\text{k}\Omega}=1\text{mA}$$

由“箭头首尾衔接法”得

$$\begin{aligned}V_a&=U_{ao}=U_{ab}+U_{bc}+U_{co}\\&=(15+3)\Omega\cdot I-5\text{V}\\&=(18\times1-5)\text{V}\\&=13\text{V}\end{aligned}$$

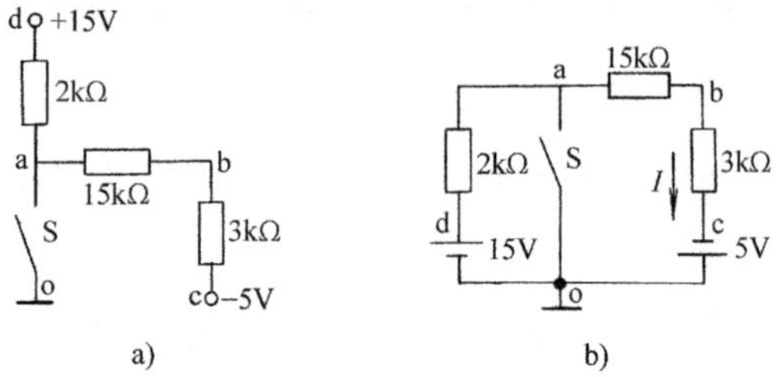

图1-29　例1-7图

或

$$\begin{aligned}V_a&=U_{ao}=U_{ad}+U_{do}\\&=-2\Omega\cdot I+15\text{V}\\&=(-2\times1+15)\text{V}=13\text{V}\end{aligned}$$

(2) 开关S闭合时有

$$V_a=0$$

第四节　基尔霍夫定律的应用

一、支路电流法

支路电流法是以支路电流为未知数,根据KCL和KVL列方程的一种方法。

可以证明,对于具有 b 条支路、n 个节点的电路,应用 KCL 只能列 $(n-1)$ 个节点方程,应用 KVL 只能列 $l=b-(n-1)$ 个回路方程。

应用支路电流法的一般步骤:

1) 在电路图上标出所求支路电流参考方向,再选定回路绕行方向。

2) 根据 KCL 和 KVL 列方程组。

3) 联立方程组,求解未知量。

例 1-8　如图 1-30 所示电路,已知 $R_1=10\Omega$, $R_2=5\Omega$, $R_3=5\Omega$, $U_{S1}=13V$, $U_{S2}=6V$,试求各支路电流及各元件上的功率。

解　(1) 先任意选定各支路电流的参考方向和回路的绕行方向,并标于图上。

(2) 根据 KCL 列方程

节点 a　　$I_1+I_2-I_3=0$

(3) 根据 KVL 列方程

回路Ⅰ　　$R_1I_1-R_2I_2+U_{S2}-U_{S1}=0$

回路Ⅱ　　$R_2I_2+R_3I_3-U_{S2}=0$

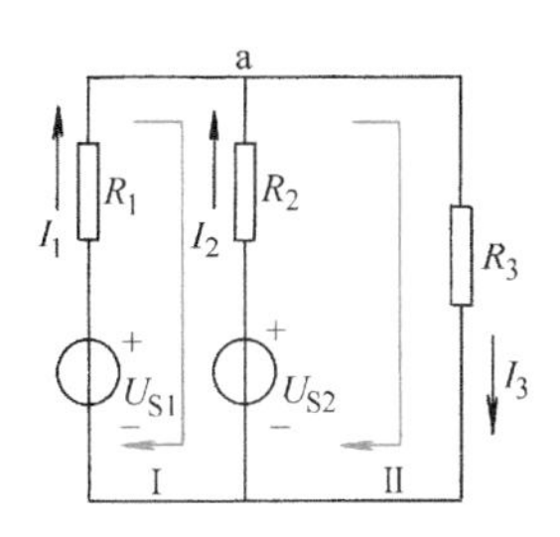

图 1-30　例 1-8 图

(4) 将已知数据代入方程,整理得

$$\begin{cases} I_1+I_2-I_3=0 \\ 10\Omega \cdot I_1-5\Omega \cdot I_2=7V \\ 5\Omega \cdot I_2+5\Omega \cdot I_3=6V \end{cases}$$

(5) 联立求解得

$$I_1=0.8A, I_2=0.2A, I_3=1A$$

(6) 各元器件上的功率计算

$$P_{S1}=-U_{S1}I_1=-13V\times 0.8A=-10.4W$$

即电压源 U_{S1} 发出功率 10.4W。

$$P_{S2}=-U_{S2}I_2=-6V\times 0.2A=-1.2W$$

即电压源 U_{S2} 发出功率 1.2W。

$$P_{R1}=I_1^2R_1=(0.8A)^2\times 10\Omega=6.4W$$

即电阻 R_1 上消耗的功率为 6.4W。

$$P_{R2}=I_2^2R_2=(0.2A)^2\times 5\Omega=0.2W$$

即电阻 R_2 上消耗的功率为 0.2W。

$$P_{R3}=I_3^2R_3=(1A)^2\times 5\Omega=5W$$

即电阻 R_3 上消耗的功率为 5W。

(7) 电路功率平衡验证

1) 电路中两个电压源发出的功率为

$$10.4W+1.2W=11.6W$$

电路中电阻消耗的功率为

$$6.4W+0.2W+5W=11.6W$$

即

$$\sum P_{out} = \sum P_{in} \tag{1-26}$$

可见,功率平衡。

2) $P_{S1} + P_{S2} + P_{R1} + P_{R2} + P_{R3} = (-10.4 - 1.2 + 6.4 + 0.2 + 5)W = 0$

即

$$\sum P = 0 \tag{1-27}$$

可见,功率平衡。

二、网孔电流法

以假想的网孔电流为未知数,应用KVL列出各网孔的电压方程,并联立解出网孔电流,再进一步求出各支路电流的方法称为网孔电流法。网孔电流法简称网孔法,它是分析网络的基本方法之一。

假想的在每一网孔中流动着的独立电流称为网孔电流。如图1-31中的I_a、I_b分别为网孔1和网孔2的网孔电流。图中的顺时针箭头既可以表示网孔电流的参考方向,同时也表示绕行方向。根据KVL可列出如下方程。

网孔1 $\quad I_aR_1 + (I_a - I_b)R_2 - U_{S1} = 0$

网孔2 $\quad I_bR_3 + (I_b - I_a)R_2 + U_{S3} = 0$

整理得

$$\begin{cases}(R_1 + R_2)I_a - R_2I_b = U_{S1}\\ -R_2I_a + (R_2 + R_3)I_b = -U_{S3}\end{cases}$$

写出一般式为

$$\left.\begin{aligned}R_{11}I_a + R_{12}I_b = U_{S11}\\ R_{21}I_a + R_{22}I_b = U_{S22}\end{aligned}\right\} \tag{1-28}$$

式中,$R_{11} = R_1 + R_2$为网孔1的所有电阻之和,$R_{22} = R_2 + R_3$为网孔2的所有电阻之和,并分别称为网孔1、2的自阻,自阻总是正的;$R_{12} = R_{21} = -R_2$,R_{12}、R_{21}代表相邻1、2两网孔之间的公共支路的电阻,称为互阻。互阻的正负,取决于流过公共支路的网孔电流的方向,相同为正,相反为负;U_{S11}、U_{S22}分别为网孔1、2中所有电压源电位升(从负极到正极)的代数和,当电压源沿本网孔电流的参考方向电位上升时,U_S为正,否则为负。

例1-9 试用网孔法求图1-32电路中各支路电流。

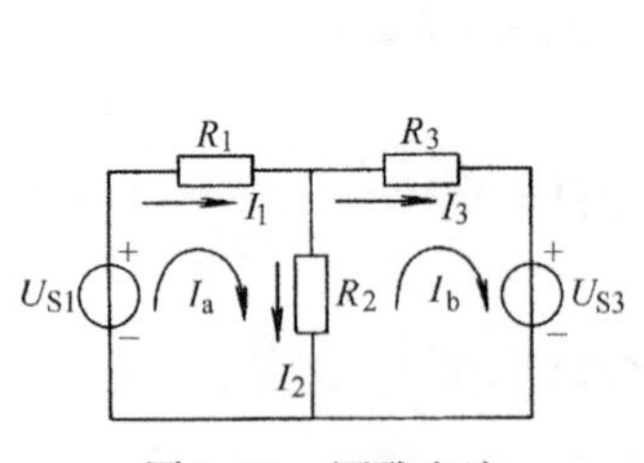

图1-31 网孔电流

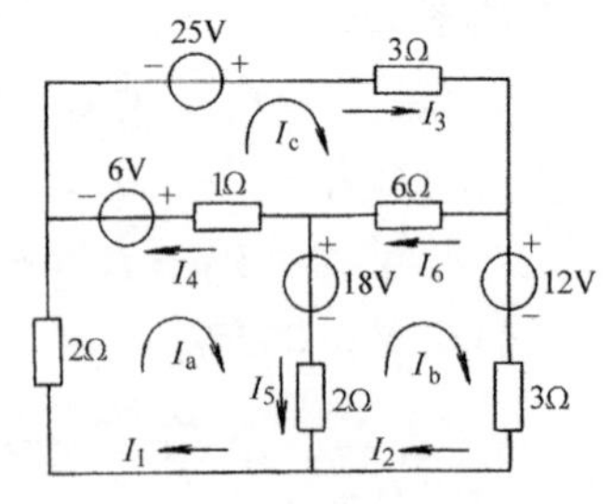

图1-32 例1-9图

解 设各支路电流和网孔电流的参考方向如图1-32所示。

根据网孔电流的一般形式,可得

$$\begin{cases}(2+1+2)\Omega \cdot I_a - 2\Omega \cdot I_b - 1\Omega \cdot I_c = 6V - 18V\\ -2\Omega \cdot I_a + (2+6+3)\Omega \cdot I_b - 6\Omega \cdot I_c = 18V - 12V\\ -1\Omega \cdot I_a - 6\Omega \cdot I_b + (1+3+6)\Omega \cdot I_c = 25V - 6V\end{cases}$$

联立求解得

$$I_a = -1A; I_b = 2A; I_c = 3A$$

各支路电流分别为

$$I_1 = I_a = -1A; I_2 = I_b = 2A; I_3 = I_c = 3A$$
$$I_4 = I_c - I_a = 4A; I_5 = I_a - I_b = -3A; I_6 = I_c - I_b = 1A$$

例 1-10　试用网孔法求图 1-33 电路中的支路电流 I。

解　设网孔电流的参考方向如图 1-33 所示。观察图 1-33，最右边支路中含有一个电流源，右边网孔的电流为已知，即 $I_b = 2A$，再根据网孔方程的一般式列方程。

网孔方程为

$$\begin{cases}(20+30)\Omega \cdot I_a + 30\Omega \cdot I_b = 40V \\ I_b = 2A\end{cases}$$

解得

$$I_a = -0.4A$$

则支路电流为

$$I = I_a + I_b = -0.4A + 2A = 1.6A$$

从本例可以看出，当含有电流源的支路不是相邻网孔的公共支路时，本网孔的电流即为已知，从而简化了计算。

三、节点电压法

1. 节点法

以节点电压为未知数，应用 KCL 列出各节点的电流方程，并联立解出节点电压，再进一步求出各支路电流的方法称为节点电压法。节点电压法简称节点法，是电路分析中的一种重要方法。

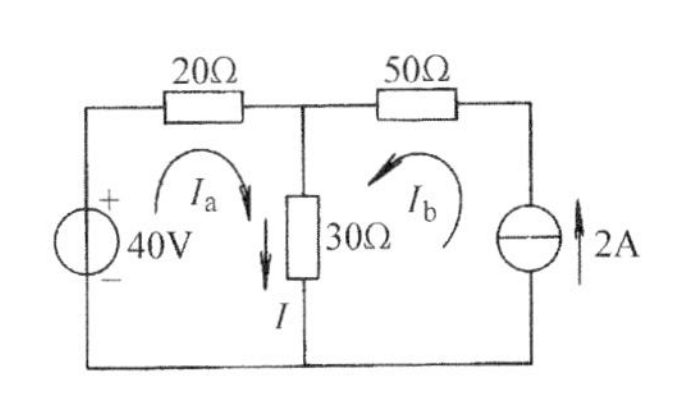

图 1-33　例 1-10 图

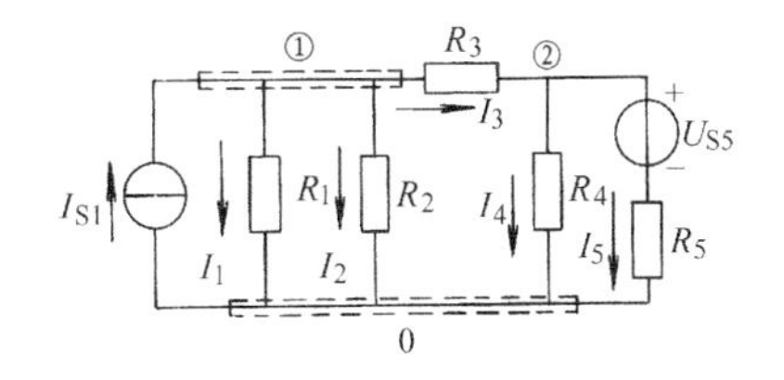

图 1-34　节点电压

电路中，任意选择一节点为参考点，其他节点与参考点之间的电压便是节点电压。图 1-34给出的电路共有三个节点，编号分别为 0、①、②。设节点 0 为参考点，则节点①、②的电压分别为 U_{10}、U_{20}。根据 KCL 列出

$$\left.\begin{array}{ll}\text{节点①} & I_{S1} - I_1 - I_2 - I_3 = 0 \\ \text{节点②} & I_3 - I_4 - I_5 = 0\end{array}\right\} \tag{1-29}$$

将

$$I_1 = \frac{U_{10}}{R_1} = G_1 U_{10}, I_2 = \frac{U_{10}}{R_2} = G_2 U_{10}, I_3 = \frac{U_{10} - U_{20}}{R_3} = G_3(U_{10} - U_{20}),$$

$$I_4 = \frac{U_{20}}{R_4} = G_4 U_{20}, I_5 = \frac{U_{20} - U_{S5}}{R_5} = G_5(U_{20} - U_{S5})$$

代入式(1-29)，整理得

节点①　　$(G_1+G_2+G_3)U_{10}-G_3U_{20}=I_{S1}$

节点②　　$-G_3U_{10}+(G_3+G_4+G_5)U_{20}=G_5U_{S5}$

写出一般式为

$$\left.\begin{aligned}G_{11}U_{10}+G_{12}U_{20}=I_{S11}\\G_{21}U_{10}+G_{22}U_{20}=I_{S22}\end{aligned}\right\}\tag{1-30}$$

式中，$G_{11}=G_1+G_2+G_3$ 为节点①的所有电导之和，$G_{22}=G_3+G_4+G_5$ 为节点②的所有电导之和，G_{11}、G_{22}分别称为节点①、②的自导，自导总是正的；$G_{12}=G_{21}=-G_3$，G_{12}、G_{21}代表相邻①、②两节点之间的所有公共支路的电导之和，称为互导，互导总是负的；I_{S11}、I_{S22}分别为①、②节点中所有电流源的代数和。当电流源的电流流入节点时前面取正号，电压源和电阻串联支路则变成电流源与电阻并联后同前考虑。

例1-11　电路如图1-35所示，已知电路中各电导均为1S，$I_{S2}=5\text{A}$，$U_{S4}=10\text{V}$，试求U_{10}、U_{20}和各支路电流。

解　以节点0为参考点，据节点法的一般式，列方程

$$(G_1+G_3)U_{10}-G_3U_{20}=I_{S2}$$
$$-G_3U_{10}+(G_3+G_4+G_5)U_{20}=G_4U_{S4}$$

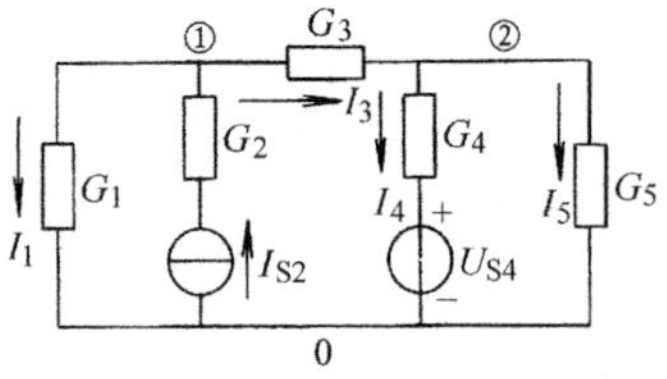

注意，与电流源串联的电阻不起作用，列方程时不计入。将已知数据代入上式得

$$2\text{S}\cdot U_{10}-1\text{S}\cdot U_{20}=5\text{A}$$
$$-1\text{S}\cdot U_{10}+3\text{S}\cdot U_{20}=10\text{A}$$

图1-35　例1-11图

解得　　$U_{10}=5\text{V}$，$U_{20}=5\text{V}$

则

$$I_1=G_1U_{10}=(1\times5)\text{A}=5\text{A}$$
$$I_3=G_3(U_{10}-U_{20})=1\text{S}\times(5-5)\text{V}=0$$
$$I_4=G_4(U_{20}-U_{S4})=1\text{S}\times(5-10)\text{V}=-5\text{A}$$
$$I_5=G_5U_{20}=1\text{S}\times5\text{V}=5\text{A}$$

2. 弥尔曼定理

弥尔曼定理是用来解仅含两个节点的电路的节点法。图1-36给出了两节点电路。用节点法时，只需列出一个方程，即

$$\left(\frac{1}{R_1}+\frac{1}{R_2}\right)U_{10}=I_S+\frac{U_{S1}}{R_1}-\frac{U_{S2}}{R_2}$$

$$U_{10}=\frac{I_S+\dfrac{U_{S1}}{R_1}-\dfrac{U_{S2}}{R_2}}{\dfrac{1}{R_1}+\dfrac{1}{R_2}}$$

推广到一般情况

$$U_{10}=\frac{\sum G_iU_{Si}}{\sum G_i}\tag{1-31}$$

式（1-31）称为弥尔曼定理。

例1-12　试求图1-37所示电路中的各支路电流。

解　以0点为参考点，有

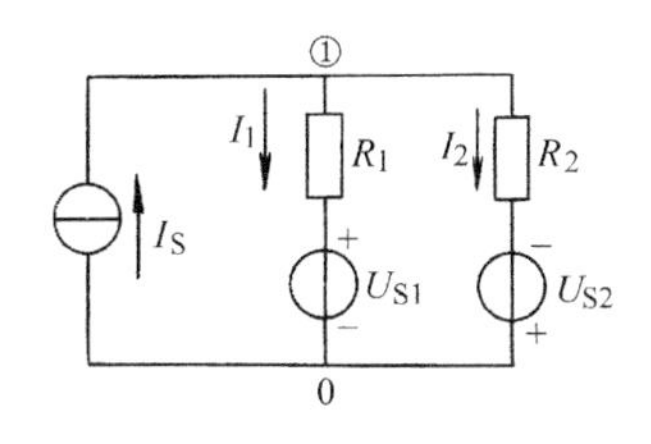

图 1-36　两节点电路

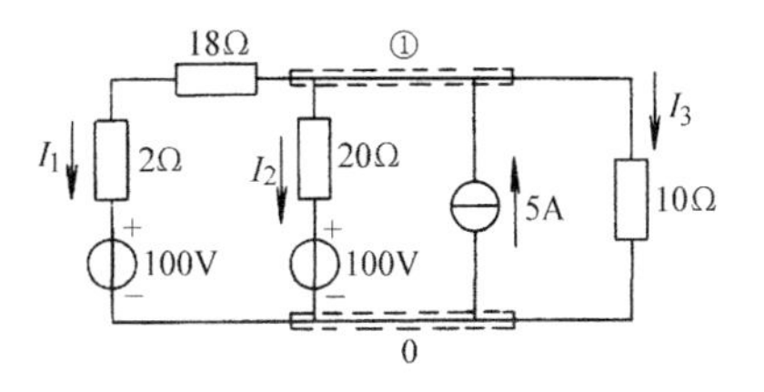

图 1-37　例 1-12 图

$$U_{10}=\frac{\frac{100}{18+2}+\frac{100}{20}+5}{\frac{1}{18+2}+\frac{1}{20}+\frac{1}{10}}\text{V}=\frac{15}{0.2}\text{V}=75\text{V}$$

选定各支路电流的参考方向如图 1-37 所示，则

$$I_1=\frac{75-100}{20}\text{A}=-1.25\text{A}$$

$$I_2=-1.25\text{A}$$

$$I_3=\frac{75}{10}\text{A}=7.5\text{A}$$

第五节　简单电阻电路的分析方法

一、二端网络等效的概念

1. 二端网络

网络是指复杂的电路。网络 A 通过两个端钮与外电路连接，A 叫二端网络，如图 1-38a 所示。

2. 等效的概念

当二端网络 A 与二端网络 A_1 的端钮的伏安特性相同时，即 $I=I_1$，$U=U_1$，则称 A 与 A_1 是两个对外电路等效的网络，如图 1-38b 所示。

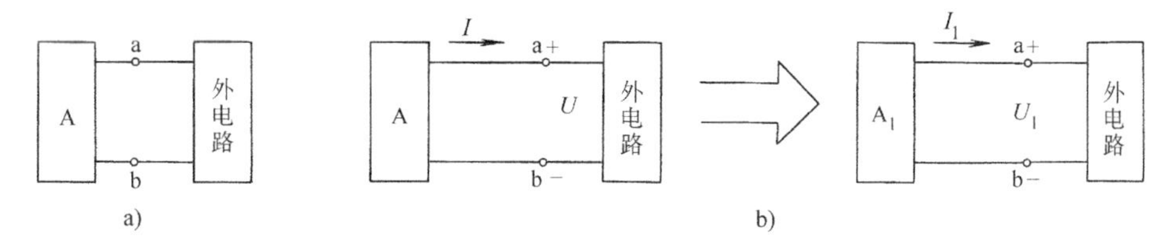

图 1-38　二端网络及其等效的概念

二、电阻的串并联及分压、分流公式

1. 电阻的串联及分压公式

图 1-39 所示为电阻的串联及其等效电路。

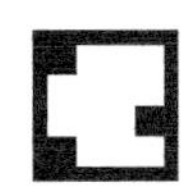

根据 KVL 得　$U=U_1+U_2=(R_1+R_2)I=RI$

式中，$R=R_1+R_2$ 称为串联电路的等效电阻。

同理，当有 n 个电阻串联时，其等效电阻为

$$R=R_1+R_2+R_3+\cdots+R_n \tag{1-32}$$

当有两个电阻串联时，其分压公式为

$$U_1=IR_1=\frac{U}{R_1+R_2}R_1$$

所以

$$U_1=\frac{R_1}{R_1+R_2}U \tag{1-33}$$

同理

$$U_2=\frac{R_2}{R_1+R_2}U$$

2. 电阻的并联及分流公式

图 1-40 所示为电阻的并联及其等效电路。

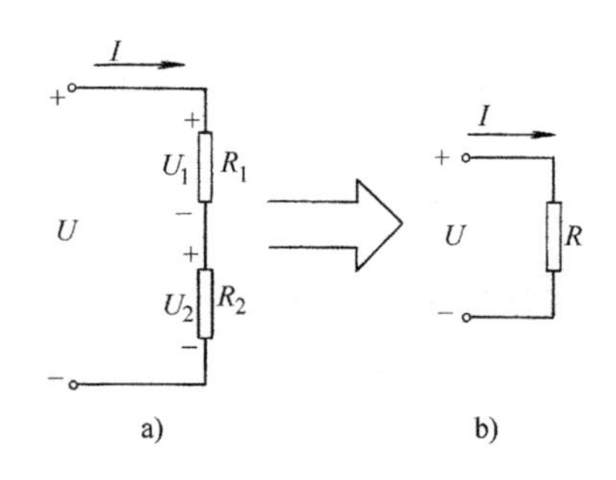

图 1-39　电阻的串联及其等效电路

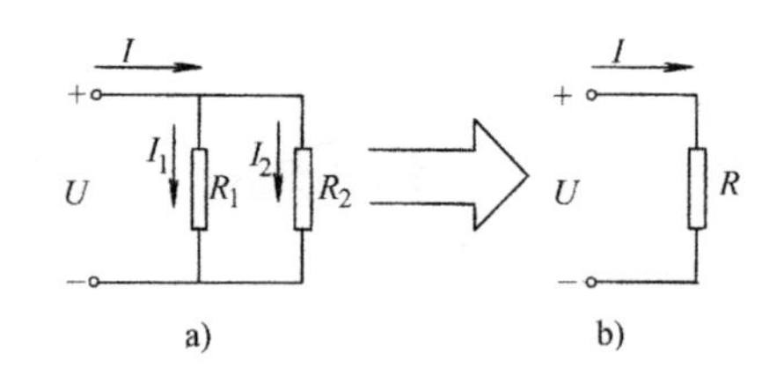

图 1-40　电阻的并联及其等效电路

根据 KCL 得

$$I=I_1+I_2=\frac{U}{R_1}+\frac{U}{R_2}=\left(\frac{1}{R_1}+\frac{1}{R_2}\right)U=\frac{1}{R}U$$

其中，式$\frac{1}{R}=\frac{1}{R_1}+\frac{1}{R_2}\left(\text{或 } R=\frac{R_1R_2}{R_1+R_2}\right)$中的 R 称为并联电路的等效电阻。

同理，当有 n 个电阻并联时，其等效电阻的计算公式为

$$\frac{1}{R}=\frac{1}{R_1}+\frac{1}{R_2}+\cdots+\frac{1}{R_n} \tag{1-34}$$

用电导表示，即

$$G=G_1+G_2+\cdots+G_n$$

当两个电阻并联时，其分流公式为

$$I_1=\frac{U}{R_1}=\frac{IR}{R_1}$$

所以

$$I_1=\frac{R_2}{R_1+R_2}I \tag{1-35}$$

同理

$$I_2=\frac{R_1}{R_1+R_2}I$$

例 1-13　如图 1-41 所示，有一满偏电流 $I_g = 100\mu A$，内阻$R_g = 1600\Omega$ 的表头，若要改变成能测量 1mA 的电流表，需并联的分流电阻为多大？

解　要改装成 1mA 的电流表，应使 1mA 的电流通过电流表时，表头指针刚好满偏。

根据 KCL　$I_R = I - I_g = (1\times10^{-3} - 100\times10^{-6})A = 900\mu A$

根据并联电路的特点，有

$$I_R R = I_g R_g$$

则
$$R = \frac{I_g}{I_R} R_g = \frac{100}{900} \times 1600\Omega = 177.8\Omega$$

即在表头两端并联一个 177.8Ω 的分流电阻，可将电流表的量程扩大为 1mA。

例 1-14　多量程电流表如图 1-42 所示。若 $I_g = 100\mu A$，$R_g = 1600\Omega$，今欲扩大量程 I 为 1mA、10mA、1A 三档，试求 R_1、R_2、R_3 的值。

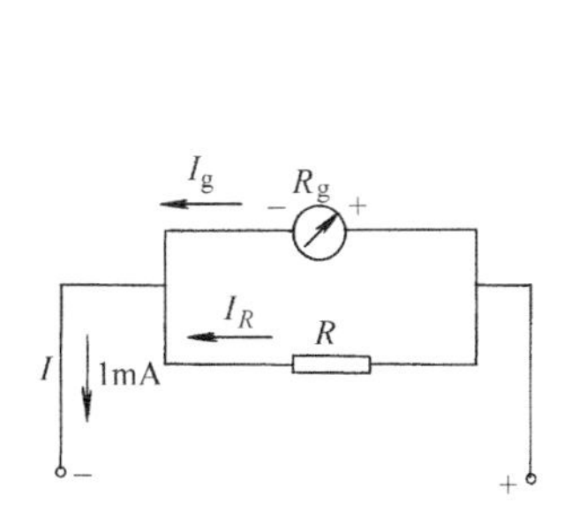

图 1-41　例 1-13 图

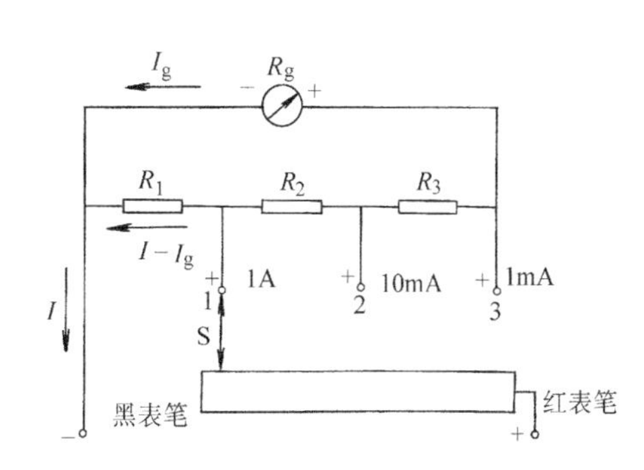

图 1-42　例 1-14 图

解　1mA 档：当分流器 S 在位置“3”时，量程为 1mA，分流电阻为 $R_1+R_2+R_3$，由例 1-13 可知，分流电阻

$$R_1 + R_2 + R_3 = 177.8\Omega$$

1A 档：当分流器 S 在位置“1”时，量程为 1A，即 $I = 1A$，此时，R_1 与 $(R_g + R_2 + R_3)$ 并联分流，有

$$(I - I_g)R_1 = I_g(R_g + R_2 + R_3)$$

故
$$\begin{aligned} R_1 &= \frac{I_g}{I}(R_g + R_1 + R_2 + R_3) \\ &= \frac{100\times10^{-6}}{1}(1600 + 177.8)\Omega \\ &= 0.1778\Omega \end{aligned}$$

10mA 档：当分流器 S 在位置“2”时，量程为 10mA，即 $I = 10mA$，此时，$(R_1 + R_2)$ 与 $(R_g + R_3)$ 并联分流，有

$$(I - I_g)(R_1 + R_2) = I_g(R_g + R_3)$$

故
$$\begin{aligned} R_1 + R_2 &= \frac{I_g}{I}(R_g + R_1 + R_2 + R_3) \\ &= \frac{100\times10^{-6}}{10\times10^{-3}} \times (1600 + 177.8)\Omega \\ &= 17.78\Omega \end{aligned}$$

$$R_2 = 17.78\Omega - R_1 = (17.78 - 0.1778)\Omega = 17.6\Omega$$
$$R_3 = (177.8 - 17.78)\Omega = 160\Omega$$

例 1-15　电路如图 1-43 所示，试求开关 S 断开和闭合两种情况下 b 点的电位。

解　(1) 开关 S 闭合前

$$I = \frac{15-5}{15+2+3}\text{mA} = 0.5\text{mA}$$
$$V_b - 5\text{V} = 3\text{k}\Omega \cdot I$$
$$V_b = 3 \times 0.5\text{V} + 5\text{V} = 6.5\text{V}$$

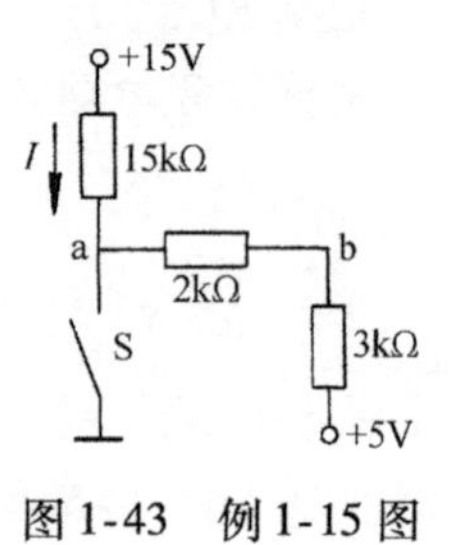

图 1-43　例 1-15 图

(2) 开关 S 闭合后

$$V_b - V_a = \frac{2}{2+3} \times 5\text{V} = 2\text{V}$$

由于　$$V_a = 0$$

所以　$$V_b = 2\text{V}$$

三、实际电压源与实际电流源的等效变换

如图 1-44a 所示实际电压源，是由理想电压源 U_S 和内阻 R_S 串联组成的；如图 1-44b所示实际电流源，是由理想电流源 I_S 和内阻 R'_S并联组成的。两者等效变换的条件如下：

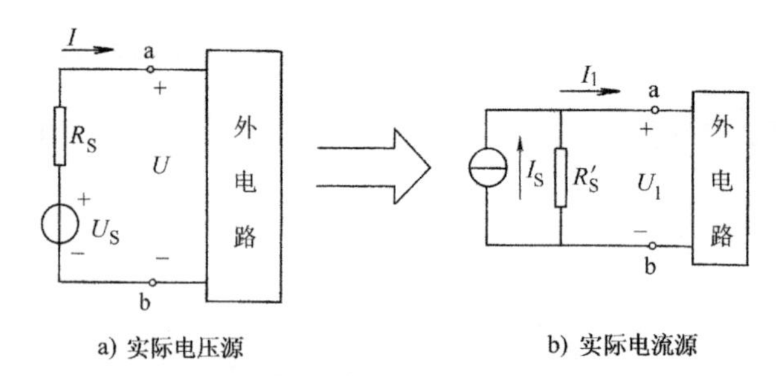

图 1-44　实际电压源与实际电流源的等效变换

由图 1-44a 得　$$U = U_S - IR_S \tag{1-36}$$

由图 1-44b 得　$$I_1 = I_S - \frac{U_1}{R'_S}$$

所以　$$U_1 = I_S R'_S - I_1 R'_S \tag{1-37}$$

根据等效的概念，当这两个二端网络相互等效时，有 $I = I_1$，$U = U_1$，比较式 (1-36) 和式(1-37) 得出

$$U_S = I_S R'_S \tag{1-38}$$
$$R_S = R'_S \tag{1-39}$$

上两式就是实际电压源与实际电流源的等效变换公式。

例 1-16　试完成如图 1-45 所示电路的等效变换。

解　图 1-45a：已知 $I_S = 2\text{A}$，$R'_S = 2\Omega$，则

$$U_S = I_S R'_S = 2\text{A} \times 2\Omega = 4\text{V}$$
$$R_S = R'_S = 2\Omega$$

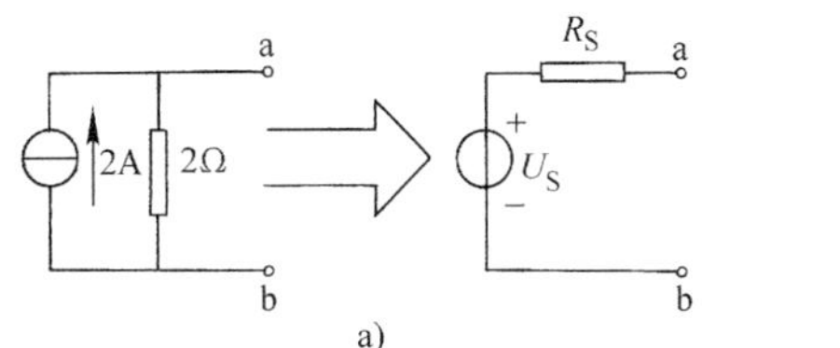

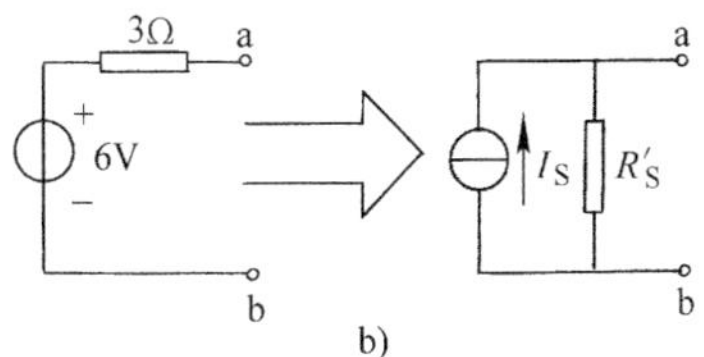

图 1-45　例 1-16 图

图 1-45b：已知 $U_S=6V$，$R_S=3\Omega$，则

$$I_S=\frac{U_S}{R_S}=\frac{6}{3}A=2A$$

$$R'_S=R_S=3\Omega$$

例 1-17　试用电源变换的方法，求图 1-46 所示电路中通过电阻 R_3 上的电流 I_3。

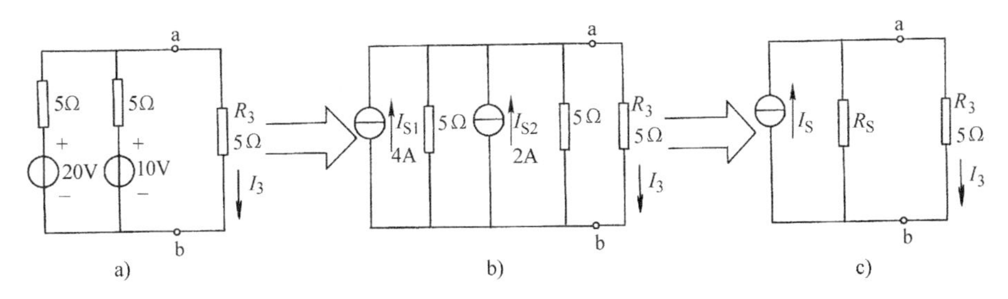

图 1-46　例 1-17 图

解　将 R_3 看成外电路，对 a、b 端钮左边的二端网络进行等效变换。

步骤一：将实际电压源等效为实际电流源，如图 1-46b 所示。

$$I_{S1}=\frac{20}{5}A=4A$$

$$I_{S2}=\frac{10}{5}A=2A$$

步骤二：合并等效，如图 1-46c 所示。

设合并后的电流源为 I_S，则有

$$I_S=I_{S1}+I_{S2}=(4+2)A=6A$$

设合并后的电阻为 R_S，则有

$$R_S=\frac{5\times5}{5+5}\Omega=2.5\Omega$$

步骤三：对上一步得到的图 1-46c，用分流公式计算 I_3，得

$$I_3=\frac{R_S}{R_S+R_3}I_S=\frac{2.5\Omega}{(2.5+5)\Omega}\times6A=2A$$

四、叠加定理

叠加定理指出：当线性电路中有几个电源共同作用时，各支路的电流（或电压）等于各个电源单独作用时在该支路产生的电流（或电压）的代数和。

例 1-18　用叠加定理求图1-47a中的电压 U。

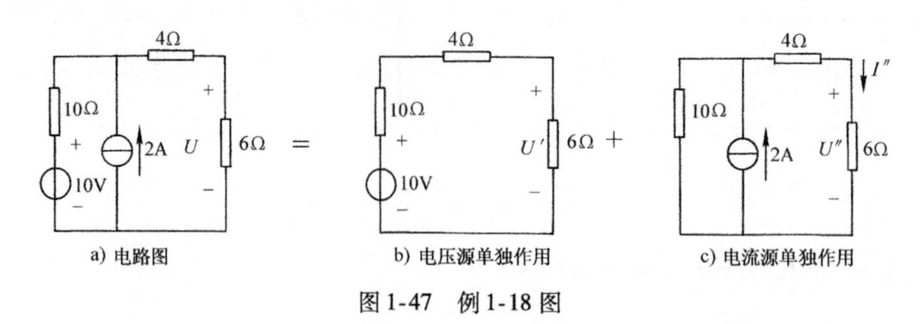

a) 电路图　　b) 电压源单独作用　　c) 电流源单独作用

图 1-47　例 1-18 图

解　(1) 设电压源单独作用　令 2A 电流源不作用，即等效为开路，电路如图 1-47b 所示。根据分压公式得

$$U' = \frac{6}{10+4+6} \times 10\text{V} = 3\text{V}$$

(2) 设电流源单独作用　令 10V 电压源不作用，即等效为短路，电路图如图 1-47c 所示。根据分流公式得

$$I'' = \frac{10}{4+6+10} \times 2\text{A} = 1\text{A}$$

所以

$$U'' = (6\Omega) \cdot I'' = 6 \times 1\text{V} = 6\text{V}$$

(3) 叠加

$$U = U' + U'' = 3\text{V} + 6\text{V} = 9\text{V}$$

五、戴维南定理

戴维南定理指出：一个由电压源、电流源及电阻构成的二端网络，可以用一个电压源 U_{oc} 和一个电阻 R_i 的串联电路来等效，如图 1-48 所示。U_{oc} 等于该二端网络的开路电压，R_i 等于该二端网络中所有电压源短路、所有电流源开路时的等效电阻，R_i 称为戴维南等效电阻。

例 1-19　用戴维南定理计算图 1-48 电路中的电流 I_3。

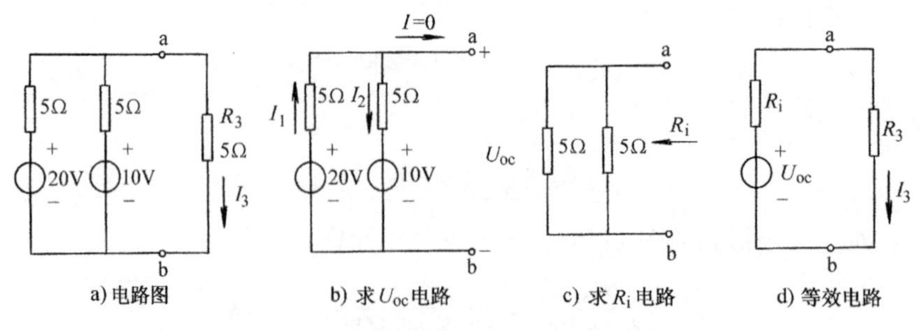

a) 电路图　　b) 求 U_{oc} 电路　　c) 求 R_i 电路　　d) 等效电路

图 1-48　例 1-19 图

解　(1) 求开路电压 U_{oc}　将如图 1-48a 所示电路中的 a、b 两端开路，得电路如图 1-48b所示。

由于 a、b 断开，$I=0$，则 $I_1=I_2$，根据 KVL

$$5\Omega \cdot I_1 + 5\Omega \cdot I_2 + 10\text{V} - 20\text{V} = 0$$

$$I_2 = 1\text{A}$$

$$U_{oc} = 5\Omega \cdot I_2 + 10\text{V} = (5 \times 1 + 10)\text{V} = 15\text{V}$$

（2）求 R_i　将电压源短路，电路如图 1-48c 所示，从 a、b 两端看过去的 R_i 为

$$R_i = \frac{5 \times 5}{5 + 5}\Omega = 2.5\Omega$$

（3）画等效电路图，并求电流 I_3　等效电路图如图 1-48d 所示，I_3 为

$$I_3 = \frac{U_{oc}}{R_i + R_3} = \frac{15}{2.5 + 5}\text{A} = 2\text{A}$$

例 1-20　用戴维南定理计算如图1-49a所示电路中的电压 U。

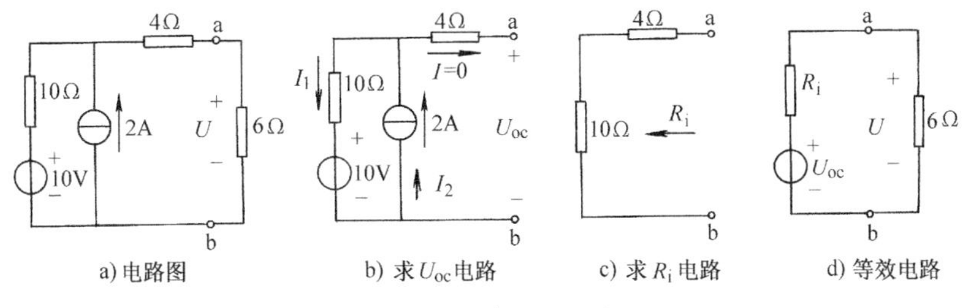

图 1-49　例 1-20 图

解　（1）求开路电压 U_{oc}　将图 1-49a 所示电路中 a、b 两端开路，电路如图 1-49b 所示。

由于 a、b 断开，$I=0$，$I_1=I_2=2\text{A}$，即流过 10Ω 电阻的电流为 2A，方向自上而下。

根据 KVL 有

$$U_{oc} = 10\Omega \cdot I_1 + 10\text{V} = (10 \times 2 + 10)\text{V} = 30\text{V}$$

（2）求 R_i　将电压源短路，电流源开路，电路如图 1-49c 所示，从 a、b 两端看过去的 R_i 为

$$R_i = 4\Omega + 10\Omega = 14\Omega$$

（3）画等效电路图，并求电压 U　等效电路如图 1-49d 所示，由分压公式得

$$U = \frac{6\Omega}{6\Omega + R_i}U_{oc} = \frac{6}{6 + 14} \times 30\text{V} = 9\text{V}$$

注意： 1）应用叠加定理对电路进行分析，可以分别看出各个电源对电路的影响。尤其是交、直流共同存在的电路。

2）戴维南定理和叠加定理的应用条件是：只适用于线性电路（线性电路是指只含有线性电路元件的电路）。

3）由于功率不是电压或电流的一次函数，所以不能用叠加定理来计算功率。

第六节　简单 *RC* 电路的过渡过程

本节介绍电路中仅含有一个动态元件的 *RC* 电路在直流激励下的过渡过程。研究 *RC* 电

路的过渡过程，是学习数字电路中产生脉冲波形电路的基础。

一、过渡过程的概念

由一种稳定状态（简称稳态）过渡到另一种稳态的中间过程，称为过渡过程。例如：某 RC 电路如图1-50所示，假设开关S已长时间处于b点，这是一种稳态。当t=0时，开关S由b点拨向a点，电容 C 开始充电，u_C 按某种规律逐渐增加，这就是电路的过渡过程。当电容上的电压与电路中电源的电压 U_S 相等时，即 $u_C=U_S$，充电电流 $i_C=0$，该过渡过程结束，电路进入了新的稳态。

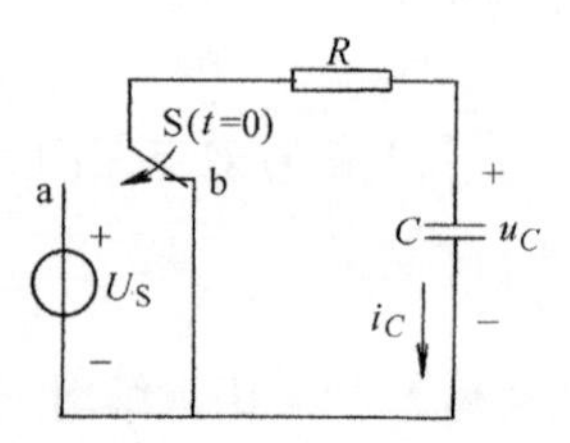

图1-50　RC 充、放电电路

二、换路定律

引起过渡过程的电路变化称为换路，如开关S由a点转向b点等。

换路定律指出：在换路的一瞬间（$t=0_+$），如果流入（或流出）电容的电流或电感两端的电压保持为有限值，则电容上电压或电感中的电流应保持换路前一瞬间（$t=0_-$）的原有值而不跃变，即

$$u_C(0_+)=u_C(0_-) \tag{1-40}$$
$$i_L(0_+)=i_L(0_-)$$

设想，如果电容上电压 u_C 或电感中的电流 i_L 可以跃变，即 $t=0_+$时，u_C 由0突变为 U_S，i_L 由0突变为 I_S，那么电流 $i_C=\left(C\dfrac{du_C}{dt}\right)_{t=0}=\infty$，$u_L=\left(L\dfrac{di_L}{dt}\right)_{t=0}=\infty$，这与电路中电流和电压为有限值相矛盾。

对于一个原来未储能（充电）的电容来说，在换路的一瞬间，$u_C(0_+)=u_C(0_-)=0$，电容相当于短路。

对于一个原来未储能的电感来说，在换路的一瞬间，$i_L(0_+)=i_L(0_-)=0$，电感相当于开路。

三、一阶 RC 电路的全响应

1. 零输入响应

外加激励为零（零输入），仅由初始储能（状态）产生的电流、电压称为零输入响应。

电路如图1-51a所示，电路处于稳态，开关S初始处于a点，电容 C 上已充电，即 $u_C(0_-)=U_0$。当 $t=0_+$时，开关S拨向b点，现讨论电容两端的电压 u_C、电流 i 的变化规律。

当 $t=0_+$时，开关S已拨向b点，根据KVL，有

$$u_R-u_C=0$$

由于

$$u_R=Ri,i=-C\frac{du_C}{dt}$$

所以

$$RC\frac{du_C}{dt}+u_C=0 \tag{1-41}$$

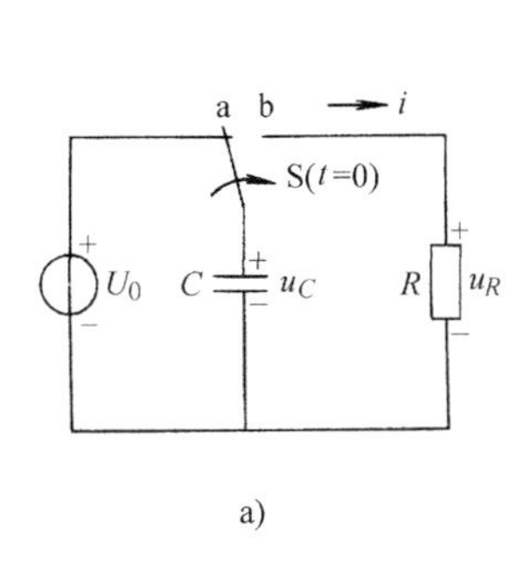

a)

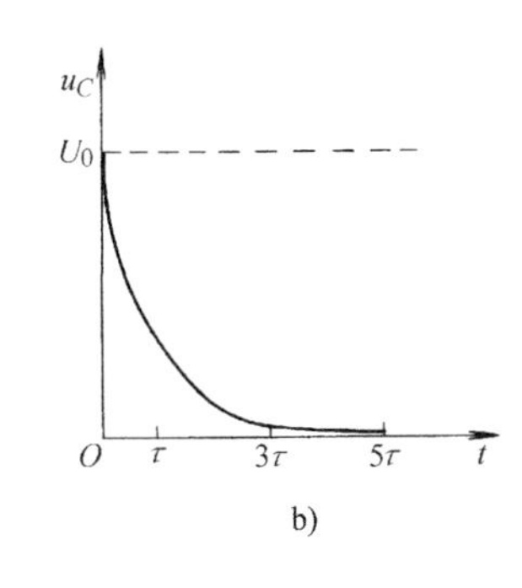

b)

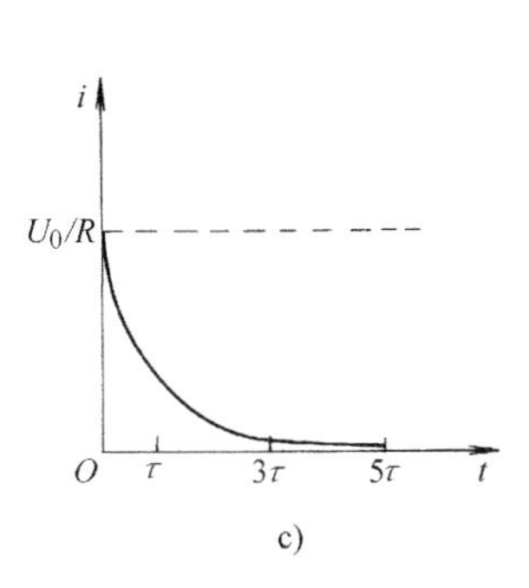

c)

图 1-51 RC 电路的零输入响应

式（1-41）为一阶微分方程，解该微分方程，并结合初始条件 $u_C(0_+) = u_C(0_-) = U_0$，可解得

$$u_C = U_0 e^{-\frac{t}{RC}} \tag{1-42}$$

令 $\tau = RC$，称为时间常数，当 R 的单位为欧姆（Ω），C 的单位为法拉（F）时，τ 的单位为秒（s），有

$$u_C = U_0 e^{-\frac{t}{\tau}} \tag{1-43}$$

$$i = \frac{u_R}{R} = \frac{u_C}{R} = \frac{U_0}{R} e^{-\frac{t}{RC}} = \frac{U_0}{R} e^{-\frac{t}{\tau}} \tag{1-44}$$

u_C 及 i 的波形如图 1-51b 所示。可以看出，电容的零输入响应实际上是一个电容的放电过程。电容电压 u_C 衰减的快慢取决于 τ。现将不同时刻对应的电容电压 u_C 的数值列于表 1-4中。

表 1-4 电压 u_C 的衰减规律

t	0	τ	2τ	3τ	4τ	5τ	…	∞
$e^{-\frac{t}{\tau}}$	1	0.368	0.135	0.05	0.018	0.007	…	0
u_C	U_0	$0.368U_0$	$0.135U_0$	$0.05U_0$	$0.018U_0$	$0.007U_0$	…	0

从上表可以看出，$t=3\tau \sim 5\tau$ 时，电压 u_C 已衰减到初始值的5%以下。所以，工程上常认为 $t = (3 \sim 5)\tau$ 时，电路的过渡过程基本结束。

2. 零状态响应

初始储能为零（零状态），仅由外加激励产生的电压、电流称为电路的零状态响应。

电路如图 1-52a 所示，电路处于稳态，开关 S 初始处于 b 点，电容 C 上未充电，即 $u_C(0_-) = 0$。当 $t=0_+$ 时，开关 S 拨向 a 点，现讨论电容两端的电压 u_C、电流 i 的变化规律。

当 $t=0_+$ 时，开关 S 拨向 a 点，根据 KVL，有

$$u_R + u_C = U_S$$

由于

$$u_R = Ri, i = C\frac{du_C}{dt}$$

所以

$$RC\frac{du_C}{dt} + u_C = U_S \tag{1-45}$$

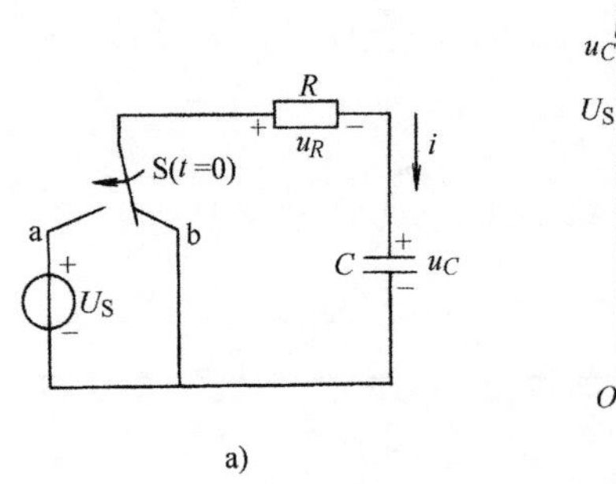

a)

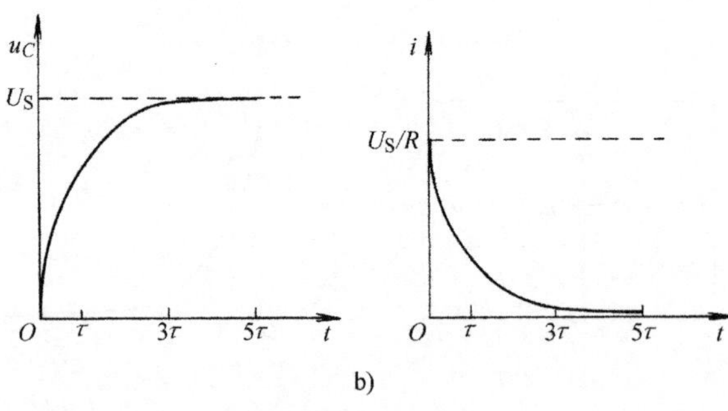

b)

图 1-52　RC 电路的零状态响应

式（1-45）为一阶微分方程，解该微分方程，并结合初始条件 $u_C(0_+) = u_C(0_-) = 0$，可得

$$u_C = U_S - U_S e^{-\frac{t}{RC}}$$

同理

$$u_C = U_S - U_S e^{-\frac{t}{\tau}} \tag{1-46}$$

$$i = \frac{u_R}{R} = \frac{U_S - u_C}{R} = \frac{U_S}{R} e^{-\frac{t}{\tau}} \tag{1-47}$$

u_C 及 i 的波形如图 1-52b 所示。可以看出，电容的零状态响应实际上是一个电容的充电过程。

3. 全响应

当一阶电路中动态元件的初始储能（状态）不为零，由外加激励所产生的响应称为一阶电路的全响应。

电路如图 1-53a 所示，电路处于稳态，开关 S 初始处于 b 点，电容 C 上已充电，即 $u_C(0_-) = U_0$。当 $t = 0_+$ 时，开关 S 拨向 a 点，现讨论电容两端的电压 u_C、电流 i 的变化规律。

当 $t = 0_+$ 时，开关 S 拨向 a 点，根据 KVL，有

$$u_R + u_C = U_S$$

所以

$$RC\frac{du_C}{dt} + u_C = U_S$$

由初始条件 $u_C(0_+) = u_C(0_-) = U_0$，可解得

$$u_C = U_S + (U_0 - U_S)e^{-\frac{t}{\tau}} \tag{1-48}$$

或

$$u_C = U_0 e^{-\frac{t}{\tau}} + U_S(1 - e^{-\frac{t}{\tau}})$$

$$i = \frac{u_R}{R} = \frac{U_S - u_C}{R}$$

$$= \frac{U_S - U_0}{R} e^{-\frac{t}{\tau}}$$

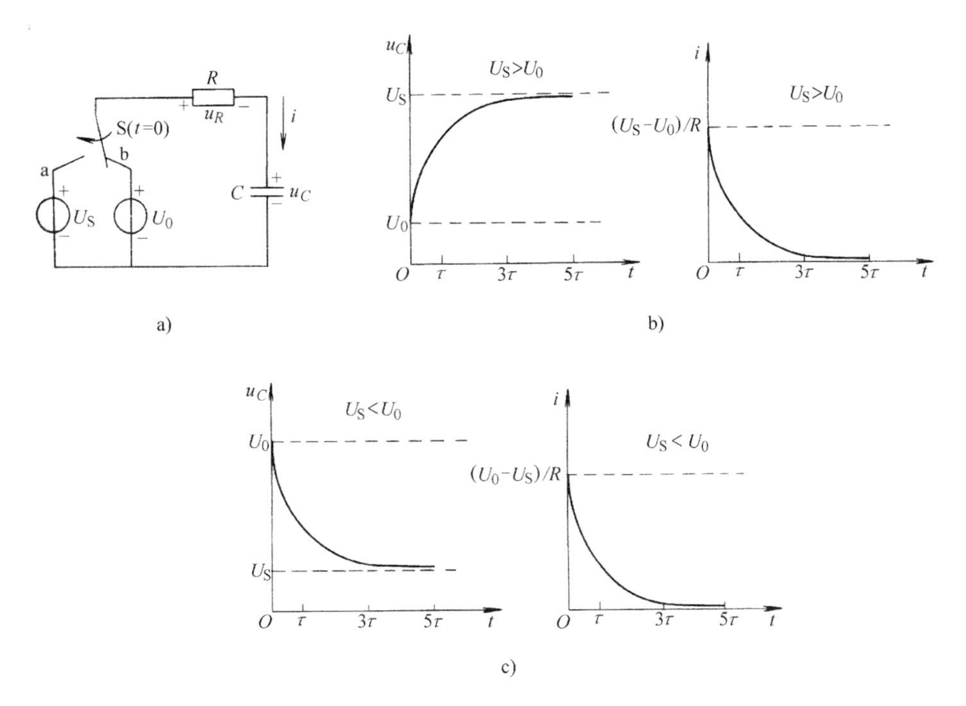

a)　　b)

c)

图 1-53　RC 电路的全响应

$$= \frac{U_S}{R}e^{-\frac{t}{\tau}} - \frac{U_0}{R}e^{-\frac{t}{\tau}}$$

u_C 及 i 的波形如图 1-53b、c 所示。可以看出，电路的全响应可以看成是零输入响应和零状态响应的叠加，即

全响应 = 零输入响应 + 零状态响应

实验课题一　直流电路综合训练

一、实验目的

1）验证基尔霍夫定律的正确性，加深对基尔霍夫定律的理解。

2）学会使用电流插头、插座测量各支路电流的方法。

3）验证线性电路叠加定理的正确性，从而加深对线性电路的叠加性的认识和理解。

二、预习要求

1）通读实验内容，熟悉实验内容及要求。

2）根据图 1-54 的电路参数，计算出待测电流 I_1、I_2、I_3 及各电阻上的电压值，计入表 1-6中，以便实验时能正确选用毫安表和电压表的量程。

3）实验电路中，若将一个电阻用二极管代之，试问叠加定理是否成立？

三、实验仪器

实验仪器见表1-5。

表1-5 实验仪器清单

序号	名 称	型号与规格	数 量	备 注
1	直流稳压电源 U_{S1}	+12V	1	
2	直流稳压电源 U_{S2}	+6V	1	
3	直流数字电压表		1	
4	直流数字毫安表		1	
5	叠加电路实验电路板		1	DGJ-03或自制

四、实验内容

实验电路如图1-54a所示。图1-54b是电流表插头、插座示意图。

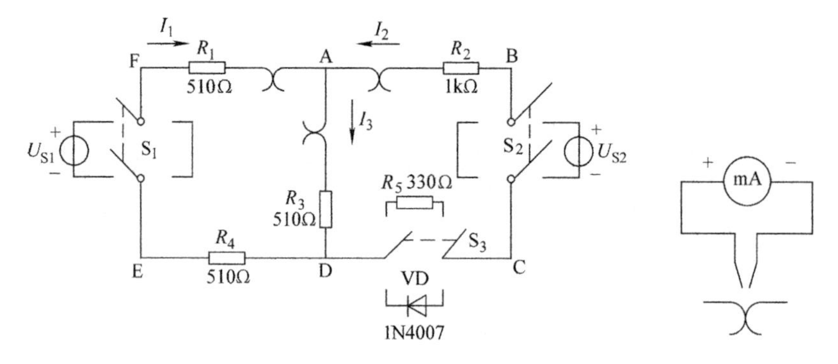

a) 实验电路　　b) 电流表插头、插座示意图

图1-54 实验课题—实验电路

任务1 KCL、KVL的验证

1）按图1-54a电路接线，使 $U_{S1}=+12V$，$U_{S2}=+6V$，并将开关 S_1 投向 U_{S1} 侧，开关 S_2 也投向 U_{S2} 侧，开关 S_3 投向 R_5。

2）用直流数字电压表和直流数字毫安表（接电流插头）测量各支路电流及各电阻元件两端的电压，将数据记入表1-6中。

表1-6 KCL、KVL的验证数据

被测值	I_1/mA	I_2/mA	I_3/mA	U_{S1}/V	U_{AB}/V	U_{S2}/V	U_{CD}/V	U_{DA}/V
计算值								
测量值								

任务2　验证线性电路叠加定理的适用性

按图1-54a电路接线，使 $U_{S1}=+12V$，$U_{S2}=+6V$。

1）令 U_{S1} 电源单独作用（即将开关 S_1 投向 U_{S1} 侧，开关 S_2 投向短路侧），用直流数字电压表和直流数字毫安表（接电流插头）测量各支路电流及各电阻元件两端的电压，将数据记入表1-7中。

2）令 U_{S2} 电源单独作用（即将开关 S_1 投向短路侧，开关 S_2 投向 U_{S2} 侧），重复1）的测量，将数据记入表1-7中。

3）令 U_{S1} 和 U_{S2} 两电源共同作用（即将开关 S_1 投向 U_{S1} 侧，开关 S_2 投向 U_{S2} 侧），重复1）的测量，将数据记入表1-7中。

表1-7　线性电路叠加定理的验证数据

被 测 值	U_{S1}/V	U_{S2}/V	I_1/mA	U_{AD}/V
U_{S1} 单独作用				
U_{S2} 单独作用				
U_{S1}、U_{S2} 共同作用				

任务3　验证非线性电路叠加定理的不适用性

1）实验电路同前。

2）将 R_5 换成一只二极管1N4007（即将开关 S_3 投向二极管VD一侧），重复任务2的测量过程，将数据记入表1-8中。

表1-8　非线性电路叠加定理的不适用性测量

被 测 值	U_{S1}/V	U_{S2}/V	I_1/mA	U_{AD}/V
U_{S1} 单独作用				
U_{S2} 单独作用				
U_{S1}、U_{S2} 共同作用				

五、注意事项

1）所有需要测量的电压值，均以电压表测量值为准，不能以电源表盘指示值为准。

2）防止电源“+、-”极碰线短路。

3）用电流插头测电流时，应注意表头的“+、-”极。

4）注意仪表量程的及时更换。

边学边练一　万用表的使用

读一读1　仪表的选择

电工仪表按被测电量分为直流表（－）和交流表（～），对直流电量，广泛采用磁电系仪表（∩），对于正弦交流电，可选用电磁系（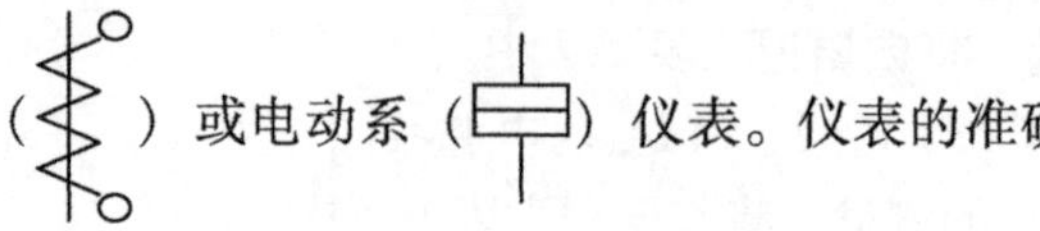）或电动系（）仪表。仪表的准确度可分为0.1、0.2、0.5、1.0、1.5、2.5和5.0共七级，实验室常用仪表的准确度在0.5～2.5级，准确度等级数字越大，准确度越低，误差越大。仪表的工作位置分为标尺位置垂直（⊥）和标尺位置水平（┌─┐）。为了充分利用仪表的准确度，应尽量按使用标尺后1/4段的原则选择仪表的量程。

读一读2　万用表的使用方法

万用表按外形分为数字万用表和模拟（指针）万用表，分别如图1-55和图1-56所示。

图1-55　数字万用表

图1-56　模拟（指针）万用表

1. DT9505数字万用表的使用方法

测量时，将电源开关拨至“ON”，黑表笔一直插入“COM”插孔，红表笔则应根据被测量的种类和量程不同，分别插在“V·Ω”、“mA”或“20A”插孔内。

（1）直流电压的测量　量程开关置于“DCV”的适当量程。将红表笔插入“V·Ω”插孔，将电源开关拨至“ON”，两表笔并联在被测电路两端，显示屏显示出直流电压的数值。若输入超量限，则显示屏左端显示“1”或“－1”的提示符。

（2）交流电压的测量　量程开关置于“ACV”的适当量程，表笔接法、测量方法与直流电压相同。

（3）直流电流的测量　量程开关置于“DCA”的适当量程，将红表笔插入“mA”插孔（电流值<200mA）或“20A”插孔（电流值>200mA）。将万用表串联在被测电路中，即可显示出直流电流的数值。

（4）交流电流的测量　量程开关置于“ACA”的适当量程，表笔接法、测量方法与直流电流相同。

（5）电阻的测量　量程开关置于“Ω”的适当量程，将红表笔插入“V·Ω”。若量程开关置于200M、20M或2M档，显示值以“MΩ”为单位，其余档均以“Ω”为单位。

（6）二极管的测量　量程开关置于“Ω”档，将红表笔插入“V·Ω”，接二极管正极，黑表笔接二极管负极。此时显示的是二极管的正向电压。若为锗管，则应显示0.150～0.300V；若为硅管，则应显示0.550～0.700V。如果显示000，则表示二极管被击穿；若显示1，则表示二极管内部开路。

（7）晶体管h_{FE}的测量　将被测晶体管的管脚插入h_{FE}相应孔内，根据被测管子的类型选择“NPN”或“PNP”档位，显示值即为h_{FE}值。

（8）电路通断检测　量程开关置于“·)))”蜂鸣器档，将红表笔插入“V·Ω”，若被测电路的电阻低于规定值（20Ω±10Ω），蜂鸣器发出声音，则表示电路接通。反之，表示电路不通。

注意：严禁在被测电路带电的情况下测量电阻；严禁测量高电压和大电流时拨动量程开关；若无法估算被测电量的大小时，应从最大量程开始粗测，再选择合适的量程细测。

2. MF47指针万用表的使用方法

指针万用表是利用一只磁电系表头，通过转换开关变换不同的测量电路而制成的常用电工仪表。其可测量直流电流、直流电压、交流电压、直流电阻等多种物理量，并具有多种量限。

（1）表笔　指针万用表只有两个输入插孔。测量直流电流时，应将万用表串入被测电路，且电流应从“+”极流入；测量直流电压时，应将万用表并在被测电路两端，且红表笔接实际高电位，否则表笔会反偏损坏。当未知实际电位时，可用表笔轻点测量点，以此先判断电位的高低再测量。测量电阻时，应断开测量电路的电源。

（2）调零　万用表有一个机械调零旋钮和一个欧姆调零旋钮，机械调零旋钮用于调整指针处于零位置（零偏）。欧姆调零旋钮用于当红表笔和黑表笔短接时，调节指针在0Ω处（满偏）。每一个电阻档都要进行欧姆调零，若不能调零，则应更换电池。

（3）读数　表盘上共有6个刻度标尺，从上向下依次为Ω、≂V·$\underline{\text{mA}}$、h_{FE}、L、C和dB（分贝）。

1）Ω档读数。Ω档的表盘读数与档位是倍数关系。如表盘读数为2.5，此时万用表若在×10档，则实际测量值为2.5×10Ω=25Ω。

Ω档除了直接测量电阻外，在断电情况下，还可检查电路的通断。当a、b两点电阻接近零时，a、b两点电路通；当a、b两点电阻接近∞时，a、b两点电路断。测量PN结时应注意，黑表笔接内部电池的正极。这点与数字万用表相反。

2）≂V·$\underline{\text{mA}}$档读数。测量值 = 档位÷满刻度量程×表盘读数，如在交流电压500V档位上，满刻度量程是250V，表盘读数为110V，则测量值为220V。交直流电压档以V为单位，直流毫安档以mA为单位。交流电压读数为有效值，如果测量对象不是正弦波，或是频率超过表盘上的规定值，测量误差将增大。

议一议 你学会万用表的使用方法了吗？

1）测量电压，表应怎样接入电路？

2）测量电流，表应怎样接入电路？

3）测量电阻时可否带电测量？

4）换档时应注意什么？

练一练 MF47指针万用表的使用训练

任务1 测量稳压电源输出电压 u_S

将稳压电源输出电压 u_S 分别调至2V、4V、6V、8V，将万用表转换开关置于直流电压10V档，红表笔接稳压电源正极，黑表笔接稳压电源负极，测量上述各电压值，记入表1-9中。

将稳压电源输出电压 u_S 分别调至10V、20V、30V、40V，将万用表转换开关置于直流电压50V档，测量上述各电压值，记入表1-9中。

任务2 测量图1-57所示电路中的电流

连接电路的一般原则：从电源的正极开始接，根据元器件的摆放位置，遵循上进下出、左进右出的原则连接电路。

将万用表转换开关置于直流电流100mA档，红表笔接电路A点，黑表笔接电路B点，万用表串入电路，稳压电源 u_S 输出取10V，R 取100Ω，可变电阻器RP（200Ω，1A）调至最大值 R_P，闭合开关S，可变电阻器RP分别取 $R_P/4$、$R_P/2$、$3R_P/4$、R_P，测量相应的直流电流值，记入表1-9中。改变量程时，应打开开关S。

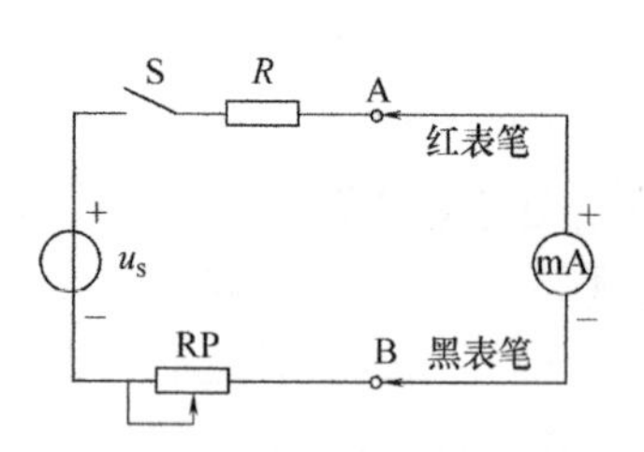

图1-57 MF47指针万用表的训练电路

任务3 测量电阻的实际值

取5Ω、10Ω、20Ω、100Ω、200Ω、1kΩ、20kΩ、500kΩ等电阻各一个，将万用表转换开关分别置于 $R\times1$、$R\times10$、$R\times1k$、$R\times10k$ 电阻档，每档找三个电阻测量，将结果记入表1-9中。

任务4 测量实验设备上的220V和380V的交流电源电压

将万用表转换开关分别置于交流电压档250V和500V档，测量实验桌上的220V和380V的交流电源电压，记入表1-9中。

表 1-9　MF47 指针万用表的测量

项　目		测量结果							
直流电压	直流电源电压/V	2	4	6	8	10	20	30	40
	测量电压/V								
直流电流	可变电阻器 RP	$R_P/4$		$R_P/2$		$3R_P/4$		R_P	
	测量电流/mA								
电阻	电阻档倍率	$R\times1$		$R\times10$		$R\times1k$		$R\times10k$	
	测量电阻/Ω								
交流电压	交流电源电压/V	220				380			
	测量电压/V								

本章小结

(1) 研究电路的一般方法　理想电路元件是实际电路元件的理想化模型。由理想电路元件构成的电路，称为电路模型。在电路理论研究中，都用电路模型来代替实际电路加以研究。

(2) 电压、电流的参考方向　电路图中所标注的均是参考方向，并以参考方向为依据列方程。

电压的参考极性用“+”、“-”标注，电流的参考方向用“→”标注。

当 u(或 i) >0 时，表明实际方向与参考方向一致，否则相反。

(3) 功率

1) 当元件的 u、i 选择关联参考方向时，有

$$p = ui$$

2) 当元件的 u、i 选择非关联参考方向时，有

$$p = -ui$$

若 $p>0$，则该元件为耗能元件；若 $p<0$，则为供能元件。

电路中功率是平衡的，即

$$\sum p = 0$$

(4) 电阻元件、电容元件、电感元件的 u、i 关系　当元件的 u、i 选择关联参考方向时，有

$$u = Ri$$

$$i = C\mathrm{d}u_C/\mathrm{d}t$$

$$u = L\mathrm{d}i_L/\mathrm{d}t$$

对于线性电阻元件、电感元件和电容元件，R、L、C 均为常数。

（5）基尔霍夫定律

1）KCL：

$$\sum i = 0$$

以电流 i 的参考方向为依据列方程，流入节点的电流前取“+”，否则取“-”。

2）KVL：

$$\sum u = 0$$

以电压 u 的参考方向为依据列方程，当 u 的参考方向与绕行方向一致时，该电压前取“+”，否则取“-”。

（6）电路分析的基本方法

1）支路电流法。支路电流法是以支路电流为未知数，根据 KCL 和 KVL 列方程求解的一种方法。

2）网孔电流法。以假想的网孔电流为未知数，应用 KVL 列出各网孔的电压方程，并联立解出网孔电流，再进一步求出各支路电流的方法称为网孔电流法。一般式为

$$\begin{cases} R_{11}I_a + R_{12}I_b = U_{S11} \\ R_{21}I_a + R_{22}I_b = U_{S22} \end{cases}$$

3）节点电压法。以节点电压为未知数，应用 KCL 列出各节点的电流方程，并联立解出节点电压，再进一步求出各支路电流的方法称为节点电压法。一般式为

$$\begin{cases} G_{11}U_{10} + G_{12}U_{20} = I_{S11} \\ G_{21}U_{10} + G_{22}U_{20} = I_{S22} \end{cases}$$

（7）等效变换

1）等效是对外电路等效。

2）无源二端网络的等效

电阻的串联　$R = R_1 + R_2 + \cdots + R_n$

电阻的并联　$\dfrac{1}{R} = \dfrac{1}{R_1} + \dfrac{1}{R_2} + \cdots + \dfrac{1}{R_n}$

3）有源二端网络的等效

① 实际电压源与实际电流源的等效

$$U_S = I_S R'_S$$
$$R_S = R'_S$$

② 等效电源定理——戴维南定理　任何一个线性有源二端网络，可以用一个电压源 U_{oc} 和一个电阻 R_i 的串联电路等效，U_{oc} 等于该二端网络的开路电压，R_i 等于该二端网络去掉电源后的等效电阻。

（8）RC 电路的过渡过程

换路定律：在换路的一瞬间（$t=0_+$），如果流入（或流出）电容的电流保持为有限值，则电容上电压应保持换路前一瞬间（$t=0_-$）的原有值而不跃变，即

$$u_C(0_+) = u_C(0_-)$$

思考题与习题

一、填空题

1-1　图 1-58 所示为某二端网络，对图 a，若 $I=3A$，则 $U_{ab}=($　　$)V$；对图 b，若 $U_{ab}=9V$，则 $I=($　　$)A$；对图 c，若 $I=3A$，则 $U_{ab}=($　　$)V$；对图 d，若 $U_{ab}=-12V$，则 $I=($　　$)$。

1-2　电路如图 1-59 所示，若 $U_{ab}=21V$，则 $I=($　　$)A$。

1-3　电路如图 1-60 所示，若 $I=10A$，则 $U_{ab}=($　　$)V$。

1-4　电路如图 1-61 所示，试应用 KVL，计算各点的电位及回路的电流。

$V_a=($　　$)V$，$V_b=($　　$)V$，$V_c=($　　$)V$，$I=($　　$)A$。

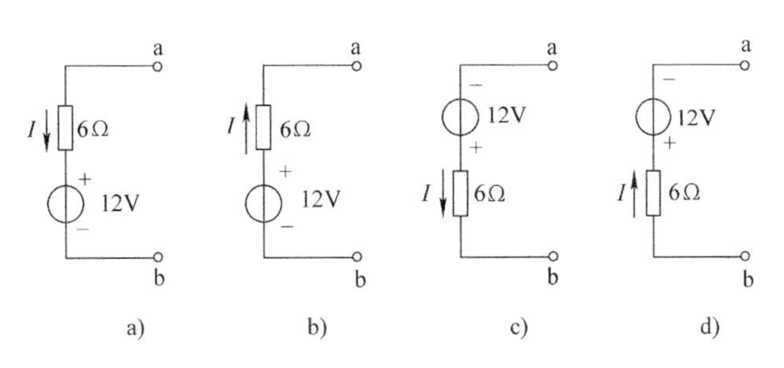

图 1-58　题 1-1 图

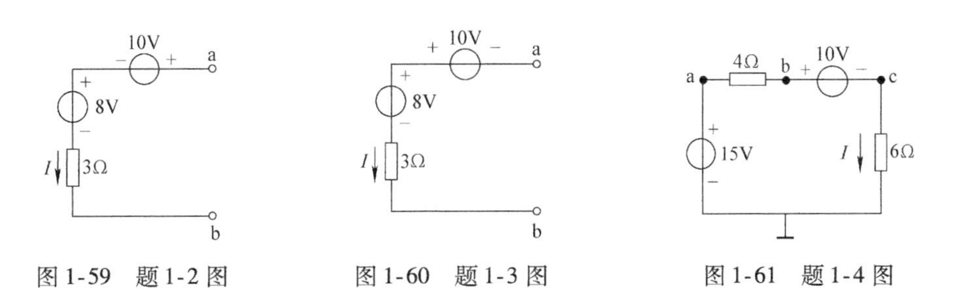

图 1-59　题 1-2 图　　图 1-60　题 1-3 图　　图 1-61　题 1-4 图

1-5　电路如图 1-62 所示，试认真识别电阻的串、并联关系，将各图的等效电阻 R_{ab} 分别填入：图 a(　　)Ω；图 b(　　)Ω；图 c(　　)Ω；图 d(　　)Ω；图 e(　　)Ω。

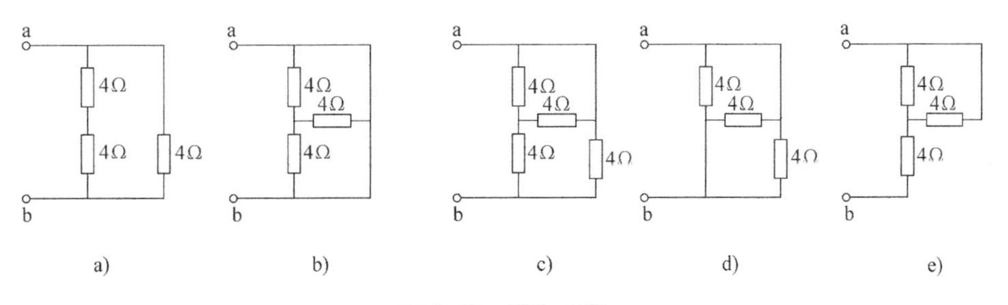

图 1-62　题 1-5 图

二、单项选择题

1-6 电路如图1-63所示，电路消耗的功率为（ ）。

a）$P=UI=-24\text{W}$，供能　　b）$P=UI=24\text{W}$，供能

c）$P=-UI=24\text{W}$，耗能　　d）$P=-UI=-24\text{W}$，耗能

1-7 电路如图1-64所示，a、b端的等效电阻R_{ab}为（ ）。

a）6.2Ω　b）9.1Ω　c）5Ω　d）10Ω

1-8 基尔霍夫电流定律应用于（ ）。

a）支路　b）节点　c）回路

1-9 支路电流法是以（ ）为独立变量列写方程的求解方法。

a）支路电流　b）网孔电流　c）回路电流

1-10 电路如图1-65所示，试应用戴维南定理选择一个正确的答案（ ）。

a）$U_{OC}=U_{abo}=12\text{V}$，$R_i=2.5\Omega$　　b）$U_{OC}=U_{abo}=6\text{V}$，$R_i=2.5\Omega$

c）$U_{OC}=U_{abo}=12\text{V}$，$R_i=5\Omega$　　d）$U_{OC}=U_{abo}=6\text{V}$，$R_i=5\Omega$

三、综合题

1-11 电路如图1-66所示，求U_1、U_2及6Ω电阻上吸收的功率。

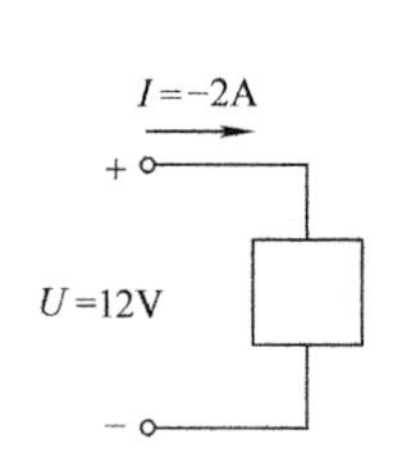

图1-63 题1-6图

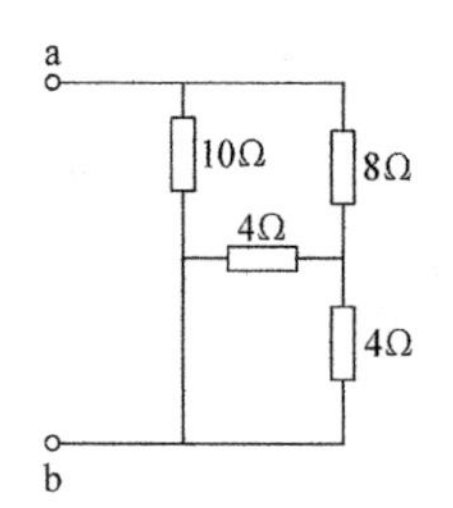

图1-64 题1-7图

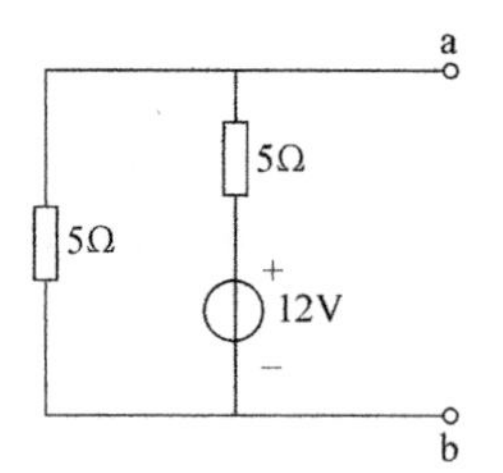

图1-65 题1-10图

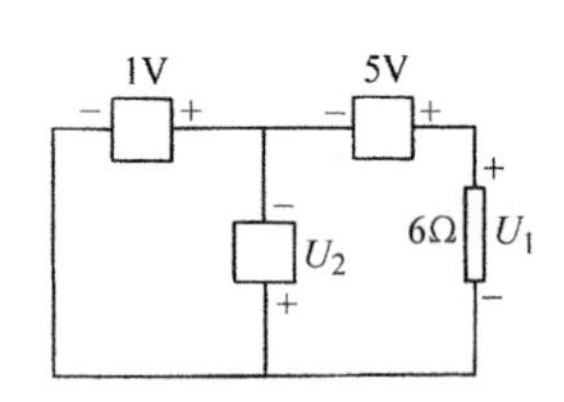

图1-66 题1-11图

1-12 电路如图1-67所示，已知$U_{S1}=12\text{V}$，$U_{S2}=10\text{V}$，$R_1=0.2\Omega$，$R_2=2\Omega$，$I_1=5\text{A}$，试求U_{ab}、I_2、I_3、R_3。

1-13 试求如图1-68所示电路中的I、U。

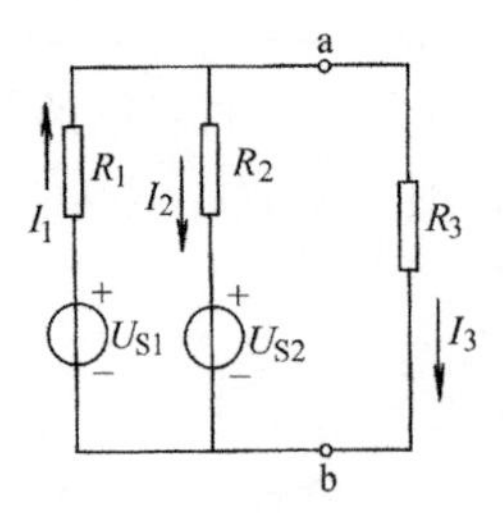

图1-67 题1-12图

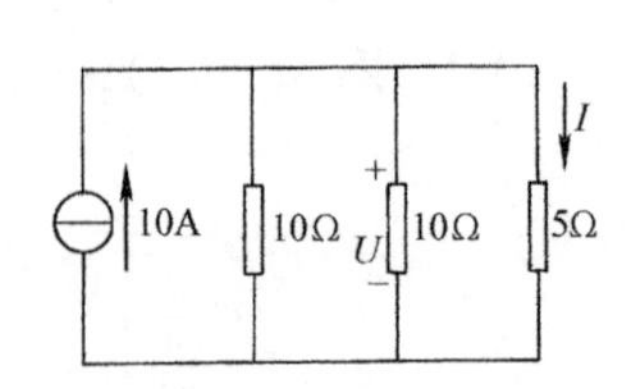

图1-68 题1-13图

1-14 如图1-69所示电路，已选定o点为电位参考点，已知$V_a=30\text{V}$，试求：

（1）b点电位V_b。

（2）电阻R_{ab}和R_{ao}。

1-15 电路如图1-70所示，已知$R_1=3\Omega$，$R_2=2\Omega$，$U_{S1}=6\text{V}$，$U_{S2}=14\text{V}$，$I=3\text{A}$，求a

点的电位。

图 1-69　题 1-14 图　　　图 1-70　题 1-15 图

1-16　试用网孔电流法重做题 1-12。

1-17　试用网孔电流法求图 1-71 所示电路中的电流 I。

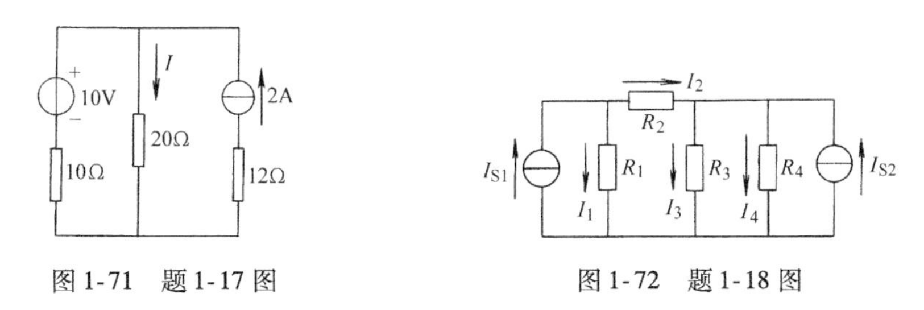

图 1-71　题 1-17 图　　　图 1-72　题 1-18 图

1-18　用节点法求图 1-72 所示电路中各支路电流，已知 $I_{S1}=10\text{A}$，$I_{S2}=5\text{A}$，$R_1=2\Omega$，$R_2=3\Omega$，$R_3=6\Omega$，$R_4=2\Omega$。

1-19　试用弥尔曼定理重做题 1-12。

1-20　一个内阻 R_g 为 2500Ω，电流 I_g 为 100μA 的表头，如图 1-73 所示，现要求将表头电压量程扩大为 2.5V、50V、250V 三档，求所需串联的电阻 R_1、R_2、R_3 的阻值。

1-21　现有一个内阻 R_g 为 2500Ω，电流 I_g 为 100μA 的表头，如图 1-74 所示，要求将表头电流量程扩大为 1mA、10mA、1A 三档，求所需并联的电阻 R_1、R_2、R_3 的阻值。

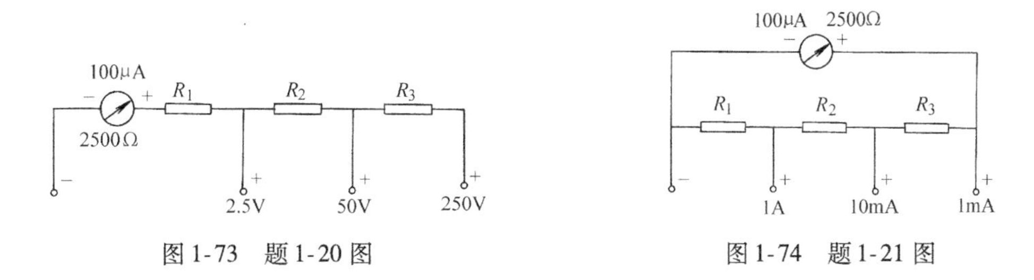

图 1-73　题 1-20 图　　　图 1-74　题 1-21 图

1-22　将图 1-75a、b 所示电路中的电压源与电阻串联组合等效变换为电流源与电阻并联组合；将图1-75c、d 所示电路中的电流源与电阻的并联组合等效为电压源与电阻的串联组合。

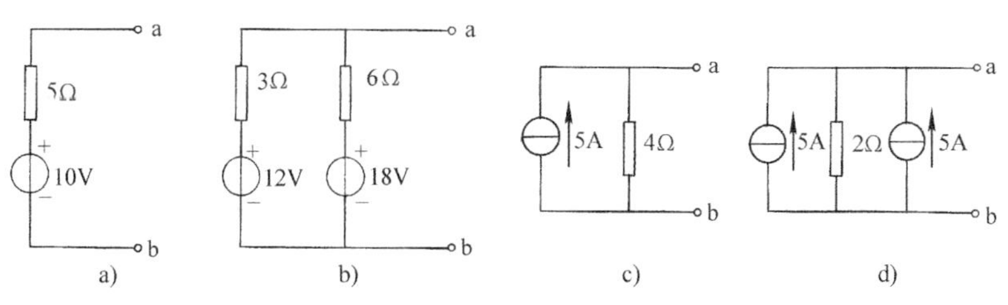

图 1-75　题 1-22 图

1-23　试用戴维南定理化简图 1-76 所示电路。

1-24　试用戴维南定理求图 1-77 所示电路中的电流 I。

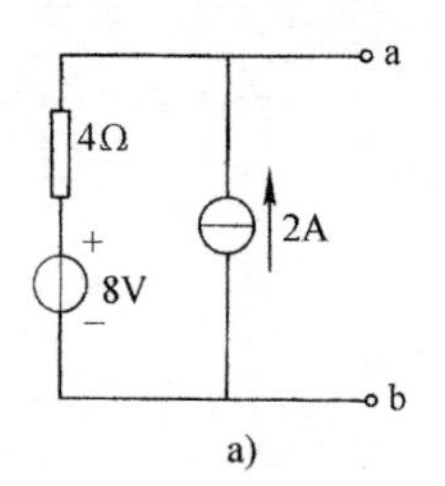

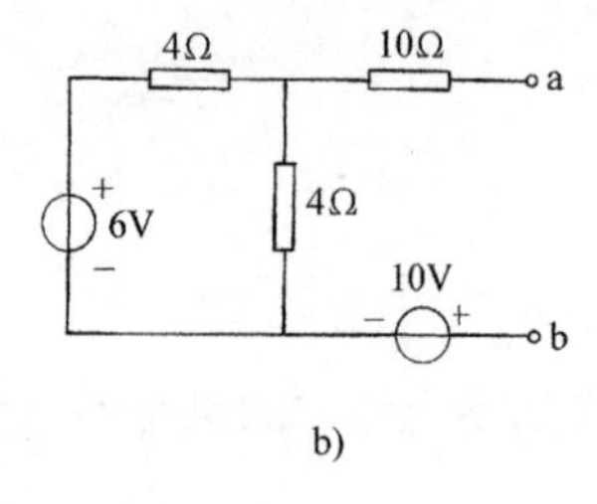

图 1-76　题 1-23 图

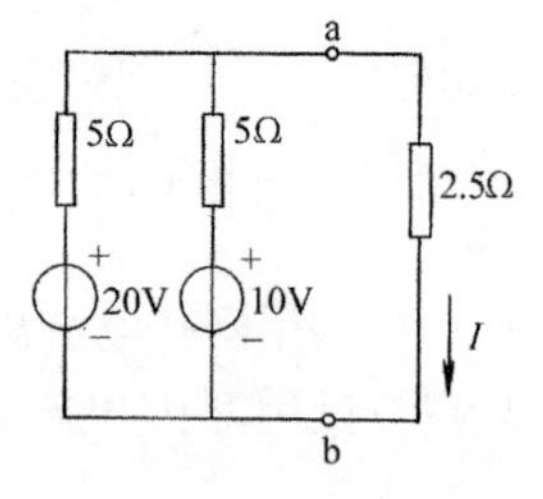

图 1-77　题 1-24 图

1-25　应用叠加定理重做题 1-17。

1-26　试用叠加定理，求图 1-78 电路中的电流 I。

1-27　如图 1-79 电路中，开关 S 合在 1 上，电路处于稳态，当 $t=0$ 时开关 S 合于 2 上，求 $u_C(t)$ 和 $i(t)$ 。

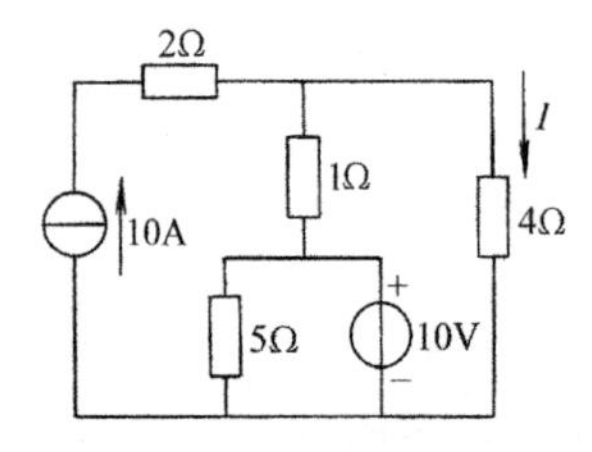

图 1-78　题 1-26 图

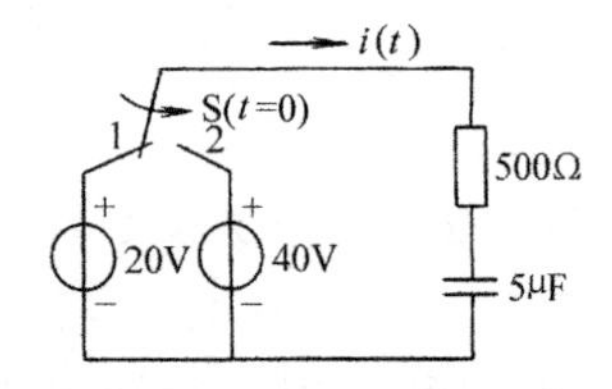

图 1-79　题 1-27 图

第二章

单相正弦交流电路

学习目标

通过本章的学习，你应达到：

(1) 掌握正弦量的三要素、相位差和有效值的概念。

(2) 理解正弦量的解析式、波形图、相量、相量图及其相互转换。

(3) 掌握 R、L、C 单一元件在正弦交流电路中的基本规律。

(4) 掌握 RLC 串联电路的相量分析方法，会判断阻抗的性质。

(5) 掌握简单电路的有功功率、无功功率与视在功率的计算方法。

(6) 掌握复阻抗串、并联电路的计算方法及其应用。

本章学习正弦交流电路。其中的电流与电压均按正弦规律变化。世界各国的电力系统大多采用正弦交流电，交流电的使用比直流电更为广泛。

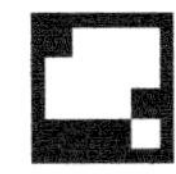

正弦交流电的产生过程

第一节　正　弦　量

在正弦交流电路中，由于电流和电压的大小和方向都随时间在不断变化，因此，在所标参考方向下的值也在正负交替。如图 2-1a 所示电路，交流电路的参考方向已经标出，其电流波形如图 2-1b 所示。当电流在正半周时，$i>0$，表明电流的实际方向与参考方向相同；当电流在负半周时，$i<0$，表明电流的实际方向与参考方向相反。

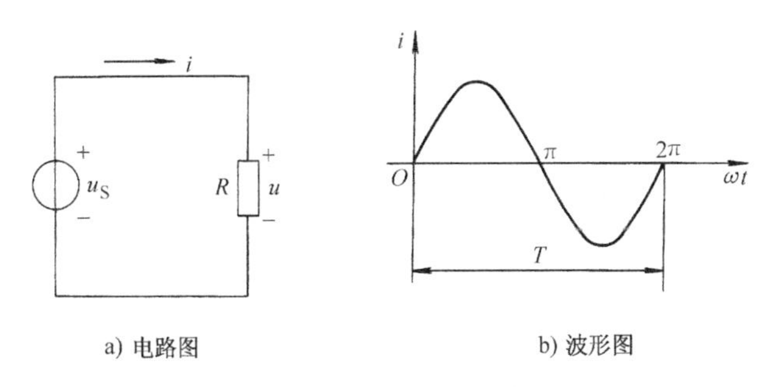

a) 电路图　　b) 波形图

图 2-1　交流电路及电流波形图

正弦电流、电压等物理量按正弦规律变化，因此常称为正弦量。其解析式如下：

$$i = I_m \sin(\omega t + \psi_i)$$

$$u = U_m \sin(\omega t + \psi_u)$$

从上式可知，当 I_m、ω 和 ψ_i 三个量确定以后，电流 i 就被唯一确定下来了。因此，这三个量就称为正弦量的三要素。

一、正弦量的三要素

1. 振幅值（最大值）

正弦量在任一时刻的值称为瞬时值，用小写字母表示，如 i、u 分别表示电流及电压的瞬时值。正弦量瞬时值中的最大值称为振幅值也叫最大值或峰值，用大写字母加下标 m 表示，如 I_m、U_m 分别表示电流、电压的振幅值。图 2-2 所示波形分别表示两个振幅不同的正弦交流电压。

2. 角频率

角频率是描述正弦量变化快慢的物理量。正弦量在单位时间内所经历的电角度，称为角频率，用字母 ω 表示，即

$$\omega = \frac{\alpha}{t}$$

式中，ω 的单位为弧度/秒（rad/s）。

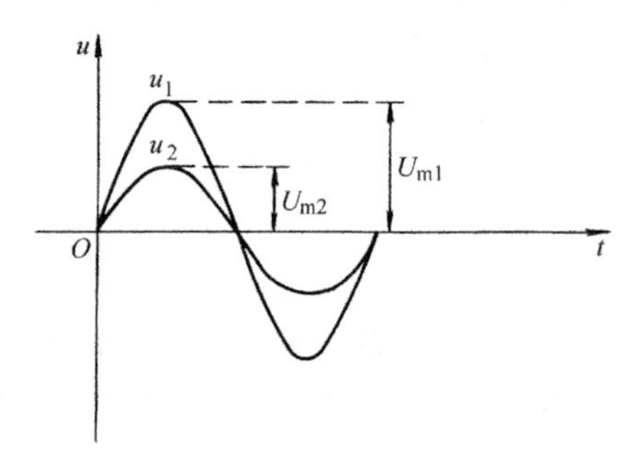

图 2-2　振幅值不同的正弦量

在工程中，还常用周期或频率表示正弦量变化的快慢。正弦量完成一次周期性变化所需要的时间，称为正弦量的周期，用 T 表示。周期的单位是秒（s）。正弦量在 1s 内完成周期性变化的次数，称为正弦量的频率，用 f 表示。频率的单位是赫兹，简称赫（Hz）。

根据定义，周期和频率的关系应互为倒数，即

$$f = \frac{1}{T} \tag{2-1}$$

在一个周期 T 内，正弦量经历的电角度为 2π 弧度，所以角频率 ω 与周期 T 和频率 f 的关系是

$$\omega = \frac{2\pi}{T} = 2\pi f \tag{2-2}$$

我国和世界上大多数国家电力工业的标准频率为 50Hz，也有一些国家采用 60Hz，工程上称它们为工频。它的周期为 0.02s，电流的方向每秒钟变化 100 次，它的角频率为314rad/s。

3. 初相角

在正弦量的解析式中，角度（$\omega t + \psi$）称为正弦量的相位角，简称相位，它是一个随时间变化的量，不仅确定正弦量瞬时值的大小和方向，而且还能描述正弦量变化的趋势。

初相角是指 $t=0$ 时的相位，用符号 ψ 表示。正弦量的初相角确定了正弦量在计时起点

的瞬时值。计时起点不同，正弦量的初相角不同，相位也不相同。相位和初相角都和计时起点的选择有关。一般规定初相角 $|\psi|$ 不超过 π 弧度，即 $-\pi \leqslant \psi \leqslant \pi$。相位和初相角的单位通常用弧度，但工程上也允许用度做单位。

正弦量在一个周期内瞬时值两次为零，现规定由负值向正值变化且瞬时值为零的点叫作正弦量的零点。图 2-3 所示是不同初相角时的几种正弦电流的解析式和波形图。若选正弦量的零点为计时起点（即 $t=0$），则初相角 $\psi=0$，如图 2-3a 所示。若零点在计时起点的左边，则初相角为正，$t=0$ 时，正弦量的值为正，如图 2-3b、c 所示。若零点在计时起点的右边，则初相角为负，$t=0$ 时，正弦量的值为负，如图 2-3d 所示。

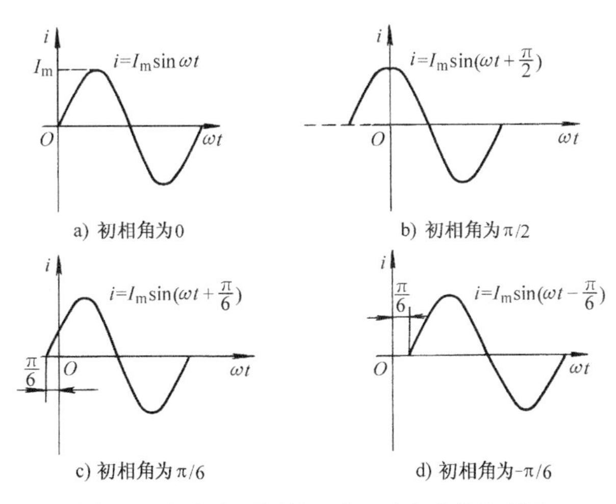

图 2-3　初相角不同的几种正弦电流的波形图

正弦量的瞬时值与参考方向是对应的，改变参考方向，瞬时值将异号，所以正弦量的初相角、相位以及解析式都与所标的参考方向有关。由于

$$-I_m\sin(\omega t+\psi_i)=I_m\sin(\omega t+\psi_i\pm\pi)$$

所以改变参考方向，就是将正弦量的初相角加上（或减去）π，而不影响振幅和角频率。因此，确定初相角既要选定计时起点，又要选定参考方向。

例 2-1　在选定参考方向下，已知正弦量的解析式为 $i=10\sin(314t+240°)$A。试求正弦量的振幅、频率、周期、角频率和初相角。

解

$$i=10\sin(314t+240°)\text{A}=10\sin(314t-120°)\text{A}$$

$$I_m=10\text{A}$$

$$\omega=314\text{rad/s}$$

$$T=\frac{2\pi}{\omega}=\frac{2\pi}{314}\text{s}=\frac{1}{50}\text{s}=0.02\text{s}$$

$$f=\frac{\omega}{2\pi}=\frac{314}{2\pi}\text{Hz}=50\text{Hz}$$

$$\psi_i=-120°$$

例 2-2　已知一正弦电压的解析式为 $u=311\sin\left(\omega t+\frac{\pi}{4}\right)$V，频率为工频，试求 $t=2$s 时的瞬时值。

解 工频 $f=50\text{Hz}$

角频率 $\omega=2\pi f=100\pi\ \text{rad/s}=314\text{rad/s}$

当 $t=2\text{s}$ 时，

$$u=311\sin\left(100\pi\times2+\frac{\pi}{4}\right)\text{V}=311\sin\frac{\pi}{4}\text{V}=311\times\frac{\sqrt{2}}{2}\text{V}=220\text{V}$$

二、相位差

两个同频率正弦量的相位之差，称为相位差，用 φ 表示。例如

$$u=U_m\sin\ (\omega t+\psi_u)$$
$$i=I_m\sin\ (\omega t+\psi_i)$$

则两个正弦量的相位差

$$\varphi=\ (\omega t+\psi_u)-(\omega t+\psi_i)=\psi_u-\psi_i$$

上式表明，同频率正弦量的相位差等于它们的初相角之差，不随时间改变，是个常量，与计时起点的选择无关。如图 2-4 所示，相位差就是相邻两个零点（或正峰值）之间所间隔的电角度。

在图2-4 中，u 与 i 之间有一个相位差，u 比 i 先到达零值或峰值，$\varphi=\psi_u-\psi_i>0$，则称 u 比 i 在相位上超前 φ 角，或者说 i 比 u 滞后 φ 角。因此相位差是描述两个同频率正弦量之间的相位关系即到达某个值的先后次序的一个特征量。规定其绝对值不超过 180°，即 $|\varphi|\leqslant180°$。

当 $\varphi=0$，即两个同频率正弦量的相位差为零，这样两个正弦量将同时到达零值或峰值，称这两个正弦量为同相，波形如图 2-5a 所示。

当 $\varphi=\pi$，即两个同频率正弦量的相位差为 180°，这样一个正弦量达到正峰值时，另一个正弦量刚好在负的峰值，称这两个正弦量反相，波形如图 2-5b 所示。

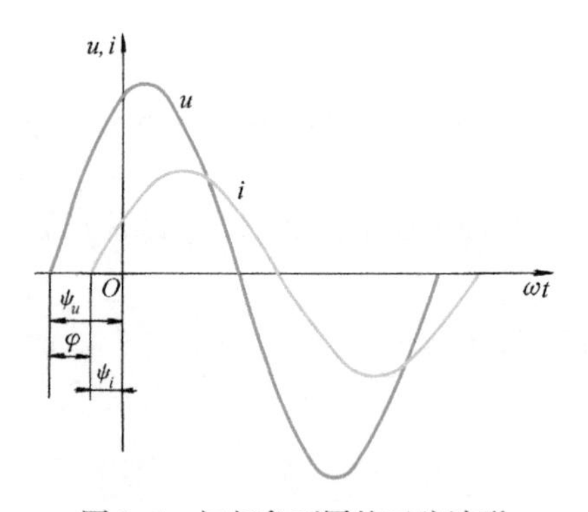

图 2-4 初相角不同的正弦波形

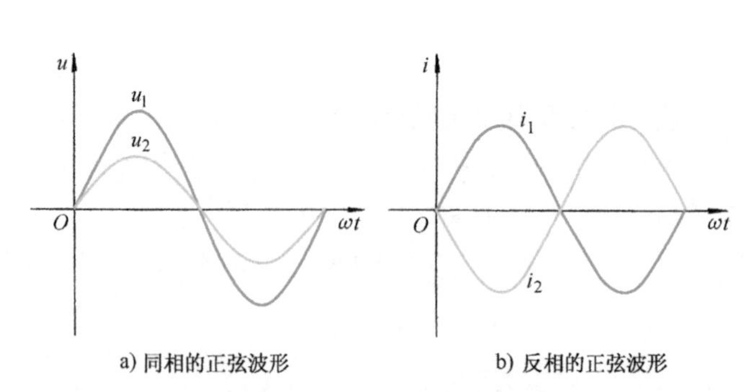

图 2-5 同相与反相的正弦波形

例 2-3 两个同频率正弦交流电流的波形如图 2-6 所示，试写出它们的解析式，并计算二者之间的相位差。

解 解析式

$$i_1=10\sin\left(314t+\frac{\pi}{4}\right)\text{A}$$

$$i_2 = 8\sin\left(314t - \frac{\pi}{4}\right)\text{A}$$

相位差　$\varphi = \psi_{i1} - \psi_{i2} = \frac{\pi}{4} - \left(-\frac{\pi}{4}\right) = \frac{\pi}{2}$

i_1 比 i_2 超前 90°，或 i_2 滞后 $i_1$90°。

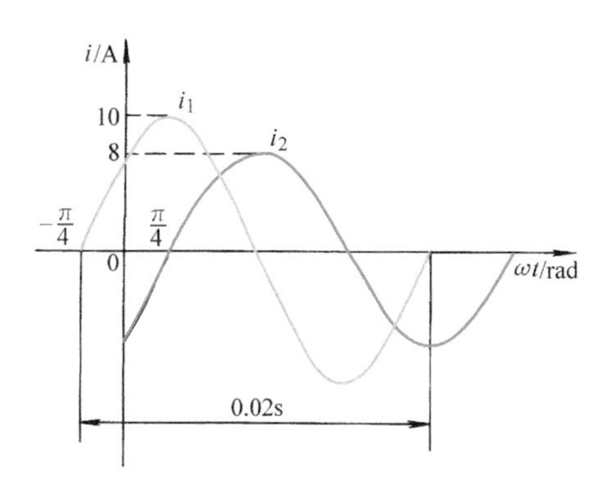

图 2-6　例 2-3 波形图

三、交流电的有效值

1. 有效值的定义

交流电的大小是变化的，若用最大值衡量它的大小，显然夸大了它们的作用，随意用某个瞬时值表示，肯定是不准确的。如何用某个数值准确地描述交流电的大小呢？人们通过电流的热效应来确定。把一个交流电 i 与直流电 I 分别通过两个相同的电阻，如果在相同的时间内产生的热量相等，则这个直流电 I 的数值就叫作交流电 i 的有效值。有效值的表示方法与直流电相同，即用大写字母 U、I 分别表示交流电的电压与电流的有效值，但其本质与直流电不同。

直流电流 I 通过电阻 R 在一个周期 T 内所产生的热量为

$$Q = I^2RT$$

交流电流 i 通过电阻 R，在一个周期 T 内所产生的热量为

$$Q = \int_0^T i^2R\mathrm{d}t$$

由于产生的热量相等，所以

$$\int_0^T i^2R\mathrm{d}t = I^2RT$$

交流电流的有效值为

$$I = \sqrt{\frac{1}{T}\int_0^T i^2\mathrm{d}t}$$

2. 正弦量的有效值

若交流电流为正弦交流 $i = I_\mathrm{m}\sin\omega t$，则

$$I = \sqrt{\frac{1}{T}\int_0^T I_\mathrm{m}^2\sin^2\omega t\mathrm{d}t} = \frac{I_\mathrm{m}}{\sqrt{2}} = 0.707I_\mathrm{m}$$

即

$$I = \frac{I_\mathrm{m}}{\sqrt{2}} = 0.707I_\mathrm{m} \tag{2-3}$$

这表明振幅为 1A 的正弦电流，在能量转换方面与 0.707A 的直流电流的实际效果相同。

同理，正弦电压的有效值为

$$U = \frac{U_\mathrm{m}}{\sqrt{2}} = 0.707U_\mathrm{m} \tag{2-4}$$

人们常说的交流电压220V、380V指的就是有效值。电器设备铭牌上所标的电压、电流值以及一般交流电表所测的数值也都是有效值。总之，凡涉及交流电的数值，只要没有特别说明的均指有效值。

例2-4 有一电容器，耐压为250V，能否接在电压为220V的民用电源上？

解 因为民用电是正弦交流电，电压的最大值 $U_m=\sqrt{2}\times220=311\text{V}$，这个电压超过了电容器的耐压，可能击穿电容器，所以不能接在220V的电源上。

第二节 正弦量的相量表示法

前面已经介绍了正弦量的两种表示方法，一种是解析式，即三角函数表示法，另一种是波形图表示法。此外，正弦量还可用相量表示，也就是用复数表示。为此，先介绍一些复数的有关知识。

一、复数

1. 复数的表示

在直角坐标系中，把横轴称为实轴，把纵轴称为虚轴，分别用来表示复数的实部和虚部，两个坐标轴所确定的平面称为复平面。$\sqrt{-1}$叫虚单位，数学上用i表示，电工中i用以表示电流，所以，用j代表虚单位，即

$$\mathrm{j}=\sqrt{-1}$$

实数与j的乘积称为虚数。由实数和虚数组合的数称为复数。复数的代数形式为

$$A=a+\mathrm{j}b \tag{2-5}$$

式中，a、b均为实数，a称为复数的实部，b称为复数的虚部。

每一个复数都可以在复平面上用一个点来表示，而复平面上的每一个点都对应着一个复数。如图2-7所示，复数$A=3+\mathrm{j}4$可用复平面上的A点表示，复平面上的B点也可用复数表示为$B=-2+\mathrm{j}3$。

复数还可以用复平面上的矢量来表示。如图2-8所示，连接原点O到A点的有向线段，称为矢量，其长度r称为复数A的模，模只取正值。矢量与实轴正方向的夹角θ，称为复数A的幅角。这样，复数就可以用模r和幅角θ来表示，即

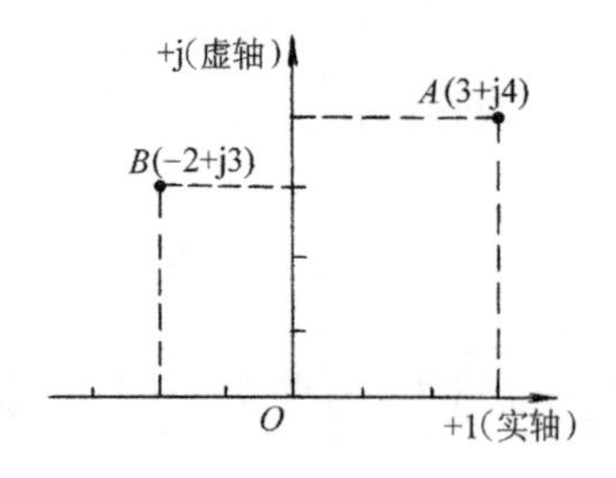

图2-7 复数在复平面上的坐标

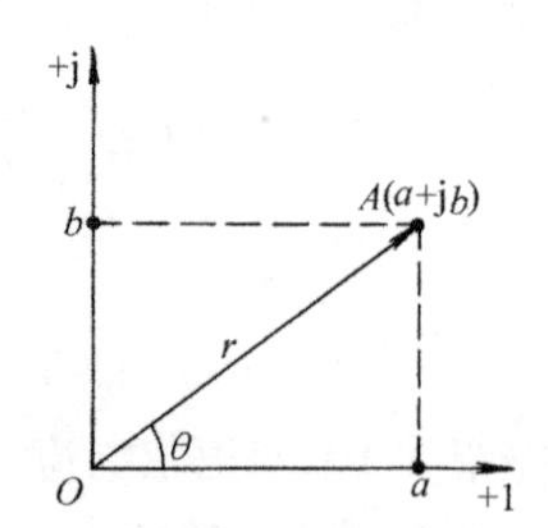

图2-8 复数的矢量表示

$$A = r\angle\theta \tag{2-6}$$

上式称为复数的极坐标形式。

从图 2-8 中可以看出，

$$\left.\begin{aligned} a &= r\cos\theta \\ b &= r\sin\theta \end{aligned}\right\} \tag{2-7}$$

$$\left.\begin{aligned} r &= |A| = \sqrt{a^2+b^2} \\ \theta &= \arctan\frac{b}{a} \end{aligned}\right\} \tag{2-8}$$

这样，复数又可以写成

$$A = a + \mathrm{j}b = |A|\cos\theta + \mathrm{j}|A|\sin\theta = r\cos\theta + \mathrm{j}r\sin\theta$$

上式称为复数的三角函数形式。

复数的代数形式、三角函数形式和极坐标形式可以相互转换。

例 2-5　写出下列复数的极坐标形式：

（1）$3+\mathrm{j}4$。

（2）$5-\mathrm{j}8$。

解　根据式（2-8）得

（1）$r=\sqrt{3^2+4^2}=5$　　　$\theta=\arctan\frac{4}{3}=53.13°$

所以

$$A_1=5\angle 53.13°$$

（2）$r=\sqrt{5^2+(-8)^2}=9.43$　　　$\theta=\arctan\frac{-8}{5}=-57.99°$

所以

$$A_2=9.43\angle -57.99°$$

例 2-6　写出下列复数的代数形式：

（1）$A_1=6\angle 42°$。

（2）$A_2=18\angle 108.6°$。

解　根据公式　$a=r\cos\theta$，$b=r\sin\theta$ 可得

（1）$a=6\cos42°=4.46$，$b=6\sin42°=4.01$，则

$$A_1 = 4.46 + \mathrm{j}4.01$$

（2）$A_2=18\cos108.6°+\mathrm{j}18\sin108.6°=-5.74+\mathrm{j}17.06$

2. 复数的运算

复数进行加减运算时，要先将复数转换为代数形式。然后，实部和实部相加减，虚部和虚部相加减。

例如，两个复数为 $A=a_1+\mathrm{j}b_1$，$B=a_2+\mathrm{j}b_2$，则

$$A \pm B = (a_1 \pm a_2) + \mathrm{j}(b_1 \pm b_2) \tag{2-9}$$

复数的加减运算还可以用作图法进行。由于复数可以用矢量表示，因此复数的加减运算就成为复平面上矢量的运算。如图 2-9a 所示，在复平面上分别作出复数 A 和 B 的矢量，由平行四边形法则求出它们的矢量和，即两个复数之和。求两个复数之差的作图方法如图 2-9b所示，把复数 B 的矢量反向，应用平行四边形法则作出 $A+(-B)$ 的和矢量，即两

个复数 A 与 B 之差。

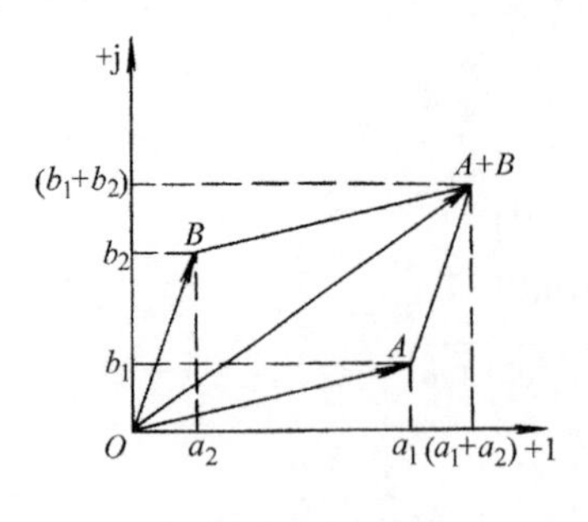

a) 复数加运算矢量图

b) 复数减运算矢量图

图 2-9 复数加减运算矢量图

例 2-7 已知复数 $A=6\angle 85^\circ$，$B=11\angle -130^\circ$，求 $A+B$ 和 $A-B$。

解

$$A+B=6\angle 85^\circ+11\angle -130^\circ=0.52+\mathrm{j}5.98+(-7.07)-\mathrm{j}8.43$$
$$=-6.55-\mathrm{j}2.45=6.99\angle -159.5^\circ$$
$$A-B=6\angle 85^\circ-11\angle -130^\circ=0.52+\mathrm{j}5.98-(-7.07-\mathrm{j}8.43)$$
$$=7.59+\mathrm{j}14.41=16.29\angle 62.2^\circ$$

复数进行乘除运算时，先把复数化为极坐标形式较为方便。复数相乘时，将模相乘，幅角相加；复数相除时，将模相除，幅角相减。

例如，两个复数为 $A=r_1\angle\theta_1$，$B=r_2\angle\theta_2$，则

$$AB=r_1r_2\angle\theta_1+\theta_2 \tag{2-10}$$

$$\frac{A}{B}=\frac{r_1\angle\theta_1}{r_2\angle\theta_2}=\frac{r_1}{r_2}\angle\theta_1-\theta_2 \tag{2-11}$$

例 2-8 已知复数 $A=4+\mathrm{j}3$，$B=3-\mathrm{j}4$。求 AB 和 A/B。

解 $AB=(4+\mathrm{j}3)\times(3-\mathrm{j}4)=5\angle 36.87^\circ\times 5\angle -53.13^\circ=25\angle -16.26^\circ$

$$\frac{A}{B}=\frac{4+\mathrm{j}3}{3-\mathrm{j}4}=\frac{5\angle 36.87^\circ}{5\angle -53.13^\circ}=1\angle 90^\circ$$

复数 $1\angle\theta$ 是一个模等于1，幅角为 θ 的复数。任意一个复数 $A=r_1\angle\theta_1$ 乘以 $1\angle\theta$ 等于

$$r_1\angle\theta_1\times 1\angle\theta=r_1\angle\theta_1+\theta$$

即复数的模仍为 r_1，幅角变为 $\theta_1+\theta$。反映到复平面上，就是将复数 $r_1\angle\theta_1$ 对应的矢量逆时针方向旋转了 θ 角。因此复数 $1\angle\theta$ 称为旋转因子。

当 $\theta=\frac{\pi}{2}$ 时 $\quad 1\angle\frac{\pi}{2}=\cos\frac{\pi}{2}+\mathrm{j}\sin\frac{\pi}{2}=\mathrm{j}$

当 $\theta=\pi$ 时 $\quad 1\angle\pi=\cos\pi+\mathrm{j}\sin\pi=-1$

当 $\theta=-\frac{\pi}{2}$ 时 $\quad 1\angle -\frac{\pi}{2}=\cos\left(-\frac{\pi}{2}\right)+\mathrm{j}\sin\left(-\frac{\pi}{2}\right)=-\mathrm{j}$

由上述计算可见，一个复数乘以 j 就等于把这个复数对应的矢量在复平面上逆时针旋转 $\pi/2$，乘以 -1 就等于逆时针旋转 π；除以 j 就是乘以 $-\mathrm{j}$，等于顺时针旋转 $\pi/2$。

在复数运算中常有两个复数相等的问题。两个复数相等必须满足两个条件，即实部和实部相等、虚部和虚部相等或者模和模相等、幅角和幅角相等。

例如 $A=a_1+\mathrm{j}b_1=r_1\angle\theta_1$ 和 $B=a_2+\mathrm{j}b_2=r_2\angle\theta_2$，若 $A=B$，则

$$a_1=a_2, b_1=b_2$$

或

$$r_1=r_2, \theta_1=\theta_2$$

二、相量表示法

一个正弦量可以表示为

$$u=U_\mathrm{m}\sin(\omega t+\psi)$$

根据此正弦量的三要素，可以作一个复数让它的模为 U_m，幅角为 $\omega t+\psi$，即

$$U_\mathrm{m}\angle\omega t+\psi=U_\mathrm{m}\cos(\omega t+\psi)+\mathrm{j}U_\mathrm{m}\sin(\omega t+\psi)$$

这一复数的虚部为一正弦时间函数，正好是已知的正弦量，所以一个正弦量给定后，总可以作出一个复数，使其虚部等于这个正弦量。因此可以用一个复数表示一个正弦量，其意义在于把正弦量之间的三角函数运算变成了复数的运算，使正弦交流电路的计算问题简化。

由于正弦交流电路中的电压、电流都是同频率的正弦量，故角频率这一共同拥有的要素在分析计算过程中可以略去，只在结果中补上即可。这样在分析计算过程中，只需考虑最大值和初相角两个要素。故表示正弦量的复数可简化成

$$U_\mathrm{m}\angle\psi$$

把这一复数称为相量，以“$\dot{U}_\mathrm{m}$”表示，并习惯上把最大值换成有效值，即

$$\dot{U}=U\angle\psi \tag{2-12}$$

在表示相量的大写字母上打点“·”是为了与一般的复数相区别，这就是正弦量的相量表示法。

需要强调的是，相量只表示正弦量，并不等于正弦量；只有同频率的正弦量，其相量才能相互运算，才能画在同一个复平面上。画在同一个复平面上表示相量的图称为相量图。

例 2-9　已知正弦电压、电流为 $u=220\sqrt{2}\sin\left(\omega t+\frac{\pi}{3}\right)\mathrm{V}$，$i=7.07\sin\left(\omega t-\frac{\pi}{3}\right)\mathrm{A}$，写出 u 和 i 对应的相量，并画出相量图。

解　u 的相量为

$$\dot{U}=220\angle\frac{\pi}{3}\mathrm{V}$$

i 的相量为

$$\dot{I}=\frac{7.07}{\sqrt{2}}\angle-\frac{\pi}{3}\mathrm{A}=5\angle-\frac{\pi}{3}\mathrm{A}$$

相量图如图 2-10 所示。

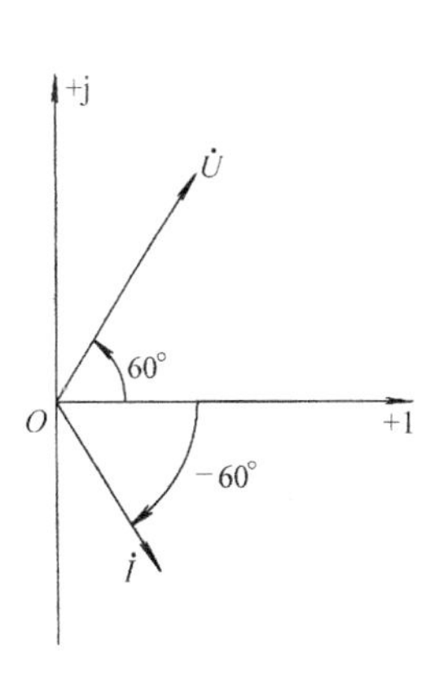

图 2-10　例 2-9 相量图

例 2-10　写出下列相量对应的正弦量。

(1) $\dot{U}=220\angle 45°\text{V}$，$f=50\text{Hz}$。

(2) $\dot{I}=10\angle 120°\text{A}$，$f=100\text{Hz}$。

解　(1) $u=220\sqrt{2}\sin(314t+45°)\ \text{V}$

(2) $i=10\sqrt{2}\sin(628t+120°)\ \text{A}$

例 2-11　已知 $u_1=100\sqrt{2}\sin(\omega t+60°)\text{V}$，$u_2=100\sqrt{2}\sin(\omega t-30°)\text{V}$，试用相量计算 u_1+u_2，并画相量图。

解　正弦量 u_1 和 u_2 对应的相量分别为

$$\dot{U}_1=100\angle 60°\text{V}$$

$$\dot{U}_2=100\angle -30°\text{V}$$

它们的相量和

$$\begin{aligned}\dot{U}_1+\dot{U}_2&=100\angle 60°\text{V}+100\angle -30°\text{V}\\&=(50+\text{j}86.6+86.6-\text{j}50)\text{V}\\&=(136.6+\text{j}36.6)\ \text{V}=141.4\angle 15°\text{V}\end{aligned}$$

对应的解析式

$$u_1+u_2=141.4\sqrt{2}\sin(\omega t+15°)\text{V}$$

相量图如图 2-11 所示。

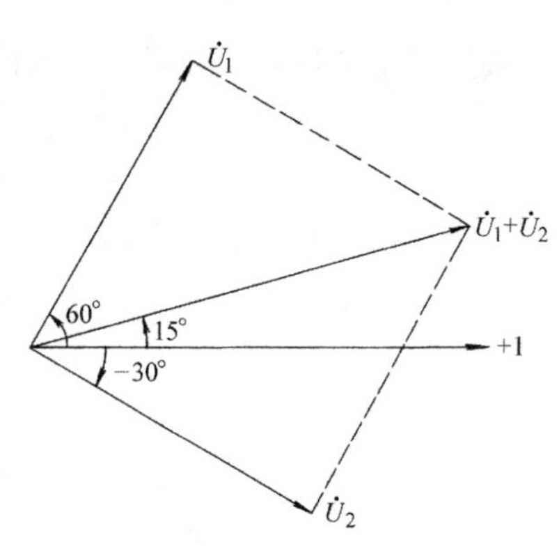

图 2-11　例 2-11 相量图

此题也可以用三角函数的方法计算，其结果一致。这可以验证相量计算是正确的，而且比较简单。此处不再计算，读者可自行验证。

第三节　单一元件的交流电路

在正弦交流电路中，有电阻元件和电感、电容元件。本节学习单个元件的电压和电流的相量关系。学习中，要注意相量关系式，它包含大小和相位两个方面，还应注意频率变化对正弦量的影响。

一、电阻元件的交流电路

1. 电阻元件上电压和电流的相量关系

图 2-12 所示为一个纯电阻的交流电路，电压和电流的瞬时值仍然服从欧姆定律。在关联参考方向下，根据欧姆定律，电压和电流的关系为

$$i=\frac{u}{R}$$

若通过电阻的电流为

$$i=I_{\text{m}}\sin(\omega t+\psi_i)$$

则电压

$$u=Ri=RI_{\text{m}}\sin(\omega t+\psi_i)=U_{\text{m}}\sin(\omega t+\psi_u)$$

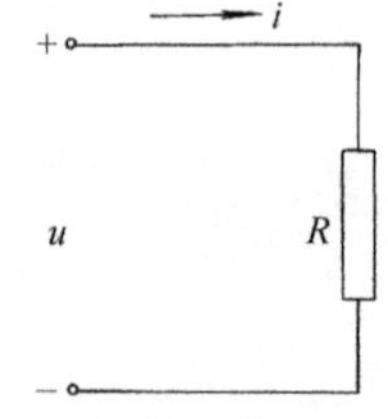

图 2-12　纯电阻电路

上式中 $$U_m = RI_m$$

即 $$U = RI,\ \psi_u = \psi_i$$

上述两个正弦量对应的相量为

$$\dot{I} = I\angle\psi_i,\ \dot{U} = U\angle\psi_u$$

两相量的关系为

$$\dot{U} = U\angle\psi_u = RI\angle\psi_i = R\dot{I}$$

即
$$\dot{I} = \frac{\dot{U}}{R} \tag{2-13}$$

此式就是电阻元件上电压与电流的相量关系式。

由复数知识可知，式（2-13）包含着电压与电流的有效值关系和相位关系，即

$$I = \frac{U}{R} \qquad \psi_i = \psi_u$$

通过以上分析可知，在电阻元件的交流电路中：

1）电压与电流是两个同频率的正弦量。

2）电压与电流的有效值关系为 $U = RI$。

3）在关联参考方向下，电阻上的电压与电流同相位。

图 2-13a、b 所示分别是电阻元件上电压与电流的波形图和相量图。

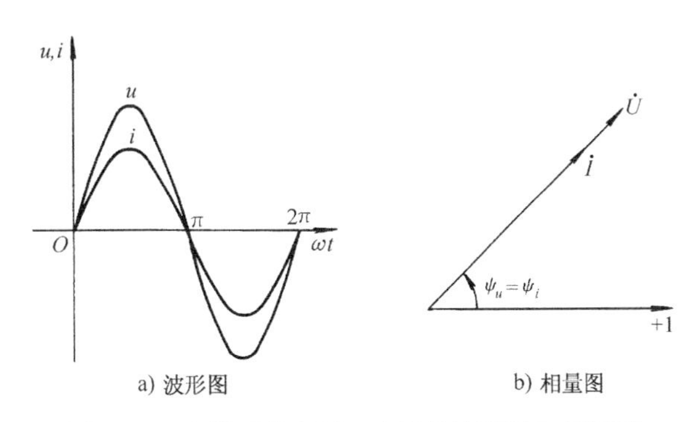

a) 波形图　　b) 相量图

图 2-13　电阻元件电压、电流的波形图和相量图

2. 电阻元件上的功率

在交流电路中，电压与电流瞬时值的乘积叫作瞬时功率，用小写字母 p 表示，在关联参考方向下有

$$p = ui \tag{2-14}$$

正弦交流电路中电阻元件的瞬时功率为

$$p = ui = U_m\sin\omega t I_m\sin\omega t = 2UI\sin^2\omega t = UI\ (1 - \cos 2\omega t)$$

从式中可以看出 $p \geqslant 0$，因为 u、i 参考方向一致，相位相同，任一瞬间电压与电流的值同为正或同为负，所以瞬时功率 p 恒为正值，表明电阻元件总是消耗能量，是一个耗能元件。图 2-14所示是电阻元件瞬时功率随时间变化的波形图。

通常所说的功率并不是瞬时功率，而是瞬时功率在一个周期内的平均值，称为平均功率，简称功率，用大写字母P表示，即

$$P=\frac{1}{T}\int_0^T p\mathrm{d}t$$

正弦交流电路中电阻元件的平均功率

$$P=\frac{1}{T}\int_0^T p\mathrm{d}t=\frac{1}{T}\int_0^T UI(1-\cos 2\omega t)\mathrm{d}t=UI$$

即
$$P=UI=I^2R=\frac{U^2}{R} \tag{2-15}$$

上式与直流电路功率的计算公式在形式上完全一样，但这里的U和I是有效值，P是平均功率。

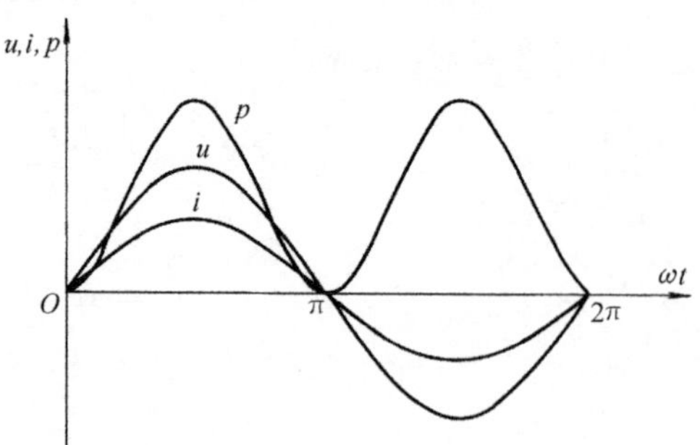

图2-14 电阻元件瞬时功率的波形图

一般交流电器上所标的功率，都是指平均功率。由于平均功率反映了元件实际消耗的功率，所以又称为有功功率。例如灯泡的功率为60W，电炉的功率为1000W等，都指的是平均功率。

例2-12 一电阻$R=100\Omega$，其两端电压$u=220\sqrt{2}\sin(314t-30°)$V，求：

(1) 通过电阻的电流I和i。

(2) 电阻消耗的功率。

(3) 作相量图。

解 (1) 电压相量$\dot{U}=220\angle -30°$V，则

$$\dot{I}=\frac{\dot{U}}{R}=\frac{220\angle -30°}{100}\text{A}=2.2\angle -30°\text{A}$$

所以 $I=2.2$A，$i=2.2\sqrt{2}\sin(314t-30°)$ A

(2) 电阻消耗的功率为 $P=UI=220\times 2.2\text{W}=484\text{W}$

或
$$P=\frac{U^2}{R}=\frac{220^2}{100}\text{W}=484\text{W}$$

(3) 相量图如图2-15所示。

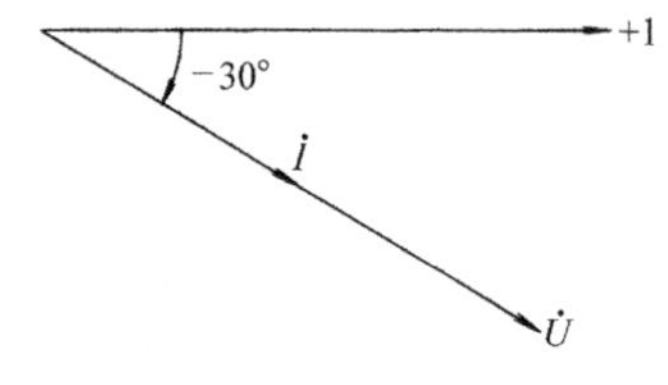

图2-15 例2-12相量图

例2-13 额定电压为220V，功率分别为100W和40W的电烙铁，其电阻各是多少欧姆？

解 100W电烙铁的电阻

$$R=\frac{U^2}{P}=\frac{220^2}{100}\Omega=484\Omega$$

40W电烙铁的电阻

$$R'=\frac{U^2}{P'}=\frac{220^2}{40}\Omega=1210\Omega$$

可见，电压一定时，功率越大电阻越小，功率越小电阻越大。

二、电感元件的交流电路

1. 电压与电流的相量关系

图 2-16 所示电路是一个纯电感的交流电路，选择电压与电流为关联参考方向，则电压与电流的关系为

$$u = L\frac{di}{dt}$$

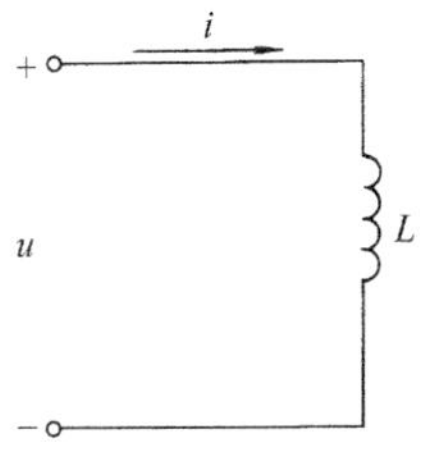

设电流 $i = I_m \sin(\omega t + \psi_i)$，由上式得

$$u = L\frac{di}{dt} = \omega L I_m \cos(\omega t + \psi_i) = \omega L I_m \sin\left(\omega t + \psi_i + \frac{\pi}{2}\right)$$

$$= U_m \sin(\omega t + \psi_u)$$

式中，$U_m = \omega L I_m$，$U = \omega L I$，$\psi_u = \psi_i + \frac{\pi}{2}$。

图 2-16　纯电感电路

两正弦量对应的相量分别为

$$\dot{I} = I\angle\psi_i \qquad \dot{U} = U\angle\psi_u$$

两相量的关系

$$\dot{U} = U\angle\psi_u = \omega L I\angle\left(\psi_i + \frac{\pi}{2}\right) = \omega L I\angle\psi_i\angle\frac{\pi}{2} = j\omega L\dot{I} = jX_L\dot{I}$$

即

$$\dot{I} = \frac{\dot{U}}{jX_L} \tag{2-16}$$

式中，$X_L = \omega L$。上式就是电感元件上电压与电流的相量关系式。由复数知识可知，它包含着电压与电流的有效值关系和相位关系，即

$$U = X_L I$$

$$\psi_u = \psi_i + \frac{\pi}{2}$$

通过以上分析可知，在电感元件的交流电路中：

1）电压与电流是两个同频率的正弦量。

2）电压与电流的有效值关系为 $U = X_L I$。

3）在关联参考方向下，电压的相位超前电流相位 90°。

图 2-17a、b 分别为电感元件上电压、电流的波形图和相量图。

把有效值关系式 $U = X_L I$ 与欧姆定律 $U = RI$ 相比较，可以看出，X_L 具有电阻 R 的单位欧姆，也同样具有阻碍电流的物理特性，故称 X_L 为感抗，即

$$X_L = \omega L = 2\pi f L \tag{2-17}$$

感抗 X_L 与电感 L、频率 f 成正比。当电感一定时，频率越高，感抗越大。因此，电感线圈对高频电流的阻碍作用大，对低频电流的阻碍作用小，而对直流没有阻碍作用，相当于短路，因此直流（$f=0$）情况下，感抗为零。

当电感两端的电压 U 及电感 L 一定时，通过的电流 I 及感抗 X_L 随频率 f 变化的关系曲线如图 2-18 所示。

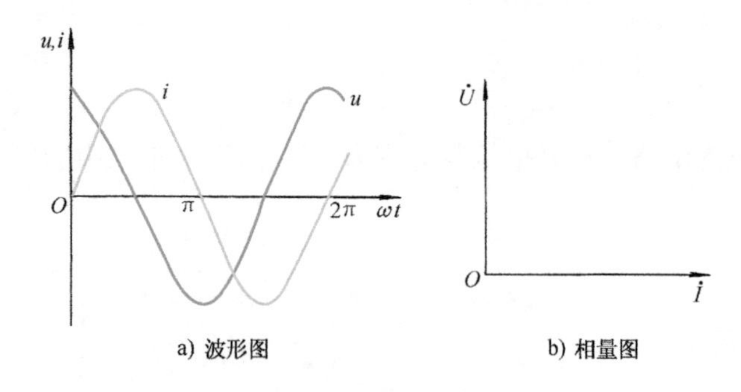

图 2-17 电感元件波形图和相量图

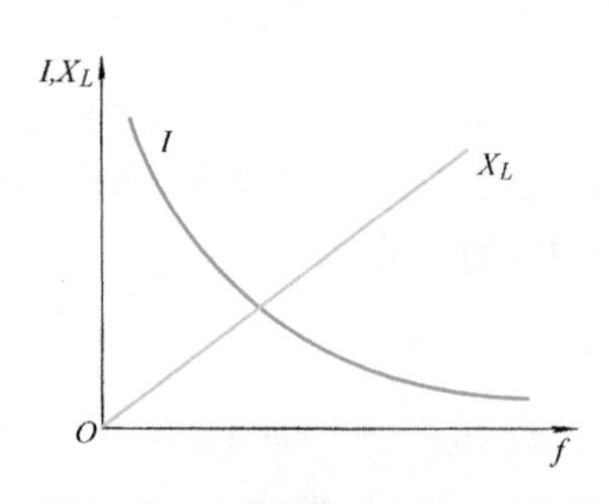

图 2-18 电感元件中电流、感抗随频率变化的曲线

2. 电感元件的功率

在电压与电流参考方向一致时，电感元件的瞬时功率为

$$p = ui = U_m \sin(\omega t + 90°) I_m \sin\omega t$$
$$= 2UI\sin\omega t\cos\omega t = UI\sin2\omega t$$

上式说明，电感元件的瞬时功率也是随时间变化的正弦函数，其频率为电源频率的两倍，振幅为 UI，波形图如图 2-19 所示。在第一个 1/4 周期内电流由零上升到最大值，电感储存的磁场能量也随着电流由零达到最大值，这个过程瞬时功率为正值，表明电感从电源吸取电能；第二个 1/4 周期内，电流从最大值减小到零，这个过程瞬时功率为负值，表明电感释放能量。后两个 1/4 周期与上述分析一致。

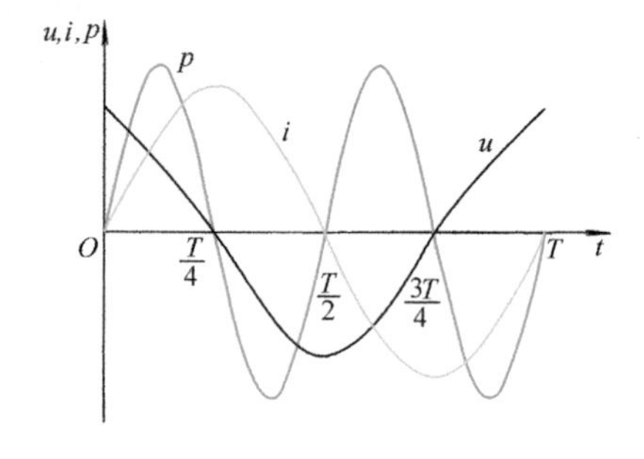

图 2-19 电感元件的瞬时功率曲线

电感元件的平均功率为

$$P = \frac{1}{T}\int_0^T p\mathrm{d}t = \frac{1}{T}\int_0^T UI\sin2\omega t\mathrm{d}t = 0$$

电感是储能元件，它在吸收和释放能量的过程中并不消耗能量，所以平均功率为零。

为了描述电感与外电路之间能量交换的规模，引入瞬时功率的最大值，并称之为无功功率，用 Q_L 表示，即

$$Q_L = UI = I^2 X_L = \frac{U^2}{X_L} \tag{2-18}$$

Q_L 也具有功率的单位，但为了和有功功率区别，把无功功率的单位定义为乏（var）。

> **注意：** 无功功率 Q_L 反映了电感与外电路之间能量交换的规模，“无功”不能理解为“无用”，这里“无功”二字的实际含义是交换而不消耗。以后学习变压器、电动机的工作原理时就会知道，没有无功功率，它们无法工作。

例 2-14 在电压为 220V，频率为 50Hz 的电源上，接入电感 $L = 0.0255\text{H}$ 的线圈（电阻不计），试求：

（1）线圈的感抗 X_L。

（2）线圈中的电流 I。

（3）线圈的无功功率 Q_L。

（4）若线圈接在 $f=5000\text{Hz}$ 的信号源上，感抗为多少？

解　（1）$X_L=2\pi fL=2\times3.14\times50\times0.0255\Omega=8\Omega$

（2）$I=\dfrac{U}{X_L}=\dfrac{220}{8}\text{A}=27.5\text{A}$

（3）$Q_L=UI=220\times27.5\text{var}=6050\text{var}$

（4）$X'_L=2\pi fL=2\times3.14\times5000\times0.0255\Omega=800\Omega$

三、电容元件的交流电路

1. 电压与电流的相量关系

图2-20所示为一个纯电容的交流电路，选择电压与电流为关联参考方向，设电容元件两端电压为正弦电压

$$u=U_\text{m}\sin(\omega t+\psi_u)$$

则电路中的电流，根据公式

$$i=C\frac{\text{d}u}{\text{d}t}$$

得

$$i=C\frac{\text{d}}{\text{d}t}[U_\text{m}\sin(\omega t+\psi_u)]=U_\text{m}\omega C\cos(\omega t+\psi_u)$$

$$=\omega CU_\text{m}\sin\left(\omega t+\psi_u+\frac{\pi}{2}\right)=I_\text{m}\sin(\omega t+\psi_i)$$

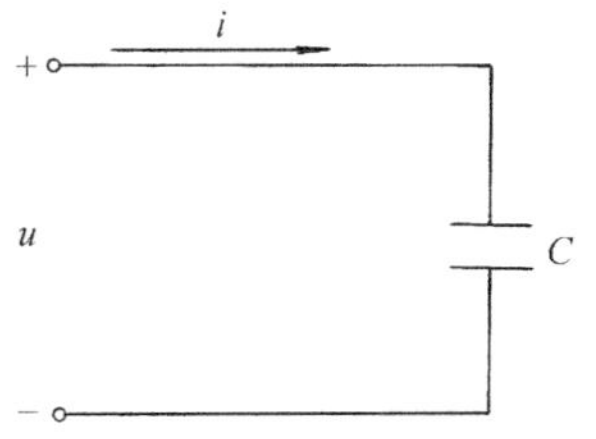

式中，$I_\text{m}=\omega CU_\text{m}$，即 $I=\omega CU$；$\psi_i=\psi_u+\dfrac{\pi}{2}$。

图2-20　纯电容电路

上述两正弦量对应的相量分别为

$$\dot{U}=U\angle\psi_u$$

$$\dot{I}=I\angle\psi_i$$

它们的关系

$$\dot{I}=I\angle\psi_i=\omega CU\angle\left(\psi_u+\frac{\pi}{2}\right)=\omega CU\angle\psi_u\angle\frac{\pi}{2}=\omega C\dot{U}\angle\frac{\pi}{2}=\text{j}\omega C\dot{U}=\text{j}\frac{\dot{U}}{X_C}=\frac{\dot{U}}{-\text{j}X_C}$$

即

$$\dot{I}=\frac{\dot{U}}{-\text{j}X_C}\tag{2-19}$$

式中，$X_C=\dfrac{1}{\omega C}$。上式就是电容元件上电压与电流的相量关系式。

由复数知识可知，它包含着电压与电流的有效值关系和相位关系，即

$$U=X_CI$$

$$\psi_u=\psi_i-\frac{\pi}{2}$$

通过以上分析可以得出，在电容元件的交流电路中：

1）电压与电流是两个同频率的正弦量。

2）电压与电流的有效值关系为 $U=X_C I$。

3）在关联参考方向下，电压相位滞后电流相位90°。

图2-21a、b所示分别为电容元件两端电压与电流的波形图和相量图。

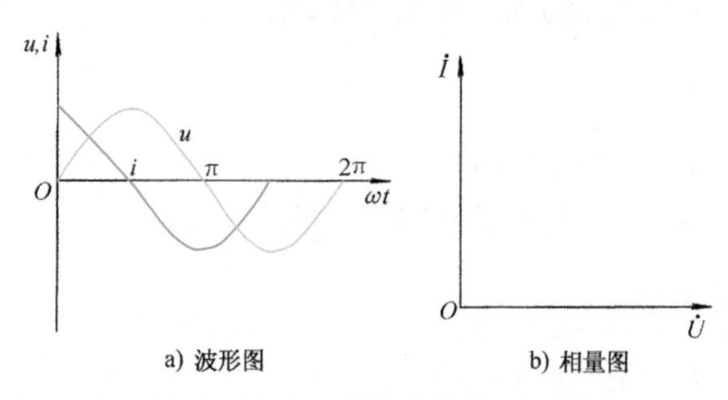

图2-21 电容元件的波形图和相量图

由有效值关系式可知，X_C 具有同电阻一样的单位欧姆，也具有阻碍电流通过的物理特性，故称 X_C 为容抗，即

$$X_C=\frac{1}{\omega C}=\frac{1}{2\pi fC} \tag{2-20}$$

容抗 X_C 与电容 C、频率 f 成反比。当电容一定时，频率越高，容抗越小。因此，电容对高频电流的阻碍作用小，对低频电流的阻碍作用大。而对直流，由于频率 $f=0$，故容抗为无穷大，相当于开路，即电容元件有隔直作用。

2. 电容元件的功率

在关联参考方向下，电容元件的瞬时功率为

$$p=ui=U_{\mathrm{m}}\sin\omega t I_{\mathrm{m}}\sin\left(\omega t+\frac{\pi}{2}\right)=2UI\sin\omega t\cos\omega t=UI\sin2\omega t$$

由上式可见，电容元件的瞬时功率也是随时间变化的正弦函数，其频率为电源频率的2倍，图2-22所示是电容元件瞬时功率的变化曲线。

电容元件在一周期内的平均功率为

$$P=\frac{1}{T}\int_0^T p\mathrm{d}t=\frac{1}{T}\int_0^T UI\sin2\omega t\mathrm{d}t=0$$

平均功率为零，说明电容元件不消耗能量。另外，从瞬时功率曲线可以看出，在第一和第三个1/4周期内，瞬时功率为正，表明电容从电源吸取电能，电容器处于充电状态；在第二和第四个1/4周期内，功率为负，表明电容器释放能量，电容器处于放电状态。总之，电容与电源之间只有能量的相互转换。这种能量转换的大小用瞬时功率的最大值来衡量，称为无功功率，用 Q_C 表示，即

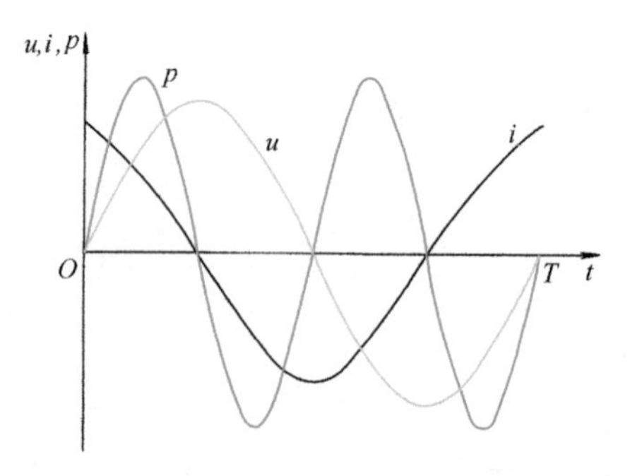

图2-22 电容元件瞬时功率曲线

$$Q_C=UI=I^2X_C=\frac{U^2}{X_C} \tag{2-21}$$

式中，Q_C 的单位为乏（var）。

例2-15 在关联参考方向下，已知电容 $C=30\mu\mathrm{F}$，接在 $u=220\sqrt{2}\sin(314t-30°)\mathrm{V}$ 的

电源上。试求：

（1）电容的容抗。

（2）电流的有效值。

（3）电流的瞬时值。

（4）电路的有功功率及无功功率。

（5）电压与电流的相量图。

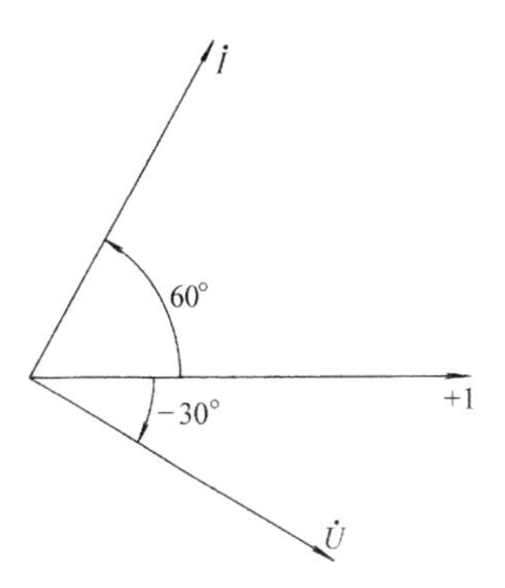

图 2-23　例 2-15 相量图

解　（1）容抗　$X_C=\dfrac{1}{\omega C}=\dfrac{1}{314\times30\times10^{-6}}\Omega=106.16\Omega$

（2）电流的有效值　$I=\dfrac{U}{X_C}=\dfrac{220}{106.16}\text{A}=2.07\text{A}$

（3）电流的瞬时值　电流超前电压 90°，即 $\psi_i=90°+\psi_u=60°$，故

$$i=2.07\sqrt{2}\sin(314t+60°)\text{A}$$

（4）电路的有功功率

$$P_C=0$$

无功功率

$$Q_C=UI=220\times2.07\text{var}=455.4\text{var}$$

（5）相量图如图 2-23 所示。

第四节　相量形式的基尔霍夫定律

基尔霍夫定律是电路的基本定律，不仅适用于直流电路，而且适用于交流电路。在正弦交流电路中，所有电压、电流都是同频率的正弦量，它们的瞬时值和对应的相量都遵守基尔霍夫定律。

1. 基尔霍夫电流定律

瞬时值形式

$$\sum i=0 \tag{2-22}$$

相量形式

$$\sum \dot{I}=0 \tag{2-23}$$

2. 基尔霍夫电压定律

瞬时值形式

$$\sum u=0 \tag{2-24}$$

相量形式

$$\sum \dot{U}=0 \tag{2-25}$$

例 2-16　图 2-24a、b 所示电路中，已知电流表 A_1、A_2 的读数均是 5A，试求电路中电流表 A 的读数。

解　设两端电压 $\dot{U}=U\angle 0°$。

图 2-24a：电压、电流为关联参考方向，电阻上的电流与电压同相，故

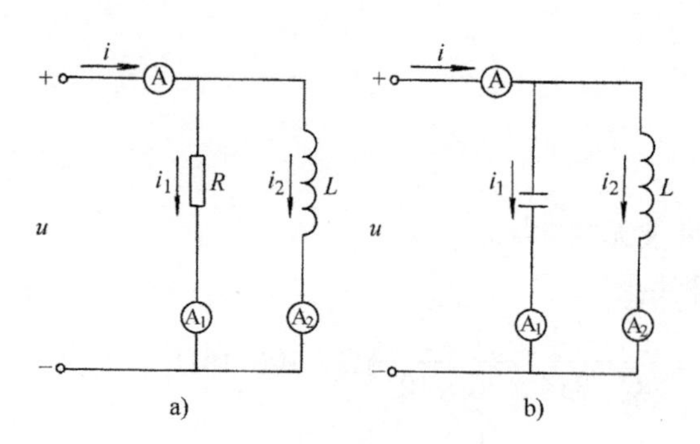

图2-24 例2-16图

$$\dot{I}_1 = 5\angle 0^\circ \text{A}$$

电感上的电流滞后电压90°，故

$$\dot{I}_2 = 5\angle -90^\circ \text{A}$$

根据相量形式的KCL得

$$\dot{I} = \dot{I}_1 + \dot{I}_2 = 5\angle 0^\circ \text{A} + 5\angle -90^\circ \text{A} = (5 - \text{j}5)\text{A} = 7.07\angle -45^\circ \text{A}$$

即电流表A的读数为7.07A。

图2-24b：电流与电压为关联参考方向，电容上的电流超前电压90°，故

$$\dot{I}_1 = 5\angle 90^\circ \text{A}$$

电感上的电流滞后电压90°，故

$$\dot{I}_2 = 5\angle -90^\circ \text{A}$$

根据相量形式的KCL得

$$\dot{I} = \dot{I}_1 + \dot{I}_2 = 5\angle 90^\circ \text{A} + 5\angle -90^\circ \text{A} = \text{j}5 - \text{j}5 = 0$$

即电流表A的读数为0。

例2-17 图2-25a、b所示电路中，已知电压表V_1、V_2的读数均为100V，试求电路中电压表V的读数。

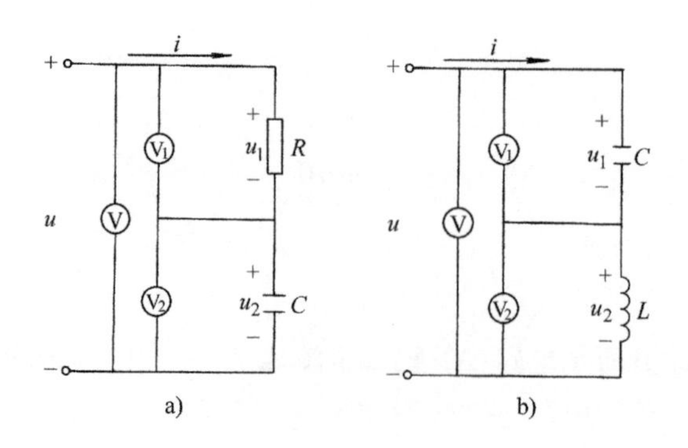

图2-25 例2-17图

解　设 $\dot{I}=I\angle 0°$

图 2-25a：$\dot{U}_1=100\angle 0°\text{V}$，

$\dot{U}_2=100\angle -90°\text{V}$。

根据相量形式的 KVL 有

$$\dot{U}=\dot{U}_1+\dot{U}_2=100\angle 0°\text{V}+100\angle -90°\text{V}=(100-\text{j}100)\text{V}=141.4\angle -45°\text{V}$$

即电压表的读数为 141.4V。

图 2-25b：$\dot{U}_1=100\angle -90°\text{V}$，　$\dot{U}_2=100\angle 90°\text{V}$。

根据相量形式的 KVL 有

$$\dot{U}=\dot{U}_1+\dot{U}_2=100\angle -90°\text{V}+100\angle 90°\text{V}=(-\text{j}100+\text{j}100)\text{V}=0$$

即电压表 V 的读数为 0。

第五节　*RLC* 串联电路的相量分析

正弦量用相量表示后，正弦交流电路的分析和计算就可以根据相量形式的基尔霍夫定律用复数进行，直流电路中学习过的方法、定律都可以应用于正弦交流电路。

图 2-26 所示电路是由电阻 R、电感 L 和电容 C 串联组成的电路，流过各元件的电流都是 i。电压、电流的参考方向如图 2-26 所示。

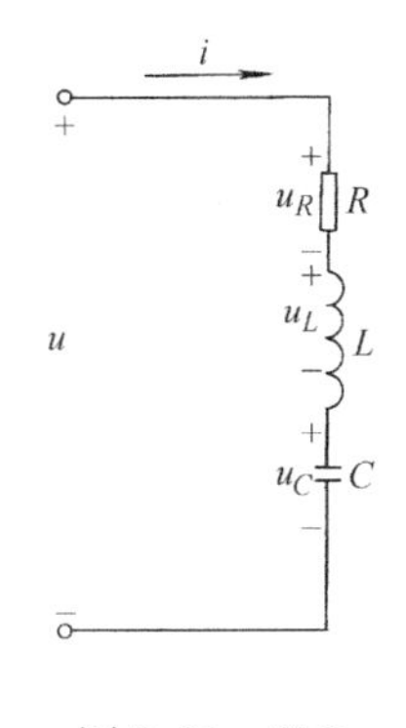

图 2-26　*RLC* 串联电路

一、电压与电流的相量关系

设电路中电流 $i=I_m\sin\omega t$，对应的相量为

$$\dot{I}=I\angle 0°$$

则

电阻上的电压　　$\dot{U}_R=R\dot{I}$

电感上的电压　　$\dot{U}_L=\text{j}X_L\dot{I}$

电容上的电压　　$\dot{U}_C=-\text{j}X_C\dot{I}$

根据相量形式的 KVL 有

$$\dot{U}=\dot{U}_R+\dot{U}_L+\dot{U}_C=R\dot{I}+\text{j}X_L\dot{I}-\text{j}X_C\dot{I}$$

$$=[R+\text{j}(X_L-X_C)]\dot{I}=(R+\text{j}X)\dot{I}=Z\dot{I}$$

即

$$\dot{I}=\frac{\dot{U}}{Z} \tag{2-26}$$

式中，$X=X_L-X_C$ 称为电抗（Ω），它反映了电感和电容共同对电流的阻碍作用，X 可正、可负；$Z=R+\text{j}X$ 称为复阻抗（Ω）。

复阻抗 Z 是关联参考方向下，电压相量与电流相量之比。但是复阻抗不是正弦量，因此，只用大写字母 Z 表示，而不加黑点。Z 的实部 R 为电路的电阻，虚部 X 为电路的电抗。复阻抗也可以表示成极坐标形式。

$$Z=|Z|\angle\varphi$$

其中

$$\left.\begin{aligned}|Z|&=\sqrt{R^2+X^2}=\sqrt{R^2+(X_L-X_C)^2}\\ \varphi&=\arctan\frac{X}{R}=\arctan\frac{X_L-X_C}{R}\end{aligned}\right\}\tag{2-27}$$

$|Z|$ 是复阻抗的模，称为阻抗，它反映了 RLC 串联电路对正弦电流的阻碍作用，阻抗的大小只与元件的参数和电源频率有关，而与电压、电流无关。

φ 是复阻抗的幅角，称为阻抗角，它也是关联参考方向下电路的端电压 u 与电流 i 的相位差。

$$\frac{\dot{U}}{\dot{I}}=Z$$

即

$$\frac{U\angle\psi_u}{I\angle\psi_i}=|Z|\angle\varphi$$

式中，$|Z|=\dfrac{U}{I}$，$\varphi=\psi_u-\psi_i$。

上述表明，相量关系式包含着电压和电流的有效值关系式和相位关系式。

二、电路的性质

1. 感性电路

当 $X_L>X_C$ 时，$U_L>U_C$，以电流 $\dot{I}$ 为参考相量，分别画出与电流同相的 $\dot{U}_R$，超前电流 90° 的 $\dot{U}_L$，滞后于电流 90° 的 $\dot{U}_C$，然后合并 $\dot{U}_L$ 和 $\dot{U}_C$ 为 $\dot{U}_X$，再合并 $\dot{U}_X$ 和 $\dot{U}_R$ 即得到总电压 $\dot{U}$。相量图如图 2-27a 所示。从相量图中可以看出，电压 $\dot{U}$ 超前电流 $\dot{I}$ 的角度为 φ，$\varphi>0$，电路呈感性，称为感性电路。

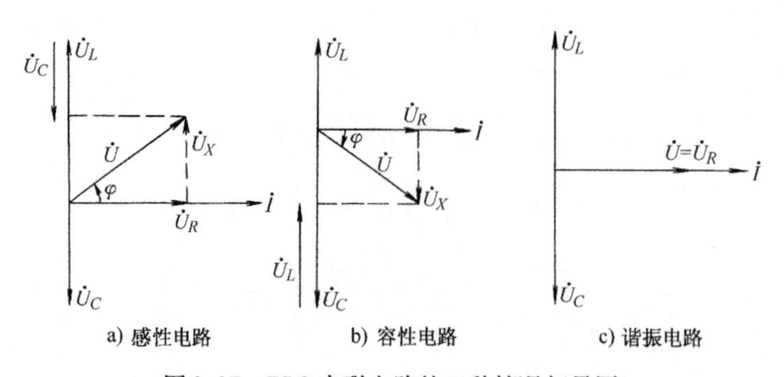

a) 感性电路　b) 容性电路　c) 谐振电路

图 2-27　RLC 串联电路的三种情况相量图

2. 容性电路

当 $X_L < X_C$ 时，$U_L < U_C$，如前所述作相量图如图 2-27b 所示。由图可见，电流 $\dot{I}$ 超前电压 $\dot{U}$，$\varphi < 0$，电路呈容性，称为容性电路。

3. 阻性电路（谐振电路）

当 $X_L = X_C$，$U_L = U_C$，相量图如图 2-27c 所示，电压 $\dot{U}$ 与电流 $\dot{I}$ 同相，$\varphi = 0$。电路呈电阻性。我们把电路的这种特殊状态，称为串联谐振。

由图 2-27a、b 可以看出，电感电压 $\dot{U}_L$ 和电容电压 $\dot{U}_C$ 的相量和 $\dot{U}_L + \dot{U}_C = \dot{U}_X$ 与电阻电压 $\dot{U}_R$ 以及总电压 $\dot{U}$ 构成一个直角三角形，称为电压三角形。由电压三角形可以看出，总电压的有效值与各元件电压的有效值的关系是相量和而不是代数和。这正体现了正弦交流电路的特点。把电压三角形三条边的电压有效值同时除以电流的有效值 I，就得到一个和电压三角形相似的三角形，它的三条边分别是电阻 R、电抗 X 和阻抗 $|Z|$，所以称它为阻抗三角形，如图 2-28a、b 所示。由于阻抗三角形三条边代表的不是正弦量，因此所画的三条边是线段而不是相量。关于阻抗的一些公式都可以由阻抗三角形得出，它可以帮助我们记忆公式。

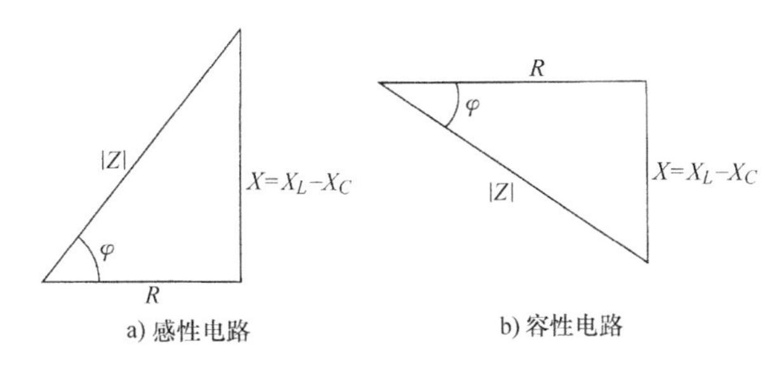

a) 感性电路　　b) 容性电路

图 2-28　阻抗三角形

例 2-18　在 RL 串联电路中，已知 $R = 6\Omega, X_L = 8\Omega$，外加电压 $\dot{U} = 110\angle 60°\text{V}$，求电路的电流 $\dot{I}$、电阻的电压 $\dot{U}_R$ 和电感的电压 $\dot{U}_L$，并画出相量图。

解　电路的复阻抗

$$Z = R + jX_L = 6 + j8\Omega = 10\angle 53.1°\Omega$$

$$\dot{I} = \frac{\dot{U}}{Z} = \frac{110\angle 60°}{10\angle 53.1°}\text{A} = 11\angle 6.9°\text{A}$$

$$\dot{U}_R = R\dot{I} = 6 \times 11\angle 6.9°\text{V} = 66\angle 6.9°\text{V}$$

$$\dot{U}_L = jX_L\dot{I} = j8 \times 11\angle 6.9°\text{V} = 8\angle 90° \times 11\angle 6.9°\text{V} = 88\angle 96.9°\text{V}$$

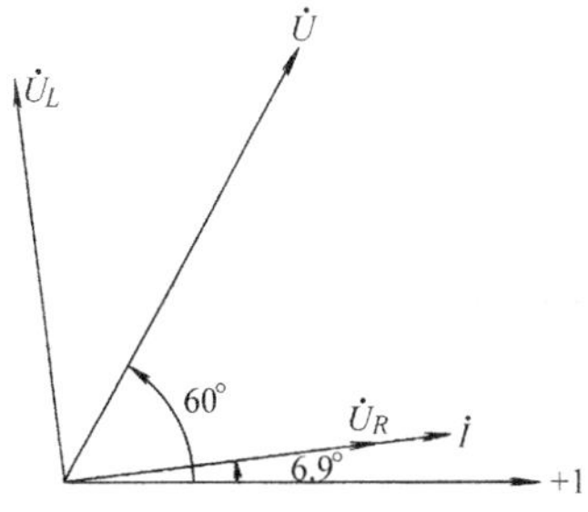

相量图如图 2-29 所示

图 2-29　例 2-18 相量图

例 2-19　在电子技术中，常利用 RC 串联作移相电路，如图 2-30a 所示。已知输入电压频率 $f = 1000\text{Hz}$，$C = 0.025\mu\text{F}$。需输出电压 u_o 在相位上滞后于输入电压 u_i 30°，求电阻 R。

解　设以电流 $\dot{I}$ 为参考相量，作相量图，如图2-30b所示。已知输出电压 $\dot{U}_o$（即 $\dot{U}_C$）滞后于输入电压 $\dot{U}_i$ 30°，则电压 $\dot{U}_i$ 与电流 $\dot{I}$ 的相位差 $\varphi=-60°$，有

$$X_C=\frac{1}{\omega C}=\frac{1}{2\times3.14\times1000\times0.025\times10^{-6}}\Omega=6369\Omega$$

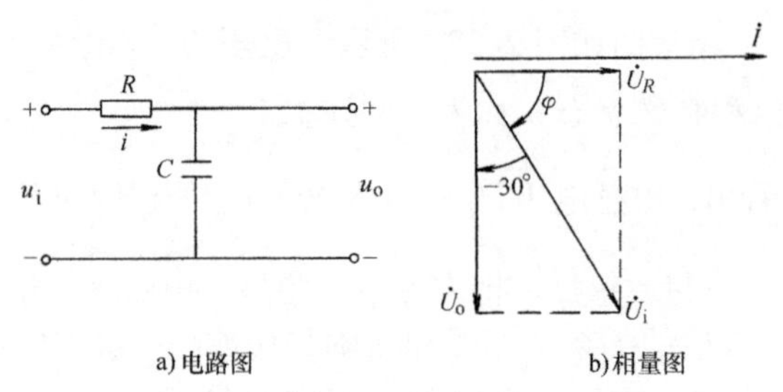

图2-30　例2-19电路图与相量图

而
$$\tan\varphi=\frac{-X_C}{R}$$

所以
$$R=\frac{-X_C}{\tan\varphi}=\frac{-6369}{\tan(-60°)}\Omega=\frac{-6369}{-1.732}\Omega=3677\Omega$$

即 $R=3677\Omega$ 时，输出电压就滞后于输入电压30°。

由本例可见相量图在解题中的重要作用。因此，应会画出简单电路的相量图，并通过相量图求解简单问题。

RL 串联电路和 *RC* 串联电路均可视为 *RLC* 串联电路的特例。

在 *RLC* 串联电路中

$$Z=R+\mathrm{j}(X_L-X_C)$$

当 $X_C=0$ 时，$Z=R+\mathrm{j}X_L$，即 *RL* 串联电路。

当 $X_L=0$ 时，$Z=R-\mathrm{j}X_C$，即 *RC* 串联电路。

由此推广，*R*、*L*、*C* 单一元件也可看成 *RLC* 串联电路的特例。这表明，*RLC* 串联电路中的公式对单一元件也同样适用。

例2-20　在 *RLC* 串联电路中，已知 $R=15\Omega$，$X_L=20\Omega$，$X_C=5\Omega$。电源电压 $u=30\sin(\omega t+30°)\mathrm{V}$。求此电路的电流和各元件电压的相量，并画出相量图。

解　电路的复阻抗

$$Z=R+\mathrm{j}(X_L-X_C)=15\Omega+\mathrm{j}(20-5)\Omega=15\Omega+\mathrm{j}15\Omega=15\sqrt{2}\angle45°\Omega$$

电流相量

$$\dot{I}=\frac{\dot{U}}{Z}=\frac{15\sqrt{2}\angle30°}{15\sqrt{2}\angle45°}\mathrm{A}=1\angle-15°\mathrm{A}$$

各元件的电压相量

$$\dot{U}_R=R\dot{I}=15\times1\angle-15°\mathrm{V}=15\angle-15°\mathrm{V}$$

$$\dot{U}_L=\mathrm{j}X_L\dot{I}=\mathrm{j}20\times1\angle-15°\mathrm{V}=20\angle75°\mathrm{V}$$

$$\dot{U}_C = -\mathrm{j}X_C\dot{I} = -\mathrm{j}5 \times 1 \angle -15^\circ \mathrm{V} = 5\angle -105^\circ \mathrm{V}$$

相量如图 2-31 所示。

三、功率

在 *RLC* 串联电路中，既有耗能元件，又有储能元件，所以电路既有有功功率，又有无功功率。

电路中只有电阻元件消耗能量，所以电路的有功功率就是电阻上消耗的功率。

$$P = P_R = U_R I$$

由电压三角形可知

$$U_R = U\cos\varphi$$

所以

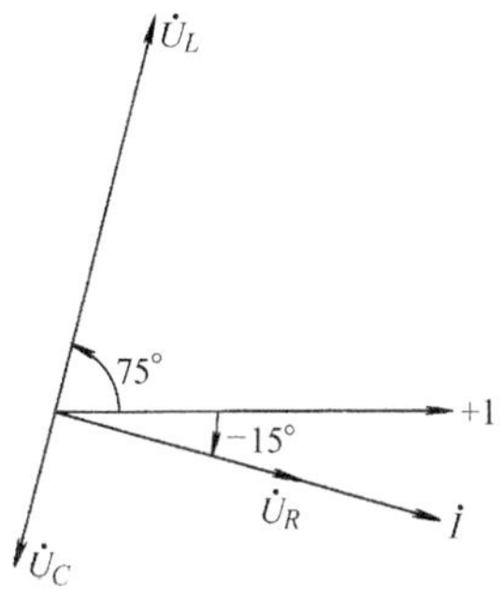

图 2-31　例 2-20 相量图

$$P = UI\cos\varphi \tag{2-28}$$

上式为 *RLC* 串联电路的有功功率公式，它也适用于其他形式的正弦交流电路，具有普遍意义。

电路中的储能元件不消耗能量，但与外界进行着周期性的能量交换。由于相位的差异，电感吸收能量时，电容释放能量；电感释放能量时，电容吸收能量。电感和电容的无功功率具有互补性。所以，*RLC* 串联电路和电源进行能量交换的最大值就是电感和电容无功功率的差值，即 *RLC* 串联电路的无功功率为

$$Q = Q_L - Q_C = (U_L - U_C)I = I^2(X_L - X_C)$$

由电压三角形可知

$$U_X = U_L - U_C = U\sin\varphi$$

所以

$$Q = UI\sin\varphi \tag{2-29}$$

上式为 *RLC* 串联电路的无功功率计算公式。它也适用于其他形式的正弦交流电路。

电路的总电压有效值和总电流有效值的乘积，称为电路的视在功率，用符号 S 表示，它的单位是伏安（V · A），在电力系统中常用千伏安（kV · A）。视在功率的表达式为

$$S = UI \tag{2-30}$$

视在功率表示电源提供的总功率，也表示交流设备的容量。通常所说变压器的容量，就是指视在功率。

将电压三角形的三条边同时乘以电流有效值 I，又能得到一个与电压三角形相似的三角形。它的三条边分别表示电路的有功功率 P、无功功率 Q 和视在功率 S，这个三角形就是功率三角形，如图 2-32 所示。P 与 S 的夹角 φ 称为功率因数角。至此，φ 角有三个含义，即电压与电流的相位差、阻抗角和功率因数角，三角合一。

由功率三角形可知

$$S = \sqrt{P^2 + Q^2} \tag{2-31}$$

$$\varphi = \arctan\frac{Q}{P} \tag{2-32}$$

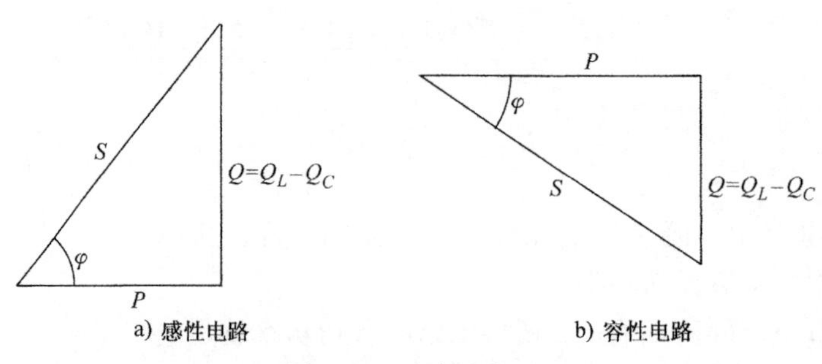

a) 感性电路　　b) 容性电路

图2-32　功率三角形

为了表示电源功率被利用的程度，把有功功率与视在功率的比值称为功率因数，用 $\cos\varphi$ 表示，即

$$\cos\varphi=\frac{P}{S} \tag{2-33}$$

对于同一个电路，电压三角形、阻抗三角形和功率三角形都相似，所以

$$\cos\varphi=\frac{P}{S}=\frac{U_R}{U}=\frac{R}{|Z|}$$

从上式可以看出，功率因数取决于电路元件的参数和电源的频率。

上述关于功率的有关公式虽然是由 RLC 串联电路得出的，但也适用于一般正弦交流电路，具有普遍意义。

例2-21　图2-33所示电路中，已知电源频率为50Hz，电压表读数为100V，电流表读数为1A，功率表读数为40W，求 R 和 L 的大小。

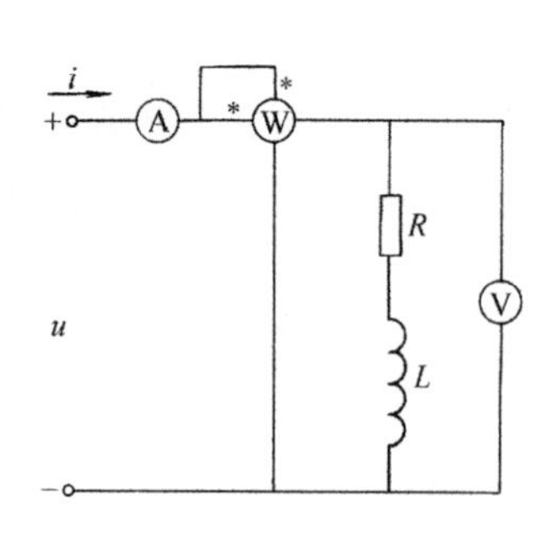

图2-33　例2-21图

解　电路的功率就是电阻消耗的功率，由 $P=I^2R$ 得

$$R=\frac{P}{I^2}=\frac{40}{1^2}\Omega=40\Omega$$

电路的阻抗

$$|Z|=\frac{U}{I}=\frac{100}{1}\Omega=100\Omega$$

由于

$$|Z|=\sqrt{R^2+X_L^2}$$

所以感抗

$$X_L=\sqrt{|Z|^2-R^2}=\sqrt{100^2-40^2}\Omega=91.65\Omega$$

则电感

$$L=\frac{X_L}{2\pi f}=\frac{91.65}{2\times3.14\times50}\text{H}=291.9\text{mH}$$

例2-22　RLC 串联电路，接在 $u=100\sqrt{2}\sin(1000t+30°)\text{V}$ 的电源上，已知 $R=8\Omega$，$L=20\text{mH}$，$C=125\mu\text{F}$，求电流 i、有功功率、无功功率和视在功率。

解　复阻抗

$$Z=R+\mathrm{j}\left(\omega L-\frac{1}{\omega C}\right)$$

$$=8\Omega+\mathrm{j}\left(1000\times20\times10^{-3}-\frac{1}{1000\times125\times10^{-6}}\right)\Omega$$
$$=8\Omega+\mathrm{j}(20-8)\Omega$$
$$=8\Omega+\mathrm{j}12\Omega=14.42\angle56.3^\circ\Omega$$

电流相量

$$\dot{I}=\frac{\dot{U}}{Z}=\frac{100\angle30^\circ}{14.42\angle56.3^\circ}\mathrm{A}=6.93\angle-26.3^\circ\mathrm{A}$$

电流解析式

$$i=6.93\sqrt{2}\sin(1000t-26.3^\circ)\mathrm{A}$$

有功功率

$$P=UI\cos\varphi=100\times6.93\times\cos56.3^\circ\mathrm{W}=384.5\mathrm{W}$$

无功功率

$$Q=UI\sin\varphi=100\times6.93\times\sin56.3^\circ\mathrm{var}=576.5\mathrm{var}$$

视在功率

$$S=UI=100\mathrm{V}\times6.93\mathrm{A}=693\mathrm{V\cdot A}$$

第六节　复阻抗的串联与并联

一、复阻抗的串联电路

如图 2-34 所示电路是多个复阻抗相串联的电路。电流和电压的参考方向均标于图上，根据相量形式的基尔霍夫电压定律，则总电压为

$$\dot{U}=\dot{U}_1+\dot{U}_2+\cdots+\dot{U}_n=Z_1\dot{I}+Z_2\dot{I}+\cdots+Z_n\dot{I}=Z\dot{I}$$

其中

$$Z=Z_1+Z_2+\cdots+Z_n \tag{2-34}$$

式中，Z 是串联电路的等效复阻抗（Ω）。

由式（2-34）可见，串联电路的等效复阻抗等于各个复阻抗之和。

需要强调的是，在复阻抗串联电路中，总复阻抗等于各个复阻抗之和，但总阻抗却不等于各阻抗之和，即

$$|Z|\neq|Z_1|+|Z_2|+\cdots+|Z_n|$$

例 2-23　电路如图 2-35 所示，两个复阻抗 $Z_1=5\Omega+\mathrm{j}15\Omega$ 与 $Z_2=1\Omega-\mathrm{j}7\Omega$ 相串联，接在电压 $u=100\sqrt{2}\sin(\omega t+90^\circ)$ V 的电源上。试求等效复阻抗 Z 及两复阻抗上的电压 u_1 和 u_2。

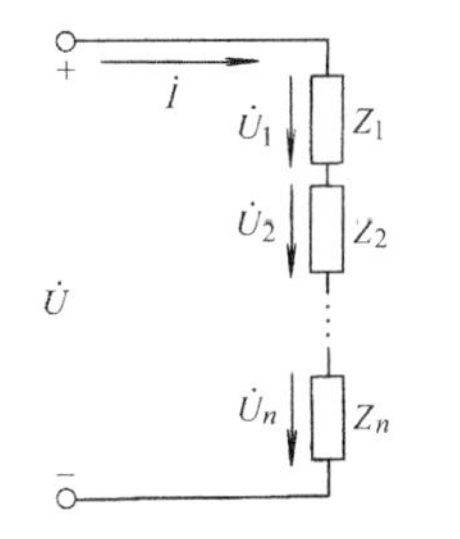

图 2-34　复阻抗串联电路

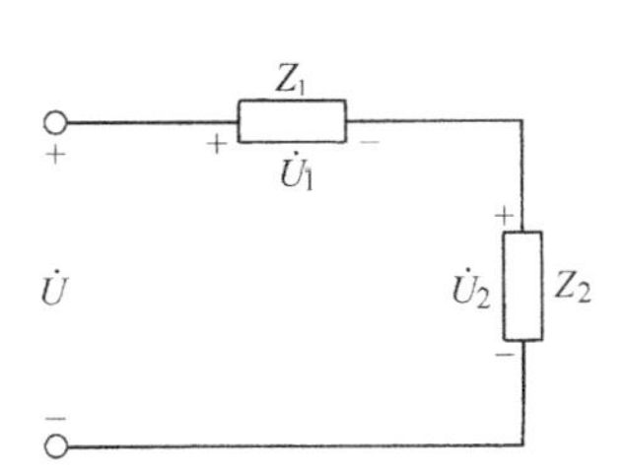

图 2-35　例 2-23 图

解　参考方向如图所示，等效复阻抗

$$Z = Z_1 + Z_2 = (5 + \mathrm{j}15 + 1 - \mathrm{j}7)\Omega = 6\Omega + \mathrm{j}8\Omega = 10\angle 53.13^\circ\Omega$$

电路中的电流

$$\dot{I} = \frac{\dot{U}}{Z} = \frac{100\angle 90^\circ}{10\angle 53.13^\circ}\mathrm{A} = 10\angle 36.87^\circ\mathrm{A}$$

复阻抗 Z_1 的电压

$$\begin{aligned}\dot{U}_1 &= Z_1\dot{I} \\ &= (5+\mathrm{j}15)\times 10\angle 36.87^\circ\mathrm{V} \\ &= 15.81\angle 71.57^\circ \times 10\angle 36.87^\circ\mathrm{V} \\ &= 158.1\angle 108.44^\circ\mathrm{V}\end{aligned}$$

复阻抗 Z_2 的电压

$$\begin{aligned}\dot{U}_2 &= Z_2\dot{I} = (1-\mathrm{j}7)\times 10\angle 36.87^\circ\mathrm{V} \\ &= 7.07\angle -81.87^\circ \times 10\angle 36.87^\circ\mathrm{V} \\ &= 70.7\angle -45^\circ\mathrm{V}\end{aligned}$$

其解析式

$$u_1 = 158.1\sqrt{2}\sin(\omega t + 108.44^\circ)\mathrm{V}$$

$$u_2 = 70.7\sqrt{2}\sin(\omega t - 45^\circ)\mathrm{V}$$

二、复阻抗的并联电路

图2-36所示电路是多个复阻抗并联的电路，电流和电压的参考方向均标于图上，根据相量形式的基尔霍夫电流定律，总电流为

$$\dot{I} = \dot{I}_1 + \dot{I}_2 + \cdots + \dot{I}_n = \frac{\dot{U}}{Z_1} + \frac{\dot{U}}{Z_2} + \cdots + \frac{\dot{U}}{Z_n} = \left(\frac{1}{Z_1} + \frac{1}{Z_2} + \cdots + \frac{1}{Z_n}\right)\dot{U} = \frac{\dot{U}}{Z}$$

式中，Z 是并联电路的等效复阻抗（Ω），同时有

$$\frac{1}{Z} = \frac{1}{Z_1} + \frac{1}{Z_2} + \cdots + \frac{1}{Z_n} \tag{2-35}$$

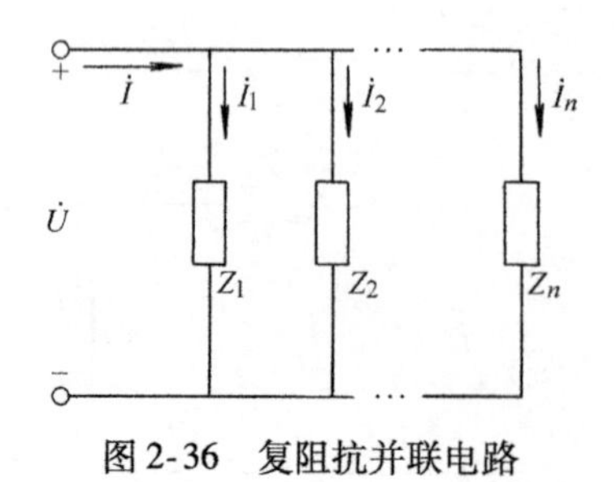

图2-36　复阻抗并联电路

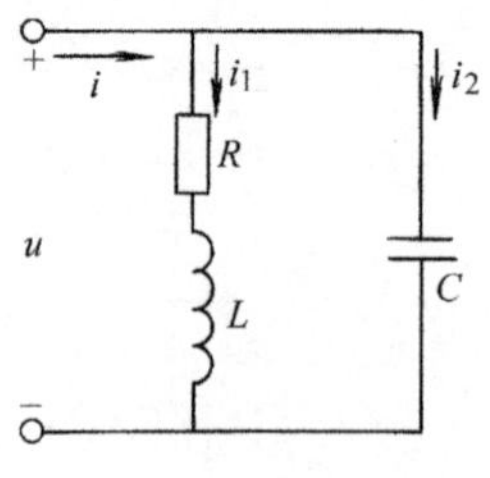

图2-37　例2-24图

例2-24　图2-37所示电路中，已知 $R = 15\Omega$，$L = 30\mathrm{mH}$，$C = 50\mu\mathrm{F}$，$\omega = 1000\mathrm{rad/s}$，总

电流 $i=5\sqrt{2}\sin(\omega t+40°)$ A。试求电压 $\dot{U}$ 与电流 $\dot{I}_1$、$\dot{I}_2$。

解　支路阻抗

$$Z_1=R+\mathrm{j}\omega L=(15+\mathrm{j}1000\times30\times10^{-3})\Omega$$
$$=(15+\mathrm{j}30)\Omega=33.54\angle63.43°\Omega$$

$$Z_2=-\mathrm{j}\frac{1}{\omega C}=-\mathrm{j}\frac{1}{1000\times50\times10^{-6}}\Omega$$
$$=-\mathrm{j}20\Omega=20\angle-90°\Omega$$

总阻抗

$$Z=\frac{Z_1Z_2}{Z_1+Z_2}=\frac{33.54\angle63.43°\times20\angle-90°}{15+\mathrm{j}30-\mathrm{j}20}\Omega$$
$$=\frac{670.8\angle-26.57°}{18.03\angle33.69°}\Omega=37.2\angle-60.26°\Omega$$

端电压

$$\dot{U}=Z\dot{I}=37.2\angle-60.26°\times5\angle40°\text{V}=186\angle-20.26°\text{V}$$

支路电流

$$\dot{I}_1=\frac{\dot{U}}{Z_1}=\frac{186\angle-20.26°}{33.54\angle63.43°}\text{A}=5.55\angle-83.69°\text{A}$$

$$\dot{I}_2=\frac{\dot{U}}{Z_2}=\frac{186\angle-20.26°}{20\angle-90°}\text{A}=9.3\angle69.74°\text{A}$$

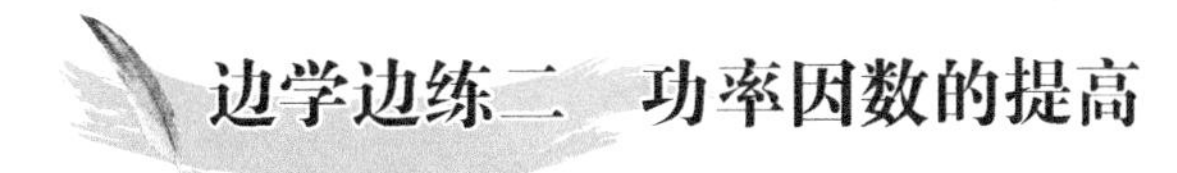

边学边练二　功率因数的提高

读一读1　提高功率因数的意义

负载的功率因数越高，电源设备的利用率就越高。例如一台容量为100kV·A的变压器，若负载的功率因数 $\lambda=\cos\varphi=0.65$ 时，变压器能输出 100×0.65kW=65kW的有功功率；若 $\cos\varphi=0.9$ 时，变压器所能输出的有功功率为 100×0.9kW=90kW。可见，容量一定时，功率因数越高，变压器输出的有功功率就越高，即提高了变压器的利用率。

在一定的电压下向负载输送一定的有功功率时，负载的功率因数越高，输电线路的功率损失和电压降就越小。这是因为 $I=\frac{P}{U\cos\varphi}$，$\cos\varphi$ 越大，输电线路的电流 I 就越小。电流小，线路中的功率损耗就小，输电效率就高。另外，电流小，输电线路上产生的电压降就小，这样就易于保证负载端的额定电压，有利于负载正常工作。

由以上分析可知，功率因数是电力系统中的一个重要参数，提高功率因数对发展国民经济有着重要的意义。

读一读2 提高功率因数的方法

在电力系统中，大多为感性负载，提高功率因数最常用的方法就是并联电容器。其原理是利用电容和电感之间无功功率的互补性，减少电源与负载间交换的无功功率，从而提高电路的功率因数。

下面通过相量图，说明感性负载并联电容器后提高功率因数的原理。电路图及相量图如图2-38a、b所示。

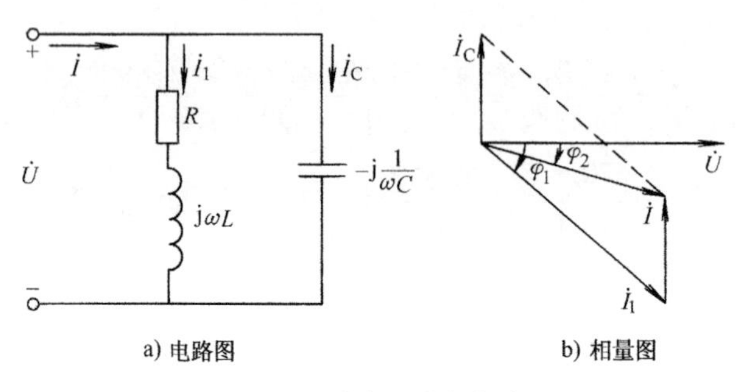

a) 电路图　　b) 相量图

图2-38　功率因素的提高

由图2-38b可以看出，未并联电容器前，总电流就是感性支路上的电流，即$\dot{I}=\dot{I}_1$，电压超前电流的相位差为φ_1；并联电容后，总电流$\dot{I}=\dot{I}_1+\dot{I}_C$，此时，电压超前电流的相位差为$\varphi_2$，$\varphi_2<\varphi_1$，所以$\cos\varphi_2>\cos\varphi_1$，电路的功率因数提高了。需要强调：电源电压认为不变，并联电容前后，原感性负载的工作状态并没有改变，功率因数始终是$\cos\varphi_1$；并联电容后提高了电路的功率因数，是指感性负载和电容合起来的功率因数比单是感性负载本身的功率因数提高了。

并联电容器前后电路消耗的有功功率是相等的，所以

并联电容器前　$$I_1=\frac{P}{U\cos\varphi_1}$$

并联电容器后　$$I=\frac{P}{U\cos\varphi_2}$$

由相量图2-38b可知

$$I_C=I_1\sin\varphi_1-I\sin\varphi_2=\frac{P}{U}(\tan\varphi_1-\tan\varphi_2)$$

又因$I_C=\dfrac{U}{X_C}=\omega CU$，代入上式得

$$C=\frac{P}{\omega U^2}(\tan\varphi_1-\tan\varphi_2)$$

根据上式，可以计算功率因数由$\cos\varphi_1$提高到$\cos\varphi_2$所需并联的电容值。

议一议　你会提高功率因数的方法吗？

1）对容性负载，你用什么方法可以提高功率因数？

2）对感性负载，你用什么方法可以提高功率因数？

练一练　安装一荧光灯电路，并提高电路的功率因数

30W 荧光灯电路如图 2-39a 所示。图中 R 是荧光灯管，L 是镇流器，S 是启动器，荧光灯电路点亮后的等效电路如图 2-39b 所示。

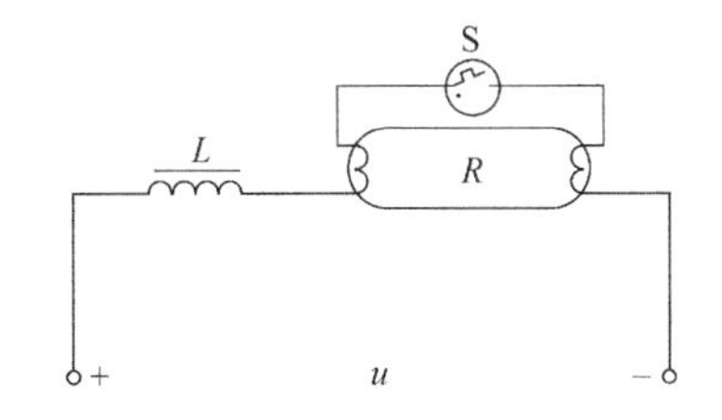

a) 荧光灯电路

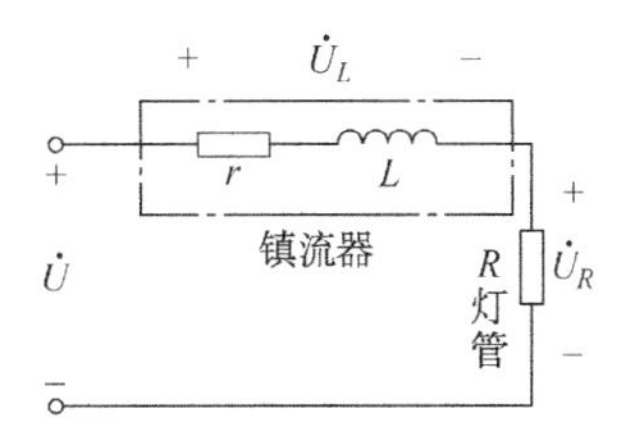

b) 等效电路

图 2-39　荧光灯电路及其等效电路

任务 1　测量荧光灯的功率因数

按图 2-40 接线，先不并联电容，荧光灯点亮后，测量电路的电流、功率和功率因数，并将结果填入表 2-1。

任务 2　测量并联 2.2μF 电容后的电路功率因数

在图 2-40 中，并联 2.2μF 电容后，测量电路的分电流和总电流、功率和功率因数等，并将结果填入表 2-1。

任务 3　测量并联 4.7μF 电容后的电路功率因数

在图 2-40 中，将 2.2μF 电容换成 4.7μF 电容后，测量电路的分电流和总电流、功率和功率因数等，并将结果填入表 2-1。

表 2-1　电路功率因素测量

	U/V	I'/A	I_L/A	I_C/A	P/ W	$\cos\varphi$
C 未接入	220					
C=2.2μF/450V	220					
C=4.7μF/450V	220					

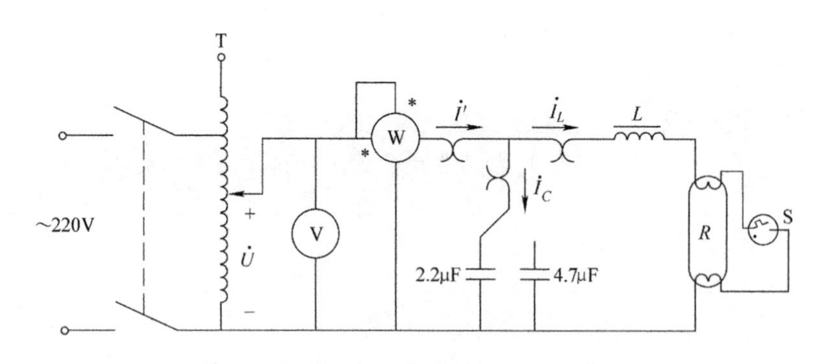

图 2-40　测量功率因素

边学边练三　串联谐振电路的认识

读一读1　谐振条件

含有电感和电容的无源二端网络，端口处的电压和电流的相位出现相同的现象，叫作谐振。*RLC* 串联电路发生的谐振叫作 *RLC* 串联谐振，如图 2-41 所示。

RLC 串联电路，其复阻抗为

$$Z = R + \mathrm{j}(\omega L - \frac{1}{\omega C}) = R + \mathrm{j}(X_L - X_C)$$

串联谐振的条件是虚部为零，即

$$\omega L - \frac{1}{\omega C} = 0$$

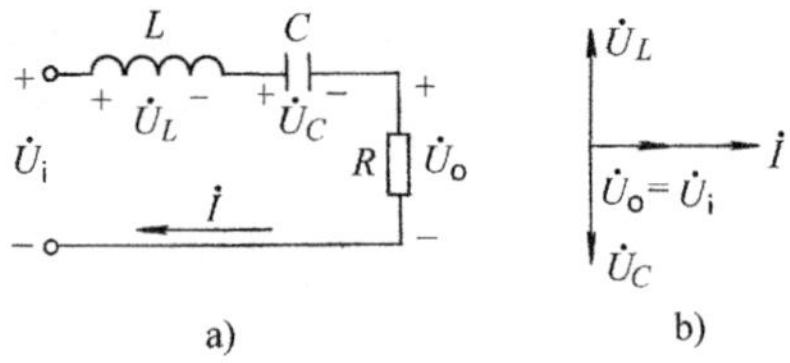

图 2-41　*RLC* 串联谐振电路

由上式可以得出谐振的角频率和频率分别为

$$\omega_0 = \frac{1}{\sqrt{LC}}$$

$$f_0 = \frac{1}{2\pi\sqrt{LC}}$$

串联电路谐振频率 f_0（或 ω_0）仅与电路本身的参数 L 和 C 有关，因此，f_0 又称为电路的固有频率。①若电路的固有频率 f_0 一定，改变电源频率 f，使电源频率和固有频率相等时，电路发生谐振。②若电源频率 f 一定，调节电路参数 L 或 C，从而改变电路的固有频率 f_0，使固有频率和电源频率相等时，电路也能发生谐振。

读一读2　串联谐振的特点

1）谐振时，阻抗最小，电流最大。因为谐振时，$X = 0$，所以

$$|Z| = \sqrt{R^2 + X^2} = R$$

为最小值，且为纯电阻，而电路的电流 $I = U_i / |Z|$，当电源电压 U_i 一定，谐振时的电流为

最大值，用 I_0表示，即 $I_0=U_i/R$，而且电流与电压同相，如图 2-41b 所示。

2）谐振时，电感与电容的电压大小相等，相位相反。谐振时电感和电容的电压分别用 U_{L0}和 U_{L0}表示，则

$$U_{L0}=I_0\omega_0L=QU_i$$

$$U_{C0}=I_0\frac{1}{\omega_0C}=QU_i$$

式中，$Q=\frac{\omega_0L}{R}=\frac{1}{R\omega_0C}$，称为谐振电路的品质因数。$Q$ 只与电路参数 R、L、C 有关，没有单位，是个纯数。电路的 Q 值一般在 50～200 之间。

由于谐振时，$U_{L0}=U_{C0}=QU_i$，即使电源电压不高，电感和电容上的电压仍可能很高，所以，串联谐振也称为电压谐振。这一特点在无线电工程上是十分有用的，因为设备接收的信号非常弱，通过电压谐振可使信号电压升高。但在电力系统中，电压谐振产生的高电压有时会把线圈和电容器的绝缘击穿，造成设备损坏事故。因此，在电力系统中应尽量避免发生电压谐振。

议一议　你知道发生谐振的条件吗?

1）当电路的 L、C 均为定值时，改变什么，电路可以发生谐振?

2）当电源频率为定值时，调节什么，电路可以发生谐振?

3）发生串联谐振时，电容或电感两端的电压是电源电压的多少倍?

练一练

任务 1　测量串联电路的谐振频率

电路如图 2-41a 所示，电路参数为 $C=2400\text{pF}$，$L=30\text{mH}$，$R=510\Omega$，输入电压 U_i由函数发生器提供。将交流毫伏表跨接在电阻 R 两端，令输入电压 U_i的频率由小逐渐变大（在变换频率时，应调整输入电压的幅度，使其维持在 1V），当 I_0 的读数为最大时，读得输入电压的频率值即为电路的谐振频率 f_0，并测量此时的 U_o、U_{L0}和 U_{C0}（注意及时更换交流毫伏表的量限）。在测量 U_{C0}与 U_{L0}时，交流毫伏表的探头地线夹子接 C 与 L 的公共点，其探头的探针（或钩子）分别触及 L 和 C 的另一端，将所测数据记入表 2-2 中。

表 2-2　测量串联电路的谐振频率

R/kΩ	f_0/kHz	U_o/V	U_{L0}/V	U_{C0}/V	I_0/mA	Q
0.15						
1.5						

任务2 观察电路参数对谐振参数的影响

将电阻参数改为 $R=1.5\text{k}\Omega$，其他参数不变，重复任务1的过程，将所测数据记入表2-2中，比较测量结果，理解电路参数对谐振频率 f_0 和品质因数 Q 的影响。

本章小结

（1）正弦量

1）正弦量的三要素。

① 振幅值：瞬时值中的最大值，如 U_m、I_m 等。

② 角频率：正弦量每秒经历的电角度，$\omega=2\pi f=\dfrac{2\pi}{T}$。

③ 初相角：计时起点（$t=0$）的相位

$$|\psi|\leqslant\pi$$

2）相位差。同频率正弦量之间的初相角之差。$\varphi=\psi_u-\psi_i$，$\varphi>0$ 表明电压超前电流 φ 角，有 $|\varphi|\leqslant\pi$。

3）正弦量的四种表示法。

① 解析式，即三角函数表示法，如 $i=I_m\sin(\omega t+\psi_i)$。

② 波形图，即正弦曲线表示法。

③ 相量表示法，如 $\dot{U}=U\underline{/\psi_u}$

④ 相量图表示法。

相量及相量图表示法属于间接表示，用这种表示方法进行正弦量的加、减运算比用直接表示法简便得多，但是只能在同频率的正弦量之间进行。

4）正弦量的有效值

$$I=\frac{I_m}{\sqrt{2}}=0.707I_m \qquad U=\frac{U_m}{\sqrt{2}}=0.707U_m$$

（2）正弦交流电路中单一元件的规律与互连关系

1）电阻元件上电压与电流的相量关系

$$\dot{U}=R\dot{I} \qquad \begin{cases}U=RI\\ \psi_u=\psi_i\end{cases}$$

2）电感元件上电压与电流的相量关系

$$\dot{U}=\text{j}X_L\dot{I} \qquad \begin{cases}U=X_LI\\ \psi_u=\psi_i+\dfrac{\pi}{2}\end{cases}$$

3）电容元件上电压与电流的相量关系

$$\dot{U}=-\text{j}X_C\dot{I} \qquad \begin{cases}U=X_CI\\ \psi_u=\psi_i-\dfrac{\pi}{2}\end{cases}$$

4）相量形式的基尔霍夫定律

① KCL： $\sum \dot{I} = 0$

② KVL： $\sum \dot{U} = 0$

（3）*RLC* 串联电路的相量分析

1）电压与电流的相量关系

$$\dot{U} = Z\dot{I}$$

2）复阻抗

$$Z = R + \mathrm{j}X = R + \mathrm{j}(X_L - X_C) = R + \mathrm{j}\left(\omega L - \frac{1}{\omega C}\right)$$

$$Z = |Z| \angle\varphi \quad \begin{cases} \text{阻抗(模)}\ |Z| = \sqrt{R^2 + X^2} \\ \text{阻抗角(幅角)}\ \varphi = \arctan\dfrac{X}{R} \end{cases}$$

注意：除电阻外，其余各量均与电源频率有关。

3）功率

① 有功功率

$$P = UI\cos\varphi = I^2R$$

② 无功功率

$$Q = UI\sin\varphi = I^2X$$

③ 视在功率

$$S = UI = I^2|Z|$$

④ 功率因数

$$\lambda = \cos\varphi = \frac{P}{S}$$

（4）复阻抗

1）串联电路的等效复阻抗

$$Z = Z_1 + Z_2 + \cdots + Z_n$$

2）并联电路的等效复阻抗

$$\frac{1}{Z} = \frac{1}{Z_1} + \frac{1}{Z_2} + \cdots + \frac{1}{Z_n}$$

思考题与习题

一、填空题

2-1 在交流电路中，其阻抗角也是电路的（　　）角，另外还是电路的电压超前电流的（　　）角。

2-2 对两个同频率的正弦量的计时起点做同样的改变时，它们的（　　）和（　　）也随之改变，但两者之间的（　　）始终不变。

2-3 在交流电路中，（　　）和（　　）都遵守基尔霍夫定律，（　　）不遵守基尔霍夫定律。

2-4　提高功率因数可以提高（　　）的利用率，降低输电线路的（　　）和(　　)。

2-5　电路发生谐振时，其复阻抗的虚部（　　）。

二、单项选择题

2-6　在交流电路中，一般的电压表和电流表所测量的电压与电流是指（　　）。

a）最大值　　b）有效值　　c）振幅　　d）瞬时值

2-7　*RLC* 串联电路中，电路的性质取决于（　　）。

a）各元件的参数和电源频率　　b）外加电压的大小

c）电路的功率因数　　d）各元件的参数

2-8　感抗、容抗和电抗的大小与正弦电源的（　　）有关。

a）初相角　　b）最大值　　c）相位　　d）频率

2-9　电器铭牌上标注的功率值是指（　　）。

a）瞬时功率　　b）无功功率　　c）有功功率　　d）视在功率

2-10　正弦电压 u_{ab} 和 u_{ba} 的相位关系是（　　）。

a）同相　　b）反相　　c）超前　　d）滞后

三、综合题

2-11　已知一正弦电压的振幅为 310V，频率为工频，初相为 π/6。试写出其解析式，并画出波形图。

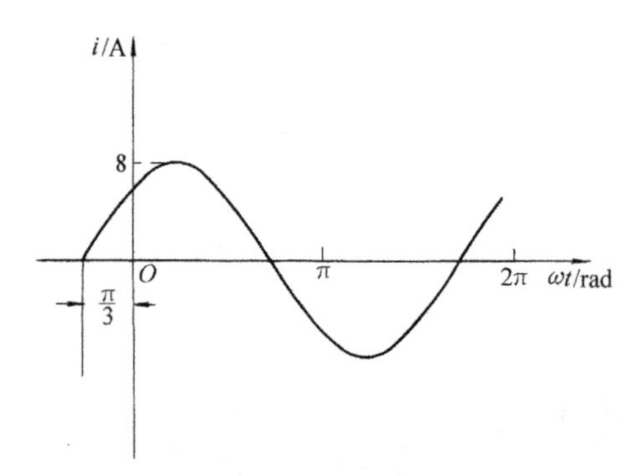

图 2-42　题 2-12 图

2-12　正弦电流 i 的波形如图 2-42 所示，试写出此电流的解析式。

2-13　已知 $U_m = 100V$，$\psi_u = 70°$，$I_m = 10A$，$\psi_i = -20°$，角频率同为 $\omega = 314rad/s$，写出它们的解析式和相位差，并说明哪个超前，哪个滞后。

2-14　电压和电流的解析式分别为 $u = 311\sin(\omega t + 30°)V, i = 10\sqrt{2}\sin\omega t A$。求电流和电压的有效值。

2-15　用交流电压表测得低压供电系统的线电压为 380V，线电压的最大值为多少？

2-16　将下列复数转换成代数式。

(1) $5\angle 60°$　　(2) $20\angle 90°$

(3) $35\angle -25°$　　(4) $220\angle 120°$

(5) $10\angle 53.1°$　　(6) $100\angle 180°$

2-17　将下列复数转换成极坐标形式。

(1) $8+j6$　　(2) $32-j56$

(3) $-12-j20$　　(4) $-3+j2$

(5) $12-j6$　　(6) $j8$

2-18　已知 $A_1=6+j10$，$A_2=3-j2$。试求 A_1+A_2，A_1-A_2，A_1A_2，A_1/A_2。

2-19　已知 $Z_1=20\angle -60^\circ$，$Z_2=10\angle 30^\circ$，试求 Z_1+Z_2，Z_1Z_2。

2-20　写出下列正弦量对应的相量。

(1) $u_1=220\sqrt{2}\sin\omega t\text{V}$

(2) $u_2=10\sqrt{2}\sin(\omega t+30^\circ)\text{V}$

(3) $i_2=7.07\sin(\omega t-60^\circ)\text{A}$

2-21　写出下列相量对应的正弦量（$f=50\text{Hz}$）。

(1) $\dot{U}_1=220\angle 50^\circ\text{V}$　　(2) $\dot{U}_2=380\angle 120^\circ\text{V}$

(3) $\dot{I}_1=j5\text{A}$　　(4) $\dot{I}_2=(3+j4)\text{A}$

2-22　试求 $i_1=2\sqrt{2}\sin(300t+45^\circ)\text{A}$，$i_2=5\sqrt{2}\sin(300t-35^\circ)\text{A}$ 之和，并画出相量图。

2-23　作出 $u_1=220\sqrt{2}\sin(\omega t-30^\circ)\text{V}$ 和 $u_2=220\sqrt{2}\sin(\omega t+60^\circ)\text{V}$ 的相量图，并求u_1-u_2。

2-24　50Ω 电阻两端的电压 $u=100\sqrt{2}\sin(314t-60^\circ)\text{V}$，试写出电阻中电流的解析式，并画出电压与电流的相量图。

2-25　已知 10Ω 电阻上通过的电流 $i=5\sqrt{2}\sin(314t+\pi/4)\text{A}$，试求电阻上消耗的功率及电压的解析式。

2-26　一电感 $L=60\text{mH}$ 的线圈，接到 $u=220\sqrt{2}\sin 300t\text{V}$ 的电源上，试求线圈的感抗、无功功率及电流的解析式。

2-27　某电感线圈的电阻忽略不计，把它接到 220V 的工频交流电路中，通过的电流是 5A，求线圈的电感 L。

2-28　电容为 50μF 的电容器，接在电压 $u=400\sqrt{2}\sin 100t\text{V}$ 的电源上，求电流的解析式，并计算无功功率。

2-29　一电容元件接在 220V 的工频交流电路中，通过的电流为 2A，试求元件的电容 C。

2-30　图 2-43 所示电路，已知电流表 A_1、A_2、A_3 的读数均为 8A，求电流表 A 的读数。

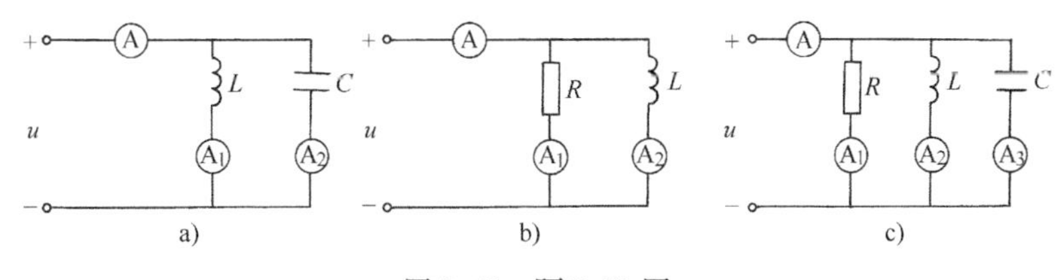

图 2-43　题 2-30 图

2-31　如图2-44所示电路，电压表V_1、V_2、V_3的读数都是100V，求电压表V的读数。

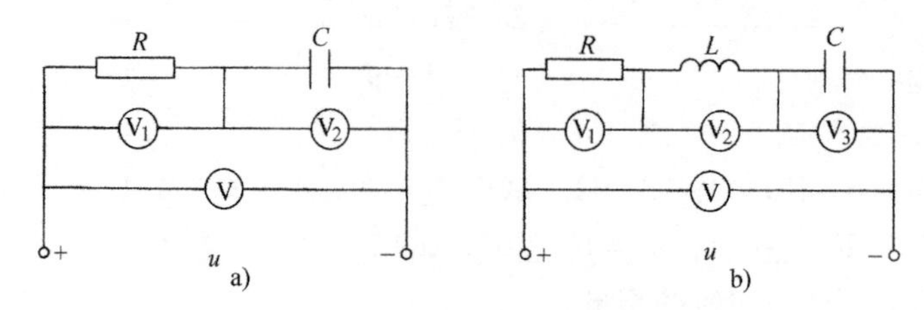

图2-44　题2-31图

2-32　RL串联电路的电阻$R=30\Omega$，感抗$X_L=52\Omega$，接到电压$u=220\sqrt{2}\sin\omega t$V的电源上，求电流$i$，并画出电压、电流相量图。

2-33　在RC串联电路中，已知电源电压$u=220\sqrt{2}\sin 314t$V，$R=25\Omega$，$C=73.5\mu$F，求$\dot{I}$、$\dot{U}_R$、$\dot{U}_C$，并画相量图。

2-34　在RLC串联电路中，已知$R=10\Omega$，$L=0.1$H，$C=60\mu$F。求频率为50Hz和100Hz时电路的复阻抗，并说明复阻抗是容抗还是感抗。

2-35　在RLC串联电路中，已知$R=20\Omega$，$X_L=25\Omega$，$X_C=5\Omega$，电源电压$\dot{U}=70.7\angle 0^\circ$V。试求电路的有功功率、无功功率、视在功率。

2-36　图2-45电路中，已知$\dot{U}=100\angle 30^\circ$V，$\dot{I}=4\angle -10^\circ$A，$Z_1=4+j6\Omega$，试求$Z_2$。

2-37　在图2-46所示电路中，已知$\dot{U}=220\angle 0^\circ$V，$Z_1=j10\Omega$，$Z_2=j50\Omega$，$Z_3=100\Omega$，试求电流相量$\dot{I}$。

2-38　在图2-47所示电路，在$\dot{U}$与$\dot{I}$同相的条件下，求X_C。

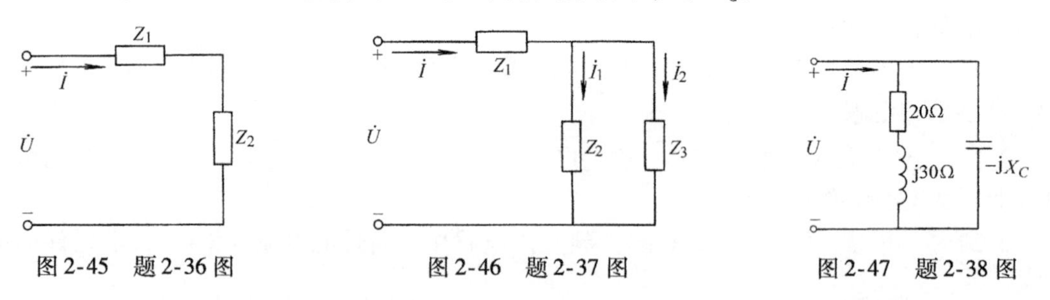

图2-45　题2-36图　　图2-46　题2-37图　　图2-47　题2-38图

2-39　某车间取用的功率为600kW，功率因数为0.65，欲将功率因数提高到0.9，求所需并联的电容值以及并联电容前后输电线上的电流。已知电源电压为10kV，频率为50Hz。

2-40　在RLC串联电路中，已知$R=25\Omega$，$L=0.4$H，$C=0.025\mu$F，电源电压$U=50$V。试求电路谐振时的频率，电路中的电流、电感两端的电压及电路的品质因数。

第三章 三相正弦交流电路

学习目标

通过本章的学习，你应达到：

(1) 掌握对称三相正弦量的特点及相序的概念。

(2) 掌握对称三相电路中星形接法和三角形接法的线电压与相电压、线电流与相电流的关系。

(3) 理解对称三相电路电压、电流和功率的计算方法。

三相交流电路的应用最为广泛，世界各国的电力系统普遍采用三相电路。日常生活中的单相用电也是取自三相交流电路中的一相。

第一节 对称三相正弦量

对称三相正弦电压是由三相发电机产生的，它们的频率相同、振幅相等、相位彼此相差120°，这样一组正弦电压称为对称三相正弦电压。三相分别称为U相、V相和W相，三相电源的始端（也叫相头）分别标以U_1、V_1、W_1，末端（也叫相尾）分别标以U_2、V_2、W_2，如图3-1所示。

图3-1 三相电源

对称三相电压解析式为

$$\left.\begin{aligned} u_U &= U_m\sin\omega t \\ u_V &= U_m\sin(\omega t-120°) \\ u_W &= U_m\sin(\omega t+120°) \end{aligned}\right\} \tag{3-1}$$

也可用相量表示为

$$\left.\begin{aligned} \dot{U}_U &= U\angle 0° \\ \dot{U}_V &= U\angle -120° \\ \dot{U}_W &= U\angle 120° \end{aligned}\right\} \tag{3-2}$$

它们的波形图和相量图分别如图3-2a、b所示。

对称三相正弦电压瞬时值之和恒为零，这是对称三相正弦电压的特点，也适用于其他对称三相正弦量。从图3-2的波形图或通过计算可得出上述结论。

从相量图上可以看出，对称三相正弦电压的相量和为零，即

$$\begin{aligned}\dot{U}_U + \dot{U}_V + \dot{U}_W &= U\angle 0^\circ + U\angle -120^\circ + U\angle 120^\circ \\ &= U + U\frac{-1-j\sqrt{3}}{2} + U\frac{-1+j\sqrt{3}}{2} \\ &= U\left(1 - \frac{1+j\sqrt{3}}{2} + \frac{-1+j\sqrt{3}}{2}\right) = U(1-1) = 0\end{aligned}$$

对称三相正弦电压的频率相同，振幅相等，其区别是相位不同。相位不同，表明各相电压到达零值或正峰值的时间不同，这种先后次序称为相序。在图3-2中，三相电压到达正峰值或零值的先后次序为 u_U、u_V、u_W，其相序为U—V—W—U，这样的相序称为正序。如果到达正峰值或零值的顺序为 u_U、u_W、u_V，那么，三相电压的相序U—W—V—U称为负序。工程上通用的相序是正序，如果不加说明，都为正序。在变配电所的母线上一般都涂以黄、绿、红三种颜色，分别表示U相、V相和W相。

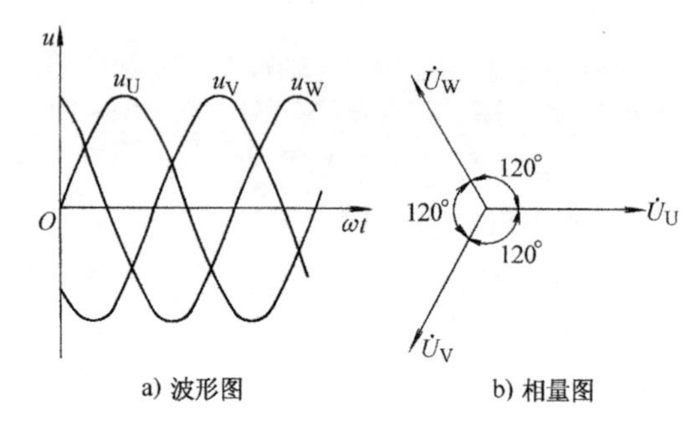

图3-2　对称三相电压波形图与相量图

对于三相电动机，改变其电源的相序就可改变电动机的运转方向，相序常用来控制电动机的正转或反转。

第二节　三相电源和负载的连接

三相发电机输出的三相电压，每一相都可以作为独立电源单独接上负载供电，每相需要两根输电线，共需六根线，很不经济，因此不采用这种供电方式。在实际应用中是将三相电源接成星形（Y）和三角形（△）两种方式，只需四根或三根输电线供电。

一、三相电源的星形联结

如图3-3所示，把三相电源的负极性端即末端接在一起成为一个公共点，叫作中性点，用N表示，由始端 U_1、V_1、W_1 引出三根线作为输电线，这种连接方式称为星形联结。

由始端 U_1、V_1、W_1 引出的三根线叫作相线（火线）。从中性点引出的线叫作中性线。

每相电源的电压称为电源的相电压。星形联结又有中性线时相电压就是端线与中性线之间的电压，用符号 u_U、u_V、u_W 表示。

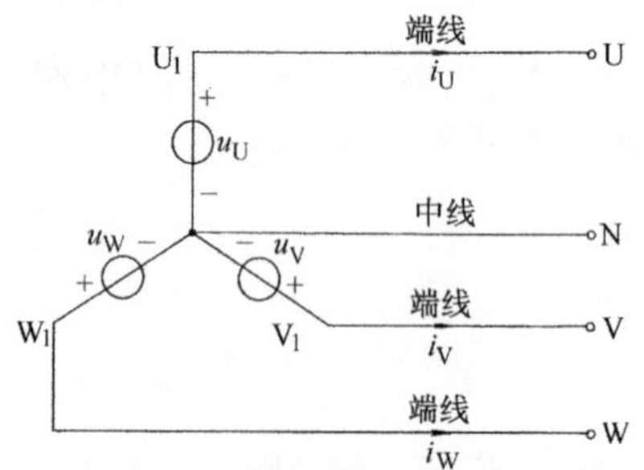

图3-3　三相电源的星形联结

端线之间的电压称为线电压。线电压的参考方向

规定为由 U_1 相指向 V_1 相、V_1 相指向 W_1 相、W_1 相指向 U_1 相，即用 u_{UV}、u_{VW}、u_{WU}表示。

现在分析三相电源星形联结时，线电压与相电压之间的关系。

根据基尔霍夫定律可得

$$u_{UV} = u_U - u_V$$
$$u_{VW} = u_V - u_W$$
$$u_{WU} = u_W - u_U$$

用相量表示

$$\dot{U}_{UV} = \dot{U}_U - \dot{U}_V$$
$$\dot{U}_{VW} = \dot{U}_V - \dot{U}_W$$
$$\dot{U}_{WU} = \dot{U}_W - \dot{U}_U$$

设对称三相电源每相电压的有效值用 U_p 表示，线电压的有效值用 U_L 表示。如果以 $\dot{U}_U$ 作为参考相量，即

$$\dot{U}_U = U_p \angle 0°$$

则根据对称性

$$\dot{U}_V = U_p \angle -120°$$
$$U_W = U_p \angle 120°$$

将这组对称相量代入上面关系式得

$$\left.\begin{aligned} \dot{U}_{UV} &= U_p \angle 0° - U_p \angle -120° = \sqrt{3}U_p \angle 30° = \sqrt{3}\dot{U}_U \angle 30° \\ \dot{U}_{VW} &= U_p \angle -120° - U_p \angle 120° = \sqrt{3}U_p \angle -90° = \sqrt{3}\dot{U}_V \angle 30° \\ \dot{U}_{WU} &= U_p \angle 120° - U_p \angle 0° = \sqrt{3}U_p \angle 150° = \sqrt{3}\dot{U}_W \angle 30° \end{aligned}\right\} \tag{3-3}$$

相电压和线电压的相量图如图 3-4 所示，根据平行四边形法则或三角形法则作图求线电压。

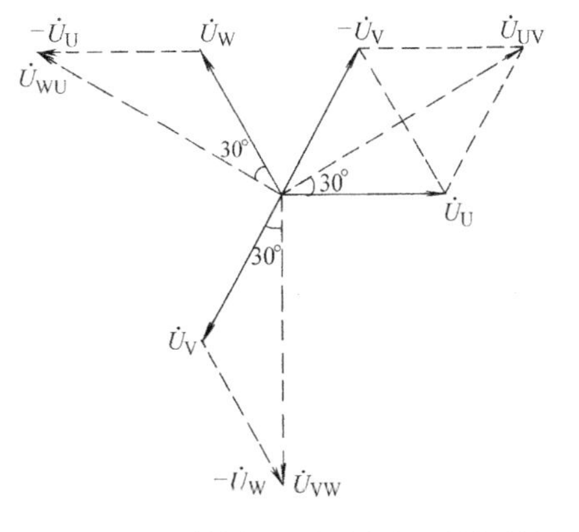

图 3-4　星形联结相电压和线电压的相量图

从图中可见，线电压 u_{UV}、u_{VW}、u_{WU}分别比相电压 u_U、u_V、u_W超前 30°角，而且

$$\frac{1}{2}U_L = U_p\cos 30°$$

所以

$$U_L = \sqrt{3}U_p \tag{3-4}$$

由于三个线电压的大小相等，相位彼此相差 120°，所以它们也是对称的，即

$$\dot{U}_{UV} + \dot{U}_{VW} + \dot{U}_{WU} = 0$$

由上述相量计算或相量图分析均可得出结论：当三个相电压对称时，三个线电压也是对称的，线电压的有效值是相电压有效值的$\sqrt{3}$倍。线电压超前对应的相电压 30°。

电源星形联结并引出中性线可以供应两套对称三相电压，一套是对称的相电压，另一套是对称的线电压。目前，电网的低压供电系统就采用这种方式，线电压为380V，相电压为220V，常写做“电源电压380/220V”。

流过端线的电流叫作线电流。线电流的参考方向规定为电源端指向负载端，以 i_U、i_V、i_W 表示。流过电源内的电流称为电源的相电流，电源相电流的参考方向规定为末端指向始端。由图3-3可见，当三相电源为星形联结时，电路中的线电流与对应的电源相电流相等。

二、三相电源的三角形联结

如图3-5所示，将三相电源的始端和末端依次连接，即U相的末端与V相的始端连接，V相的末端与W相的始端连接，W相的末端与U相的始端连接。组成一个三角形，从三角形的三个顶点引出三根线作为输电线，这种连接方式称为三角形联结。

由图3-5可以看出，三相电源三角形联结时各线电压就是对应的相电压。

由于对称三相电压 $u_U+u_V+u_W=0$，所以三角形闭合回路中的电源总电压为零，不会引起环路电流。需要注意的是：三相电源作三角形联结时，必须按始、末端依次连接，任何一相电源接反，闭合回路中的电源总电压就是相电压的两倍。由于闭合回路内的阻抗很小，所以，会产生很大的环路电流，致使电源烧毁。

现在分析三相电源三角形联结时，线电流与相电流之间的关系。

相电流、线电流如图3-5所示，根据基尔霍夫电流定律可得

$$i_U = i_{VU} - i_{UW}$$

$$i_V = i_{WV} - i_{VU}$$

$$i_W = i_{UW} - i_{WV}$$

用相量表示

$$\dot{I}_U = \dot{I}_{VU} - \dot{I}_{UW}$$

$$\dot{I}_V = \dot{I}_{WV} - \dot{I}_{VU}$$

$$\dot{I}_W = \dot{I}_{UW} - \dot{I}_{WV}$$

如果电源的三个相电流是一组对称正弦量，那么按上述相量关系式作相量图如图3-6所示，由图可知，三个线电流也是一组对称正弦量。

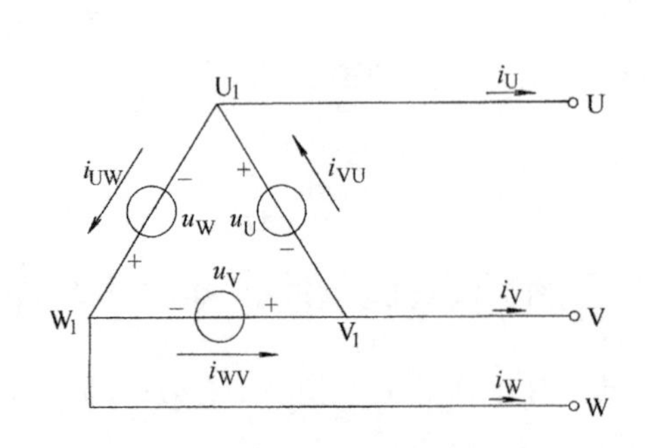

图3-5 三相电源的三角形联结

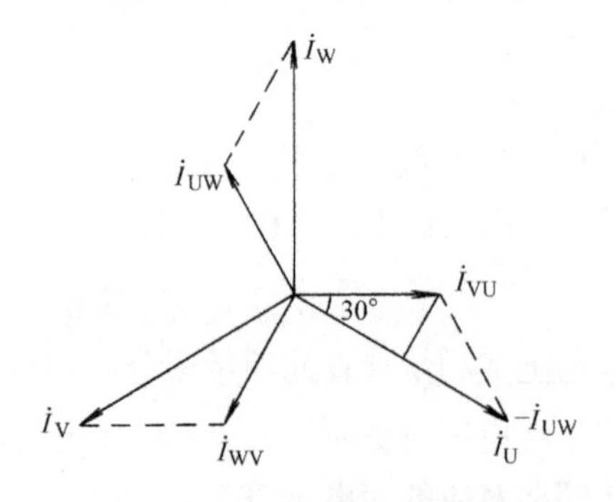

图3-6 三角形联结的电流相量图

若对称相电流的有效值用 I_p 表示，对称线电流的有效值用 I_L 表示，由相量图可得

$$I_L = \sqrt{3} I_p \tag{3-5}$$

总之，当三相电流对称时，线电流的有效值是相电流有效值的$\sqrt{3}$倍，线电流滞后对应的相电流 30°，即

$$\left.\begin{aligned} \dot{I}_U &= \sqrt{3}\dot{I}_{VU} \angle -30° \\ \dot{I}_V &= \sqrt{3}\dot{I}_{WV} \angle -30° \\ \dot{I}_W &= \sqrt{3}\dot{I}_{UW} \angle -30° \end{aligned}\right\} \tag{3-6}$$

三、三相负载的连接

交流电器设备种类繁多，按其对电源的要求可分为两类。一类是只需单相电源即可工作，称为单相负载，如：白炽灯、电烙铁、电视机等；另一类必须接上三相电源才能正常工作，称为三相负载，如三相电动机等。

三相负载中，如果每相的复阻抗相等，则称为对称三相负载，否则就是不对称三相负载。三相电动机等三相负载就是对称三相负载。在照明电路中，由单相负载组合成的三相负载一般是不对称三相负载。

为了满足负载对电源电压的不同要求，三相负载也有星形和三角形两种连接方式。如图 3-7a 所示为三相负载的星形联结，N′为负载中性点，如图 3-7b 所示为三相负载的三角形联结。

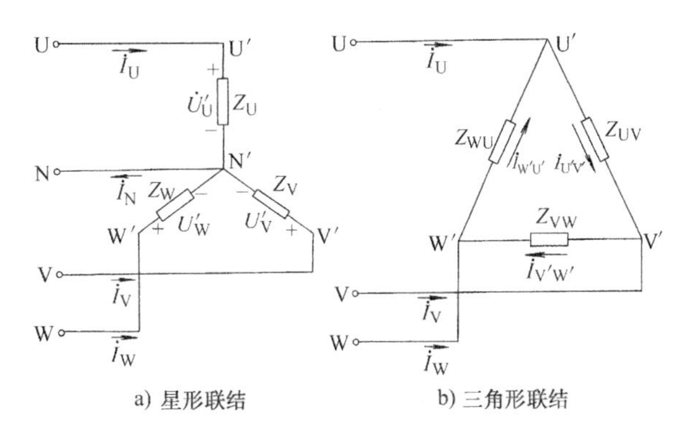

图 3-7　三相负载的星形联结与三角形联结

每相负载的电压称为负载的相电压，每相负载的电流称为负载的相电流，其参考方向如图 3-7 所示，对称星形电源中的线电压与相电压、线电流与相电流的关系完全适用于对称星形负载；同样对称三角形电源中的线电压与相电压、线电流与相电流的关系也适用于对称三角形负载，此处不再推导。

需要强调的是，星形联结中的线电压超前对应的相电压 30°；三角形联结中的线电流滞后对应的相电流 30°，它们的对应关系不能搞错。

例 3-1　星形联结的对称三相电源如图 3-8 所示。已知线电压为 380V，若以 $\dot{U}_U$ 为参考

相量，试求相电压，并写出各电压相量$\dot{U}_{U}$、$\dot{U}_{V}$、$\dot{U}_{W}$、$\dot{U}_{UV}$、$\dot{U}_{VW}$、$\dot{U}_{WU}$。

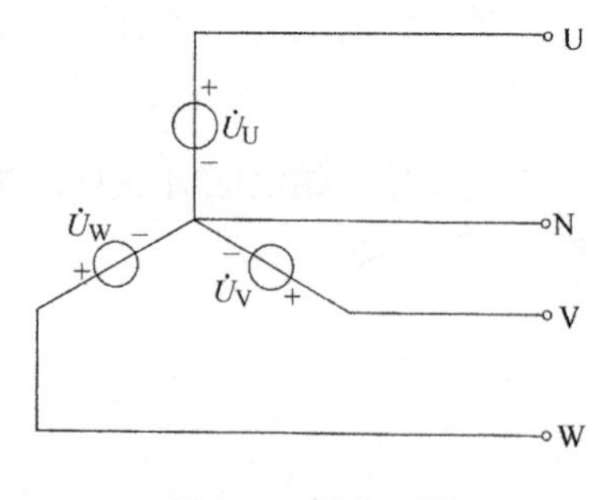

图 3-8　例 3-1 图

解　根据式（3-4），得相电压

$$U_{p} = \frac{U_{L}}{\sqrt{3}} = \frac{380}{\sqrt{3}}V = 220V$$

已知　$\dot{U}_{U} = 220\angle 0°V$

则　$\dot{U}_{V} = 220\angle -120°V$

$$\dot{U}_{W} = 220\angle 120°V$$

根据式（3-3），各线电压

$$\dot{U}_{UV} = \sqrt{3}\dot{U}_{U}\angle 30° = 380\angle 30°V$$

$$\dot{U}_{VW} = \sqrt{3}\dot{U}_{V}\angle 30° = 380\angle -90°V$$

$$\dot{U}_{WU} = \sqrt{3}\dot{U}_{W}\angle 30° = 380\angle 150°V$$

第三节　对称三相电路的计算

一、对称三相电路电压、电流的计算

由对称三相电源和对称三相负载组成的电路称为对称三相电路。三相星形电源和三相星形负载组成的电路若有中性线，就成为三相四线制电路，其余各种连接均为三相三线制电路。

在三相四线制电路中，线电流的参考方向是由电源端流向负载端，而中性线电流的参考方向规定为负载端流向电源端，如图 3-9 所示。根据基尔霍夫电流定律可得

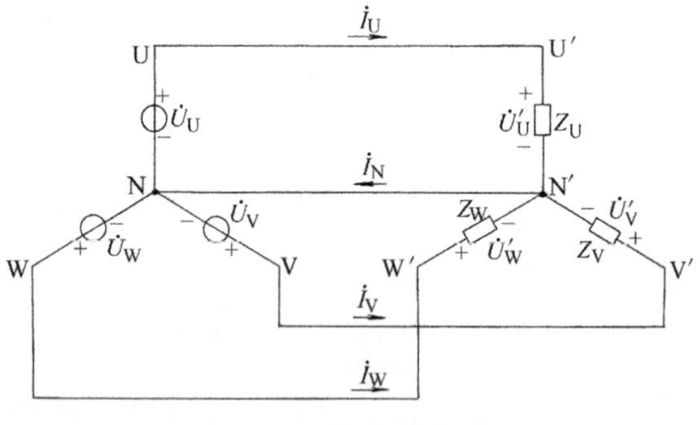

图 3-9　三相四线制电路

$$\dot{I}_{N} = \dot{I}_{U} + \dot{I}_{V} + \dot{I}_{W}$$

对称三相电路中，线电流、相电流、线电压和相电压都是对称的，因此三个线电流的相量和等于零，即中性线电流为零。中性线电流为零说明 N 点与 N′点电位相等，此时有无中性线对电路没有任何影响。若不考虑输电线阻抗，负载上的相电压就是对应的电源相电压，因此只需计算一相的电流、电压即可以根据对称性推出其余两相的电流、电压，这就是对称三相电路计算的特点。

例 3-2　一组对称三相星形负载，复阻抗 $Z = (34.6 + j20)\Omega$ 接于线电压 $U_{L} = 380V$ 的对称三相电源上，试求各相电流。

解　由于电路对称，只需要计算其中一相即可推出其余两相

$$U_p = \frac{U_L}{\sqrt{3}} = \frac{380}{\sqrt{3}}\text{V} = 220\text{V}$$

设U相电压为参考相量，则

$$\dot{U}_U' = 220\angle 0°\text{V}$$

U相电流

$$\dot{I}_U = \frac{\dot{U}_U'}{Z} = \frac{220\angle 0°}{34.6 + \text{j}20}\text{A} = \frac{220\angle 0°}{40\angle 30°}\text{A} = 5.5\angle -30°\text{A}$$

其余两相电流为

$$\dot{I}_V = 5.5\angle -150°\text{A}$$

$$\dot{I}_W = 5.5\angle 90°\text{A}$$

例3-3　如图3-10所示为对称Y-△联结电路，已知电源电压 $U_p=220\text{V}$，负载阻抗 $Z=(57+\text{j}76)\Omega$，输电线阻抗 $Z_l=0$。求负载的相电流及线电流。

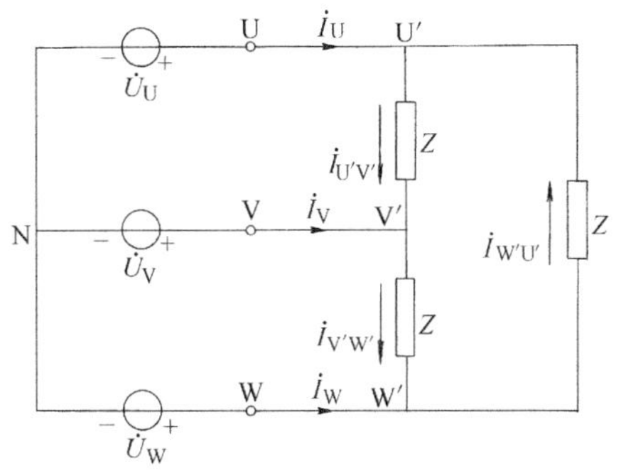

图3-10　例3-3图

解　由于不考虑输电线阻抗，所以电源端的线电压等于负载端的线电压。设 $\dot{U}_{UV}$ 为参考相量，则线电压为

$$\dot{U}_{UV} = \sqrt{3}U_p\angle 0° = 380\angle 0°\text{V}$$

$$\dot{U}_{VW} = 380\angle -120°\text{V}$$

$$\dot{U}_{WU} = 380\angle 120°\text{V}$$

负载上的相电流为

$$\dot{I}_{U'V'} = \frac{\dot{U}_{UV}}{Z} = \frac{380\angle 0°}{57 + \text{j}76}\text{A} = 4\angle -53.1°\text{A}$$

由于对称性，得

$$\dot{I}_{V'W'} = 4\angle -173.1°\text{A}$$

$$\dot{I}_{W'U'} = 4\angle 66.9°\text{A}$$

负载端的线电流为

$$\dot{I}_U = \sqrt{3}\dot{I}_{U'V'}\angle -30° = \sqrt{3}\times 4\angle -53.1° - 30°\text{A} = 6.93\angle -83.1°\text{A}$$

$$\dot{I}_V = \sqrt{3}\dot{I}_{V'W'}\angle -30° = \sqrt{3}\times 4\angle -173.1° - 30°\text{A} = 6.93\angle 156.9°\text{A}$$

$$\dot{I}_W = \sqrt{3}\dot{I}_{W'U'}\angle -30° = \sqrt{3}\times 4\angle 66.9° - 30°\text{A} = 6.93\angle 36.9°\text{A}$$

$\dot{I}_V$、$\dot{I}_W$ 可以根据对称性直接写出。

二、对称三相电路的功率

在三相交流电路中，三相负载消耗的总功率就等于各相负载消耗的功率之和，即

$$P = P_U + P_V + P_W$$

每相负载的功率

$$P_p = U_p I_p \cos\varphi$$

式中，U_p 为负载的相电压，I_p 为负载的相电流，φ 为同一相负载中相电压超前相电流的相位差，也即负载的阻抗角。

在对称三相电路中，各相负载的功率相同，三相负载的总功率为

$$P = 3U_p I_p \cos\varphi \tag{3-7}$$

当对称三相负载作星形联结时

$$U_L = \sqrt{3}U_p$$
$$I_L = I_p$$

当对称三相负载是三角形联结时

$$U_L = U_p$$
$$I_L = \sqrt{3}I_p$$

将两种连接方式的 U_p、I_p 代入式（3-7），可得到同样的结果，即

$$P = \sqrt{3}U_L I_L \cos\varphi \tag{3-8}$$

因此，不论负载是星形联结还是三角形联结，对称三相负载消耗的功率都可以用上式计算。需要注意的是，式中 φ 仍是负载相电压超前相电流的相位差，而不是线电压和线电流之间的相位差。

同理，对称三相电路的无功功率为

$$Q = 3U_p I_p \sin\varphi = \sqrt{3}U_L I_L \sin\varphi \tag{3-9}$$

对称三相电路的视在功率为

$$S = \sqrt{P^2 + Q^2} = 3U_p I_p = \sqrt{3}U_L I_L \tag{3-10}$$

三相电动机铭牌上标明的功率都是三相总功率。

例 3-4　一组对称三角形负载，每相阻抗 $Z = 109\angle 53.13^\circ\Omega$，现接在对称三相电源上，测得相电压为380V，相电流为3.5A，试求此三角形负载的功率。

解　由式（3-7）可求得三相负载的功率为

$$P = 3U_p I_p \cos\varphi = 3 \times 380 \times 3.5 \times \cos 53.13^\circ \text{W}$$
$$= 2394\text{W}$$

又因为负载为三角形联结，则

$$U_L = U_p = 380\text{V}$$
$$I_L = \sqrt{3}I_p = \sqrt{3} \times 3.5\text{A} = 6.06\text{A}$$

三相负载的功率，由式（3-8）可得

$$P = \sqrt{3}U_L I_L \cos\varphi = \sqrt{3} \times 380 \times 6.06 \times \cos 53.13^\circ \text{W} = 2394\text{W}$$

两种方法计算的结果相同。

例 3-5 一个 4kW 的三相异步电动机，绕组为星形联结，接在线电压为 $U_L=380V$ 的三相电源上，功率因数 $\lambda=\cos\varphi=0.85$，试求负载的相电压及相电流。

解 星形接法，线电流等于相电流，根据式（3-8），相电流为

$$I_p=I_L=\frac{P}{\sqrt{3}U_L\cos\varphi}=\frac{4\times10^3}{\sqrt{3}\times380\times0.85}A=7.15A$$

相电压

$$U_p=\frac{U_L}{\sqrt{3}}=\frac{380}{\sqrt{3}}V=220V$$

实验课题二 三相电路的连接和测量

一、实验目的

1）掌握三相负载星形联结和三角形联结的连接方法。
2）验证两种接法中线电压与相电压、线电流与相电流之间的关系。

二、预习要求

1）三相负载连接成星形或三角形的接法。
2）复习对称三相交流电路的有关内容，知道两种连接方法中线值和相值的关系。

三、实验仪器和设备

实验仪器和设备见表 3-1。

表 3-1 实验仪器和设备清单

序号	名称	型号与规格	数量	备注
1	三相交流电源	0～220V	1	相电压
2	三相自耦调压器		1	
3	交流电压表		1	
4	交流电流表		1	
5	三相灯组负载	15W/220V 白炽灯	9	
6	电流表插座		3	

四、实验内容

任务 1 三相负载的星形联结（三线制）

按图 3-11 所示实验电路接线，对称负载为每相三盏白炽灯，不对称负载为 U 相一盏

灯，V 相两盏灯，W 相三盏灯。

三相负载经三相自耦调压器接通对称三相电源，调节调压器的输出，使输出的三相线电压逐渐升为 220V，按照表 3-2 所列各项要求分别测量三相负载的线电压、相电压和相电流（线电流）的值，并填入表内。观测负载对称与否对白炽灯亮度的影响。

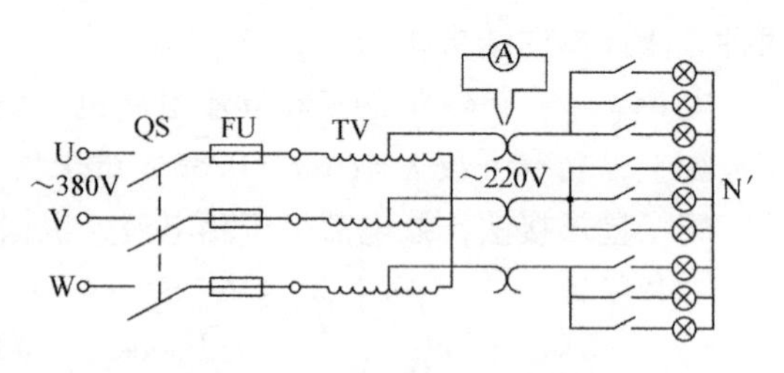

图 3-11 三相负载的星形联结

表 3-2 星形联结测量数据

测量数据 / 负载情况	线电压/V			相电压/V			线电流/A		
	U_{UV}	U_{VW}	U_{WU}	U_U	U_V	U_W	I_U	I_V	I_W
对称负载									
不对称负载									

任务 2 三相负载的三角形联结

按照图 3-12 所示电路接线，调节调压器，使其输出的线电压为 220V，按照表 3-3 所列各项进行测试，并将数据填入表内。观测负载对称与否对白炽灯亮度的影响。

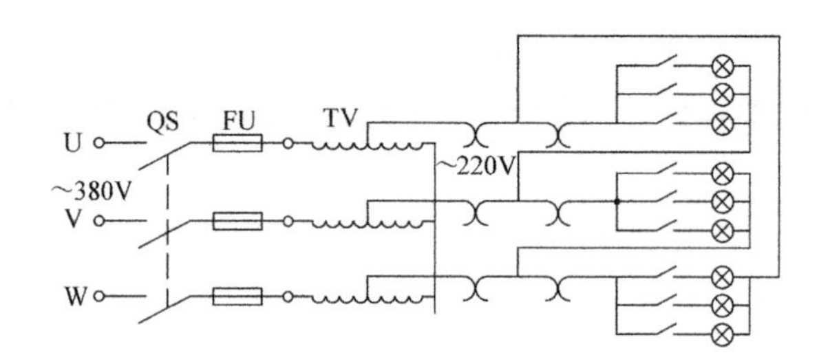

图 3-12 三相负载的三角形联结

表 3-3 三角形联结测量数据

测量数据 / 负载情况	线电压/V			相电压/V			线电流/A			相电流/A		
	U_{UV}	U_{VW}	U_{WU}	U_U	U_V	U_W	I_U	I_V	I_W	I_{UV}	I_{VW}	I_{WU}
对称负载												
不对称负载												

五、注意事项

1）本实验采用三相交流市电，线电压为 220V，实验时要注意人身安全。

2）每次线路连接好以后，要由指导教师检查合格后，方可通电实验。必须严格遵守先接线后通电；先断电，后拆线的操作原则。

3）实验用线电压必须经过调压器将市电 380V 降为 220V，方可实验。

边学边练四　中性线的作用

读一读　中性线的作用

在三相电路中，电源、负载和输电线阻抗只要有一部分不对称就称为不对称三相电路。一般情况下，认为三相电源总是对称的，输电线路的阻抗也是对称的，不对称主要是因为负载的不对称，使三相电路失去对称的特点。

（1）三相三线制电路　负载不对称而又无中性线，星形负载上的相电压不再对称，导致有的相电压过高，有的相电压过低，都不符合负载额定电压的要求，不能正常工作，这是不允许的。

（2）三相四线制电路　在低压供电系统中广泛采用三相四线制，是因为负载大多不对称，因为有中性线，所以负载上的相电压也是对称的。此时各相电流不再对称，但负载能在额定电压下工作。

结论：中性线的作用就是使不对称星形负载的相电压对称。为了确保负载的正常工作，中性线就不能断开。因此，中性线上不允许装熔断器或开关，必要时还须用机械强度较高的导线做中性线。

议一议　你知道低压供电系统为什么广泛采用三相四线制吗？为什么中性线上不能安装熔断器或开关？

练一练　三相四线制中性线作用的观测

电路如图 3-13 所示，三相白炽灯负载经三相自耦调压器接通对称三相电源，并将三相调压器的旋柄置于三相电压输出为 0V 的位置，经指导教师检查合格后，方可合上三相电源开关，然后调节调压器，使输出的三相线电压为 220V。然后，按表 3-4 所列各项要求分别测量三相负载的线电压、相电压、相电流（等于线电流）和中性线电流，并做记录。同时观察各相灯组亮暗的变化程度，特别要注意观察中性线的作用。

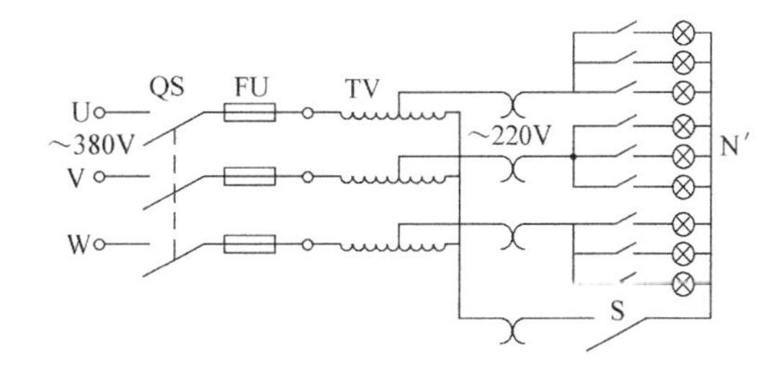

图 3-13　星形三相四线制电路

任务1 观测星形对称负载的中性线作用

对称负载，各相均为三盏白炽灯。

1）中性线开关S断开，进行测量，并把数据填入表3-4内。

2）中性线开关S闭合，进行测量，并把数据填入表3-4内。

注意观测中性线上的电流。

任务2 观测星形不对称负载的中性线作用

不对称负载为U相一盏灯，V相两盏灯，W相三盏灯。

1）中性线开关S断开，按要求测量，并把数据填入表3-4内。

2）中性线开关S闭合，按要求测量，并把数据填入表3-4内。

注意观测中性线的作用。

表3-4 中性线的作用测量数据

测量数据 / 负载情况		线电压			相电压			线电流			中性线电流
		U_{UV}	U_{VW}	U_{WU}	U_U	U_V	U_W	I_U	I_V	I_W	I_N
对称负载	无中性线										
	有中性线										
不对称负载	无中性线										
	有中性线										

本章小结

（1）对称三相电路

$$u_U = U_m\sin\omega t$$
$$u_V = U_m\sin(\omega t - 120°)$$
$$u_W = U_m\sin(\omega t + 120°)$$

其相序为正序。

（2）对称三相电路线值与相值的关系

1）星形联结（电源或负载）。线电压是相电压的$\sqrt{3}$倍，并且超前对应相电压30°。线电流就是相电流。

2）三角形联结（电源或负载）。线电流是相电流的$\sqrt{3}$倍，并且滞后对应的相电流30°。线电压就是相电压。

（3）对称三相电路的计算　在对称三相电路中，线电压、相电压、线电流、相电流都对称，统称为对称三相正弦量。它们的瞬时值之和、相量之和都等于零。

根据对称性，只要计算出一相的电压、电流就可以推算出其他两相的电压和电流。

$$I_p = \frac{U_p}{|Z|}$$

(4) 中性线的作用 在对称三相四线制中，中性线电流为零，可省去中性线，中性线没有作用。

在不对称三相四线制中，中性线的作用就是保证不对称负载上的相电压对称，使负载正常工作。

(5) 对称三相电路的功率

1) 有功功率

$$P = 3U_p I_p \cos\varphi = \sqrt{3}U_L I_L \cos\varphi$$

2) 无功功率

$$Q = 3U_p I_p \sin\varphi = \sqrt{3}U_L I_L \sin\varphi$$

3) 视在功率

$$S = 3U_p I_p = \sqrt{3}U_L I_L = \sqrt{P^2 + Q^2}$$

思考题与习题

一、填空题

3-1 对称三相正弦量的特点是（ ）。

3-2 相序分为（ ）和（ ），一般均采用（ ）。

3-3 端线间的电压称为（ ），端线与中性线间的电压称为（ ），流过端线的电流称为（ ），流经负载的电流称为（ ）。

3-4 在星形联结的对称三相电路中，线电压是相电压的（ ），并且线电压超前对应的相电压（ ）。

3-5 在三角形联结的对称三相电路中，线电流是相电流的（ ），并且滞后对应的相电流（ ）。

二、单项选择题

3-6 在对称三相电路中，负载成星形接法，若线电压为380V，视在功率为3950V·A，则相电流为（ ）。

a) 3.5A　　b) 6A　　c) 10A　　d) 7.35A

3-7 在对称三相电路中，负载接成三角形，若线电压为380V，视在功率为5700V·A，则相电流为（ ）。

a) 3A　　b) 8.66A　　c) 5A　　d) 10.6A

3-8 星形联结的对称三相电源的线电压为380V，则电源的相电压为（ ）。

a) 380V　　b) 300V　　c) 220V　　d) 269V

3-9 三角形联结的对称三相电源的线电压为380V，则电源的相电压为（ ）。

a) 380V　　b) 300V　　c) 220V　　d) 269V

3-10 三相电动机接在线电压为380V的三相电源上运行，测得线电流为12.6A，功率因数为0.83，则电动机的功率为（ ）。

a) 8600W　　b) 3974W　　c) 11922W　　d) 6883W

三、综合题

3-11　对称星形联结的三相电源，已知 $\dot{U}_{W} = 220\angle 90°V$，求 $\dot{U}_{U}$、$\dot{U}_{V}$ 和 $\dot{U}_{UV}$、$\dot{U}_{VW}$、$\dot{U}_{WU}$。

3-12　一组对称电流中的 $\dot{I}_{U} = 10\angle -30°A$，求 $\dot{I}_{V}$、$\dot{I}_{W}$ 及 $\dot{I}_{U} + \dot{I}_{V} + \dot{I}_{W}$。

3-13　在三角形联结的三相电源中，相电流对称，且 $\dot{I}_{WV} = 10\angle -120°A$，求 $\dot{I}_{VU}$、$\dot{I}_{VW}$ 及 $\dot{I}_{U}$、$\dot{I}_{V}$、$\dot{I}_{W}$。

3-14　在三相四线制电路中，电源线电压 $\dot{U}_{UV} = 380\angle 30°V$，三相负载均为 $Z = 40\angle 60°\Omega$，求各相电流，并画出相量图。

3-15　在线电压为380V的三相四线制电路中，对称星形联结的负载，每相复阻抗 $Z = (60 + j80)\Omega$，试求负载的相电流和中性线电流。

3-16　对称三角形负载，每相复阻抗 $Z = (100 + j173.2)\Omega$，接到线电压为380V的三相电源上，试求相电流、线电流。

3-17　在对称三相电路中，线电压 $U_{L} = 380V$，负载阻抗 $Z = (50 + j86.6)\Omega$。试求：

（1）当负载作星形联结时，相电流及线电流为多大？

（2）当负载作三角形联结时，相电流及线电流又为多大？

3-18　在对称三相电路中，有一星形负载，已知线电流 $\dot{I}_{U} = 6\angle 15°A$，线电压 $\dot{U}_{UV} = 380\angle 75°V$，求此负载的功率因数及功率。

第四章 磁路与变压器

学习目标

通过本章的学习，你应达到：

(1) 了解铁磁性物质的特性、磁路及铁心线圈的电磁关系。

(2) 了解单相变压器的用途、结构及主要参数。

(3) 掌握单相变压器的工作原理及极性判断。

(4) 理解单相变压器的运行特性。

(5) 了解三相变压器的种类、铭牌及主要参数。

第一节 磁路的基本知识

我们常见的电工设备和仪表如变压器、电动机、电工仪表等，其中发生的物理过程常常同时包含“电”和“磁”这两个紧密相连的现象，因此在许多电工设备中只用电路概念来研究是不够的，还必须用磁路的概念加以分析。

一、铁磁性物质

物质按其导磁性能的不同可分为三类。一类叫顺磁性物质，如空气、铝、铬、铂等，其磁导率稍大于真空磁导率。另一类叫逆磁性物质，如氢、铜等，其磁导率稍小于真空磁导率。顺磁性物质和逆磁性物质都属于非铁磁性物质，其磁导率与真空磁导率大约相等。还有一类叫铁磁性物质，如铁、钴、镍、硅钢、坡莫合金、铁氧体等，其磁导率很大，是真空磁导率的几百甚至几千倍，而且不是一个常数，是随着磁感应强度和温度而变化的。铁磁性物质，由于具有高导磁性，因此被广泛应用于电力工业及电子工业中。

1. 铁磁性物质的磁化曲线

若把铁磁性物质放在交变磁场中磁化，即磁场强度 H㊀从 $0 \to H_m \to 0 \to -H_m \to 0$，则会得到磁感应强度 B㊁随磁场强度 H 变化的关系，如图 4-1 所示。当铁磁材料开始磁化时沿起始

㊀ 磁场强度 H：表征磁场强弱的物理量，与磁介质的导磁性能无关。

㊁ 磁感应强度 B：表征磁场强弱的物理量，与磁介质的导磁性能有关。

磁化曲线到达 a 点后，若 H 减小，则 B 沿曲线 ab 下降，当 $H=0$ 时，B 并不等于零，即 $B=B_r$，B_r 称为剩磁。要去掉剩磁必须外加反向磁场，当 H 反向增加到 $-H_c$ 时，$B=0$，去掉剩磁所需的反向磁场强度 H_c 称为铁磁材料的矫顽力。铁磁材料退磁后，若反向磁场继续增大到 $-H_m$ 时，磁化达到反向饱和，$B=-B_m$。若再把 H 由 $-H_m$ 减小到零，则同样出现反向剩磁 $-B_r$，再改变外磁场的方向，即 H 由零正向增加，曲线沿 dea 到 a 点。通常把这种对称的闭合曲线称为磁滞回线。

对同一铁磁材料，取不同的 H_m 反复磁化，将得到一系列磁滞回线，如图 4-2 所示。各磁滞回线的正顶点连成的曲线 Oa 称为基本磁化曲线，工程上常用基本磁化曲线来表示铁磁性物质的磁性能，以进行磁路计算。

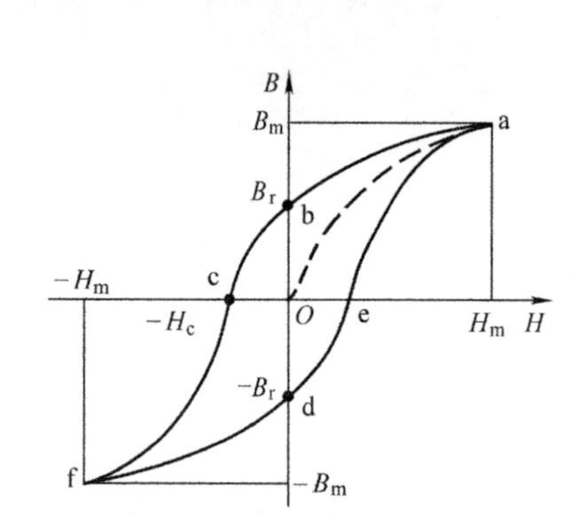

图 4-1　铁磁性物质的磁滞回线

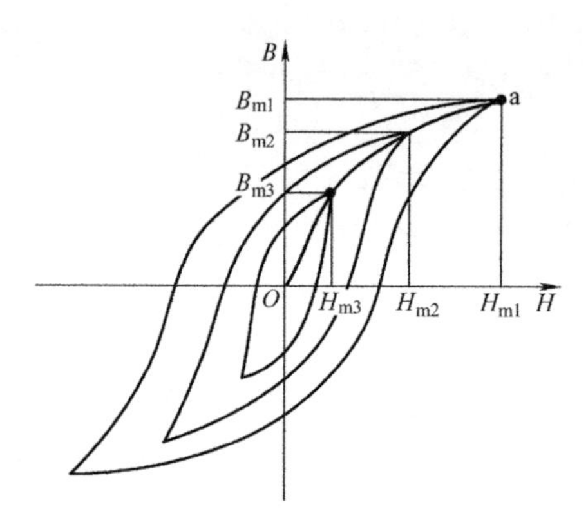

图 4-2　铁磁性物质的基本磁化曲线

2. 铁磁性物质的磁性能

观察图 4-1 铁磁性物质的磁化曲线可知，铁磁材料具有下述磁性能：

（1）高导磁性　在一定的温度范围内，铁磁材料的磁导率 μ⊖很大，其值为真空磁导率 μ_0 的数百乃至数千倍。

（2）剩磁性　铁磁材料经磁化后，若磁化场的磁场强度降为零，铁磁材料中仍能保留一定的剩磁。

（3）磁饱和性　当磁化场的磁场强度 H 增大到一定数值后，若 H 再增大，则铁磁材料中的磁感应强度几乎不再增大，磁化达到饱和状态。由于铁磁材料具有磁饱和特性，因而铁磁材料的 B 与 H 之间呈非线性关系，磁导率 μ 不是常数。

（4）磁滞性　铁磁材料在交变磁化过程中，磁感应强度 B 的变化总是滞后于磁场强度 H 的变化，这种现象称为磁滞现象，简称磁滞。

3. 铁磁性物质的种类与用途

根据磁滞回线的形状及其在工程上的用途，铁磁性物质基本分为两大类：一类是硬磁（永磁）材料，另一类是软磁材料。

硬磁材料的特点是磁滞回线较宽，剩磁和矫顽力都较大，如图 4-3 所示，这类材料在磁化后能保持很强的剩磁，适宜于制作永久磁铁。常用的硬磁材料有铝镍钴合金、钨钢、钴

⊖　磁导率 μ：表征物质导磁性能的物理量。

钢、钡铁氧体、锶铁氧体等。在磁电式仪表、电声器材、永磁式电机等设备器材中所用的磁铁就是硬磁材料制作的。

软磁材料的特点是磁导率高，磁滞回线狭窄，磁滞损耗小。软磁材料又分为用于低频和高频两种。用于高频的软磁材料要求具有较大的电阻率，以减少涡流损失，常用的有铁氧体，如半导体收音机的磁棒和中周变压器的铁心就用的是软磁铁氧体。用于低频的软磁材料有硅钢、铸钢、坡莫合金等，电机、变压器中用的铁心多为硅钢片。

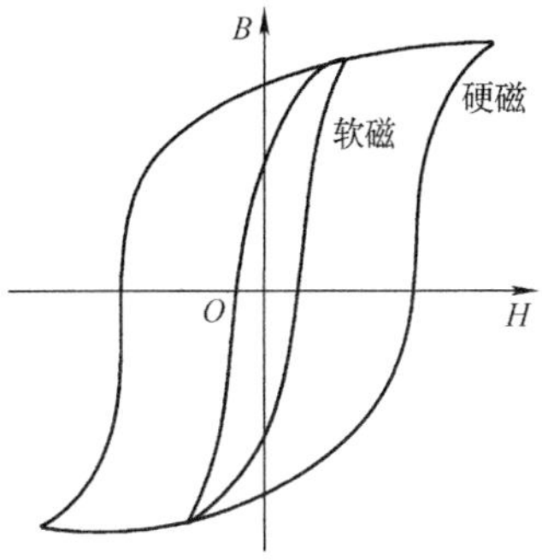

图 4-3　硬磁和软磁材料的磁滞回线

二、磁路

线圈中通以电流就会产生磁场，磁感应线将分布在线圈周围的整个空间。如果我们把线圈绕在铁心上，由于铁磁材料优良的导磁性能，电流所产生的磁感应线基本都局限在铁心内。在同样大小的电流作用下，有铁心时磁通将大为增加。这就是在电磁器件中常采用铁心的原因。铁心起着增加磁通和为磁通规定路径的作用。工程上把这种约束在铁心及其气隙所限定的范围内的磁通路径称为磁路。图 4-4a、b 给出了采用铁心的直流电机、变压器的磁路。

由励磁电流产生的磁通实际上分为两个部分。全部在磁路中闭合的磁通称为主磁通。部分经过磁路、部分经过磁路周围的物质而闭合的磁通以及全部不经过磁路的磁通都称为漏磁通。例如图 4-4b 中经过变压器铁心而闭合的磁通 Φ 称为主磁通，部分经过铁心、部分经过空气而闭合的磁通 Φ_σ 称为漏磁通。通常由于漏磁通只占总磁通的很小一部分，因此常将漏磁通略去不计。

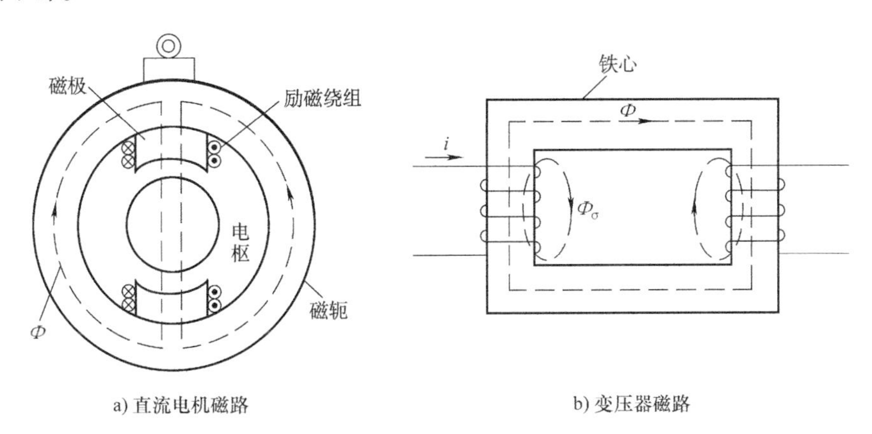

a) 直流电机磁路　　b) 变压器磁路

图 4-4　磁路

三、交流铁心线圈

1. 电压与磁通的关系

当线圈中加入铁心后，就成为一个铁心线圈，如图 4-5 所示，若线圈两端外加正弦电压，在线圈中就会产生变化的电流，变化的电流在铁心中产生变化的磁通 Φ，变化的磁通 Φ 又在线圈中产生感应电动势 e，不考虑线圈的电阻及漏磁通时，根据式（1-17）、式（1-18）

可得

$$u \approx -e = N\frac{\mathrm{d}\Phi}{\mathrm{d}t}$$

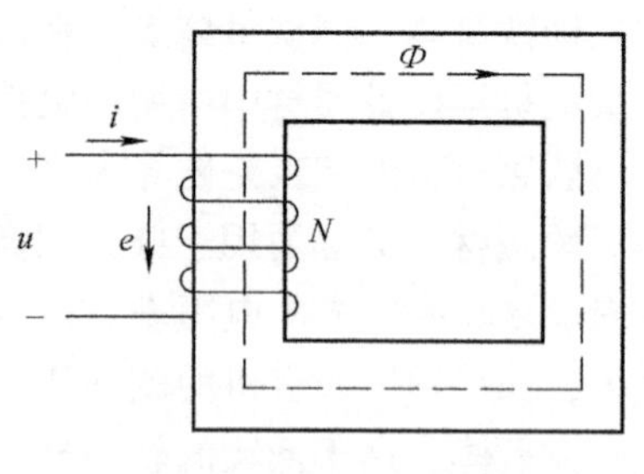

图4-5 闭合铁心的线圈

由上式可知，当电压 u 为正弦量时，磁通 Φ 也应该是正弦量，因此若设 $\Phi = \Phi_m \sin\omega t$，则有

$$u \approx -e = N\frac{\mathrm{d}\Phi}{\mathrm{d}t} = N\Phi_m \omega\cos\omega t = N\Phi_m \omega\sin\left(\omega t + \frac{\pi}{2}\right) \tag{4-1}$$

由式（4-1）可知 $U_m \approx E_m = N\Phi_m \omega = N\Phi_m 2\pi f$

两边除以$\sqrt{2}$得 $$U \approx E = 4.44fN\Phi_m \tag{4-2}$$

式中，U 的单位为V，f 的单位为Hz，Φ_m 的单位为Wb。

由此可知，当铁心线圈的端电压按正弦规律变化时，铁心中的磁通也按正弦规律变化。在相位关系上，端电压超前于磁通90°；在量值关系上，$U \approx E = 4.44fN\Phi_m$。

2. 铁心损耗

在交变磁通作用下，铁心中存在着能量损耗，称为铁心损耗，简称铁损，用 P_{Fe} 表示。铁心损耗主要由两部分组成，即涡流损耗和磁滞损耗。

（1）涡流损耗　铁心中的交变磁通 Φ 在铁心中感应出电压，由于铁心也是导体，就产生了一圈一圈的电流，这种电流称为涡流。涡流产生的功率损耗与感应电压的平方成正比。由式（4-2）可知感应电压 U 与磁通交变的频率 f 及磁感应强度的最大值 B_m 成正比，因此涡流损耗与 f 及 B_m 的平方成正比。

（2）磁滞损耗　铁磁性物质在反复磁化时，会产生一种类似于摩擦生热的能量损耗，这就是磁滞损耗。

第二节　单相变压器

变压器是指利用电磁感应原理将某一等级的交流电压或电流变换成同频率的另一等级的交流电压或电流的电气设备。单相变压器是用来变换单相交流电的变压器，通常额定容量较小。在电子电路、焊接、冶金、测量系统、控制系统以及实验等方面，单相变压器的应用都很广泛。

一、基本结构及工作原理

1. 基本结构

单相变压器主要是由铁心和绕组两大部分组成。

（1）铁心　铁心的基本结构形式有心式和壳式两种，如图4-6所示。铁心构成了变压器的磁路，并作为绕组线圈的支撑骨架。它一般是由导磁性能较好的硅钢片（0.35～0.5mm厚）叠制而成，且硅钢片之间彼此绝缘，以减小涡流损耗。铁心分铁心柱和铁轭两部分，铁心柱上装有绕组线圈，铁轭的作用是使磁路闭合。

（2）绕组　绕组构成变压器的电路，常用有绝缘层的导线，即漆包铜线绕制而成。变压器中工作电压高的绕组称为高压绕组，工作电压低的绕组称为低压绕组。

国产单相变压器通常采用同心式绕组，即将高、低压绕组同心地套在铁心柱上。为了便于绕组与铁心之间的绝缘，常将低压绕组装在里面，高压绕组装在外面，如图 4-6a 所示。

2. 工作原理

变压器中常将接电源的绕组称为一次绕组，接负载的绕组称为二次绕组。

(1) 空载运行及变压比　一次绕组接交流电源、二次绕组开路的运行方式称为空载运行，如图 4-7 所示。此时，一次绕组的电流 i_{10} 称为励磁电流，由于外加电压 u_1 是按正弦规律变化的，因此铁心中产生的磁通 Φ 也是按正弦规律变化的，在交变磁通 Φ 的作用下，在一、二次绕组中分别产生感应电动势 e_1、e_2。

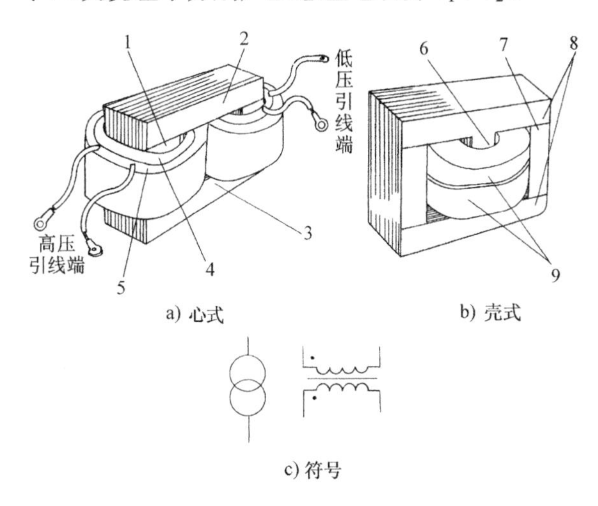

图 4-6　单相变压器结构示意图

1—铁心柱　2—上铁轭　3—下铁轭　4—低压绕组　5—高压绕组　6—铁心柱　7—分支铁心柱　8—铁轭　9—绕组

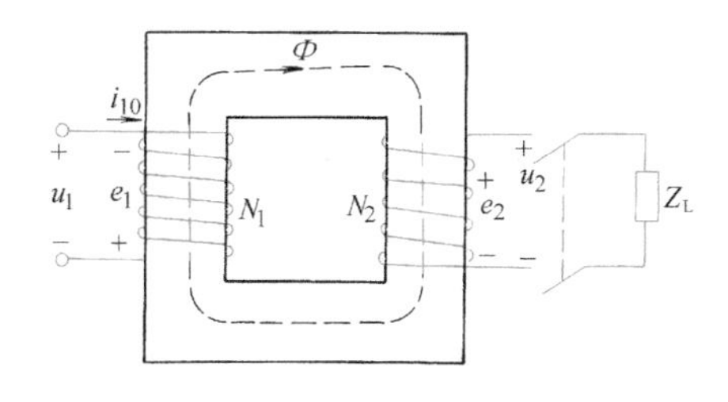

图 4-7　变压器空载运行

设 $\Phi = \Phi_m \sin\omega t$，由式 (4-2) 得

$$E_1 = 4.44fN_1\Phi_m$$
$$E_2 = 4.44fN_2\Phi_m$$

所以

$$\frac{E_1}{E_2} = \frac{N_1}{N_2} \tag{4-3}$$

式中，N_1 是一次绕组匝数；N_2 是二次绕组匝数。

由于 i_{10} 在空载时很小（仅占一次绕组额定电流的 3%～8%），故可忽略一次绕组的阻抗不计，则电源电压 U_1 与 E_1 近似相等，即

$$U_1 \approx E_1$$

由于二次绕组开路，空载端电压 U_{20} 与 E_2 相等，即

$$U_{20} = E_2$$

因此有

$$\frac{U_1}{U_{20}} \approx \frac{E_1}{E_2} = \frac{N_1}{N_2} = K \tag{4-4}$$

式中，K 称为电压比，俗称变比，它是变压器的一个重要参数。

上式表明，变压器具有变换电压的作用，且电压大小与其匝数成正比。因此匝数多的绕

组电压高，匝数少的绕组电压低。当 $K>1$ 时为降压变压器；当 $K<1$ 时为升压变压器。

(2) 负载运行及变流比　一次绕组接交流电源、二次绕组接负载的运行方式，如图4-8所示，此时二次绕组中有电流 i_2，一次绕组中的电流也由 i_{10} 增加到 i_1，但铁心中的磁通 Φ 和空载时相比基本保持不变，若不计一、二次绕组的阻抗，仍有

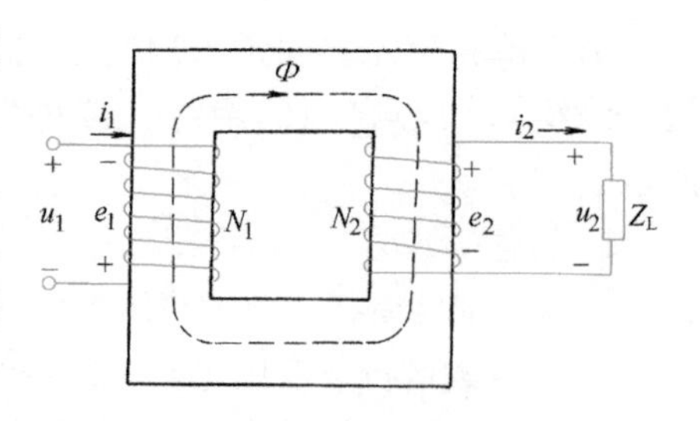

图4-8　变压器负载运行

$$U_1 \approx E_1 = 4.44fN_1\Phi_m$$

$$U_2 \approx E_2 = 4.44fN_2\Phi_m$$

$$\frac{U_1}{U_2} \approx \frac{E_1}{E_2} = \frac{N_1}{N_2} = K$$

变压器是一种传送电能的设备，在传送电能的过程中绕组及铁心中的损耗很小，励磁电流也很小，理想情况下可以认为一次侧视在功率与二次侧视在功率相等，即

$$U_1I_1 = U_2I_2$$

故有

$$\frac{I_1}{I_2} = \frac{U_2}{U_1} \approx \frac{N_2}{N_1} = \frac{1}{K} \tag{4-5}$$

上式表明，变压器具有变换电流的作用，电流大小与其匝数成反比。因此匝数多的绕组电流小，可用细导线绕制，匝数少的绕组电流大，可用粗导线绕制。

(3) 阻抗变换　当变压器处于负载运行时，从一次绕组看进去的阻抗为

$$|Z_i| = \frac{U_1}{I_1}$$

而负载阻抗

$$|Z_L| = \frac{U_2}{I_2}$$

故有

$$|Z_i| = \frac{U_1}{I_1} = \frac{KU_2}{I_2/K} = K^2|Z_L| \tag{4-6}$$

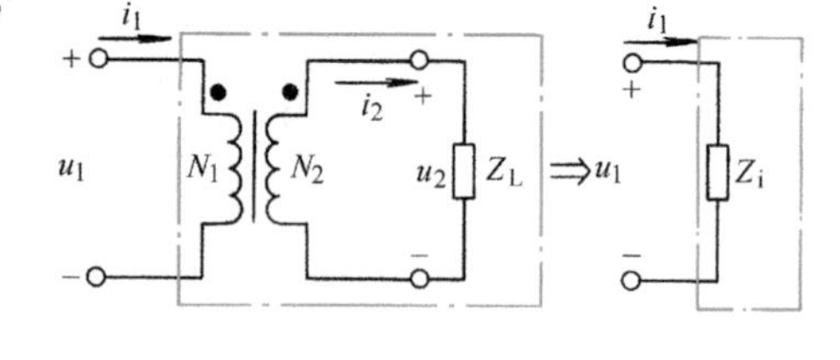

图4-9　变压器的阻抗变换

上式表明，对交流电源来讲，通过变压器接入阻抗为 $|Z_L|$ 的负载，相当于在交流电源上直接接入阻抗为 $K^2|Z_L|$ 的负载，如图4-9所示。

在电子技术中，经常要用到变压器的阻抗变换作用以达到阻抗匹配。例如，在晶体管收音机电路中，作为负载的扬声器电阻 R_L 一般不等于晶体管收音机二端网络的等效内阻 R_0，这就需要在晶体管收音机二端网络和扬声器之间接入一输出变压器，利用变压器进行等效变换，使满足 $R_0=R_i=K^2R_L$，达到阻抗匹配，此时扬声器才能获得最大功率。

例4-1　有一单相变压器，当一次绕组接在220V的交流电源上时，测得二次绕组的端电压为22V，若该变压器一次绕组的匝数为2100匝，求其电压比和二次绕组的匝数。

解　已知 $U_1=220\text{V}$，$U_2=22\text{V}$，$N_1=2100$ 匝

所以

$$K = \frac{U_1}{U_2} = \frac{220}{22} = 10$$

又

$$N_1/N_2 = K = 10$$

所以
$$N_2 = \frac{N_1}{K} = \frac{2100}{10} = 210 \text{ 匝}$$

例 4-2　某晶体管收音机输出变压器的一次绕组匝数 $N_1 = 230$ 匝，二次绕组匝数 $N_2 = 80$ 匝，原来配有阻抗为 8Ω 的扬声器，现在要改接为 4Ω 的扬声器，问输出变压器二次绕组的匝数应如何变动（一次绕组匝数不变）。

解　设输出变压器二次绕组变动后的匝数为 N_2'

当 $R_L = 8\Omega$ 时
$$R_i = K^2 R_L = \left(\frac{230}{80}\right)^2 \times 8\Omega = 66.1\Omega$$

当 $R_L' = 4\Omega$ 时
$$R_i' = K'^2 R_L' = \left(\frac{230}{N_2'}\right)^2 \times 4\Omega$$

根据题意 $R_i = R_i'$，即
$$66.1 = \frac{230^2}{(N_2')^2} \times 4$$

则
$$N_2' = \sqrt{\frac{230^2 \times 4}{66.1}} \text{ 匝} = 56.6 \text{ 匝} \approx 57 \text{ 匝}$$

3. 额定值

（1）额定电压 U_{1N}和 U_{2N}(V)　额定电压 U_{1N}是指根据变压器的绝缘强度和允许发热而规定的一次绕组的正常工作电压；额定电压 U_{2N}是指一次绕组加额定电压时，二次绕组的开路电压。

（2）额定电流 I_{1N}和 I_{2N}(A)　指根据变压器的允许发热条件而规定的绕组长期允许通过的最大电流值。

（3）额定容量 S_N(V·A)　指变压器在额定工作状态下，二次绕组的视在功率。忽略损耗时，额定容量 $S_N = U_{1N}I_{1N} = U_{2N}I_{2N}$。

二、单相变压器的同名端及其判断

有些单相变压器具有两个相同的一次绕组和几个二次绕组，这样可以适应不同的电源电压和提供几个不同的输出电压。在使用这种变压器时，若需要进行绕组间的连接，则首先应知道各绕组的同名端，才能正确连接，否则可能会导致变压器损坏。

所谓同名端是指在同一交变磁通的作用下，两个绕组上所产生的感应电压瞬时极性始终相同的端子，同名端又称同极性端，常以“*”或“·”标记。在实际中，往往无法辨别绕组的绕向，可根据如下实验方法判断同名端：

（1）直流法　如图 4-10 所示，当开关 S 迅速闭合时，若电压表指针正向偏转，则 U_1、u_1 或 U_2、u_2 端子为同名端，否则 U_1、u_1 或 U_2、u_2 端子为异名端。

（2）交流法　如图 4-11 所示，在 U_1、U_2 端加一交流电压，用电压表量取 $U_{U_1U_2}$、$U_{u_1u_2}$、$U_{U_1u_1}$，若 $U_{U_1u_1} = U_{U_1U_2} - U_{u_1u_2}$，则 U_1、u_1 为同名端；若 $U_{U_1u_1} = U_{U_1U_2} + U_{u_1u_2}$，则 U_1、u_1 为异名端。

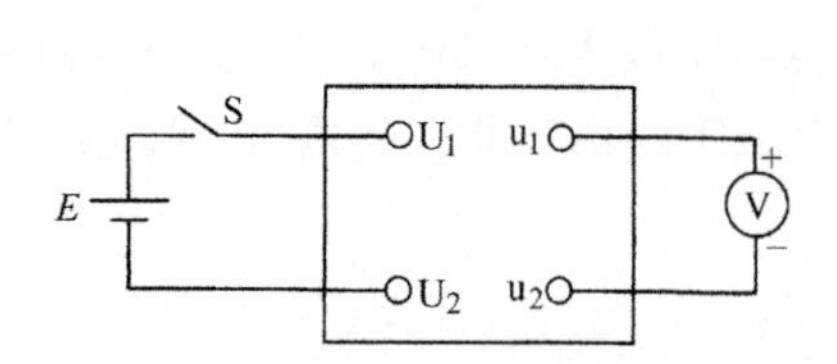

图4-10　直流法测定绕组同名端

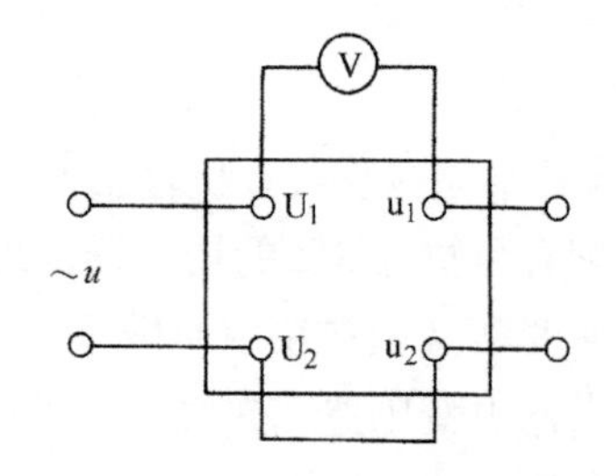

图4-11　交流法测定绕组同名端

三、运行特性

1. 外特性

变压器的外特性是指一次侧电源电压和负载的功率因数均为常数时，二次侧输出电压 U_2 与负载电流 I_2 之间的变化关系，即 $U_2 = f(I_2)$。如图4-12所示为变压器的外特性曲线，它表明输出电压随负载电流的变化而变化，在纯电阻负载时，端电压下降较少；在感性负载时，下降较多；在容性负载时有可能上翘。

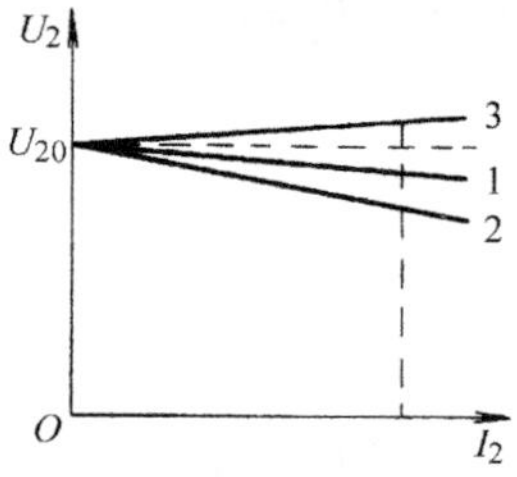

图4-12　变压器的外特性曲线

1—纯电阻负载　2—感性负载　3—容性负载

工程上，常用电压变化率 $\Delta U\%$ 来反映变压器二次侧端电压随负载而变化的情况。

$$\Delta U\% = \frac{U_{20} - U_2}{U_{2N}} \times 100\% = \frac{U_{2N} - U_2}{U_{2N}} \times 100\% \quad (4\text{-}7)$$

式中，U_{20}是空载时二次绕组的端电压，U_2 是负载时二次绕组的端电压。

电压变化率反映了变压器带负载运行时性能的好坏，是变压器的一个重要性能指标，一般控制在3%~6%左右。为了保证供电质量，通常需要根据负载的变化情况进行调压。

2. 效率特性

（1）损耗　变压器在运行过程中会有一定的损耗，主要分为铜损耗和铁损耗。

变压器绕组有一定的电阻，当电流通过绕组时会产生损耗，此损耗称为铜损耗，记作 P_{Cu}；当交变的磁通通过变压器铁心时会产生磁滞损耗和涡流损耗，合称为铁损耗，记作 P_{Fe}。总损耗为

$$\Delta P = P_{Cu} + P_{Fe}$$

（2）效率　变压器的输出功率 P_2 与输入功率 P_1 之比称为效率，用 η 表示，即

$$\eta = \frac{P_2}{P_1} \times 100\% = \frac{P_2}{P_2 + \Delta P} = \frac{P_2}{P_2 + P_{Cu} + P_{Fe}} \times 100\% \quad (4\text{-}8)$$

（3）效率特性　在一定的负载功率因数下，变压器的效率与负载电流之间的变化关系，即 $\eta = f(I_2)$ 曲线称为效率特性曲线，如图4-13所示。它表明当负载较小时，效率随负载的增大而迅速上升，当负载达到一定值时，效率随负载的增大反而下降，当铜

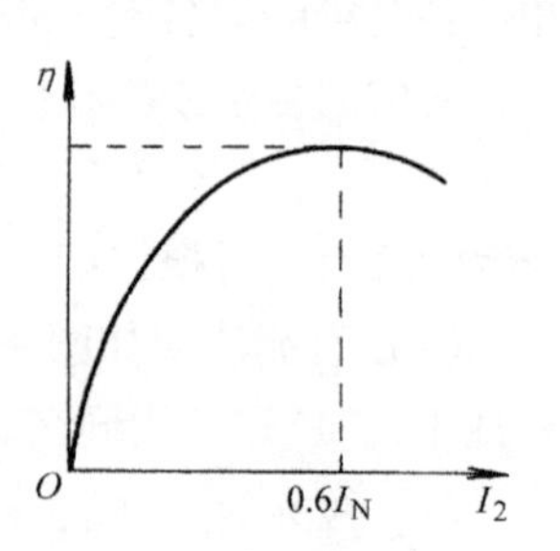

图4-13　变压器的效率特性曲线

损耗与铁损耗相等时，其效率最高。

在额定工作状态下，变压器的效率可达90%以上，且变压器容量越大，效率越高。

第三节　三相变压器

在电力系统中大多采用三相制供电，因此电压的变换是通过三相变压器来实现的。

一、三相变压器的种类

三相变压器按照磁路的不同可分为两种：一种是三相变压器组，即由三台相同容量的单相变压器，按照一定的方式连接起来，如图4-14所示；另一种是三相心式变压器，它具有三个铁心柱，把三相绕组分别套在三个铁心柱上，如图4-15所示。现在广泛使用的是三相心式变压器。

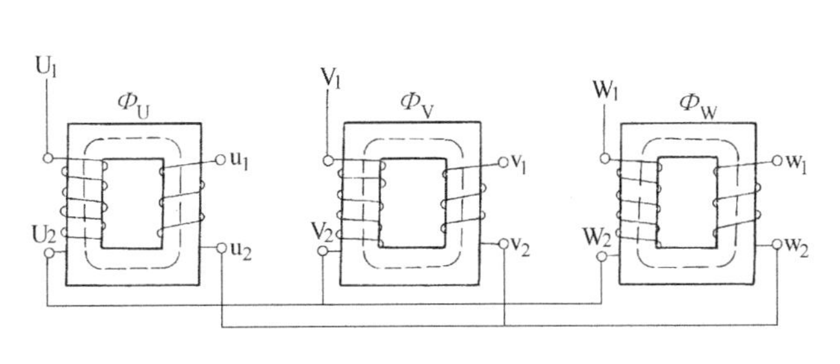

图4-14　三相变压器组

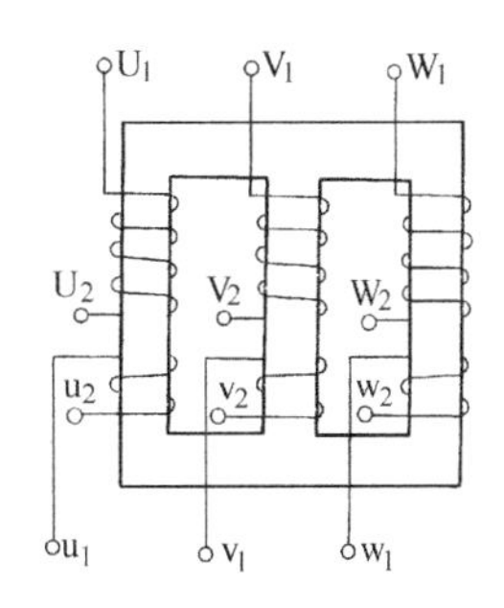

图4-15　三相心式变压器

由于三相变压器在电力系统中的主要作用是传输电能，因而它的容量一般较大，为了改善散热条件，大、中容量电力变压器的铁心和绕组浸入盛满变压器油的封闭油箱中。而且为了使变压器安全、可靠地运行，还设有储油柜、安全气道和气体继电器等附件。因此，三相电力变压器的外形结构有如图4-16所示的两种常见类型。

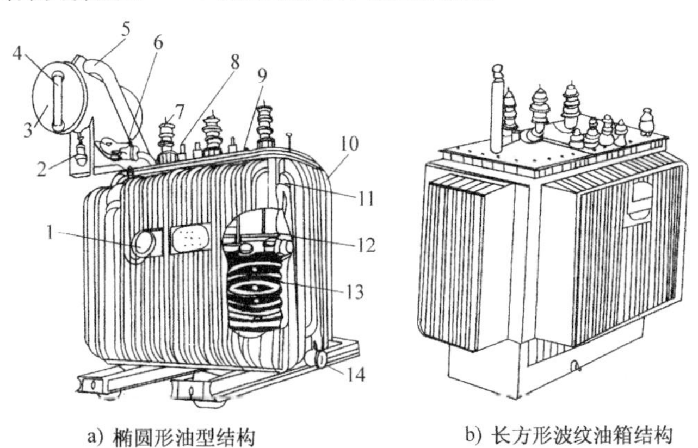

a) 椭圆形油型结构　　b) 长方形波纹油箱结构

图4-16　三相电力变压器外形结构

1—温度计　2—吸湿器　3—储油柜　4—油面指示器　5—防爆管　6—油流继电器　7—高压套管　8—低压套管　9—分接开关　10—散热器　11—油箱　12—铁心　13—线圈　14—放油阀

二、电力变压器的铭牌及主要参数

电力变压器的外壳上都有一块铭牌，用于标注其型号和主要技术参数，作为正确使用的依据，其格式如图4-17所示。

1. 型号

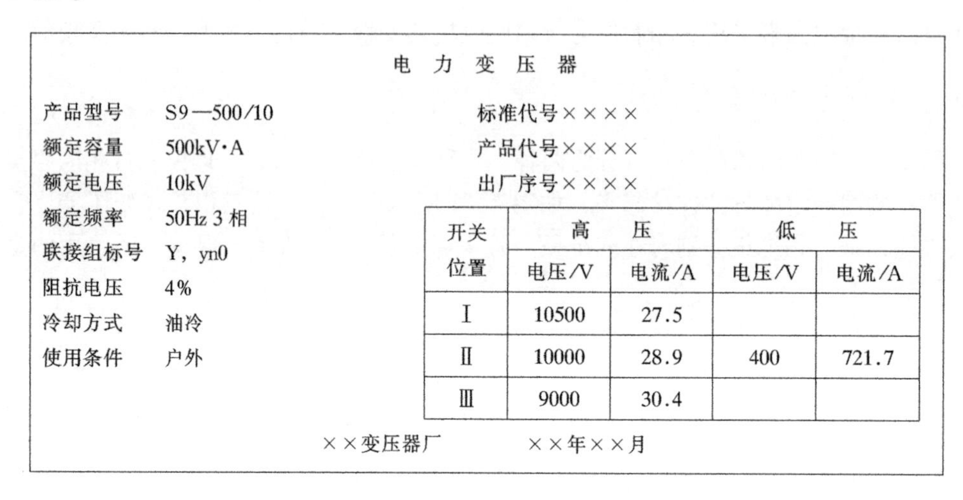

电　力　变　压　器

产品型号　S9—500/10
额定容量　500kV·A
额定电压　10kV
额定频率　50Hz 3相
联接组标号　Y，yn0
阻抗电压　4%
冷却方式　油冷
使用条件　户外

标准代号××××
产品代号××××
出厂序号××××

开关位置	高压		低压	
	电压/V	电流/A	电压/V	电流/A
Ⅰ	10500	27.5		
Ⅱ	10000	28.9	400	721.7
Ⅲ	9000	30.4		

××变压器厂　　　××年××月

图4-17　电力变压器铭牌

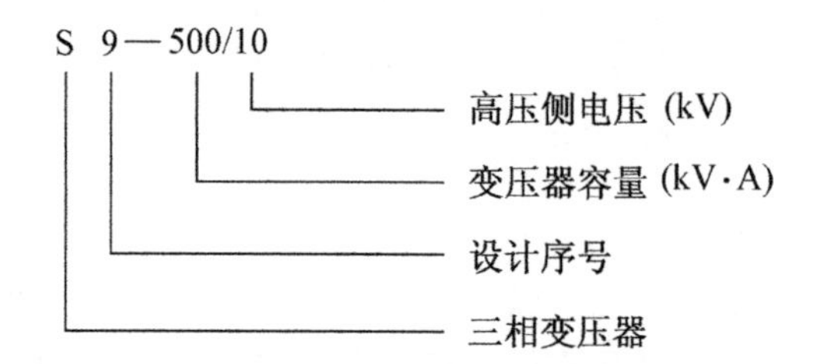

2. 额定电压 U_{1N}和 U_{2N}

高压侧额定电压 U_{1N}是根据变压器的绝缘强度和允许发热而规定的一次绕组的正常工作电压值。高压侧标出三个电压值，可根据高压侧供电电压情况加以选择。

低压侧额定电压是指变压器空载时，高压侧加额定电压后，低压侧的端电压。

在三相变压器中，额定电压均指线电压。

3. 额定电流 I_{1N}和 I_{2N}

额定电流 I_{1N}和 I_{2N}是根据变压器的允许发热而规定的允许绕组长期通过的最大电流值。

在三相变压器中，额定电流均指线电流。

4. 额定容量 S_N

额定容量 S_N 是指变压器在额定工作状态下，二次绕组的视在功率，常以kV·A为单位。

单相变压器的额定容量为 $S_N=\dfrac{U_{2N}I_{2N}}{1000}$。

三相变压器的额定容量为 $S_N=\dfrac{\sqrt{3}U_{2N}I_{2N}}{1000}$。

5. 联结组别

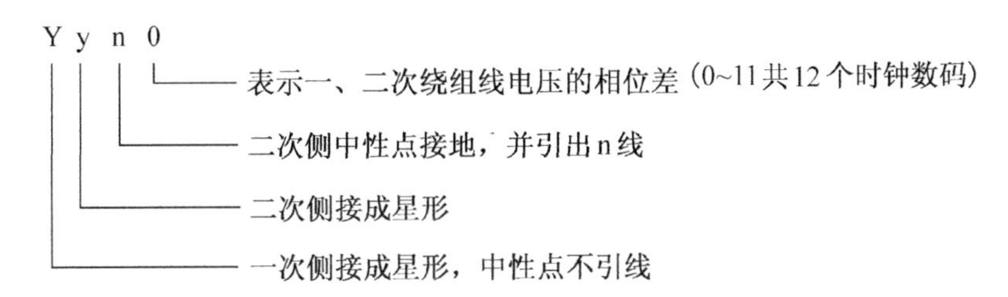

6. 额定频率

我国规定额定工频为50Hz。

此外还有一些其他参数，这里不再一一介绍。

三、三相变压器的用途

三相变压器主要用于输、配电系统中作为电力变压器使用，包括升压变压器、降压变压器和配电变压器。根据交流电功率 $P=\sqrt{3}UI\cos\varphi$ 可知，在输送电功率 P 和负载的功率因数 $\cos\varphi$ 一定时，如果电压 U 越高，则输电线路的电流 I 越小，因而输电线的截面积可以减小，这就能够大量地节约输电线材料，同时还可减小输电线路的损耗，达到减小投资和运行费用的目的。

目前我国交流输电的电压为110kV、220kV、330kV及500kV等多种，由于发电机本身结构及所用绝缘材料的限制，不能直接产生这么高的电压，因此发电机的电能在输入电网前必须通过变压器升压；当电能输送到用电区后，各类用电器所需电压不一，而且相对较低，一般为220V、380V等，为了保障用电安全，又必须通过降压变压器把输电线路的高电压降为配电系统的配电电压，然后再经过降压变压器降为用户所使用的电压。

另外变压器也广泛应用于测量、控制等诸多领域。

第四节　其他变压器

一、自耦变压器

前面叙述的普通双绕组变压器，其一次绕组和二次绕组是截然分开的，即只有磁耦合，而没有电的直接联系。如果把一次绕组和二次绕组合二为一，如图4-18所示，就成为只有一个绕组的变压器，这种变压器称为自耦变压器，其特点是一、二次绕组共用部分绕组，因此一、二次绕组之间不仅有磁耦合，而且还有电的直接联系。

自耦变压器的原理与普通变压器一样，由于穿过一、二次绕组的磁通相同，故式（4-4）、式（4-5）仍适用，即

$$\frac{U_1}{U_{20}} \approx \frac{N_1}{N_2} = K$$

$$\frac{I_1}{I_2} \approx \frac{N_2}{N_1} = \frac{1}{K}$$

自耦变压器既可做成单相的，也可做成三相的。如图4-19所示为三相自耦变压器的原理图，它常用作对三相异步电动机进行减压起动。

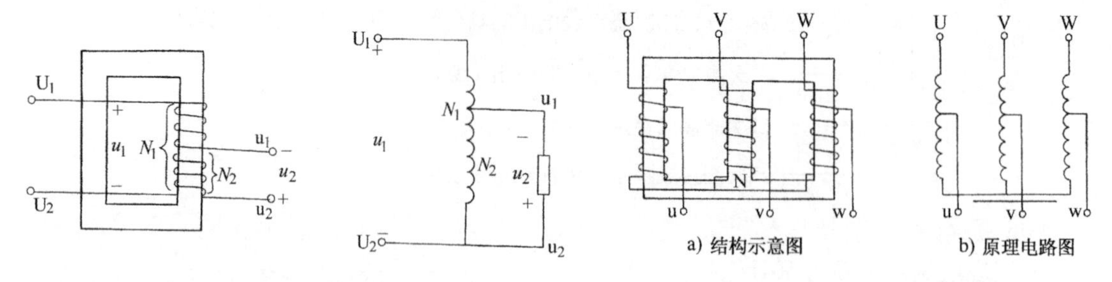

图4-18 自耦变压器工作原理

图4-19 三相自耦变压器

自耦变压器的优点是：结构简单，节省用铜量，且效率较高，自耦变压器的电压比一般不超过2，电压比越小，其优点越明显。其缺点是：一次侧电路与二次侧电路有直接的电的联系，高压侧的电气故障会波及到低压侧，故高、低压侧应采用同一绝缘等级。

低压小容量的自耦变压器，其抽头常做成滑动触头，构成输出电压可调的自耦调压器，如图4-20所示，这种调压器常在实验室中调节实验用的电压。

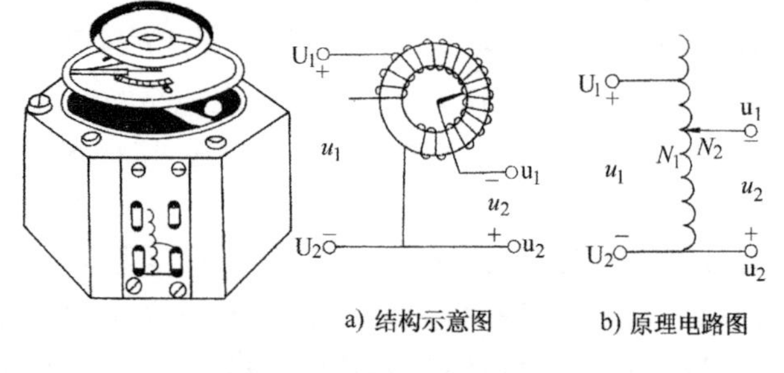

图4-20 单相自耦调压器

由于自耦变压器一、二次绕组有电的联系，因此安全操作规程中规定，自耦变压器不能作为安全变压器使用。因为万一线路接错，就可能发生触电事故。因此规定：安全变压器必须采用一、二次绕组相互分开的双绕组变压器。

二、脉冲变压器

脉冲变压器和单相变压器的结构是一样的，也是由铁心和绕组两大部分组成，但由于脉冲变压器主要用来传递脉冲电压信号，因此对脉冲变压器的铁心和绕组有不同的要求。

1）由于脉冲信号中含有频率很高的正弦分量（高次谐波分量）和直流分量，因此它具有很宽的频率范围。

2）由于脉冲变压器只传递单极性脉冲信号，因此其铁心截面应做得大一些，而且应选用导磁性能非常好的铁氧体材料。

3）为了减少漏磁，可减少绕组匝数，并采用特殊绕法，如交叉绕制（先绕一半二次绕组，再绕一次绕组，然后再绕另一半二次绕组）或一、二次绕组同时并绕。

4）为了减少脉冲平顶失真，可减小磁路长度或适当增加绕组匝数，但不宜太多。

脉冲变压器的工作原理和单相变压器是一样的，即输出的脉冲电压与二次绕组匝数成正比，输出的电流与二次绕组匝数成反比。

脉冲变压器不仅可以用来传递脉冲信号，同时还可以实现一次绕组电路和二次绕组电路之间的电气隔离，因此它广泛应用于直流开关稳压电源和触发电路。脉冲变压器的应用详见第十章。

边学边练五 变压器绝缘电阻和变压比的测试

读一读1 绝缘电阻表及其应用

绝缘电阻表俗称兆欧表、摇表，是专门用来检测电气设备、供电线路的绝缘电阻的一种便携式仪表。绝缘电阻表标尺的刻度是以“兆欧”为单位，可较准确地测量出绝缘电阻的数值。

变压器绕组通电以后，发现铁心带电，可能是高压绕组或低压绕组对铁心短路而引起的，需用绝缘电阻表检测变压器的绝缘电阻。

1. 绝缘电阻表的选择

选用绝缘电阻表时，其额定电压一定要与被测电气设备或线路上的工作电压相适应。测量额定电压在500V以下的设备或线路的绝缘电阻时，可选500V或1000V的绝缘电阻表，测量额定电压在500V以上的设备或线路的绝缘电阻时，可选1000～2500V的绝缘电阻表。

此外，绝缘电阻表的测量范围应与被测绝缘电阻的范围相吻合。一般测量低压电器设备绝缘电阻时，应选用0～200MΩ量程的绝缘电阻表，测电器设备或电缆时，可选用0～2000MΩ量程的表。

2. 绝缘电阻表的使用注意事项

1）用绝缘电阻表测量设备的绝缘电阻时，须在设备不带电的情况下进行。为此，测量之前须先将电源切断，并对被测设备进行充分的放电，以排除被测设备带电的可能性。

2）绝缘电阻表在使用前须进行检查。检查方法如下：将绝缘电阻表平稳放置，先使“L”、“E”两个端钮开路，摇动手摇发电机的手柄，使转速达到额定转速，这时的指针应该指在标尺的“∞”刻度处。然后再将“L”、“E”两端钮短接，缓慢摇动手柄，这时指针应指在“0”位上（注意必须缓慢摇动，以免电流过大烧坏线圈）。否则，必须对绝缘电阻表进行检修后才能使用。

3. 绝缘电阻表的接线和测量方法

绝缘电阻表有3个接线柱，其中两个较大的接线柱上分别标有“接地”（E）和“线路”（L），另一个较小的接线柱上标有“保护环”或“屏蔽”（G）。

1）测量照明或电力线路对地的绝缘电阻。将绝缘电阻表的接线柱“E”可靠接地，“L”接到被测线路上，如图4-21所示。线路接好后，顺时针方向摇动发电机手柄，转速由慢变快，一般约1min后转速稳定时，表针也稳定下来，这时表针指示的数值就是测得的绝缘电阻值。

2）测量变压器或电机对地的绝缘电阻。将绝缘电阻表的接线柱“E”接机壳，“L”接到变压器或电机绕组上，如图4-22所示。其余操作同上。

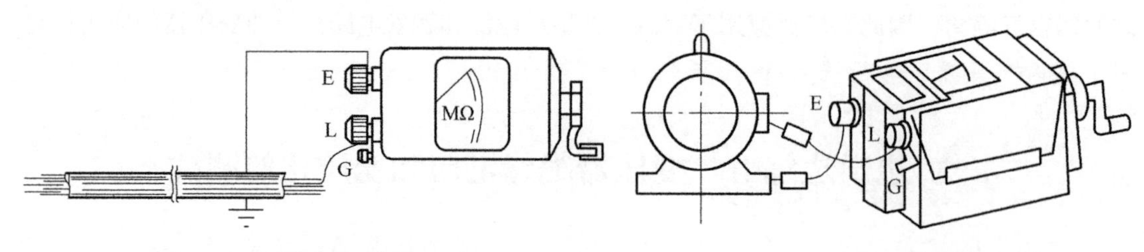

图 4-21 测量电缆的绝缘电阻　　　　图 4-22 测量电机的绝缘电阻

读一读 2 变压器故障的检测

1）变压器接通电源后，无电压输出，一般是二次绕组开路或绕组引出线脱焊。

2）变压器温升过高主要是一次或二次绕组线圈短路或局部短路。变压器一次绕组中有几匝线圈短路是测不出来的，可采用在绕组中串一只灯泡的方法判断。在一次绕组串一只 25～40W 的灯泡，二次绕组开路，接通电源。若灯泡微红或不亮，则说明一次绕组没有短路；若灯泡很亮，则说明一次绕组有严重短路现象；若灯泡较亮，则说明一次绕组有局部短路现象。

读一读 3 变压器匝数的检测

首先，为高压绕组接上低电压（如 100V 交流电压），测量低压绕组两端的电压值，计算出变压比。然后在高压绕组上接上额定电压（如 220V），测量低压绕组两端的电压值，判断是否符合设计标准。一般，如果低压侧电压低，则是线圈匝数少了；如果低压侧电压高，则是线圈匝数多了。

议一议

变压器绕组通电后，发现铁心带电该怎么办？
变压器接通电源后，无电压输出，或温升过高甚至冒烟，分析是什么原因？
制作好的变压器怎样知道其变压比 K？

练一练

任务 1 测量变压器的绝缘电阻

变压器绕组通电以后，若发现铁心带电，则可能是高压绕组或低压绕组对铁心短路而引起的，需用绝缘电阻表检测变压器的绝缘电阻。

用绝缘电阻表测量各绕组之间、各绕组与地（铁心）之间的绝缘电阻值，对于一般小型电源变压器，其绝缘电阻应在 50MΩ 以上。

将下列绝缘电阻的测量结果填入表 4-1 中。①高低压绕组之间的绝缘电阻 R_{12}；②高压绕组对铁心的绝缘电阻 R_{10}；③低压绕组对铁心的绝缘电阻 R_{20}。

表 4-1　变压器的绝缘电阻的测量结果

绝缘电阻	测量值/MΩ	正常值
R_{12}		>50MΩ
R_{10}		
R_{20}		

任务 2　判断变压器高低压绕组的好坏

用万用表和电桥检查各变压器两线圈的通断及直流电阻。高压绕组的直流电阻可用万用表测量，低压绕组一般线径比较粗，其直流电阻小，用万用表不能测量，最好用电桥测量。

任务 3　测量变压器的变压比

按图 4-23 所示连接电路。

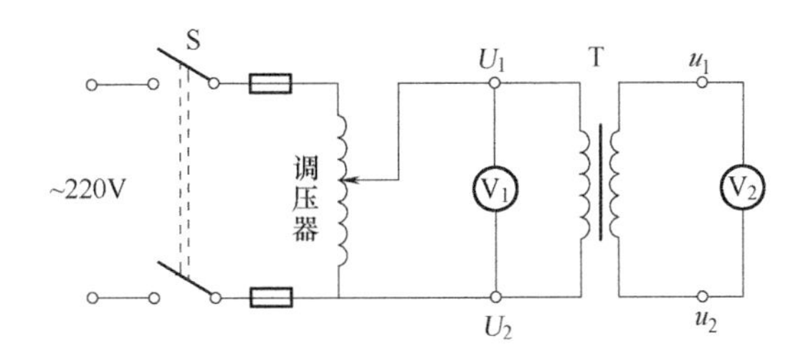

图 4-23　测量变压器的变压比

1）合上开关 S，调节调压器，使电压表 V_1 指示值为 100V，读出此时电压表 V_2 的值，填入表 4-2 中。

2）调节调压器，使变压器高压绕组输入电压达到额定值 220V，读出此时电压表 V_1 的值，填入表 4-2 中。

3）计算变压器的变压比，并取整数作为标称值，填入表 4-2 中。

表 4-2　变压器的变压比

U_1/V	U_2/V	变压比 K	标称值
100			
	220		

本章小结

（1）铁磁性物质具有高导磁性、剩磁性、磁饱和性以及磁滞的特点。

（2）交流铁心线圈是非线性元件，不考虑线圈的电阻及漏磁通时，其端电压、感应电动势与磁通的关系为

$$U \approx E = 4.44fN\Phi_m$$

（3）变压器由铁心和绕组构成，它是利用电磁感应定律来实现电能传递的，只有变化的电流才会产生感应电压。

（4）单相变压器具有变换电压、变换电流及变换阻抗的作用，即

$$\frac{U_1}{U_2}=\frac{N_1}{N_2}=K \qquad \frac{I_1}{I_2}=\frac{N_2}{N_1}=\frac{1}{K} \qquad |Z_i|=K^2|Z_L|$$

（5）同名端是指电压瞬时极性始终相同的端子。

（6）变压器的运行特性有外特性和效率特性两种。

（7）三相变压器中额定电压均指线电压。

思考题与习题

一、填空题

4-1 变压器依据（　　　　　　）原理实现电能的转换作用。

4-2 变压器具有变换（　　）、变换（　　）和变换（　　）的作用。

4-3 变压器出厂前要进行“极性”试验，如图4-24所示。在U_1、U_2端加电压，将U_2、u_2连接，用电压表测U_1、u_1之间的电压。设变压器额定电压为220/110V，如果U_1与u_1为同名端，则电压表读数为（　　），如果U_1与u_1为异名端，则电压表读数又为（　　）。

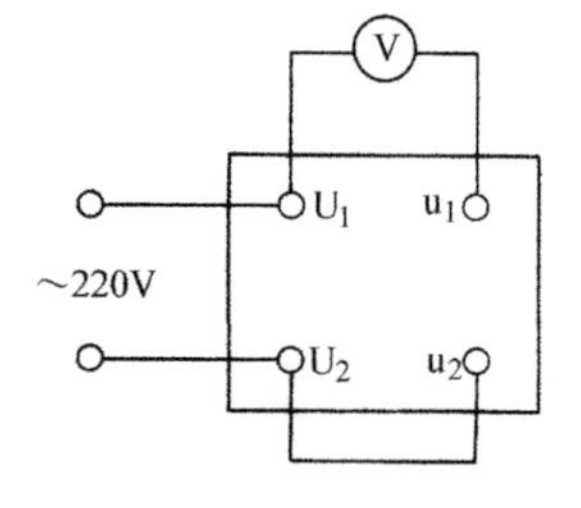

图4-24 题4-3图

4-4 表征变压器运行特性的两个重要指标是（　　）和（　　）。

4-5 自耦变压器的特点是一、二次绕组共用部分绕组，因此一、二次绕组之间不仅有（　　），而且还有（　　）。

二、单项选择题

4-6 额定电压为220/110V的变压器，若高压侧接到220V的直流电源上，则变压器（　　）。

a）低压侧产生110V的直流电压　b）高压侧被烧坏　c）低压侧无电压

4-7 额定电压为220/110V的变压器，若低压侧误接到220V的交流电源上，则变压器（　　）。

a）高压侧产生440V的电压　b）低压绕组被烧坏　c）高压侧无电压

4-8 变压器的二次侧电压，在（　　）负载时，下降较多。

a）电阻性　b）感性　c）容性

4-9 变压器二次侧的额定电压是指一次侧加额定电压时，二次侧（　　）时的电压。

a）开路　b）接额定负载　c）接任意负载

4-10 一单相变压器上标明220/36V、300V·A，下列哪一种规格的白炽灯能接在此变压器的二次绕组电路中使用。（　　）

a）36V、500W　b）36V、60W　c）12V、60W　d）220V、25W

三、综合题

4-11 为什么变压器的铁心要用硅钢片叠成？能否用整块的铁心？

4-12　某变压器一次绕组电压 $U_1=220\text{V}$，二次绕组有两组绕组，其电压分别为 $U_{21}=110\text{V}$，$U_{22}=36\text{V}$。若一次绕组匝数 $N_1=440$ 匝，求二次绕组两组绕组的匝数各为多少？

4-13　某晶体管收音机原配好 4Ω 的扬声器，若改接 8Ω 的扬声器，已知输出变压器的一次绕组匝数为 $N_1=250$ 匝，二次绕组匝数 $N_2=60$ 匝，若一次绕组匝数不变，问二次绕组匝数应如何变动，才能使阻抗匹配？

4-14　同名端是如何定义的？如何用实验的方法判断同名端？

4-15　某电力变压器的电压变化率 $\Delta U=4\%$，要使该变压器在额定负载下输出的电压 $U_2=220\text{V}$，求该变压器二次绕组的额定电压 U_{2N}。

4-16　电力系统在电能的输送过程中为什么总是采用高电压输送？三相变压器的主要用途是什么？

4-17　自耦变压器有什么优点？

第五章 电 动 机

学习目标

通过本章学习，你应达到：

(1) 了解各种电动机的结构和铭牌数据。

(2) 理解各种电动机的基本工作原理和基本方程。

(3) 了解并励电动机、串励电动机的转速特性及应用。

(4) 理解直流电动机和三相异步电动机的机械特性。

(5) 理解直流电动机的起动、反转、调速及制动方法。

(6) 掌握三相异步电动机的起动、反转、调速及制动方法。

第一节 直流电动机

直流电动机是将直流电能转换为机械能的一种电磁装置。与交流电动机相比，直流电动机结构复杂，成本高，运行维护困难，但它具有较好的调速性能、较大的起动转矩和过载能力等。

一、基本工作原理

直流电动机的工作原理模型如图5-1所示。直流电动机的工作原理基于电磁力定律。若磁场 B_x 与导体互相垂直，且导体中通以电流 i，则作用于载流导体上的电磁力 f 为

$$f = B_x li$$

式中，B_x 为导体所在处的磁通密度（Wb/m^2）；l 为导体ab或cd的长度（m）；i 为流过导体的电流（A）；f 为电磁力（N）。

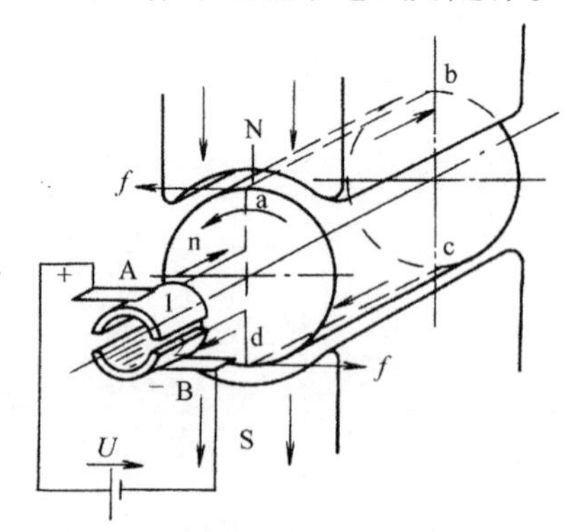

图5-1 直流电动机工作原理模型

在图5-1中，电刷A、B两端加直流电压 U，在图示的位置，电流从电源的正极流出，经过电刷A与换向片1而流入电动机线圈，电流方向为a→b→c→d，然后再经过换向片2与电刷B流回电源的负极。根据电

磁力定律，线圈边 ab 与 cd 在磁场中分别受到电磁力的作用，其方向可用左手定则确定，如图 5-1 中所示。此电磁力形成的电磁转矩，使电动机逆时针方向旋转。当线圈边 ab 转到 S 极面下、cd 转到 N 极面下时，流经线圈的电流方向变为d→c→b→a，用左手定则可判断 N 极与 S 极面下的导体所受的电磁力和电磁转矩方向不变，从而使电动机仍沿着逆时针方向旋转。

由以上分析可知：直流电动机电刷间的电压是直流电压，而线圈内部的电流方向却是交变的，从而使电磁转矩的方向是恒定的，而且电磁转矩的方向由磁场方向和导体中的电流方向所决定。因此，改变其一即可改变转向，但二者若同时发生变化，则电动机转向保持不变。

二、基本结构

直流电动机主要由定子和转子（又称电枢）两部分组成，其结构如图 5-2 所示。

1. 定子（即固定不动的部分）

（1）主磁极　由主磁极铁心和励磁绕组组成。当励磁绕组通入直流电流后，就在铁心和气隙中产生励磁磁场。

（2）换向极　由换向极铁心和换向极绕组组成。换向极用以改善电动机换向，减小运行时电刷与换向器间产生的火花。

（3）电刷装置　由电刷、刷握、刷杆座、弹簧等组成。电刷是把直流电流引入或引出的装置。

（4）机座　固定主磁极、换向极和端盖等零部件。另外，还作为电动机磁路的一部分。

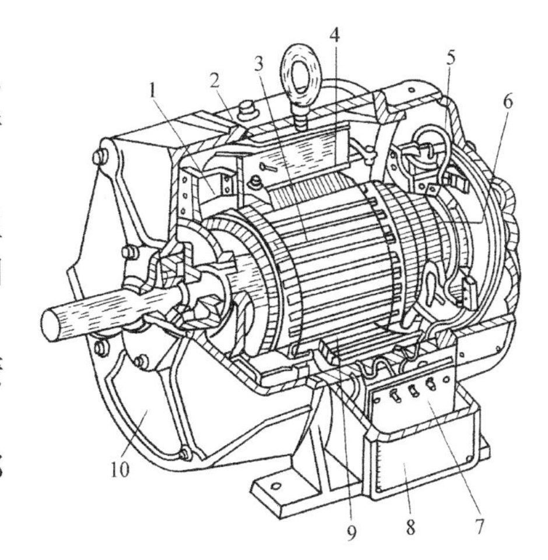

图 5-2　直流电动机结构

1—风扇　2—机座　3—电枢　4—主磁极　5—电刷装置　6—换向器　7—接线板　8—出线盒　9—换向磁极　10—端盖

2. 转子（即电动机的转动部分）

（1）电枢铁心　它是电动机主磁路的一部分。由 0.5mm 厚、两面涂有绝缘漆的硅钢冲片叠制而成，外圆表面开有很多槽，用来嵌放电枢绕组。

（2）电枢绕组　由许多线圈按一定规律连接而成。是产生感应电动势和流过电流而产生电磁转矩实现机电能量转换的重要部件。

（3）换向器　由许多换向片组成，且每两个换向片之间相互绝缘，与电刷一起将外部通入的直流电流转换成电枢绕组内的交流电流。

三、励磁方式

按照励磁绕组与电枢绕组连接方式的不同，直流电动机的励磁方式有：他励、并励、串励及复励四种，如图 5-3 所示。

（1）他励　励磁绕组由单独的电源供电，如图 5-3a 所示。

（2）并励　励磁绕组和电枢绕组并联，并由同一个电源供电，如图 5-3b 所示。

（3）串励　励磁绕组和电枢绕组串联，如图 5-3c 所示。

（4）复励　励磁绕组有两个，其中一个绕组与电枢绕组并联，另一绕组与电枢绕组串联，如图 5-3d 所示。

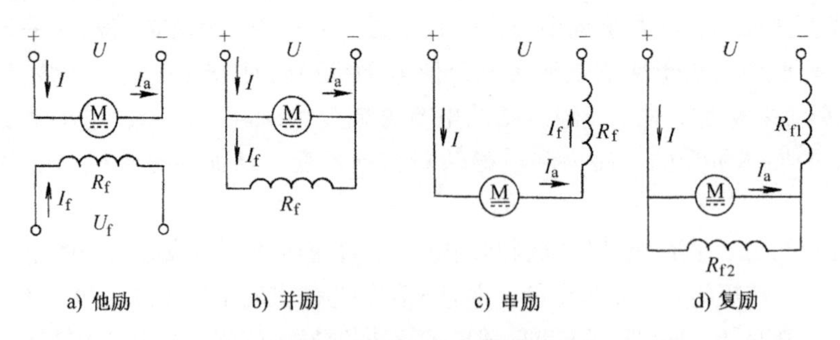

图5-3 直流电动机励磁方式

四、基本公式

（1）电枢电动势 E_a 电枢电动势 E_a 是由电枢导体在磁场中切割磁力线而产生的，其大小 E_a 与每极磁通 Φ 及电动机的转速 n 成正比，即

$$E_a = C_e\Phi n \tag{5-1}$$

式中，C_e 是电动机电动势常数，取决于电动机的结构。

（2）电磁转矩 电磁转矩是由载流导体在磁场中受力而产生的，其大小 T 与每极磁通 Φ 及电枢电流 I_a 成正比，即

$$T = C_T\Phi I_a \tag{5-2}$$

式中，C_T 是电动机转矩常数，取决于电动机的结构。

五、电压平衡方程式

直流电动机的电路图如图5-3所示，将各物理量按惯例标注在图上。

（1）他（并）励直流电动机

$$U = E_a + I_aR_a \tag{5-3}$$

（2）串励直流电动机

$$U = E_a + I_a(R_a + R_f) \tag{5-4}$$

式（5-3）、式（5-4）中，U 是电源两端电压；R_a 是电枢回路总电阻；R_f 是励磁绕组电阻。

六、转速特性

（1）他（并）励直流电动机 当电源电压和励磁电流为额定值时，电动机转速 n 与电枢电流 I_a 之间的关系称作它的转速特性。由式（5-1）、式（5-3）可得其转速特性为

$$n = \frac{U - I_aR_a}{C_e\Phi} \tag{5-5}$$

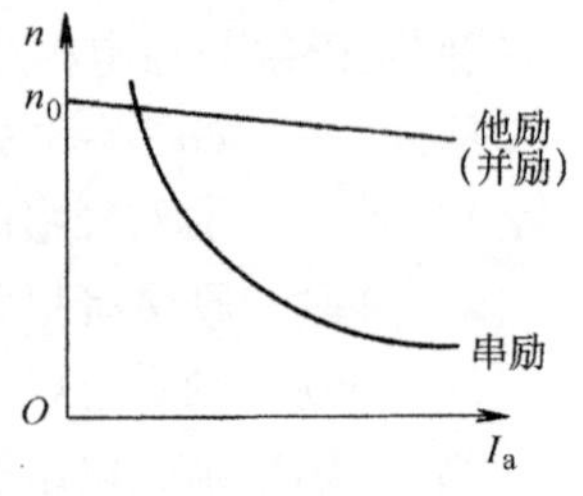

图5-4 直流电动机转速特性

上式表明，在电源电压和励磁电流为额定值的情况下，当电动机输出功率增加，电枢电流 I_a 也随之增加时，由于磁通 Φ 可认为不变，R_a 很小，所以转速 n 稍有下降，如图5-4所示。可见他（并）励电动机是一种转速比较稳定的电动机，因而在直流电动机中，并励电动机应用最广。

（2）串励直流电动机 当电源电压为额定值，励磁电阻不变时，电动机转速 n 与电枢电流 I_a 之间的关系称作它的转速特性。由式（5-1）、式（5-4）可得其转速特性为

$$n = \frac{U - I_a(R_a + R_f)}{C_e\Phi} \tag{5-6}$$

由于串励电动机的特点是励磁电流 I_f 等于电枢电流 I_a，因此磁通 Φ 与 I_a 成正比。故由上式可知：在电源电压和励磁电阻一定的情况下，当输出功率增加，电枢电流 I_a 也相应增加时，磁通 Φ 也随之增加，从而使转速 n 下降很多；当输出功率减小，I_a 也相应减小时，转速 n 升高很多，如图 5-4 所示。因此，串励电动机空载或轻载时，I_a 很小，会使转速过高而有可能损坏电动机，故串励电动机一般不允许在空载或轻载情况下工作。

七、他励直流电动机的机械特性

电动机的机械特性是指电动机的转速与电磁转矩之间的关系，即 $n=f(T)$。电动机的机械特性在很大程度上决定了系统的起动、制动、调速等运行性能。根据式（5-2）、式（5-5）可得他励直流电动机的机械特性方程式为

$$n = \frac{U}{C_e\Phi} - \frac{R_a + R_{pa}}{C_e C_T \Phi^2}T = n_0 - \beta T \tag{5-7}$$

式中，R_{pa}为电枢回路外串电阻；$n_0 = \dfrac{U}{C_e\Phi}$为理想空载转速；β 为机械特性曲线斜率。实际空载转速 n_0'小于理想空载转速 n_0。

根据上式可作出图 5-5 所示的他励直流电动机机械特性曲线。

1. 固有机械特性

固有机械特性是指电源电压和磁通都为额定值，且电枢回路不串任何电阻时的机械特性。由式（5-7）可知其机械特性方程式为

$$n = \frac{U_N}{C_e\Phi_N} - \frac{R_a}{C_e C_T \Phi_N^2}T \tag{5-8}$$

由于 R_a 很小，因此由上式可知：固有机械特性为硬特性，如图 5-6 曲线 1 所示。

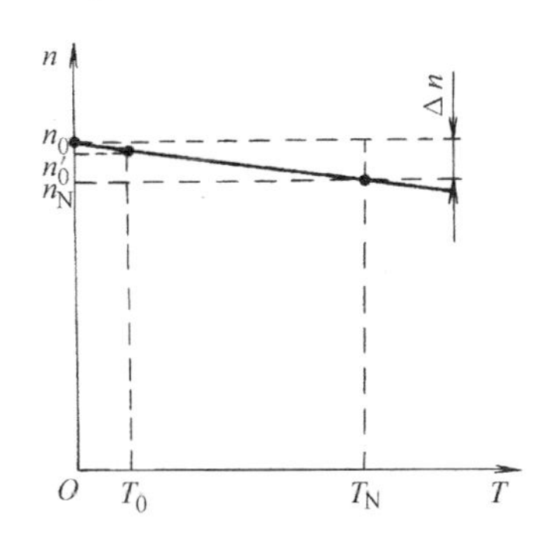

图 5-5 他励直流电动机机械特性曲线

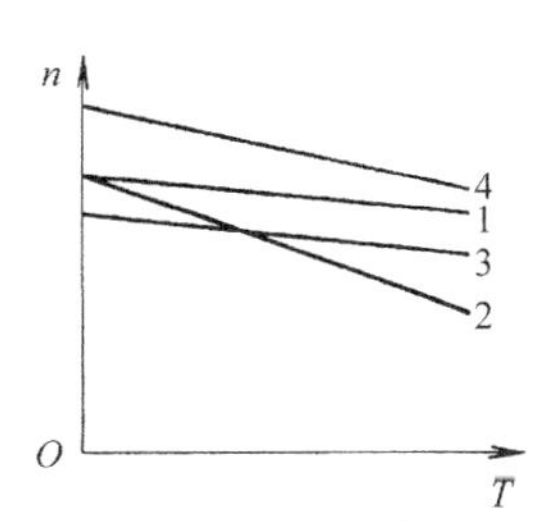

图 5-6 他励直流电动机各种机械特性曲线

1—固有机械特性 2—电枢回路串电阻时的机械特性 3—降压时的机械特性 4—弱磁时的机械特性

2. 人为机械特性

（1）电枢回路串电阻时的人为机械特性 即保持电源电压和磁通都为额定值，只在电枢回路串电阻时的机械特性。

由于电阻R_{pa}的串入，因此与固有特性相比，其机械特性斜率变大，理想空载转速不变，为软特性，如图5-6曲线2所示。

（2）降压时的人为机械特性 即保持磁通为额定值，且电枢回路不串电阻，只降低电源电压时的机械特性。

由于U的减小，与固有机械特性相比，其机械特性斜率不变，理想空载转速变小，仍为硬特性，如图5-6曲线3所示。

（3）弱磁时的人为机械特性 即保持电源电压为额定值，且电枢回路不串电阻，只减小磁通时的机械特性。

由于Φ的减小，因此与固有特性相比，其机械特性斜率变大，理想空载转速变大，为软特性，如图5-6曲线4所示。

八、他励直流电动机的起动、反转、调速和制动

1. 起动

所谓起动，就是指电动机接至电源后，转速从零开始逐渐升到稳定运行转速的全部过程。这个过程虽然短暂，但对电动机的运行性能、使用寿命及其安全等均有很大的影响，必须加以分析。

对直流电动机的起动，有三个基本要求：一是起动电流I_{st}（即起动瞬间的电枢电流）应尽量小；二是起动转矩T_{st}（即起动瞬间的电磁转矩）足够大；三是起动设备简单、经济、操作方便及运行可靠。

由此可知，对直流电动机的起动要求是互相矛盾的，必须加以妥善解决。为此，直流电动机的起动分为直接起动（全压起动）、电枢回路串变阻器起动和减压起动等三种不同方法来满足不同生产机械的要求。

（1）全压起动 全压起动是指不采取任何限流措施，利用刀开关把静止的电枢直接投入额定电压的电网上起动。注意：起动前，应先建立励磁磁场，然后再起动。起动开始瞬间，由于机械惯性的影响，转速$n=0$，则$E_a=C_e\Phi n=0$。

对于他励电动机，由式（5-3）可知：起动电流$I_{st}=U_N/R_a$，约为额定电流的10~20倍，而起动转矩$T_{st}=C_T\Phi I_{st}$也很大，且有$T_{st}>T_L$（负载转矩），因而转速迅速上升，随之E_a增加，电枢电流下降，电磁转矩也下降，最后达到$T_{st}=T_L$时，电动机以一定转速稳定运行。

总之，全压起动的最大优点是操作简单、起动时间短，无须增加起动设备。但其最大缺点是I_{st}很大，会对电网产生不利影响，并使电动机的电刷与换向器之间产生强烈火花，使其表面受损伤；此外，由于T_{st}也很大，导致电动机轴上所带工作机构受到严重冲击。因此，全压起动仅适于1~2kW的小功率电动机，对于容量稍大的电动机，起动时必须采取限流措施。限制起动电流的方法有两种：①电枢回路串变阻器起动。②减压起动。

（2）电枢回路串变阻器起动 为了限制起动电流，起动时常在电枢回路中串入一个起动电阻R_{st}，但由于起动过程中$n\uparrow\rightarrow E_a\uparrow\rightarrow I_{st}\downarrow\rightarrow T_{st}\downarrow$，致使转速上升缓慢，起动过程延长，所以，要想使$T_{st}$足够大，在转速上升过程中应平滑均匀地切除起动电阻，使$I_{st}=(1.5\sim2)I_N$。

通常起动电阻分成2～4段逐级切除。

(3) 减压起动 减压起动即起动前将施加在电枢两端的电源电压降低，以减小起动电流。为了获得足够大的起动转矩，起动电流通常限制在 $(1.5\sim2)I_N$ 内，则起动电压应为

$$U_{st}=I_{st}R_a=(1.5\sim2)I_NR_a$$

由于起动过程中 $n\uparrow\rightarrow E_a\uparrow\rightarrow I_{st}\downarrow\rightarrow T_{st}\downarrow$，为了保证有足够大的起动转矩，起动过程中，电源电压必须不断升高至额定电压，使电动机进入稳定运行状态。目前多用晶闸管整流装置自动控制起动电压。

注意：起动前，必须保证励磁电流最大，否则可能会因为起动转矩太小而无法起动，从而烧坏电动机，更不允许励磁绕组开路。

2. 反转

根据公式 $T=C_T\Phi I_a$ 可知：电磁转矩的方向取决于磁通方向和电枢电流方向，只要改变其中一个参数的方向，即可改变电动机转向。故使电动机反转的方法有两种：一是改变励磁电流方向；二是改变电枢电压极性。

3. 调速

在一定的负载下，人为地改变电动机的转速以满足生产机械的工作速度称为调速。

调速有机械调速、电气调速或两者配合调速。通过改变传动机构速比的方法调速，称为机械调速；通过改变电动机电气参数而改变生产机械的速度，称为电气调速。

根据式（5-7）可知，电气调速有以下三种方法：

(1) 电枢回路串电阻调速 即保持电源电压和励磁磁通为额定值，在电枢回路中串入一个电阻 R_{pa} 来进行调速。串电阻前后的机械特性曲线如图5-7所示。

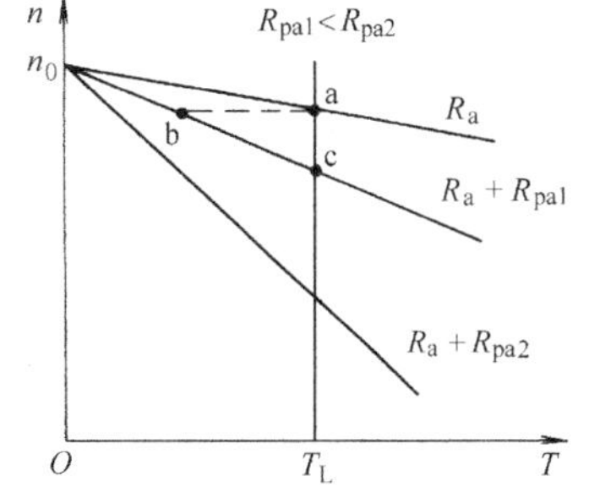

图5-7 他励直流电动机电枢回路串电阻调速的机械特性

假如调速前系统拖动恒转矩负载稳定运行于固有特性的a点，当 R_{pa1} 串入电枢回路的瞬间，由于系统机械惯性的影响，转速 n 不能突变，因此工作点从a点跳变至人为机械特性的b点。根据电压平衡方程式可知，此时电枢电流 I_a 减小，电磁转矩 T 减小，使电磁转矩小于负载转矩，因此转速 n 开始下降。随着转速 n 的下降，电枢电动势 E_a 也跟着减小，使电枢电流 I_a 和电磁转矩 T 增大；当电磁转矩增大到和负载转矩重新相等时，电动机便在c点稳定运行，实现了调速的目的。

这种调速方法的特点是：只能调低转速；低速时机械特性变软，相对稳定性变差，因此调速范围小；低速时调速电阻上能耗大；调速的平滑性差，只能是有级调速；方法简单，投资少。

这种调速方法适用于小容量电动机的调速，如起重设备和运输牵引装置。

(2) 降压调速 即保持励磁电流为额定值，电枢回路不串任何电阻，只降低电源电压而进行调速。降压前后的机械特性曲线如图5-8所示。

假如调速前系统拖动恒转矩负载稳定运行于固有特性的a点，当电源电压从 U_1 降为 U_2

的瞬间，工作点从a点跳变至人为机械特性的b点。此时，电枢电流 I_a 减小，电磁转矩 T 减小，使电磁转矩小于负载转矩，因此转速 n 开始下降；随着转速 n 的下降，电动势 E_a 也跟着减小，使电枢电流 I_a 和电磁转矩 T 增大；当电磁转矩增大到和负载转矩相等时，电动机便稳定于c点运行，实现了调速的目的。

这种调速方法的特点是：只能调低转速；低速时机械特性硬，相对稳定性好，因此调速范围大；调速平滑性好，可达到无级调速；能耗小；调压电源复杂，成本较高。

降压调速目前被广泛用于自动控制系统，如轧钢机、龙门刨床等。

（3）弱磁调速　即保持电源电压为额定值，电枢回路不串任何电阻，只减小主磁通 Φ 而进行调速。通常是在励磁回路中串一个可变电阻 R_{pf} 来实现。弱磁前后的机械特性曲线如图5-9所示。

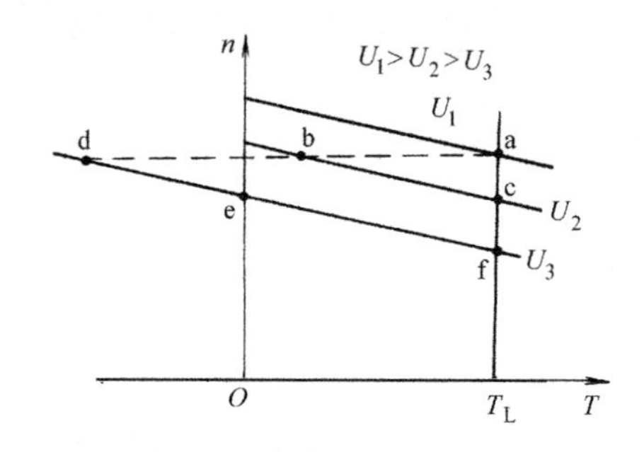

图5-8　他励直流电动机降压调速的机械特性

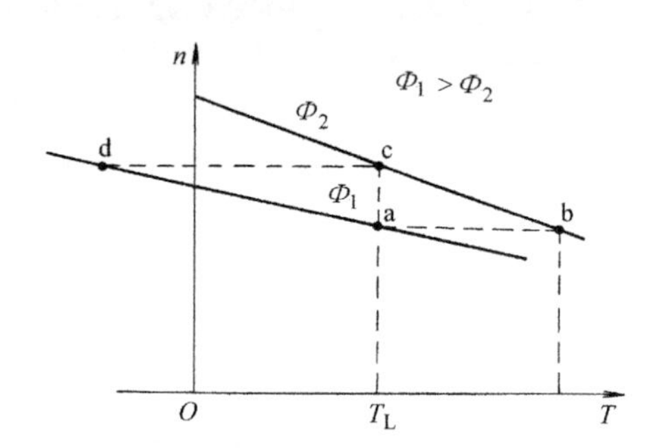

图5-9　他励直流电动机弱磁调速的机械特性

假如调速前系统拖动恒转矩负载已稳定运行于a点，当主磁通 Φ 减小后的瞬间，工作点从a点跳变至人为机械特性的b点。但此时由于励磁电流减小，磁通 Φ 也随之减小，使电动势 E_a 减小。根据电压平衡方程式可知：此时，电枢电流 I_a 增大，且电枢电流 I_a 的增大程度远大于 Φ 的减小程度，从而使电磁转矩 T 增大。由于电磁转矩大于负载转矩，因此，转速开始上升，随着转速的上升，电动势 E_a 开始增加，结果使 I_a 减小，电磁转矩 T 减小；当电磁转矩减小到和负载转矩相等时，电动机便稳定运行于c点。

这种调速方法的特点是：只能调高转速；由于弱磁调速机械特性较软，且受换向条件和机械强度的限制，转速调高幅度不大，因此，调速范围较小；调速平滑，可以无级调速；能量损耗小；方法简单，控制方便。

通常把弱磁调速和降压调速结合起来以扩大调速范围。

4. 制动

许多生产机械，为了提高生产率和产品质量，保证设备及人身安全，要求电动机能迅速、准确地停车，或迅速反向，或将转速限制在一定范围内，因此必须采取制动的措施。制动的方法很多，有机械制动和电气制动。机械制动是指利用机械装置使电动机在切断电源后停转。电气制动是指通过改变电动机电气参数使其产生一个与转向相反的电磁转矩。电气制动方法有能耗制动、反接制动和回馈制动，这里仅对能耗制动做一简单介绍。

如图5-10所示为他励直流电动机能耗制动线路图及电路图。

如图5-10a所示，制动前，KM_1 常开触点闭合，常闭触点断开，电动机处于稳定运行状态，电枢电流 I_a 和电磁转矩 T 方向如图中所示。制动时，保持磁通大小和方向均不变，使 KM_1 常开触点断开，常闭触点闭合，从而切断电源，接入制动电阻 R_{bk}，使电动机进入制动状态。如图5-10b所示，制动瞬间，由于系统惯性很大，转速 n 的大小和方向来不及改变，因此电动势 E_a 大小和方向也不改变，从而使电枢电流 I_a 方向与制动前相反，结果使电磁转矩 T 方向改变，成为一与转向相反的制动转矩，使电动机迅速停转。在制动过程中，系统把电动机的动能转变成电能消耗在电枢回路电阻上，因此称为能耗制动。

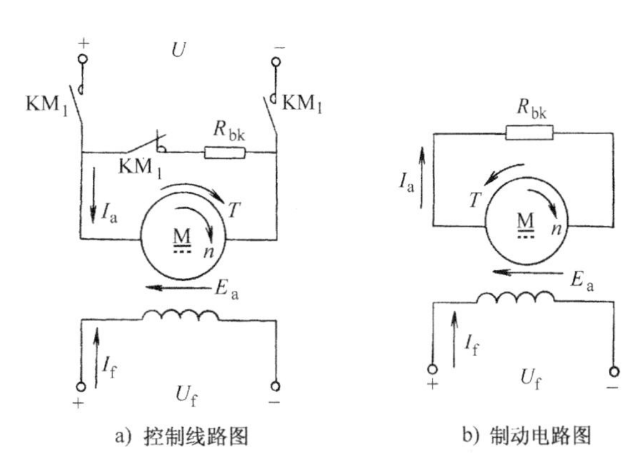

图 5-10　他励直流电动机能耗制动

第二节　三相异步电动机

三相异步电动机是指供电为三相交流电源，转子转速与旋转磁场转速不相等的电动机。其特点是结构简单、制造方便、价格低廉、运行可靠，因而在工农业生产及交通运输中得到了广泛的应用，在各种电力拖动装置中，三相异步电动机占 90% 左右。

一、三相异步电动机的基本结构

三相异步电动机是由定子和转子两个主要部分组成。定子为固定不动的部分，转子为转动的部分，如图 5-11 所示。

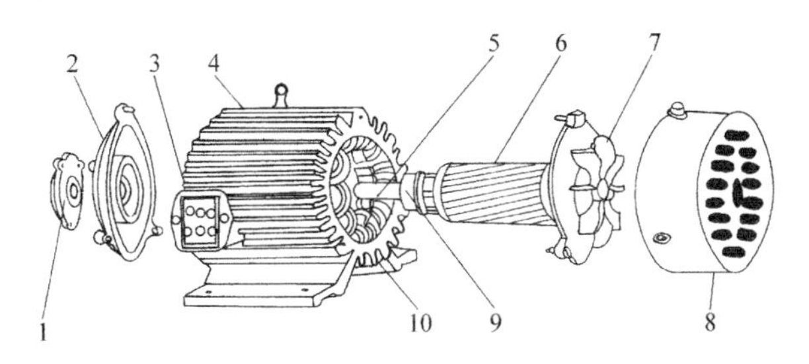

图 5-11　三相笼型异步电动机

1—轴承盖　2—端盖　3—接线盒　4—散热筋　5—转轴
6—转子　7—风扇　8—罩壳　9—轴承　10—机座

1. 定子

定子主要由定子铁心、定子绕组和机座等组成。

(1) 定子铁心　定子铁心是电动机主磁路的一部分，因此要有良好的导磁性能。为了减小交变磁场在铁心中引起的铁心损耗，一般采用 0.5mm 厚且两面涂有绝缘漆的硅钢冲片叠成圆筒形，并压装在机座内。在定子铁心内圆上冲有均匀分布的槽，用于嵌放三相定子绕组。

（2）定子绕组　定子绕组是电动机的定子电路部分，将通过三相交流电流建立旋转磁场。定子绕组由绝缘漆包铜线制作，且按照一定的规律嵌放在定子槽内，组成一个在空间依次相差120°电角度的三相对称绕组，其首端分别为 U_1、V_1、W_1，末端分别为 U_2、V_2、W_2，并从接线盒内引出，根据需要它们可接成星形或三角形，如图5-12所示。

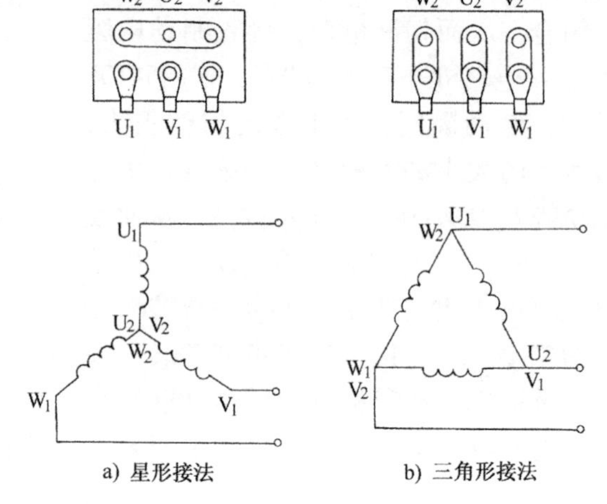

图5-12　三相异步电动机定子绕组的联结

（3）机座　机座主要用于固定和支撑定子铁心及固定端盖，并通过两侧端盖和轴承支撑转轴。一般由铸铁或铸钢板焊制而成。它的外表面有散热筋，以增加散热面积。

2. 转子

转子主要由转子铁心、转子绕组和转轴等部分组成。

（1）转子铁心　转子铁心也是电动机主磁路的一部分，也用0.5mm厚且相互绝缘的硅钢片叠压成圆柱体，中间压装转轴，外圆上冲有均匀分布的槽孔，用以放置转子绕组。

（2）转轴　转轴用来支撑转子铁心和输出电动机的机械转矩。

（3）转子绕组　转子绕组是电动机的转子电路部分，其作用是感应电动势、流过电流并产生电磁转矩。按其结构形式的不同可分为笼型转子和绕线转子。

1）笼型转子。笼型转子是在转子铁心的每个槽内放入一根导体，并在伸出铁心的两端分别用两个导电环把所有导体短接起来，形成一个自行闭合的短路绕组。若去掉铁心，剩下来的绕组形状就像一个松鼠笼子，所以称之为笼型转子，如图5-13所示。中小型三相异步电动机的笼型转子一般采用铸铝，将导条、端环和风叶一次铸出。

2）绕线转子。绕线转子绕组与定子绕组一样，也是一个三相对称绕组。它嵌放在转子铁心槽内，并接成星形，其三个引出端分别接到固定在转轴上的三个铜制集电环上，再通过压在集电环上的三个电刷与外电路接通，如图5-14所示。绕线转子可通过集电环与电刷在转子回路外串附加电阻或其他控制装置，以便改善三相异步电动机的起动性能和调速性能。

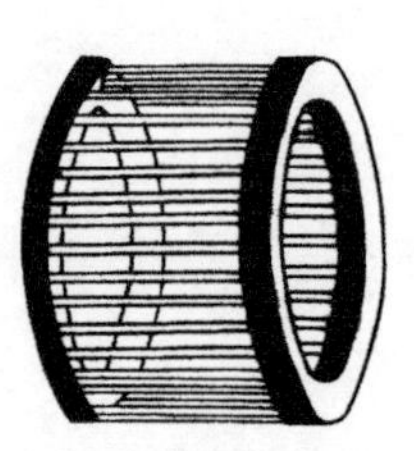

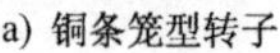

a) 铜条笼型转子

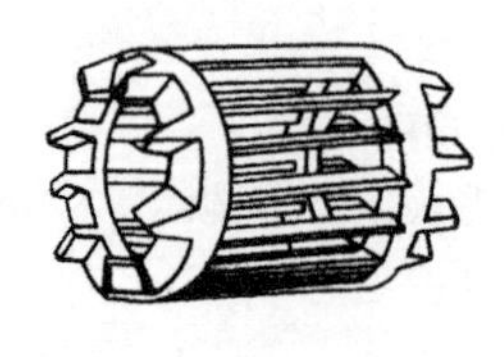

b) 铸铝笼型转子

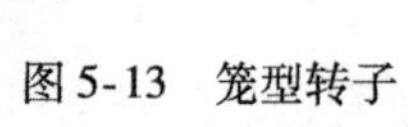

图5-13　笼型转子

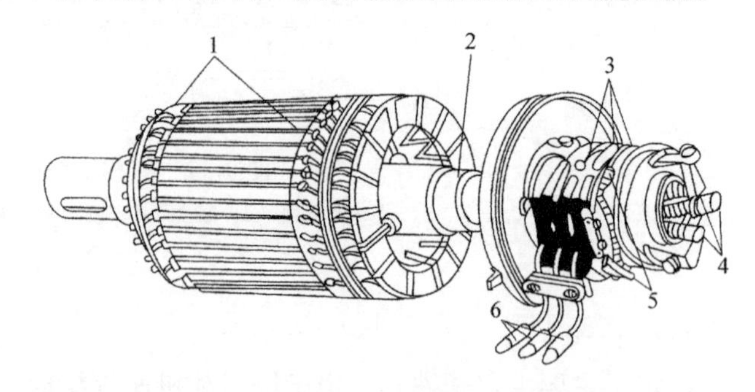

图5-14　绕线转子

1—三相转子绕组　2—转轴　3—集电环

4—转子绕组出线端　5—电刷　6—电刷外接线

二、三相异步电动机的铭牌

在三相异步电动机的机座上均装有一块铭牌（图5-15），铭牌上标出了该电动机的主要技术数据，供正确使用电动机时参考。

<table>
<tr><td colspan="3">型号　Y—112M—4</td><td>编号</td></tr>
<tr><td colspan="2">4.0kW</td><td colspan="2">8.8A</td></tr>
<tr><td>380V</td><td>1440r/min</td><td colspan="2">LW　82dB</td></tr>
<tr><td>接法△</td><td>防护等级　IP44</td><td>50Hz</td><td>45kg</td></tr>
<tr><td>标准编号</td><td>工作制　S1</td><td>B级绝缘</td><td>年　　月</td></tr>
<tr><td colspan="4">××电机厂</td></tr>
</table>

图5-15　三相异步电动机铭牌

1. 型号（Y112M—4）

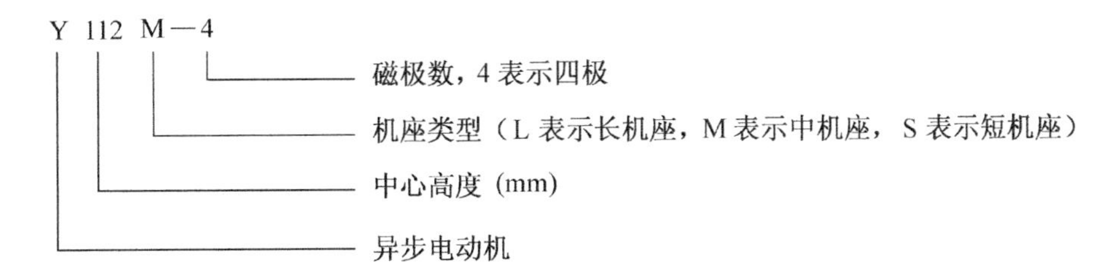

2. 额定值

（1）额定功率 P_N（kW）　指电动机在额定工作状态下运行时，轴上输出的机械功率。

（2）额定电压 U_N（kV或V）　指电动机在额定状态下运行时，定子绕组所加的线电压。

（3）额定电流 I_N（A）　指电动机在加额定电压、输出额定功率时，流入定子绕组的线电流。

额定功率与其他额定值之间的关系

$$P_N = \sqrt{3}U_N I_N \eta_N \cos\varphi_N$$

式中，η_N 为额定效率；$\cos\varphi_N$ 为额定功率因数。

（4）额定转速 n_N（r/min）　指电动机在额定状态下运行时的转速。

（5）额定频率 f_N（Hz）　指电动机所接交流电源的频率。我国电网的频率规定为50Hz。

（6）接法（△）　表示在额定电压下，定子绕组应采用的联结方法。Y系列电动机，4kW以上者均采用三角形接法。

（7）工作方式　有三种工作方式：S1表示连续工作方式；S2表示短时间工作方式；S3表示断续工作方式。

（8）绝缘等级　根据绝缘材料允许的最高温度，绝缘等级分为Y、A、E、B、F、H、C级，见表5-1，Y系列电动机多采用E、B级绝缘。

表5-1　绝缘材料耐热等级

等　级	Y	A	E	B	F	H	C
最高允许温度/℃	90	105	120	130	155	180	>180

三、三相异步电动机的基本工作原理 

三相异步电动机是依靠定子绕组所产生的旋转磁场来工作的，因此先讨论旋转磁场是怎样产生的。

1. 旋转磁场的产生

图5-16a所示为三相异步电动机两极定子绕组示意图，三相绕组 U_1U_2、V_1V_2、W_1W_2 在定子中空间位置上依次相差120°，若接成星形接法，即首端 U_1、V_1、W_1 与三相电源相连，末端 U_2、V_2、W_2 接在一起，如图5-16b所示，则在三相定子绕组中有三相对称交流电流 i_U、i_V、i_W 流过，其波形如图5-17所示。

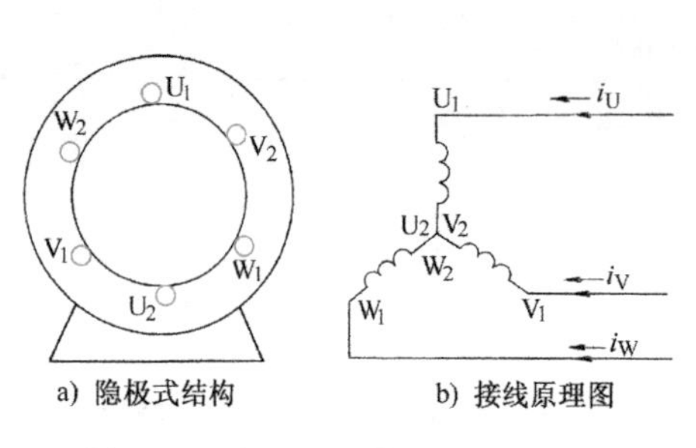

图5-16 定子三相绕组结构示意图

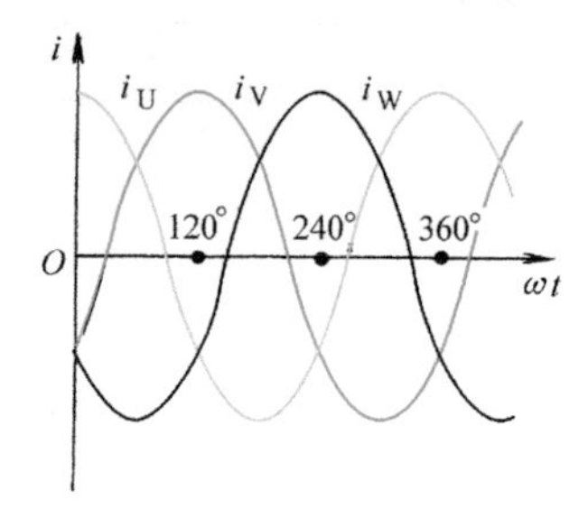

图5-17 三相电流波形

现规定：电流为正时，电流从线圈首端流进，末端流出；电流为负时，电流从线圈末端流进，首端流出。在表示线圈导线的小圆圈内，用“×”表示电流流入，用“·”表示电流流出。

下面通过几个特定时刻来分析定子绕组所产生的合成磁场是怎样变化的。

当 $\omega t=0°$ 时，$i_U=I_m$，电流从 U_1 流进，以“×”表示，从 U_2 流出，以“·”表示；$i_V=i_W=-I_m/2$，电流分别从 V_2、W_2 流进，以“×”表示，从 V_1、W_1 流出，以“·”表示。根据右手螺旋定则，可判断出该时刻的合成磁场如图5-18a所示。

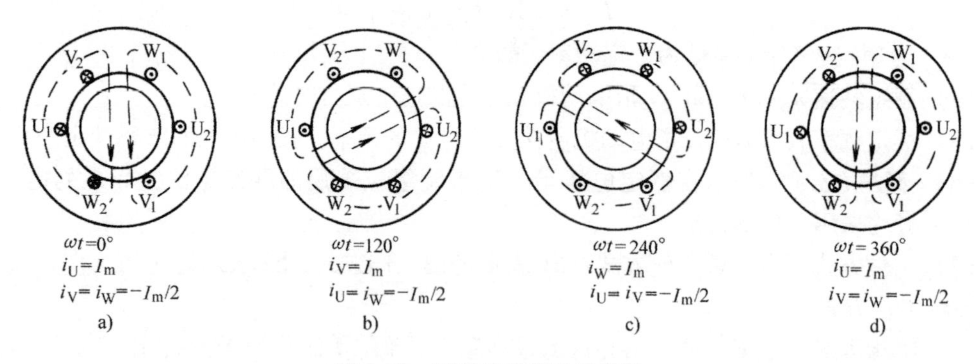

图5-18 两极旋转磁场示意图

用同样的方法可判断出 $\omega t=120°$、$\omega t=240°$、$\omega t=360°$ 几个时刻的三相合成磁场方向分别如图5-18b、c、d所示。

比较图5-18中的四个时刻，可以看出三相合成磁场具有以下特点：

1）定子三相绕组的合成磁场为旋转磁场。

2）合成磁场的方向总是与电流达到最大值的那一相绕组的轴线方向一致。因此，在三相绕组空间排序不变的条件下，旋转磁场的转向决定于三相电流的相序。若要改变旋转磁场转向，只需将三相电源进线中的任意两相对调即可。

3）对于两极（即磁极对数 $p=1$）电动机，交流电变化一周期，旋转磁场恰好在空间转过 360°（即一转），若交流电每秒钟变化 f_1 周期，则旋转磁场每秒钟转 f_1 转，每分钟转 $60f_1$ 转，即旋转磁场转速

$$n_1 = 60f_1$$

对于四极（$p=2$）电动机，当给三相绕组通入三相对称电流时，通过同样的分析方法可得旋转磁场的转速将减少一半，即

$$n_1 = \frac{60f_1}{2}$$

由此推断，对于 p 对磁极电动机，旋转磁场的转速

$$n_1 = \frac{60f_1}{p} \tag{5-9}$$

式中，n_1 是旋转磁场转速，亦称同步转速（r/min）；f_1 是电源频率（Hz）；p 是磁极对数。

由式（5-9）可知，旋转磁场的转速与交流电的频率成正比，与磁极对数成反比。

2. 旋转原理

当定子绕组接通三相电源后，则在定子、转子及其气隙间产生转速为 n_1 的旋转磁场（假设按顺时针方向旋转）。这时，旋转磁场与转子导体间就有了相对运动，使得转子导体能够切割磁力线，从而在转子导体中产生感应电动势。其方向可根据右手定则判断出，如图 5-19 所示。由于转子导体自成闭合回路，因此在感应电动势的作用下，转子导体内便有了感应电流。感应电流又与旋转磁场相互作用而产生电磁力，其方向可根据左手定则判断，如图 5-19 所示，这些电磁力对转子形成电磁转矩。从图5-19可以看出，电磁转矩方向与旋转磁场的转向一致，这样转子就会顺着旋转磁场的转向旋转起来。由此看来，转子的转向总是和旋转磁场的转向一致。若改变旋转磁场的转向，则可改变转子的转向。

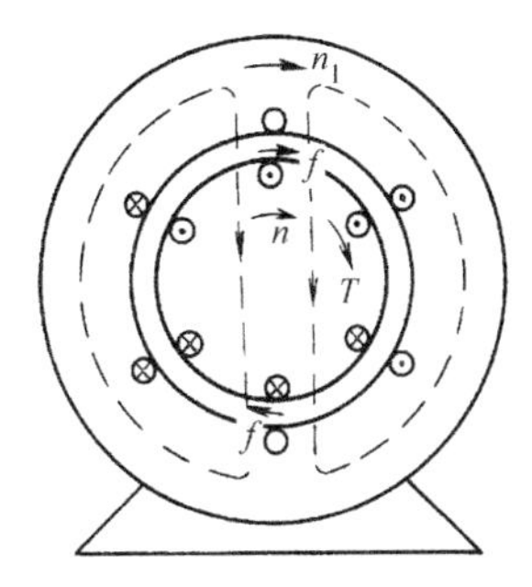

图 5-19 三相异步电动机旋转原理图

由以上分析还可看出，转子的转速 n 永远比同步转速 n_1 小。这是因为，如果转子的转速达到同步转速，则转子导体将不再切割磁力线，因而感应电动势、感应电流和电磁场转矩均为零，转子将减速，因此，转子转速 n 总是低于同步转速 n_1，这也是异步电动机“异步”的由来。

旋转磁场的同步转速 n_1 与转子转速 n 之差称为转差。转差与同步转速 n_1 之比称为转差率，用 s 表示，即

$$s = \frac{n_1 - n}{n_1} \tag{5-10}$$

转差率 s 是三相异步电动机的一个重要参数，它对电动机的运行有着极大的影响，其大

小也能反映转子转速，即

$$n = n_1(1 - s)$$

电动机起动瞬间，转子转速 $n=0$，转差率 $s=1$；理想空载时，转子转速 $n=n_1$，转差率 $s=0$。因此，电动机在电动状态下运行时，转差率 $s=0\sim1$。

通常电动机在额定状态下运行时，其额定转速接近同步转速 n_1，额定转差率 $s_N=0.02\sim0.07$。

例5-1 已知Y112M-4三相电动机的同步转速 $n_1=1500\text{r/min}$，额定转速为1440r/min，空载时的转差率 $s_0=0.0026$。求该电动机的磁极对数 p、额定转差率 s_N 和空载转速 n_0。

解

$$p = \frac{60f_1}{n_1} = \frac{60 \times 50}{1500} = 2$$

$$s_N = \frac{n_1 - n_N}{n_1} = \frac{1500 - 1440}{1500} = 0.04$$

$$n_0 = (1 - s_0)n_1 = (1500 - 0.0026 \times 1500)\text{r/min} \approx 1496\text{r/min}$$

四、基本方程式

1. 功率平衡方程式

三相异步电动机在稳定运行时，电源输入的功率

$$P_1 = \sqrt{3}U_1I_1\cos\varphi_1$$

式中，U_1 是线电压；I_1 是线电流；$\cos\varphi_1$ 是电动机的功率因数。而异步电动机轴上所输出的机械功率 P_2 总是小于 P_1，这是因为它在将电能转换为机械能的过程中存在功率损耗，损耗包括：

1）定子绕组及转子绕组中的铜损耗 P_{Cu}。

2）铁心中存在的铁损耗 P_{Fe}。

3）在运行过程中克服机械摩擦、风的阻力等所形成的机械损耗 P_n。

因此

$$P_2 = P_1 - P_{Cu} - P_{Fe} - P_n \tag{5-11}$$

三相异步电动机的效率 η 等于输出功率 P_2 与输入功率 P_1 之比，即

$$\eta = \frac{P_2}{P_1} \times 100\% \tag{5-12}$$

2. 转矩平衡方程式

$$T = T_2 + T_0$$

式中，T 为电磁转矩；T_2 为输出转矩；T_0 为空载阻转矩。

根据力学知识可知，旋转体的机械功率等于作用在旋转体上的转矩 T 与它的机械角速度 ω 的乘积，即 $P=T\omega$。

故

$$T_2 = \frac{P_2'}{\omega} = \frac{P_2' \times 60}{2\pi n} = 9550\frac{P_2}{n}$$

式中，P_2 为输出功率（kW）。

因此额定输出转矩 T_N 为

$$T_N = \frac{P_N'}{\omega_N} = \frac{1000P_N \times 60}{2\pi n_N} = 9550\frac{P_N}{n_N} \tag{5-13}$$

式中，P_N 为额定输出功率（kW）；n_N 为额定转速（r/min）；T_N 为额定输出转矩（N·m）。

例 5-2　有两台三相异步电动机，额定功率均为 10kW，其中一台额定转速为 980r/min，另一台为 1430r/min。试求它们在额定状态下的输出转矩。

解　由式（5-13）可得

$$T_{N1} = 9550\frac{P_{N1}}{n_{N1}} = 9550 \times \frac{10}{980}\text{N}\cdot\text{m} \approx 97.45\text{N}\cdot\text{m}$$

$$T_{N2} = 9550\frac{P_{N2}}{n_{N2}} = 9550 \times \frac{10}{1430}\text{N}\cdot\text{m} \approx 66.78\text{N}\cdot\text{m}$$

由此可见，功率相同的电动机，转速低则转矩大，转速高则转矩小。

五、三相异步电动机的运行特性

1. 转矩特性

三相异步电动机的电磁转矩 T 与定子绕组上的电压和频率、转差率、转子电路参数等有着密切联系，其关系式为

$$T \approx \frac{sCR_2U_1^2}{f_1[R_2^2 + (sX_{20})^2]} \tag{5-14}$$

式中，U_1 是定子绕组电压；f_1 是交流电源的频率；R_2 是转子绕组每相的电阻；X_{20}是电动机静止不动时转子绕组每相的感抗；C 是电动机结构常数；s 是转差率。

对于某台电动机而言，转子电路等参数均为常数，当定子绕组上的电压及频率一定时，电动机的电磁转矩 T 仅与转差率 s 有关。在实际应用中，为了更形象地表示出转矩与转差率之间的相互关系，常用 T 与 s 间的关系曲线来描述，如图 5-20 所示，该曲线称为异步电动机的转矩特性曲线。

由图 5-20 可以看出：当 $s=0$ 时，$T=0$，随着 s 增大，T 也开始增大，达到最大值 T_m 以后，随 s 增大而减小。

2. 机械特性

在实际应用中，人们更关心转速 n 与转矩 T 之间的关系，因此常把图 5-20 顺时针转 90°并把 s 换成 n，变成图 5-21 所示的 n 与 T 之间的关系曲线，该曲线称为机械特性曲线。

从机械特性曲线我们可以看出如下重要转矩：

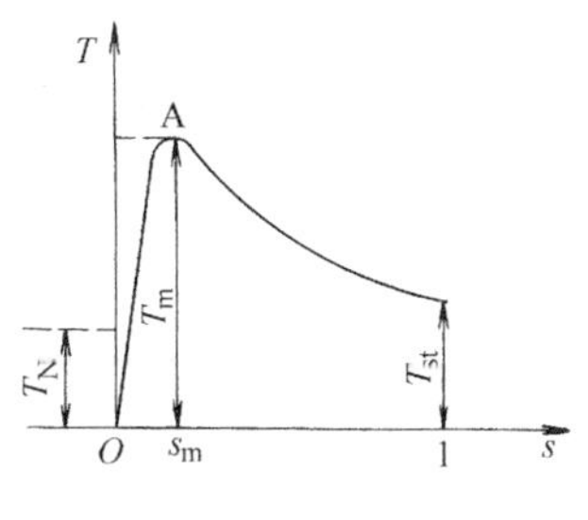

图 5-20　转矩特性曲线

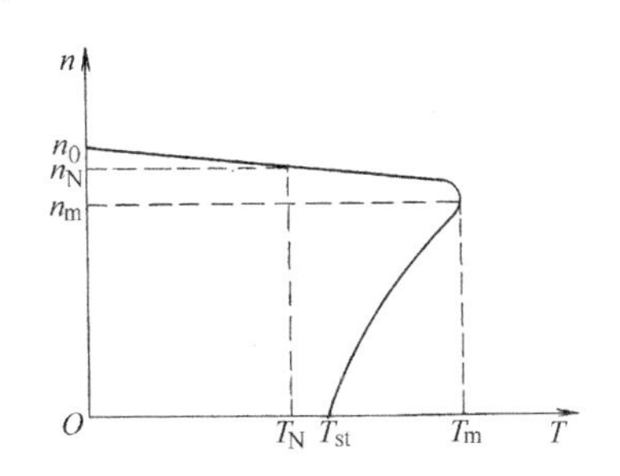

图 5-21　机械特性曲线

（1）起动转矩 T_{st}　电动机刚接通电源，但尚未开始转动（$s=1$）的一瞬间，轴上所产生的转矩称为起动转矩 T_{st}。起动转矩必须大于电动机带机械负载的阻力矩，否则不能起动。

因此它是电动机的一项重要指标，通常用起动能力 K_{st} 表示，它定义为起动转矩 T_{st} 与额定转矩 T_N 之比，即

$$K_{st}=\frac{T_{st}}{T_N} \tag{5-15}$$

（2）最大转矩 T_m　电动机能够提供的极限转矩。电动机所拖动的负载阻力矩必须小于最大转矩，否则，电动机将因拖不动负载而被迫停转。另外，若把额定转矩规定得靠近最大转矩，则电动机略一过载，也会很快停转。停转时，电动机电流很大，若时间过长，则会烧坏电动机，因此，电动机必须有一定的过载能力。

电动机的最大转矩与额定转矩之比称为电动机的过载能力，也称过载系数，用 λ_m 表示，即

$$\lambda_m=\frac{T_m}{T_N} \tag{5-16}$$

最大转矩所对应的转速和转差率分别称为临界转速和临界转差率，记作 n_m 和 s_m，s_m 的值约在0.04~0.4之间，通过分析可知，s_m 可用下式计算

$$s_m=\frac{R_2}{X_{20}} \tag{5-17}$$

由上式可知，出现最大转矩时的临界转差率 s_m 和 R_2 成正比，当 $R_2=X_{20}$，$s=s_m=1$（起动时），则可使最大转矩出现在起动瞬间。起重设备中广泛采用的绕线转子异步电动机就是利用了这一特点，保证电动机有足够大的起动转矩来提升重物。

对于机械特性曲线，可以把它分为两个区域：

（1）稳定运行区　即转速从 n_0 到 n_m 之间的区域。电动机正常运行时，工作在稳定运行区，该段曲线表明：当负载转矩增大时，电磁转矩增大，电动机转速略有下降。

（2）非稳定运行区　即转速从0到 n_m 之间的区域。该段曲线表明：当负载转矩增大到超过电动机最大转矩时，电动机转速将急剧下降，直到停转。通常电动机都有一定的过载能力，起动后会很快通过不稳定运行区而进入稳定运行区工作。

由于三相异步电动机机械特性的稳定运行区比较平坦，即随着负载转矩的变化，电动机转速变化很小，因此其机械特性为硬特性。

综合以上分析，结合式（5-14）、式（5-17），还可得出如下结论：

1）电动机所产生的电磁转矩 T 与电源电压 U_1 的平方成正比，因此电源电压的波动对电动机的转矩影响很大。

2）最大转矩 T_m 与转子电阻 R_2 无关，因此适当调整 R_2 可改变机械特性，而最大转矩不变。

例5-3　一台三相异步电动机的 $U_N=380V$，$I_N=20A$，$P_N=10kW$，$\cos\varphi_1=0.84$，$n_N=1460r/min$，$K_{st}=1.8$，$\lambda_m=2.2$，试求额定转矩 T_N，起动转矩 T_{st}，最大转矩 T_m，额定效率 η_N。

解　由式（5-13）可得

$$T_N=9550\frac{P_N}{n_N}=9550\times\frac{10}{1460}N\cdot m\approx 65.451N\cdot m$$

由式（5-15）可得

$$T_{st} = K_{st}T_N = 1.8 \times 65.41\text{N}\cdot\text{m} \approx 117.74\text{N}\cdot\text{m}$$

由式（5-16）可得

$$T_m = \lambda_m T_N = 2.2 \times 65.41\text{N}\cdot\text{m} \approx 143.90\text{N}\cdot\text{m}$$

输入功率 P_1 为

$$P_1 = \sqrt{3}U_N I_N \cos\varphi_1 = \sqrt{3} \times 380 \times 20 \times 0.84\text{W} \approx 11.06\text{kW}$$

故
$$\eta_N = \frac{P_N}{P_1} \times 100\% = \frac{10}{11.06} \times 100\% \approx 90.44\%$$

六、三相异步电动机的起动、反转、调速和制动

1. 起动

电动机接通电源后由静止逐步加速到稳定运行状态的过程称为起动过程，简称起动。三相异步电动机开始起动的瞬间，由于转子的转速 $n=0$，转子导体以最大的相对速度切割旋转磁场，从而产生最大的感应电动势。因此，起动瞬间转子导体电流最大，这样就使定子绕组也出现很大的起动电流，其值约为额定电流的 4 ~7 倍，但此时电磁转矩并不很大，其值约为额定转矩的 1.8 ~2 倍。

过大的起动电流不但会使电网电压严重下降，从而影响接在同一电网上的其他用电设备的正常运行，而且还会使频繁起动的电动机因过热而损坏。起动转矩不大，可能会使电动机带不动负载起动。总之，对异步电动机的起动要求是：尽可能限制起动电流，有足够大的起动转矩，同时起动设备要简单经济、操作方便，且起动时间短。

（1）三相笼型异步电动机的起动

1）全压起动。用刀开关或接触器将电动机直接接到额定电压的电网上的起动方式。全压起动的优点是设备简单，操作方便，且起动时间短；缺点是起动电流大。因此在电动机的容量相对较小，而电网容量相对足够大的情况下，均采用全压起动，一般 10kW 以下的电动机可采用全压起动。

2）减压起动。起动时降低加在电动机定子绕组上的电压，起动结束后，使定子绕组上的电压再恢复到额定值。尽管减压起动可减小起动电流，但由于起动转矩随电压的平方而降低，因此也大大减小了起动转矩，减压起动仅适用于在空载或轻载情况下起动的电动机。

- 定子绕组串电阻或电抗减压起动。起动时，利用串电阻降低加在定子绕组上的电压，待起动结束后，再将电阻短接，使电动机在额定电压下运行，如图 5-22 所示。这种起动方法的优点是起动平稳，运行可靠，设备简单；缺点是只适合轻载起动，且起动时电能损耗大。目前这种方法已很少使用。

- Y/△减压起动。若电动机正常运行时，定子绕组作△形联结，则起动时先把它接成Y形，从而降低加在定子绕组上的电压，待起动结束后，再把它改接成△形联结，使电动机在额定电压下运行，如图 5-23 所示。这种起动方式，其起动电流和起动转矩只有直接起动时的 1/3。其优点是设备简单，成本低，运行可靠；缺点是只适用于正常运行时定子绕组为△形联结的电动机，而且只能轻载起动。

- 自耦变压器减压起动。起动时，自耦变压器一次绕组接电源，二次绕组接电动机定子绕组，从而降低加在定子绕组上的电压，待起动结束后，再将电动机直接接到电源上，使

其工作在额定电压下，如图5-24所示。这种起动方法的优点是起动转矩较其他方法大，而且可灵活选择自耦变压器的抽头以得到合适的起动电流和起动转矩；缺点是设备成本较高，不能频繁起动。

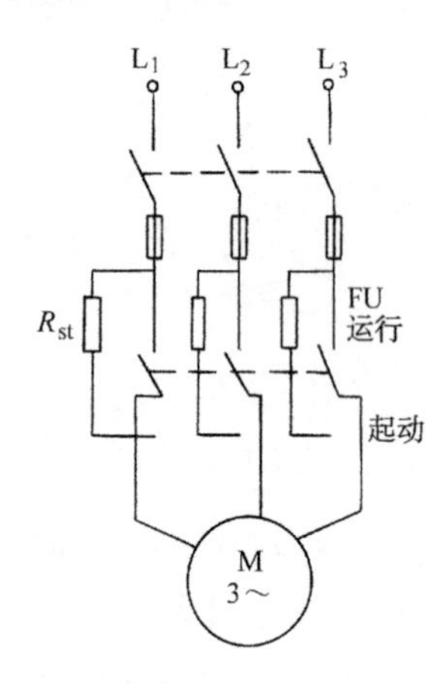

图5-22 笼型异步电动机定子串电阻减压起动线路图

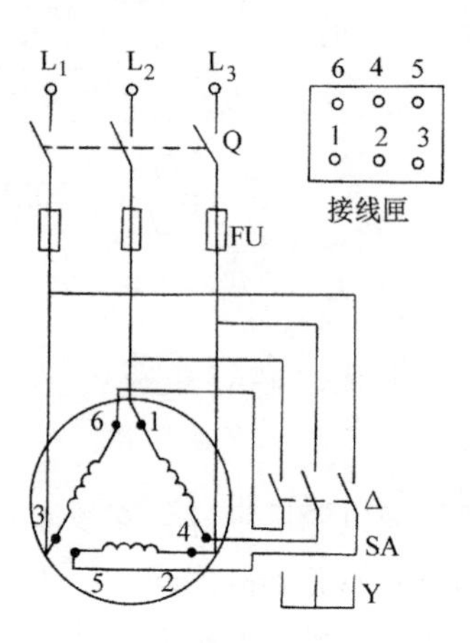

图5-23 笼型异步电动机Y/△减压起动线路图

（2）三相绕线转子异步电动机的起动

1）转子串电阻起动。如图5-25所示为绕线转子异步电动机转子串电阻三级起动原理图。其分级起动的过程与直流电动机完全相似。起动时接触器触点全都断开，起动电阻全部接入。在起动过程中，随着转速的升高，通过接触器触点KM_1、KM_2、KM_3依次闭合，而逐级依次切除起动电阻R_{st3}、R_{st2}、R_{st1}，使电动机进入稳定运行。最后，操作起动器手柄将电刷提起，同时将三只集电环短接，以减小运行中的电刷摩擦损耗，至此起动结束，电动机进入正常运行。这种起动方法通过增加转子回路电阻，不仅可以减小起动电流，同时还可以提高起动转矩。适用于重载起动，但所串电阻存在能量损耗，且所需设备较多。

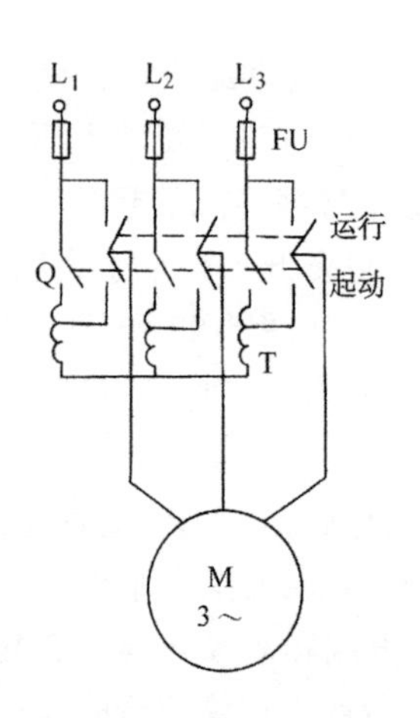

图5-24 笼型异步电动机自耦变压器减压起动线路图

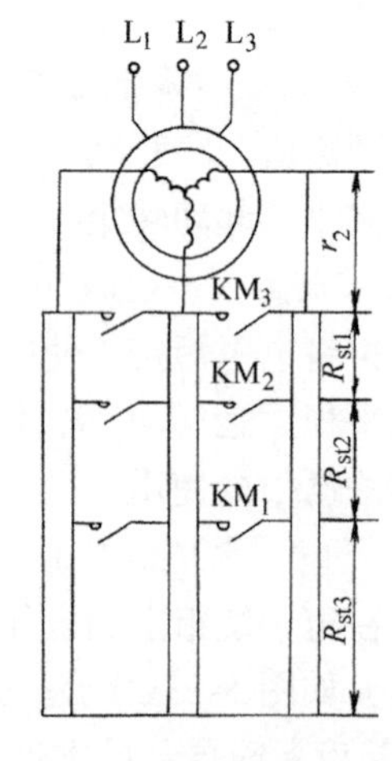

图5-25 绕线转子异步电动机转子串电阻起动

2）转子串频敏变阻器起动。如图5-26所示是转子串频敏变阻器起动接线图。频敏变阻

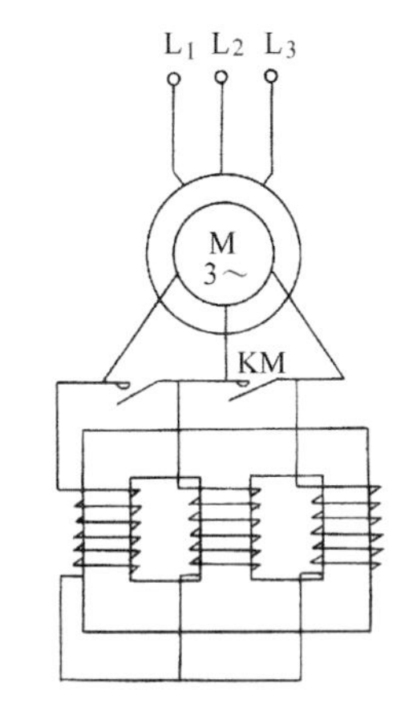

图5-26 绕线转子异步电动机转子串频敏变阻器起动

器是其电阻和电抗值随频率而变化的装置，就像一台没有二次绕组的三相心式变压器，但其铁心损耗比普通变压器大得多。刚起动时，转子电流的频率很高，铁心损耗很大，使频敏变阻器的阻值很大，此时相当于在转子回路串入一个较大的起动电阻，因此限制了起动电流；随着转速的升高，转子电流的频率自动下降，频敏变阻器的阻值也随之减小，相当于随转速的升高自动且连续地减小起动电阻；直到转速为额定值时，转子电流的频率极低，相当于将起动电阻全部切除，此时应将电刷提起，同时将三只集电环短接，起动过程结束。这种起动方法不仅能减小起动电流，而且能增大起动转矩，同时起动的平滑性优于转子串电阻分级起动；另外频敏变阻器结构简单，成本较低，使用寿命也长。

2. 反转

在生产中，经常需要使电动机反转。前已述及，异步电动机的转动方向是和旋转磁场的方向一致的，因此改变旋转磁场的旋转方向，即可改变电动机的转动方向。而改变旋转磁场的旋转方向，只需把三相异步电动机的任意两根电源线对调即可。

3. 调速

在实际应用中有时希望在一定负载下人为地调节异步电动机的转速，即调速，以满足工作的需要。这不同于电动机在不同负载下具有不同的转速。

根据式（5-9）、式（5-10）可知，电动机的转速

$$n = (1-s)n_1 = (1-s) \times \frac{60f_1}{p}$$

由此可知，异步电动机的转速可通过改变电源频率 f_1、磁极对数 p 或转差率 s 的方法来调节。

（1）变极调速　这种调速方法是通过改变定子绕组的接线方式，来改变定子磁极对数，从而改变同步转速，以达到改变转子转速的目的。变极调速一般只用于笼型异步电动机。

理论和实践都证明，在定子的每相绕组中，若有一半绕组内的电流方向发生改变，则磁极对数 p 就会增加一倍或减少一半，即成倍地变化，如2/4极、4/8极等。根据这一结论，人们生产出可以改变磁极对数的多速异步电动机，这种电动机定子绕组的出线端均接到机外，只要改变出线端的连接方式，就可改变磁极对数和转速。

两种常用的变极方案是Y/YY变极调速和△/YY变极调速，如图5-27所示。其中图5-27a为Y/YY变极调速，图5-27b为△/YY变极调速。变极前均为出线端1、2、3接三相电源，出线端4、5、6悬空，此时，图5-27a定子绕组为Y接法，图5-27b定子绕组为△接法，电动机每相绕组的两个“半相绕组”电流方向相同，如图中实线箭头所示，电动机为多极数 $2p$；变极后均为出线端1、2、3短接，出线端4、5、6接三相电源，定子绕组均为YY接法，此时，电动机每相绕组的两个“半相绕组”电流方向相反，如图中虚线箭头所示，电动机极数减半，共 p 个极。因此，若把定子绕组的Y或△接法变成YY接法，可使磁极对数减半，转速升高一倍；反之，若把定子绕组的YY接法变成Y或△接法，可使磁极对数增加一倍，转速降低一半。

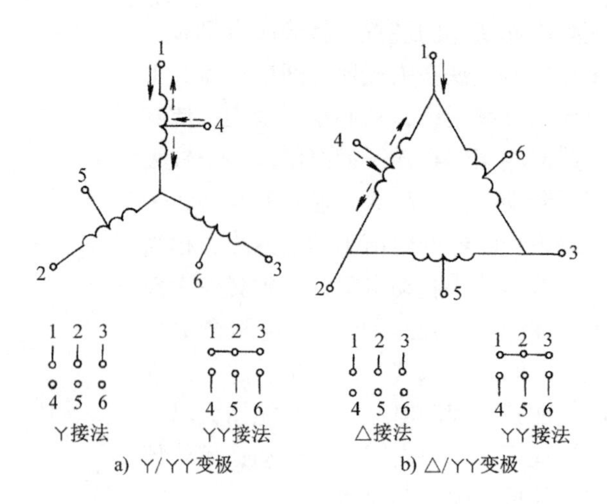

图 5-27 三相笼型异步电动机两种常用变极接线

值得注意的是变极调速时，为保持电动机转向不变，必须改变接入定子绕组输入端的电源相序。

由于变极调速时磁极对数只能成倍改变，所以这种调速方法是有级调速。但变极调速具有操作简单、成本低、效率高、机械特性硬等优点，因此适用于对调速要求不高且不需要平滑调速的场合。

（2）变频调速 由于电源是固定不变的50Hz交流电，因此变频调速需要专用的变频设备，以便给定子绕组提供不同频率的交流电，才能实现变频调速。有关变频调速的实现方法将在本书的第十一章讨论，这里不再述之。

（3）改变转差率 s 调速

1）对于绕线式异步电动机，可在转子回路中串电阻调速，其电路与起动时的情况相同。当转子回路的电阻改变时，它的转矩特性曲线如图 5-28 所示（电源电压及频率保持不变），这是一组最大转矩不变而临界转差率 s_m 随电阻增加而增大的曲线。由图可见，在一定的负载转矩 T_L 下，随转子回路电阻的增加，转子电流减小，电磁转矩相应减小，使得 $T<T_L$，电动机的转速 n 下降，而转差率 s 上升。这种调速方法的优点是设备简单，缺点是电阻上有能量损耗，空载或轻载时调速范围窄，且低速时机械特性软，稳定性差。因此，这种调速方法主要用于运输、起重设备中。

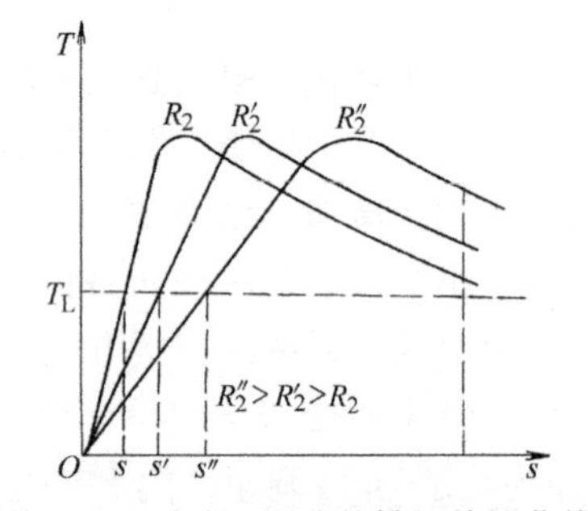

图 5-28 改变 s 调速的转矩特性曲线

2）对于笼型异步电动机，可用改变电源电压的方法调速。当电源电压 U_1 改变时，其转矩特性曲线如图 5-29 所示，这是一组临界转差率 s_m 不变而最大转矩随电压 U_1 平方的减小而下降的曲线。由图可知，对于通风机型负载（图中的 T_L 曲线），可获得较低的稳定转速和较宽的调速范围。因此，目前电扇都采用串电抗器来进行调压调速或用晶闸管装置调压调速。

4. 制动

当电动机切断电源后，由于惯性使得电动机总要经过一段时间才能停转。与直流电动机一样，若要使三相异步电动机在运行中快速地停车、反向或限速以适应某些生产机械的工艺要求，提高生产效率，就需要对电动机进行制动。制动的方式有两大类：机械制动和电气制动。所谓电气制动就是采用某种方法使电动机产生一个与转子转向相反的电磁转矩。电气制动包括能耗制动、反接制动（包括电源反接制动和倒拉反接制动）和回馈制动。这里主要介绍以下两种制动方法：

（1）能耗制动　这种制动方法是将定子绕组从三相电源断开后，立即加上直流励磁电源，同时在转子回路串一制动电阻，如图 5-30 所示。

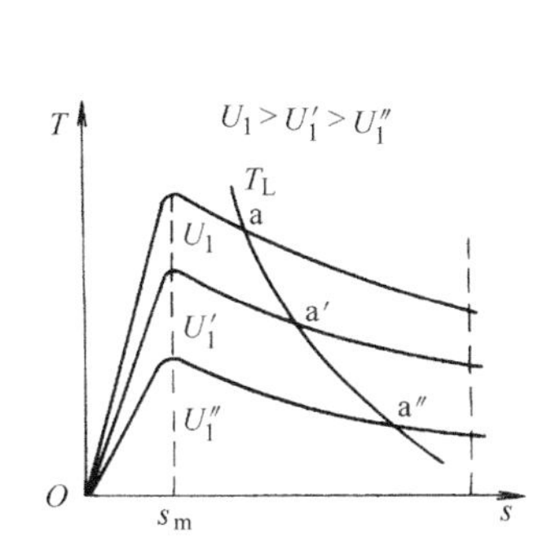

图 5-29　改变电源电压调速的转矩特性曲线

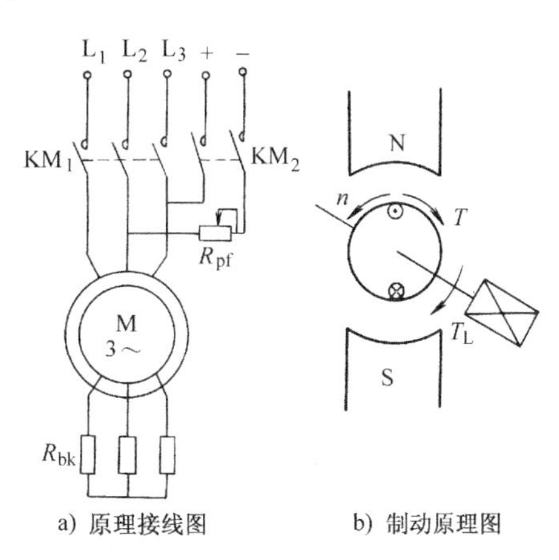

图 5-30　三相异步电动机能耗制动

制动瞬间，流过定子绕组的直流电流在空间产生一静止的磁场，但由于系统机械惯性很大，转子仍继续沿原方向转动，这样在转子导体中就会产生感应电动势和感应电流，根据右手定则可判断其方向如图 5-30b 所示，根据左手定则可判断具有电流的转子导体在磁场中受到的电磁转矩方向与电动机转向相反，为一制动转矩。对于反抗性恒转矩负载（如摩擦转矩），系统很快减速直到停转。制动过程中，由于系统将转子动能转化为电能消耗在转子回路电阻上，动能耗尽，系统停车，故称能耗制动。由于制动瞬间转子相对于静止磁场的运动速度很大，因此转子绕组电流很大，定子绕组电流也很大，为限制制动瞬间过大的制动电流和增大制动转矩，通常在转子回路中串一限流电阻 R_{bk}。

这种制动方法制动平稳，能准确快速地使反抗性负载停车，且只吸取少量的直流励磁电能，制动经济。

（2）反接制动

1）电源反接制动。这种制动是将三相异步电动机定子绕组中任意两相电源进线对调，同时在转子回路串一制动电阻，制动原理如图 5-31 所示。

反接制动瞬间，旋转磁场的转向立即改变，但由于系统的机械惯性很大，电动机的转速和转向来不及改变，根据右手定则可判断转子绕组的感应电动势和感应电流方向如图 5-31 所示，根据左手定则可判断具有电流的转子导体在磁场中受到的电磁转矩方向与转子转向相反，为一制动的电磁转矩，结果电动机转速很快下降为零。对于反抗性恒转矩负载，若需要停车，当转速制动到零时必须立即切断电源，否则电动机有可能反转。为限制绕组过大的制动电流和增大制动转矩，应在转子回路中串入限流电阻 R_{bk}。

这种制动方法比能耗制动更加强烈，制动更快，适用于使反抗性负载快速停车或反转。

其缺点是制动过程既要从电源吸取电能，又要把转子动能转化为电能，因此能耗大，经济性差。

2）倒拉反接制动。这种制动方法是定子接线不变，在转子回路串入一足够大的电阻，使 $s_m \gg 1$，制动原理如图5-32所示。

假如电动机正在匀速提升重物（正转），制动瞬间，电枢回路已串入了电阻，由于机械惯性电动机转速来不及变化，转子的感应电动势不变，因此转子电流减小，电磁转矩 T 减小，使电磁转矩 T 小于负载转矩 T_L，转速开始减小，同时电磁转矩增大。当转速减到零时，由于重物的重力作用所产生的负载转矩 T_L 仍大于电磁转矩 T，因此电动机就由重物倒拉着反转起来，此时电磁转矩方向与转速方向相反，电动机进入倒拉反接制动状态，当电磁转矩增大到与负载转矩相等时，电动机就匀速反转，即匀速下放重物。

这种制动方法适用于低速下放重物，安全性好，但能耗大，经济性差。

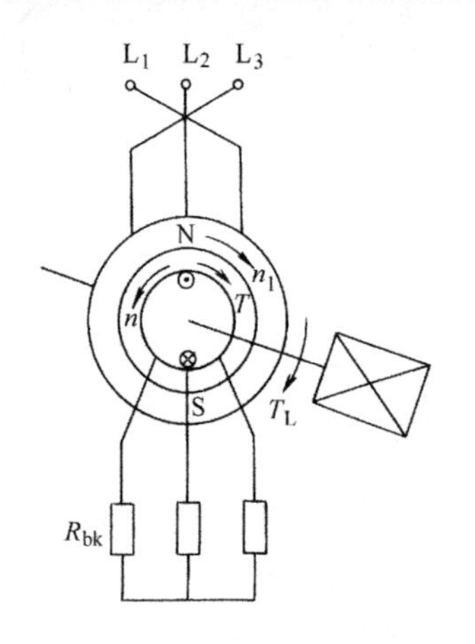

图5-31 三相异步电动机电源反接制动原理图

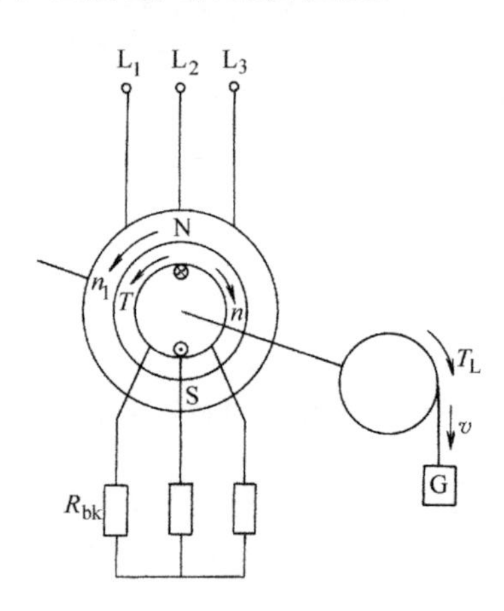

图5-32 三相异步电动机倒拉反接制动

第三节 单相异步电动机

由单相电源供电的异步电动机称为单相异步电动机，它结构简单、成本低廉、运行可靠，并可直接在单相220V交流电源上使用，因而广泛应用于办公场所、家用电器、电动工具、医疗器械等方面。

单相异步电动机与同容量的三相异步电动机相比，其体积较大，效率低，运行性能差，过载能力小，因此单相异步电动机多数是小型的，其容量一般不超过0.6kW。

一、基本结构和工作原理

1. 基本结构

单相异步电动机与三相异步电动机结构相似，它也由定子和转子两部分组成，定子铁心内嵌放单相或两相定子绕组，而转子通常只采用普通的笼型转子。其结构如图5-33所示。

2. 工作原理

若单相异步电动机的定子绕组是单相绕组，则在接通电源后，单相正弦交流电流通过单相绕组只能产生脉振磁场，而不是旋转磁场；如果单相异步电动机的转子原来是静止不动的，则在脉振磁场中，转子是不会转动的。此时，若用外力拨动转子，转子就会顺着拨动方向转动起来。这是因为脉振磁场可以分解成两个幅值相等、转速相同、转向相反的旋转磁场，即正向旋转磁场和反向旋转磁场。当转子静止时，两个旋转磁场所产生的正向电磁转矩和反向电磁转矩大小相等、方向相反，因而转子不会转动。当拨动转子正向旋转时，由于正向电磁转矩大于反向电磁转矩，这样转子就会沿着拨动方向（正向）转动起来。由此看来，要使单相单绕组异步电动机能够自行起动，具备实用价值，必须解决起动问题。

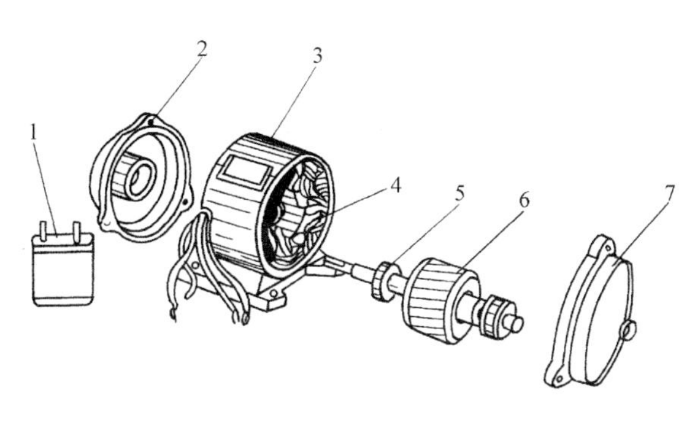

图 5-33 单相异步电动机结构

1—电容器 2—端盖 3—机座

4—定子绕组 5—轴承 6—转子 7—端盖

二、单相异步电动机的类型和起动方法

单相单绕组异步电动机不能自行起动，要使单相异步电动机像三相异步电动机那样能够自行起动，就必须在起动时建立一个旋转磁场，常用的方法是采取分相式和罩极式。

1. 分相式单相异步电动机

其特点是定子上除了装有单相主绕组外，通常还安装了一个起动绕组，起动绕组在空间上与主绕组相差90°电角度。这样，在同一单相电源供电的情况下，若起动绕组和主绕组流过的电流在时间上相差一定电角度的话，也会在定子气隙内形成一个旋转磁场。根据这一原理，便有了电容分相、电阻分相等分相式异步电动机。

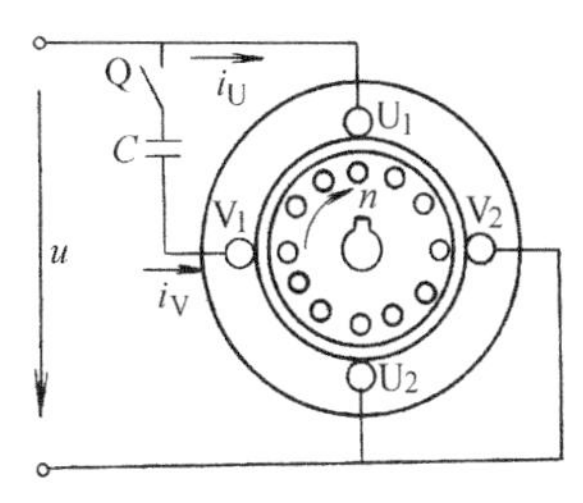

图 5-34 电容分相单相异步电动机

（1）电容分相单相异步电动机 如图 5-34 所示为电容分相单相异步电动机的原理图。适当选择电容器 C 的容量，使起动绕组流过的电流 i_V 与主绕组流过的电流 i_U 在时间上相差 90°。此时，在定子内圆便产生一圆形旋转磁场，其原理如图 5-35 所示。转子在该旋转磁场的作用下，获得较大的起动转矩，从而转动起来。

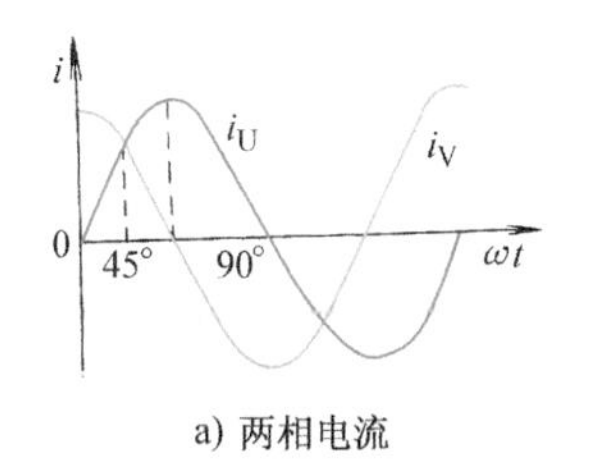

a) 两相电流

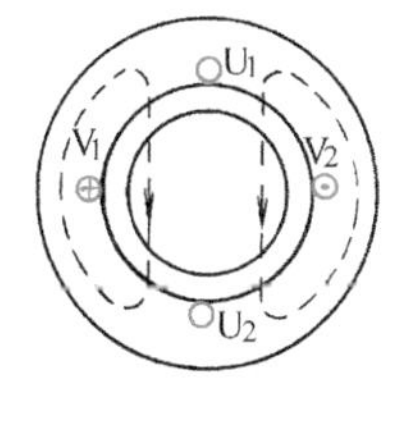

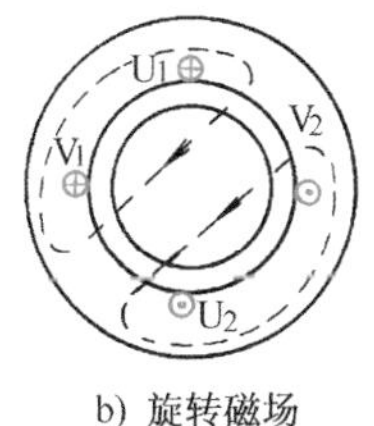

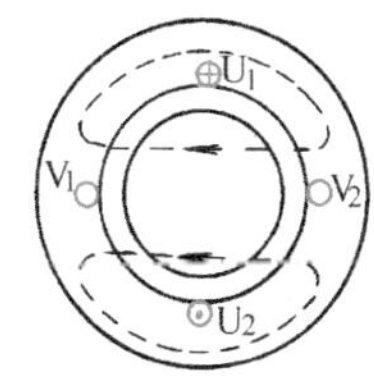

b) 旋转磁场

图 5-35 单相异步电动机旋转磁场

需要说明的是，在起动前，若起动绕组断开，则电动机不能起动。但在起动后，若把起

动绕组去掉，电动机仍能继续转动。故在有些单相异步电动机内常装一离心开关，以便在它转动后，能把起动绕组电路自动断开，这样起动绕组不参与运行，这种电动机称为电容起动单相异步电动机。若起动绕组参与运行，则为电容运转单相异步电动机。两者相比，电容起动单相异步电动机的起动电流较小、起动转矩较大，因此它适用于水泵、磨粉机等满载起动的机械中。电容运转单相异步电动机起动转矩较小、起动电流较大，但具有较好的运行特性，其功率因数、效率和过载能力都较高，因此300mm以上电风扇、空调器压缩机的电动机均采用这种电容运转电动机。

（2）电阻分相单相异步电动机　将图5-34中的电容 C 换成电阻 R 即可构成电阻分相单相异步电动机。这种电动机的特点是：起动绕组的导线较细，主绕组的导线较粗，这样起动绕组的电阻就比主绕组的电阻大，使得二者流过的电流有一定的相位差，一般小于90°，从而在定子内圆产生一椭圆形的旋转磁场，使转子获得起动转矩而起动。这种电动机的起动转矩不大，适应于空载起动。家用电冰箱中压缩机的拖动常用这种电动机，因此当电冰箱在工作中突然断电时，不能马上恢复供电，否则有可能烧坏电动机，必须经过几分钟，让压缩机压力下降，使电动机处于轻载状态，才能重新通电起动电动机。

2. 罩极式单相异步电动机

按照磁极形式的不同分为凸极式和隐极式两种，其中凸极式结构最为常见，如图5-36所示，每个定子磁极上装有一个主绕组，每个磁极极靴的1/3～1/4处开有一个小槽，槽中嵌入一个短路铜环。

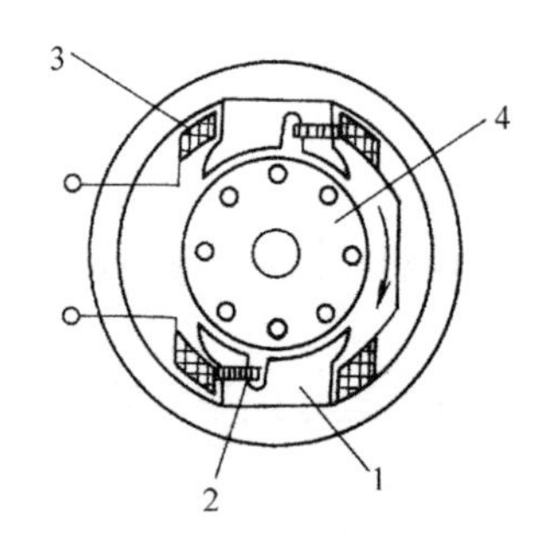

图5-36　单相凸极式罩极异步电动机结构示意图
1—凸极式铁心　2—短路环
3—定子绕组　4—转子

当罩极式电动机的定子单相绕组通入单相交流电时，将产生一脉振磁场，其磁通的一部分穿过磁极的未罩部分，另一部分穿过短路环通过磁极的罩住部分。由于短路环的作用，当穿过短路环中的磁通发生变化时，短路环中必然产生感应电动势和感应电流，根据楞次定律，该电流的作用总是阻碍磁通的变化，这就使得穿过短路环部分的磁通滞后于穿过磁极未罩部分的磁通，造成磁场的中心线发生移动，如图5-37所示。于是在

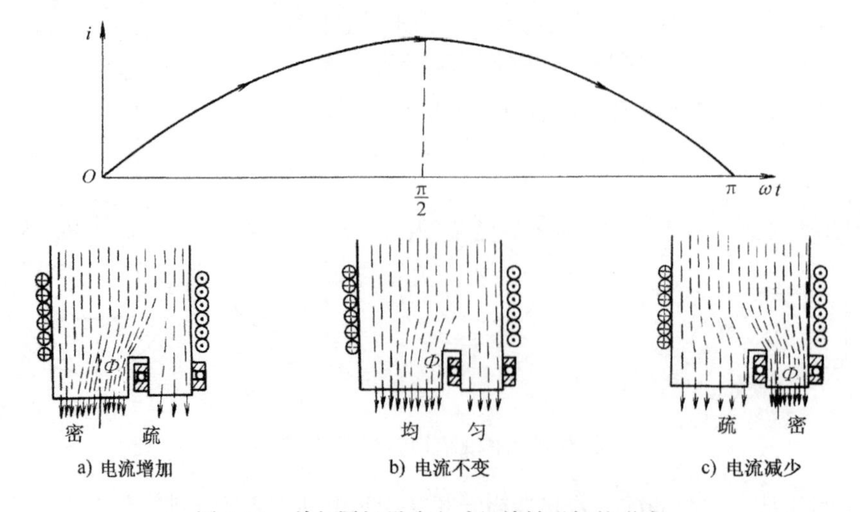

图5-37　单相罩极异步电动机旋转磁场的形成

电动机内部就产生了一个移动的磁场，类似一个椭圆度很大的磁场，因此电动机就会产生一定的起动转矩而旋转起来。由图 5-37 中可看出，磁场中心线总是从磁极的未罩部分转向磁极的被罩部分，所以罩极电动机的转向总是从磁极的未罩部分转向磁极的被罩部分，即转向不能改变。

罩极式单相异步电动机的主要优点是结构简单、制造方便、成本低、维护方便，但起动性能和运行性能较差，主要用于小功率电动机的空载起动，如 250mm 以下的台式电风扇。

与单相异步电动机类似，三相异步电动机在起动前，若定子某相绕组断开，则电动机不能起动。但在运行过程中，若某一相断开，则电动机仍将继续旋转。由于电动机的负载未变，因此电动机取用的电功率也几乎不变，这样，其他两相绕组中的电流将剧增，以致引起电动机过热而损坏。由此可见，在实际工作中必须特别注意三相异步电动机在运行过程中有无发生某相熔丝烧断的现象。

实验课题三 异步电动机的认识

一、实验目的

1）了解三相笼型异步电动机的结构及铭牌的意义。

2）学会三相笼型异步电动机的起动和改变转向的方法。

3）了解单相异步电动机的起动原理和起动方法。

二、预习要求

1）熟悉实验内容及要求。

2）起动电流是额定电流的 4 ~7 倍。根据三相笼型异步电动机的铭牌参数，估算起动电流 I，以便实验时，能正确选用电流表的量程。

3）复习三相笼型异步电动机的起动方法。

4）任意调换两根电源线即可改变电动机的转向。

三、实验设备

实验设备清单见表 5-2。

表 5-2 实验设备清单

序 号	名 称	型号与规格	数 量	备 注
1	三相笼型异步电动机	4kW 以下,三角形联结	1	或自定
2	三相自耦变压器		1	
3	交流电压表	500V	1	
4	交流电流表		1	或自定
5	单相异步电动机		1	电容分相式
6	三相双掷开关		1	

四、实验内容

任务1 观察三相异步电动机

观察三相异步电动机的结构及铭牌，记录其数据。

任务2 三相异步电动机直接起动

根据三相笼型异步电动机的铭牌数据，确定电动机绕组应加的电源电压及采取的连接方式（三角形联结），按图5-38连接电路，图中，$U_1V_1W_1$ 和 $U_2V_2W_2$ 分别为三相异步电动机三相绕组的首、末端接线端子。选好电流表的量程，合上电源开关Q，在合上开关的一瞬间，观察电流表的最大读数，此值即为起动电流。待电动机运行平稳后，测量电动机的线电流。

任务3 三相异步电动机减压起动

（1）自耦变压器减压起动 按图5-39连接电路，将三相自耦变压器二次侧输出电压调到零，合上电源开关Q，逐渐调高三相自耦变压器二次侧输出电压，待电动机的输入电压达到额定值时，测量电动机的额定电流。

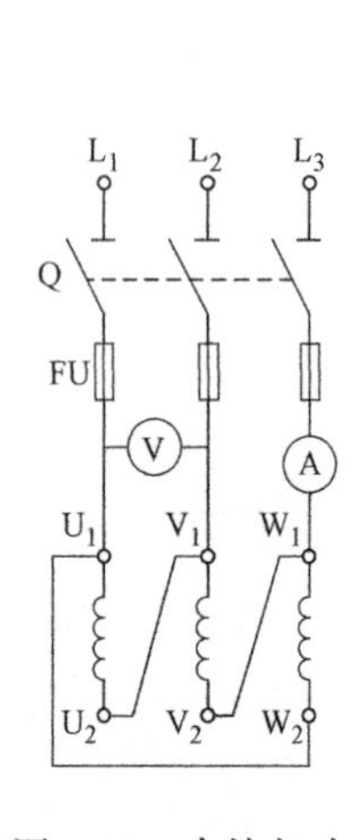

图5-38 直接起动

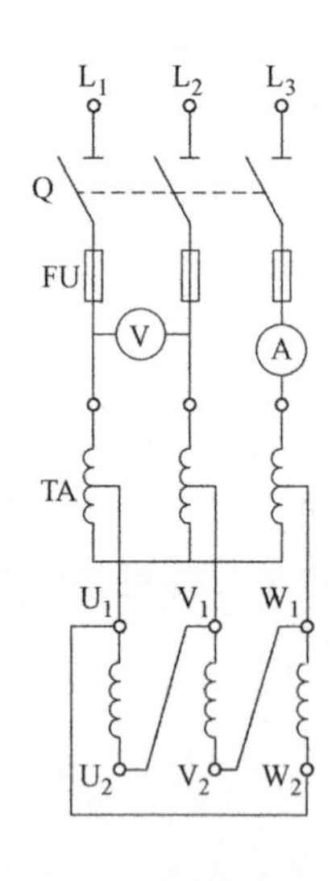

图5-39 自耦变压器减压起动

（2）Y/△起动 按图5-40连接电路。起动时，先将电源电压调至异步电动机的额定电压，合上开关 Q_1，再将三相双掷开关 Q_2 掷向下方，异步电动机以Y型减压起动，观察电压表和电流表，与直接起动进行比较。当转速达到或接近额定转速后，再将 Q_2 掷向上方做△运行。

任务4 三相异步电动机正反转运行

按图5-41连接电路，三相双掷开关 Q_2 掷向上方或下方，三相异步电动机的转向相反。

注意操作 Q_2 时，电动机应处于停止状态。

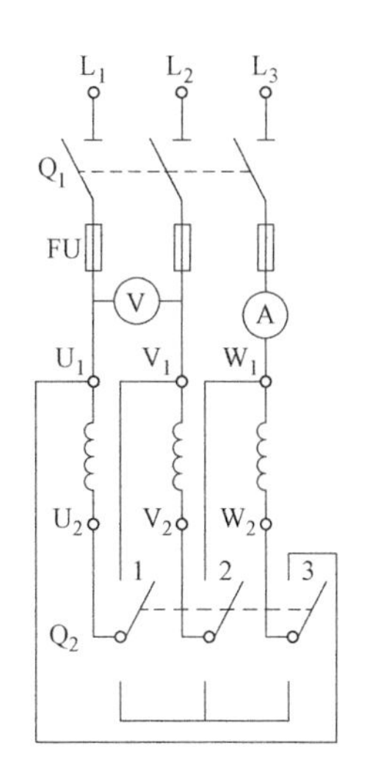

图 5-40　Y/△起动

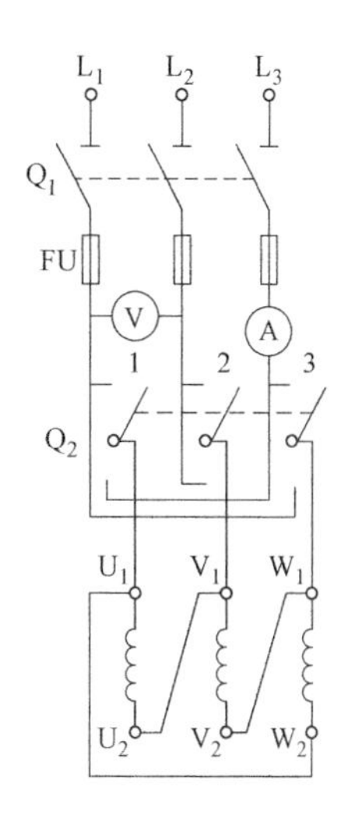

图 5-41　正反转控制

任务 5　单相异步电动机的起动

按图 5-42 连接电路，图中 1、2 端之间的绕组是起动绕组，3、2 端之间的绕组是运行绕组，C 是分相电容。

1）闭合开关 Q，接通电源，单相异步电动机即可正常起动。起动后，若断开开关 Q，观察电动机的工作状态，将结果记入表 5-3 中。

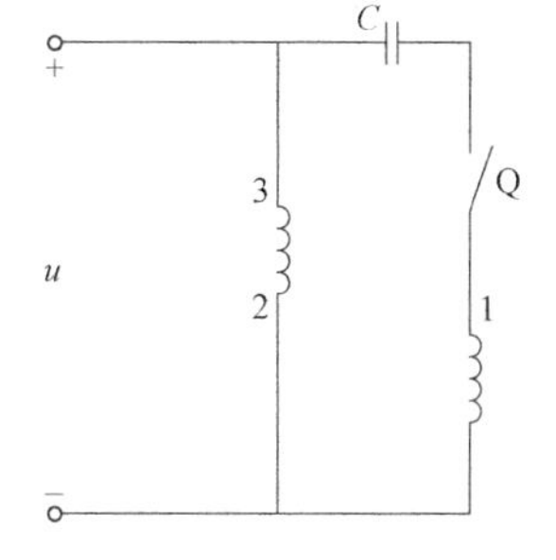

图 5-42　单相异步电动机的起动

2）在电动机停止状态下，不闭合开关 Q，接通电源，观察电动机的工作状态，将结果记入表 5-3 中。若电动机没有起动，你可将电动机的转轴轻轻转动一下，给电动机任意方向的转矩，观察电动机的工作状态，将结果记入表 5-3 中。

表 5-3　单相异步电动机的工作状态

开关 Q 的状态	闭合		未闭合	
	一直闭合	闭合后断开	未加外力	施加外力
电动机的工作状态				

五、注意事项

1）测量电动机的起动电流时，所选电流表的量程应稍大于电动机额定电流的 7 倍，切不可按额定电流选量程。

2）电动机的额定电压通常指线电压，但有些电机厂商标注的是每相绕组的额定电压，实验时一定要详细观察铭牌数据。

边学边练六 步进电动机的认识

读一读1 步进电动机简介

步进电动机是一种把电脉冲信号转换成角位移或直线位移的控制电机，其特点是：每输入一个脉冲，步进电动机就前进一步，这样角位移或线位移与输入脉冲数成正比，转速与脉冲频率成正比。因此步进电动机又称脉冲电动机。

步进电动机是用电脉冲信号控制的执行元件，除用于各种数控机床外，在平面绘图机、自动记录仪表、航空系统等装置中也得到广泛应用。

读一读2 步进电动机的结构

步进电动机的结构形式和分类方法很多，一般按励磁方式分为反应式和永磁式两种；按相数可分为单相、两相、三相和多相等。应用最为广泛的是三相反应式步进电动机。

图5-43为较常见的一种小步距角三相反应式步进电动机断面接线图，其定、转子铁心均用硅钢片叠成，定子上有6个磁极（即三对极），每一对极上绕有一相绕组，三相绕组联成星形作为控制绕组。转子铁心上没有绕组，但开有齿槽，其齿距、齿宽分别与定子磁极上的齿距、齿宽相等，且转子齿数有一定要求，不能随便取值。

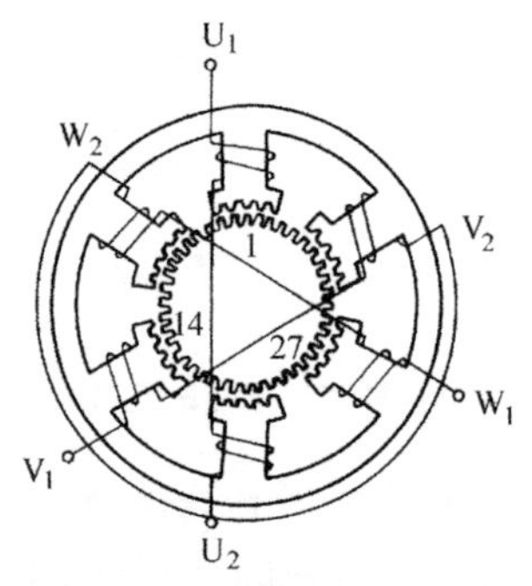

图5-43 小步距角三相反应式步进电动机断面接线图

读一读3 步进电动机的工作原理

（1）三相单三拍运行 如图5-44所示，当U相绕组单独通电时，由于磁通总是沿磁阻最小的路径闭合，于是转子将受到磁阻转矩的作用使转子齿1、3与U相磁极轴线对齐；当V相绕组单独通电时，由于同样的原因，将使转子齿2、4与V相磁极轴线对齐，此时转子逆时针转过30°。同理，当W相绕组单独通电时，转子又逆时针转过30°。由此可见：若控制绕组按U→V→W→U…的顺序通电，则转子就逆时针一步步转动，且每步转过30°，这个角度称为步距角，用θ表示；如若控制绕组按U→W→V→U…的顺序通电，则转子就顺时针一步步转动。

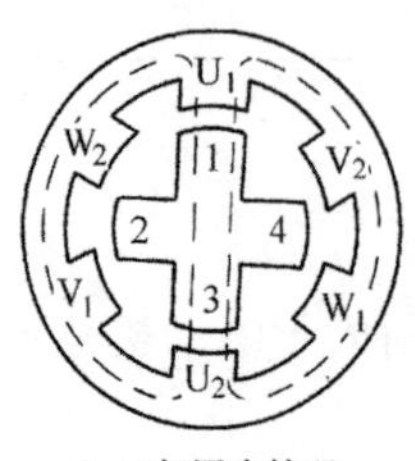

a) U相通电情况

b) V相通电情况

c) W相通电情况

图5-44 三相磁阻式步进电动机三相单三拍运行原理图

通常把这种通电方式称为“三相单三拍运行”。“三相”是指定子绕组为三相控制绕组，“单”是指每次只有一相通电；“三拍”是指每换接三次完成一个循环。实际应用中，这种运行方式很少采用，因为这种运行方式每次只有一相绕组通电，使转子在平衡位置附近来回摆动，运行不稳定。

（2）三相双三拍运行　即按 UV→VW→WU→UV…顺序通电，每次有两相绕组同时通电。运行情况与三相单三拍相同，步距角不变，仍为 30°。

（3）三相六拍运行　当通电顺序为 U→UV→V→VW→W→WU→U…时，即每一循环共六拍，此时步距角将发生变化，如图 5-45 所示，当 U 相单独通电时，转子齿 1、3 与 U 相磁极轴线对齐；当 UV 两相同时通电时，转子齿 1、2 间的槽轴线与 W 相磁极轴线对齐，即转子逆时针转过 15°；当 V 相单独通电时，转子齿 2、4 与 V 相极轴线对齐，转子又逆时针转过 15°，可见三相六拍的步距角为 15°。

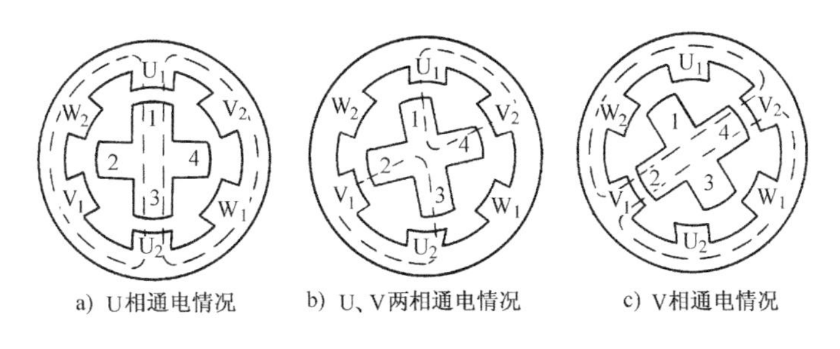

a）U相通电情况　b）U、V两相通电情况　c）V相通电情况

图 5-45　三相磁阻式步进电动机三相六拍运行原理图

双三拍和六拍通电方式，在切换过程中，总有一相绕组处于通电状态，转子磁极受其磁场的控制，因此不易失步，运行也较平稳，在实际中应用较为广泛。

由以上分析可知，步距角 θ 的大小由转子齿数 Z_r、控制绕组相数 m 和通电方式所决定，即

$$\theta = \frac{360°}{mZ_rC} \tag{5-18}$$

式中，C 是通电状态系数，若为单拍或双拍，则 $C=1$；若为单、双拍交替，则 $C=2$。

若步进电动机通电的脉冲频率为 f（每秒的拍数或每秒的步数），则步进电动机的转速为

$$n = \frac{60f}{mZ_rC} \tag{5-19}$$

上述这种结构的步进电动机的步距角较大，往往不能满足传动设备的精度要求。由式（5-19）可知，增加控制绕组的相数或转子齿数，可减小步距角，但相数一般最多只增加到六相，因此常采用增加转子齿数来减小步距角。

读一读 4　步进电动机的参数及应用

步进电动机的参数较多，主要有：相数 m、转子齿数步 Z_r、步距角 θ、起动频率（即在一定条件下，能够不失步地起动的最高脉冲频率）、连续运行频率（即 连续运行时，能够不失步运行的最高脉冲频率）等。

数控机床具有通用性、灵活性及高度自动化的特点，主要适用于加工零件精度要求高、形状比较复杂的生产中。它的工作过程是，首先应按照零件加工的要求和加工的工序，编制加工程序，并将该程序送入微型计算机中，计算机根据程序中的数据和指令进行计算和控制；然后根据所得的结果向各个方向的步进电动机发出相应的控制脉冲信号，使步进电动机带动工作机构按加工的要求依次完成各种动作，如转速变化、正反转、起停等。这样就能自动地加工出程序所要求的零件。图5-46为数控机床框图。

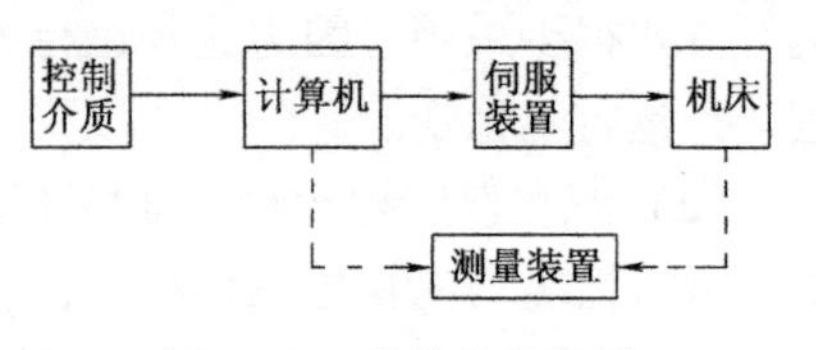

图5-46 数控机床框图

议一议 步进电动机输入电脉冲信号后，为什么能够转动？
又如何改变其转动方向的？
步进电动机在数控机床中是如何应用的？

练一练

任务1 认识步进电动机的结构

拆开一台步进电动机，观察其与三相异步电动机在结构上有何不同。然后再按原样装配好，以备用。

任务2 让步进电动机动起来

1）将步进电动机控制绕组按U-V-W-U的通电顺序通电，观察其转动方向。

2）将步进电动机控制绕组轮流通电的顺序由U-V-W-U改变为U-W-V-U，观察其转动方向是否发生变化？

本章小结

（1）直流电动机是利用电和磁相互作用产生电磁转矩来工作的，按励磁方式可分为他励、并励、串励和复励，并励和串励电动机应用较广。

（2）电动机的机械特性是指电动机的转速与电磁转矩之间的关系，即

$$n = \frac{U}{C_e\Phi} - \frac{R_a + R_{pa}}{C_e C_T \Phi^2}T$$

（3）他励直流电动机通常采用全压起动、电枢回路串电阻起动、减压起动。

（4）他励直流电动机的调速方法有电枢回路串电阻调速、降压调速、弱磁调速。

（5）三相异步电动机的定子绕组流过三相对称交流电流时，会产生一旋转磁场，旋转

磁场以同步转速 n_1 切割转子导体，使其产生感应电流。转子电流与旋转磁场相互作用又产生电磁转矩，使转子沿旋转磁场的旋转方向而转动，其转速 n 小于同步转速 n_1，即存在转差 n_1-n，转差率 $s=\frac{n_1-n}{n_1}$。

（6）调换三相异步电动机定子绕组任意两相的电源进线，可改变其旋转方向。

（7）三相异步电动机的转矩特性曲线 $T=f(s)$ 与机械特性曲线 $n=f(T)$ 的物理本质是一样的。电动机一般工作在机械特性的稳定运行区，即 $n_m<n<n_0$ 的区域。

（8）三相笼型异步电动机可采用全压起动、减压起动；三相绕线式异步电动机可采用转子回路串电阻起动、转子回路串频敏变阻器起动。

（9）三相异步电动机的调速方法有变极调速、变频调速及改变转差率 s 调速，其电气制动方法主要有能耗制动和反接制动。

（10）常用的单相异步电动机有电容分相式和电阻分相式异步电动机。

（11）电动机的铭牌是正确选用电动机的参考依据。

（12）步进电动机作为执行元件，主要应用于自动控制系统中。

思考题与习题

一、填空题

5-1　直流电动机是将（　　　　）能转换成（　　　　）能的一种电磁装置。其工作原理是基于(　　　　)定律。

5-2　他励直流电动机的起动方法有（　　　　）、（　　　　）和（　　　　）。使电动机反转的方法有两种，一是（　　　　　　），二是（　　　　　　）。

5-3　三相异步电动机的转速公式为（　　　　）。由此可知电动机的调速方法有（　　　　）、（　　　　）和（　　　　）三种类型。

5-4　单相单绕组异步电动机（　　　）自起动。分相式单相异步电动机主要有（　　　）和（　　　）类型。

5-5　步进电动机是一种把（　　　　）转换成（　　　　）的电动机。其转速与(　　　　)成正比。

二、单项选择题

5-6　他励直流电动机采用（　　）方法可将转速调高。

a）电枢回路串电阻调速　　b）降压调速　　c）弱磁调速

5-7　他励直流电动机起动时，若未加励磁电压，电动机将（　　）。

a）不能起动　　b）不能起动且可能烧坏　　c）转速趋于无穷大，直至损坏

5-8　三相异步电动机的（　　）方法为有级调速。

a）变极调速　　b）变频调速　　c）改变定子电压调速

5-9　三相异步电动机的（　　）制动方法是将定子绕组从三相电源断开后，立即加上直流励磁电源。

a）能耗　　b）反接　　c）回馈

5-10　一转子齿数为 80 的三相磁阻式步进电动机，采用三相单三拍运行时，其步距角

为（　　）。

a）3°　　　　b）1.5°　　　　c）30°

三、综合题

5-11　一台直流电动机的额定功率为 $P_N = 15\text{kW}$，额定电压为 $U_N = 220\text{V}$，额定转速为 $n_N = 1500\text{r/min}$，额定效率 $\eta_N = 85\%$，求它在额定负载时的输入功率及额定电流。

5-12　试述三相异步电动机的旋转原理，并解释“异步”的含义。

5-13　一台 Y160M-2 三相异步电动机的额定转速 $n_N = 2930\text{r/min}$，$f_1 = 50\text{Hz}$，求转差率 s。

5-14　Y100L-4 三相异步电动机，已知额定输出功率 $P_N = 2.2\text{kW}$，额定电压 $U_N = 380\text{V}$，额定转速 $n_N = 1420\text{r/min}$，功率因数 $\lambda = \cos\varphi_1 = 0.82$，效率 $\eta = 81\%$，$f_1 = 50\text{Hz}$，试计算额定电流 I_N、额定转差率 s_N 和额定转矩 T_N。

5-15　Y200L-4 三相异步电动机，已知额定功率 $P_N = 30\text{kW}$，额定电压 $U_N = 380\text{V}$，额定电流 $I_N = 56.8\text{A}$，效率 $\eta = 92.2\%$，额定转速 $n_N = 1470\text{r/min}$，$f_1 = 50\text{Hz}$，试求电动机的额定功率因数、额定转矩和额定转差率。

5-16　某台三相笼型异步电动机，已知额定功率 $P_N = 20\text{kW}$，额定转速 $n_N = 970\text{r/min}$，过载能力 $\lambda_m = 2.0$，起动转矩倍数 $K_{st} = 1.8$，试求该电动机的额定转矩 T_N、最大转矩 T_m 和起动转矩 T_{st}。

5-17　一台4极三相异步电动机额定功率 $P_N = 5.5\text{kW}$，额定转速 $n_N = 1440\text{r/min}$，$K_{st} = 1.8$，起动时拖动的负载转矩 $T_L = 50\text{N}\cdot\text{m}$，求：

（1）在额定电压下该电动机能否正常起动？

（2）当电网电压降为额定电压的80%时，该电动机能否正常起动？

下篇

第六章 常用半导体器件及应用

学习目标

通过本章的学习，你应达到：

(1) 理解半导体二极管的结构，掌握二极管的应用。

(2) 理解晶体管的放大作用，理解静态工作点的概念。

(3) 了解晶体管基本放大电路电压放大倍数、输入电阻和输出电阻的概念。

(4) 了解多级放大器的组成。

半导体器件是现代应用电子学的基础，其中使用最广泛的是半导体二极管、晶体管与场效应晶体管等。

第一节 半导体二极管及应用

半导体是指导电能力介于导体和绝缘体之间的物质，常用的半导体有硅和锗等。

半导体的导电能力与许多因素有关，其中温度、光及杂质等因素对半导体的导电能力有较大影响，因而它具有热敏特性、光敏特性和掺杂特性。利用这些特性可以制成各种不同用途的半导体器件，如热敏电阻、光敏二极管和光敏晶体管、半导体二极管、晶体管、场效应晶体管和晶闸管等。

一、PN 结的形成及其单向导电性

1. PN 结的形成

杂质半导体是在纯净半导体（又叫本征半导体）掺入了微量元素。杂质半导体分为 N 型半导体（掺入五价元素）和 P 型半导体（掺入三价元素）。半导体中参与导电的载流子有空穴和自由电子，N 型半导体主要是利用自由电子（多数载流子，简称多子）导电，其中的空穴是少数载流子，简称少子。P 型半导体主要是利用空穴（多子）导电，而自由电子是少子。N 型或 P 型半导体的导电能力虽然很高，但并不能直接用来制造半导体器件。

PN 结是构成各种半导体的基础。PN 结是采用特定的制造工艺，使一块半导体的两边分别形成 P 型半导体和 N 型半导体，它们的交界面就形成了 PN 结。

2. PN结的单向导电性

PN结上不加电压时，载流子的运动处于动态平衡。多子形成的扩散电流与少子形成的漂移电流大小相等，方向相反。通过PN结的电流为零，如图6-1a所示。

若将P区接电源正极，N区接电源负极，即在PN结上加正向电压使其正向偏置时，外加电场方向与PN结的内电场方向相反，如图6-1b所示，而使空间电荷区变薄，多子的扩散运动加强，形成较大的正向电流I_F，此时PN结处于正向导通状态，导通时，外接电源不断向半导体提供电荷以维持电流稳定。

若将P区接电源负极，N区接电源正极，即在PN结上加反向电压使其反向偏置时，外加电场方向与PN结的内电场方向相同，如图6-1c所示，而使空间电荷区变厚，多子的扩散运动受到抑制，少子的漂移运动加强，而形成较大的反向电流I_R，由于常温下少子的浓度很低，所以反向电流很小，此时PN结处于反向截止状态，呈高电阻特性。

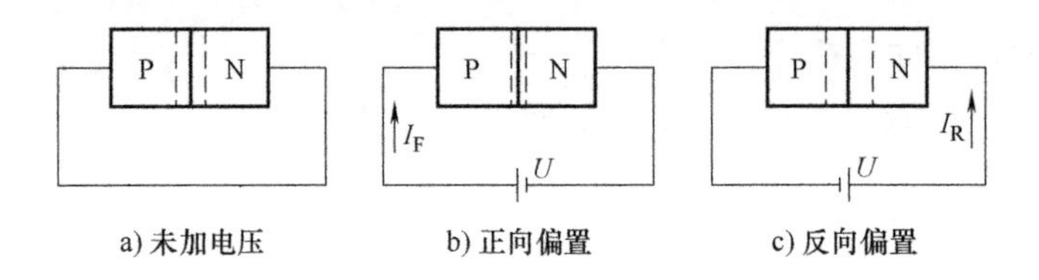

a) 未加电压　b) 正向偏置　c) 反向偏置

图6-1　PN结的单向导电性

由此可见，PN结正向偏置时处于导通状态，呈低电阻特性；PN结反向偏置时处于截止状态，呈高电阻特性。这种单向导电特性是PN结的基本特性。

二极管的测量

二、二极管的结构和符号

将PN结的两个区，即P区和N区分别加上相应的电极引线引出，并用管壳将PN结封装起来就构成了半导体二极管，其结构与图形符号如图6-2所示，常见外形如图6-3所示。从P区引出的电极为阳极（或正极），从N区引出的电极为阴极（或负极），并分别用A、K表示。

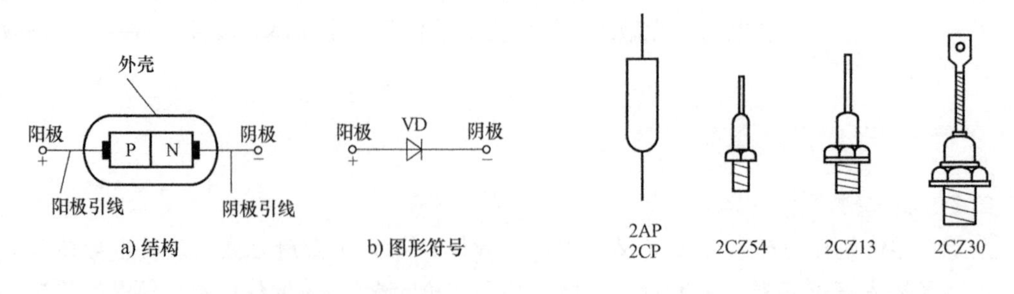

a) 结构　b) 图形符号

图6-2　二极管的结构与图形符号　　图6-3　二极管的常见外形

三、二极管的伏安特性

二极管的主要特性是单向导电性，其伏安特性曲线如图6-4所示（以正极到负极为参考方向）。

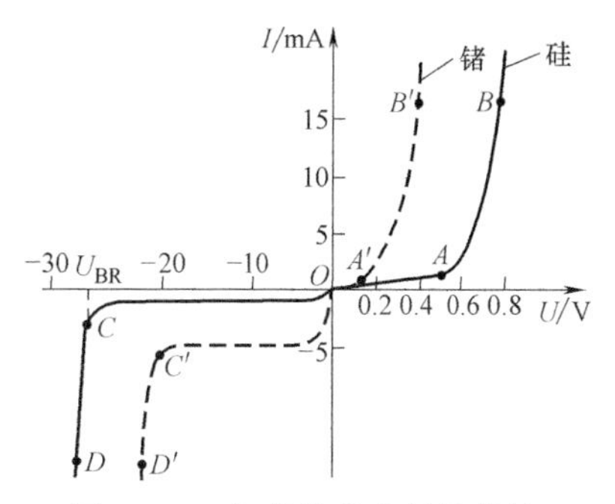

图6-4 二极管的伏安特性曲线

1. 正向特性

1）外加正向电压很小时，二极管呈现较大的电阻，几乎没有正向电流通过。曲线 OA 段（或 OA'段）称作死区，A 点（或 A'点）的电压称为死区电压，硅管的死区电压一般为0.5V，锗管则约为0.1V。

2）二极管的正向电压大于死区电压后，二极管呈现很小的电阻，有较大的正向电流流过，此时二极管处于导通状态，如曲线 AB 段（或 $A'B'$段）所示，此段称为导通区。从图中可以看出：硅管电流上升曲线比锗管更陡。二极管导通后的电压为导通电压，硅管一般为0.7V，锗管约为0.3V。

2. 反向特性

1）当二极管承受反向电压时，其反向电阻很大，此时仅有非常小的反向电流（又称为反向饱和电流或反向漏电流），如曲线 OC 段（或 OC'段）所示。实际应用中二极管的反向电流值越小越好，硅管的反向电流比锗管小得多，一般为几十微安，而锗管为几百微安。

2）当反向电压增加到一定数值时（如曲线中的 C 点或 C'点），反向电流急剧增大，这种现象称为反向击穿，此时对应的电压称为反向击穿电压，用 U_{BR}表示，曲线中 CD 段（或 $C'D'$段）称为反向击穿区。通常加在二极管上的反向电压不允许超过反向击穿电压，否则会造成二极管的损坏（稳压管除外）。

例6-1 电路如图6-5所示，设二极管为理想元件，试求输出电压 U_o。

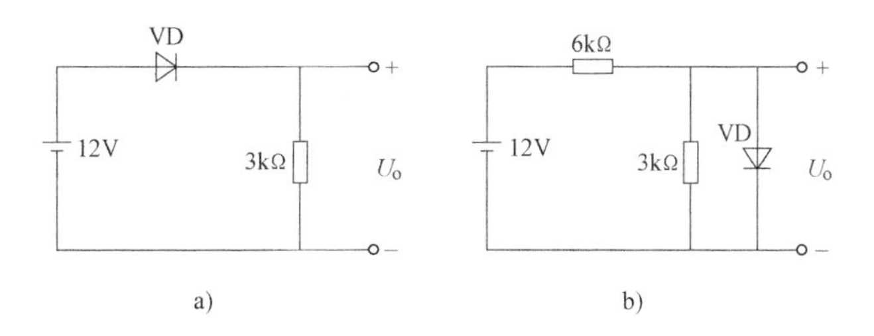

图6-5 例6-1图

解 图6-5a：分析电路时，先设二极管处于截止状态。由于3kΩ 电阻上没有电流，所以12V 电源通过3kΩ 的电阻直接加在二极管两端，使其阳极电位高于阴极电位，二极管处于正向偏置，所以二极管工作在导通状态。根据题意，二极管为理想元件，不计导通压降，故电路的输出电压为

$$U_o = 12\text{V}$$

图6-5b：分析电路时，先设二极管处于截止。由于两个电阻串联，根据分压公式，3kΩ 电阻两端分到的电压为4V，上正下负，使二极管处于正向偏置，所以二极管工作在导通状态。根据题意，二极管为理想元件，不计导通压降，故电路的输出电压为

$$U_o = 0$$

四、二极管的主要参数

（1）最大整流电流 I_{FM} 它是指二极管长期工作时所允许通过的最大正向平均电流。实

际应用时，流过二极管的平均电流不能超过这个数值，否则，将导致二极管因过热而永久损坏。

（2）最高反向工作电压 U_{RM}　指二极管工作时所允许加的最高反向电压，超过此值二极管就有被反向击穿的危险。通常手册上给出的最高反向工作电压 U_{RM} 约为击穿电压 U_{BR} 的一半。

（3）反向电流 I_R　指二极管未被击穿时的反向电流值。I_R 越小，说明二极管的单向导电性能越好。I_R 对温度很敏感，温度增加，反向电流会增加很大。

五、特殊二极管

前面讨论的二极管属于普通二极管，另外还有一些特殊用途的二极管，如稳压管、发光二极管和光敏二极管等。

1. 稳压管

稳压管是一种用特殊工艺制造的面结合型硅半导体二极管，其图形符号和外形如图6-6所示。使用时，它的阴极接外加电压的正极，阳极接外加电压的负极，管子反向偏置，工作在反向击穿状态，利用它的反向击穿特性稳定直流电压。

稳压管的伏安特性曲线如图6-7所示，其正向特性与普通二极管相同，反向特性曲线比普通二极管更陡。二极管在反向击穿状态下，流过管子的电流变化很大，而两端电压变化很小，稳压管正是利用这一点实现稳压作用的。稳压管工作时，必须接入限流电阻，才能使其流过的反向电流在 I_{zmin} ~ I_{zmax} 范围内变化。

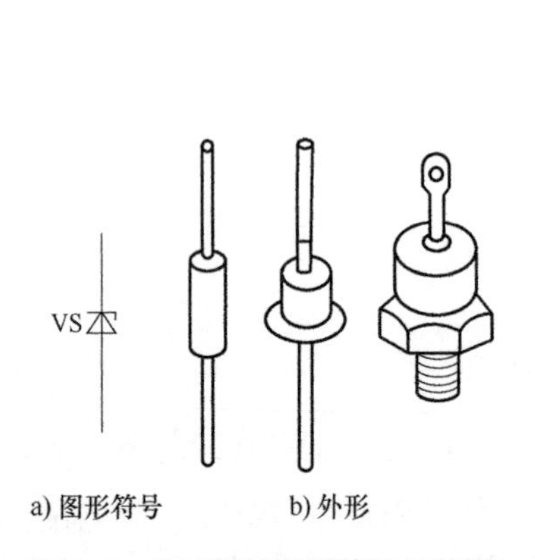

图6-6　稳压管的图形符号与外形

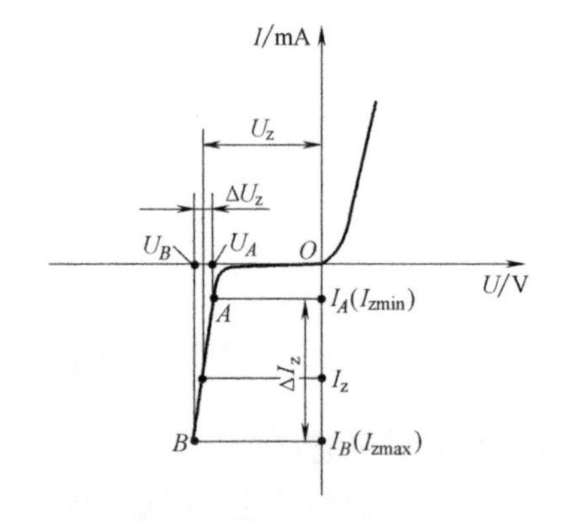

图6-7　稳压管的伏安特性

2. 发光二极管

发光二极管是一种光发射器件。发光二极管是在杂质半导体中又加入了镓（Ga）、砷（As）及磷（P）等。因此，发光二极管可以发出红、橙、黄、绿和红外光等不同颜色的光，其外形有方形、圆形等。图形符号和外形如图6-8所示。

发光二极管加正向电压时导通，正向电流较大，同时可发光。由于它的正向导通电压比普通二极管高，所以要接入相应的限流电阻，使其正常工作电流控制在几毫安至几十毫安之间。

由于发光二极管的发光强度在一定范围内与正向电流大小近似呈线性关系，所以发光二极管可做成显示器件，能把电能直接转换成光能。除单个使用外，发光二极管也常做成七段式或矩阵式，如用作微型计算机、音响设备和数控装置中的显示器等。

发光二极管一般用万用表 $R\times10\mathrm{k}(\Omega)$ 档检测，通常正向电阻为 15kΩ 左右，反向电阻为无穷大。

3. 光敏二极管

光敏二极管是一种光接收器件。光敏二极管的管壳上有一个玻璃窗口用来接受光照，当光线照射于 PN 结时，提高了半导体的导电性。因此，光敏二极管加反偏电压后，在光照作用下，将产生较大的反向电流。所以，光敏二极管工作时应加反偏电压。光敏二极管的图形符号和外形如图 6-9 所示。

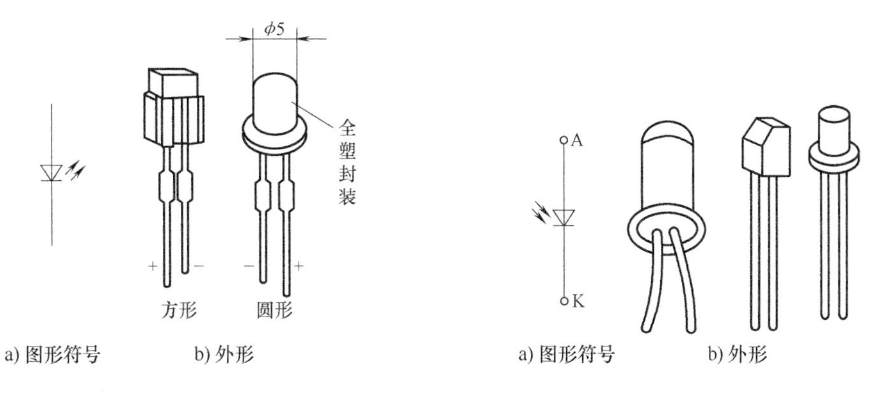

图 6-8 发光二极管的图形符号和外形　　图 6-9 光敏二极管的图形符号和外形

由于光敏二极管在反偏状态下的反向电流与照度成正比，所以光敏二极管可用于光的测量。当制成大面积光敏二极管时，能将光能直接转换成电能，称为光电池。

光敏二极管通常用万用表 $R\times1\mathrm{k}(\Omega)$ 档检测，要求无光照时反向电阻大，有光照时反向电阻小，若电阻差别小，则表明光敏二极管的质量不好。

六、二极管的应用

整流电路是利用二极管的单向导电性，将交流电变换成直流电的电路。

1. 单相半波整流电路

单相半波整流电路如图 6-10 所示。该电路由电源变压器 T、整流二极管 VD 及负载电阻 R_L 组成。

（1）整流原理　在 u_2 的正半周，$u_2>0$，其实际极性为 a 正 b 负，此时二极管正导通，电流 i_o 流过负载电阻 R_L，若忽略二极管的正向压降，负载上的电压 $u_o=u_2$，两者波形相同。在 u_2 的负半周，$u_2<0$，其实际极性为 a 负 b 正，二极管反偏截止，负载上没有电流和电压。因此 R_L 上得到的是半波整流电压和电流，其波形如图 6-11 所示。

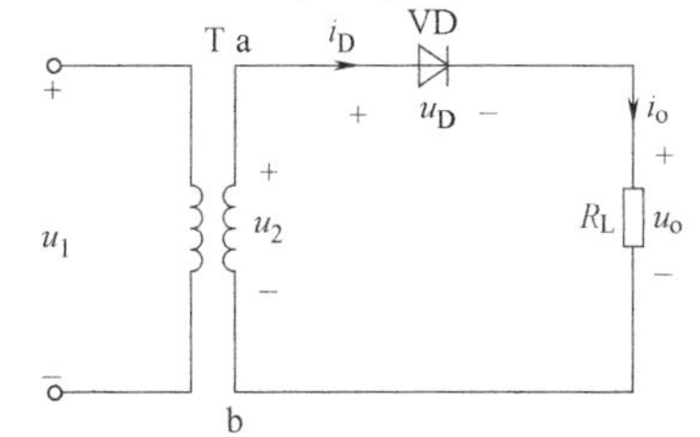

图 6-10 单相半波整流电路

（2）负载电压和电流　负载上得到的整流电压虽然方向不变，但大小是变化的，称为直流脉动电压，常用一个周期的平均值 U_o 表示它的大小。U_o 计算如下：

$$U_o = \frac{1}{2\pi}\int_0^{\pi} \sqrt{2}U_2\sin\omega t\mathrm{d}(\omega t) = \frac{\sqrt{2}}{\pi}U_2 = 0.45U_2 \tag{6-1}$$

电阻性负载的平均电流为 I_o，即

$$I_o = \frac{U_o}{R_L} = 0.45\frac{U_2}{R_L} \tag{6-2}$$

2. 单相桥式整流电路

单相半波整流的缺点是只利用了电源的半个周期，同时整流电压的脉动较大。为了克服这些缺点，常采用全波整流电路，其中最常用的是单相桥式整流电路。它是由四个二极管接成电桥的形式构成的，如图6-12所示。

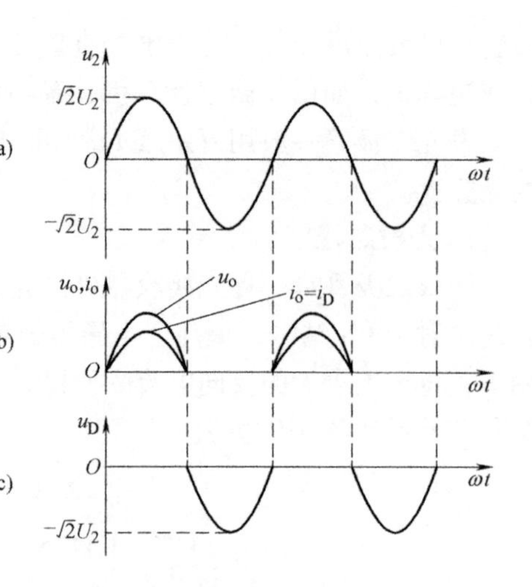

图6-11 单相半波整流波形

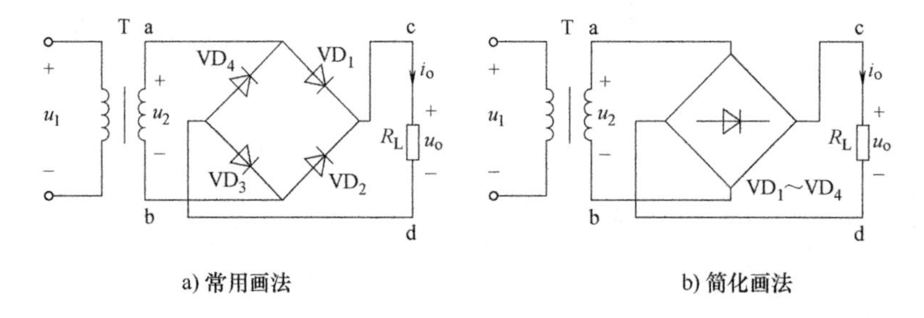

a) 常用画法　　b) 简化画法

图6-12 单相桥式整流电路

(1) 整流原理　在 u_2 的正半周，u_2 的实际极性为a正b负，二极管 VD_1 和 VD_3 正偏导通，VD_2、VD_4 反偏截止。从图6-12可知，电流流向为a→VD_1→c→R_L→d→VD_3→b，波形如图6-13b中的0～π段所示。在 u_2 的负半周，u_2 的实际极性为a负b正，二极管 VD_2、VD_4 正偏导通，VD_1、VD_3 反偏截止。从图6-12可知，电流流向为b→VD_2→c→R_L→d→VD_4→a，波形如图6-13b中的π～2π段所示。

(2) 负载电压和电流　由图6-13可知，全波整流电路的整流电压的平均值 U_o 比半波整流增加了一倍，即

$$U_o = 2\times0.45U_2 = 0.9U_2 \tag{6-3}$$

$$I_o = 0.9\frac{U_2}{R_L} \tag{6-4}$$

(3) 二极管的最高反向电压　由图6-13d可知，每个二极管的最高反向电压均为

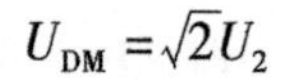

$$U_{DM} = \sqrt{2}U_2$$

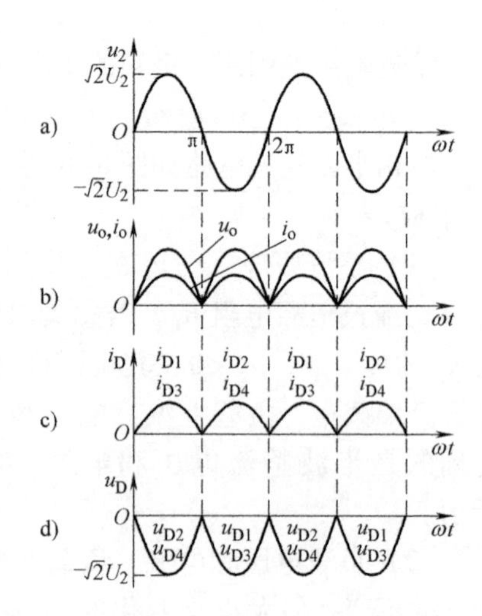

图6-13 单相桥式整流波形

3. 应用实例

红外线遥控电路如图6-14所示。当按下发射电路中的某个按钮时，编码器电路将产生相应的调制脉冲信号，并由发光二极管将电信号转换为光信号发射出去。接收电路中的光敏二极管将脉冲信号再转换为电信号，经放大、解码后，由驱动电路驱动对应的负载动作。当按下不同按钮时，编码器产生相应不同的脉冲信号，以示区别。接收电路中的解码器可以解调出这些信号，并控制负载做出不同的动作。

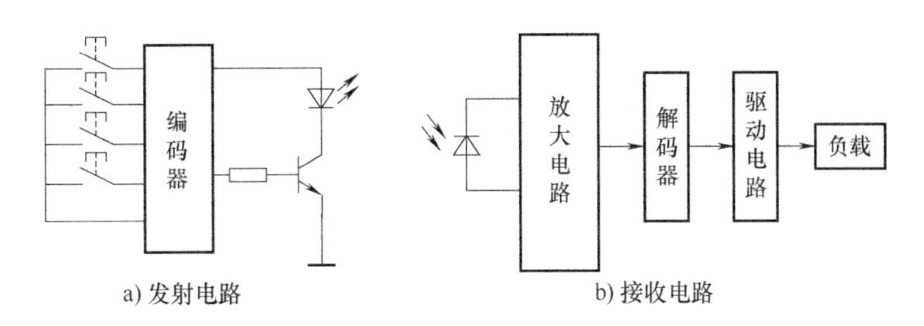

图6-14　红外线遥控电路

第二节　晶　体　管

晶体管又称双极型晶体管，它是放大电路最基本的器件之一，由它组成的放大电路广泛应用于各种电子设备中。

一、晶体管的结构、符号及外形

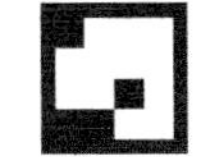

晶体管型号的判定

1. 结构和符号

晶体管的结构如图6-15a所示，它由三层半导体组合而成。按半导体的组合方式不同，可将其分为NPN型和PNP型。

无论是NPN型晶体管还是PNP型晶体管，它们内部均含有三个区：发射区、基区和集电区。从三个区各自引出一个电极，分别称为发射极（E）、基极（B）和集电极（C）；同时在三个区的两个交界处形成两个PN结，发射区与基区之间形成的PN结称为发射结，集电区与基区之间形成的PN结称为集电结，两个PN结通过掺杂浓度很低且很薄的基区联系着。为了收集发射区发射过来的载流子及便于散热，要求集电结面积较大，发射区多数载流子的浓度比集电区大，因此使用时集电极与发射极不能互换。晶体管的图形符号如图6-15b所示，符号中的箭头方向表示发射结正向偏置时的

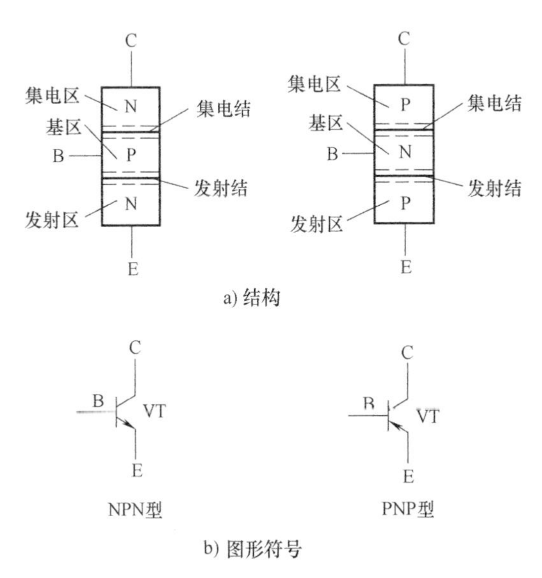

图6-15　晶体管的结构和图形符号

电流方向。

2. 外形

常见晶体管的外形结构如图 6-16 所示。耗散功率不同的晶体管，其体积、封装形式也不相同，近年来生产的小、中功率晶体管多采用硅酮塑料封装，大功率晶体管采用金属封装，并做成扁平形状且有螺钉安装孔，这样能使其外壳和散热器连成一体，便于散热。

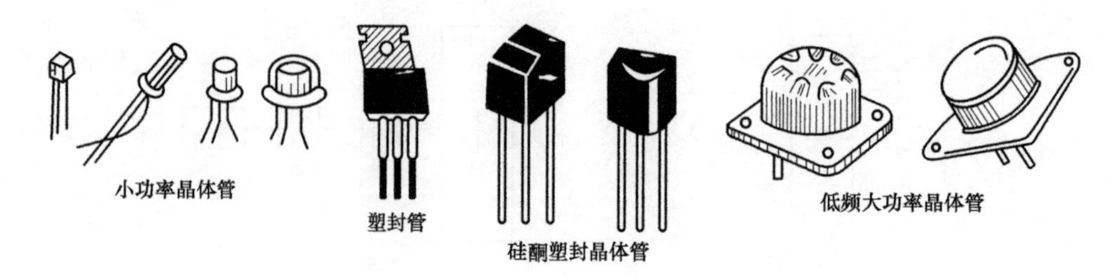

图 6-16　几种常见的晶体管的外形结构

二、晶体管中的工作电压和电流放大作用

1. 晶体管的工作电压

晶体管实现放大作用的外部条件是发射结正向偏置，集电结反向偏置。晶体管有 NPN 型和 PNP 型两类，因此，为了保证其外部条件，这两类晶体管工作时外加电源的极性是不同的，如图 6-17 所示。

图中，电源 U_{CC}通过偏置电阻 R_B为发射结提供正向偏压，进而产生基极电流，R_C为集电极电阻，电源通过它为集电极提供电流。

2. 晶体管各个电极的电流分配

为了了解晶体管各个电极的电流分配及它们之间的关系，我们先做一个实验，实验电路如图 6-18 所示。由于电路发射极是公共端，因此，这种接法称为晶体管的共发射极放大电路，简称共射放大电路。

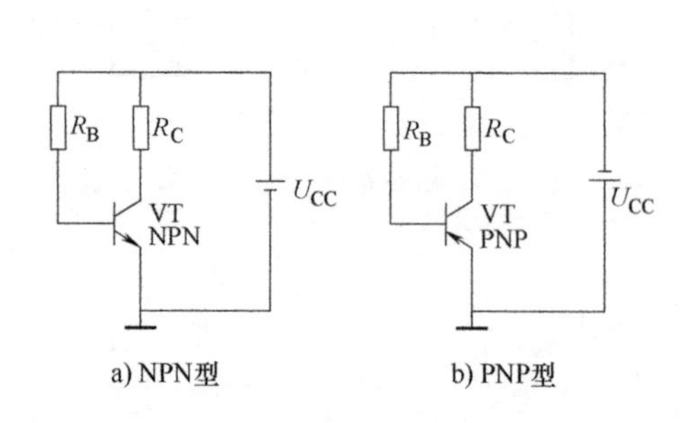

图 6-17　晶体管的工作电压

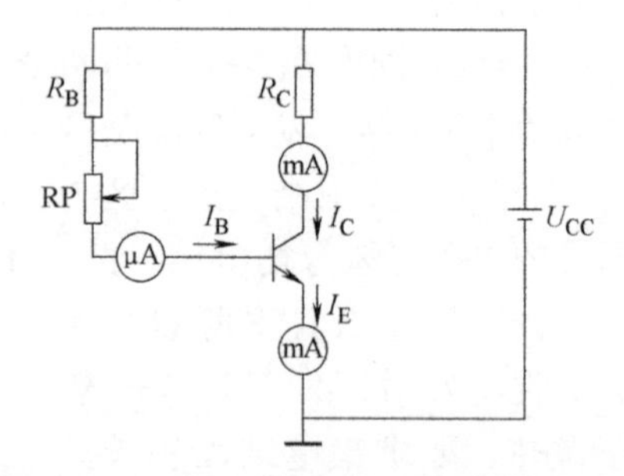

图 6-18　晶体管电流的实验电路

调节电位器 RP，则基极电流 I_B、集电极电流 I_C和发射极电流 I_E都会发生变化，电流方向如图 6-18 所示，测量结果见表 6-1。

表 6-1　晶体管电流测量结果

I_B/mA	0	0.02	0.04	0.06	0.08	0.10
I_C/mA	<0.01	0.70	1.50	2.30	3.10	3.95
I_E/mA	<0.01	0.72	1.54	2.36	3.18	4.05

从表 6-1 中的实验数据可以找出晶体管各极电流的分配关系，即

$$I_E = I_C + I_B \tag{6-5}$$

此结果符合基尔霍夫电流定律，即发射极电流等于集电极电流与基极电流之和。

3. 晶体管的电流放大作用

从表 6-1 中的实验数据还可以看出：$I_C \gg I_B$，而且当调节电位器 RP 使 I_B有一微小变化时，会引起 I_C较大的变化，这表明基极电流（小电流）控制着集电极电流（大电流），所以晶体管是一个电流控制器件，这种现象称为晶体管的电流放大作用。

三、晶体管的特性曲线

晶体管的特性曲线是用来表示晶体管各极电压和电流之间的相互关系的，它反映了晶体管的性能，是分析放大电路的重要依据。下面分析共发射极接法时的输入特性曲线和输出特性曲线。

1. 输入特性曲线

输入特性曲线是指当集射电压 U_{CE}为某一常数时，输入回路中的基射电压 U_{BE}与基极电流 I_B之间的关系曲线，用函数式表示为

$$I_B = f(U_{BE})\big|_{U_{CE}=\text{常数}}$$

图 6-19 所示为某晶体管的输入特性曲线，可分为两种情况：

1）$U_{CE}=0$ 时，C、E 间短接，I_B和 U_{BE}的关系，就是发射结和集电结两个正向二极管并联的伏安特性。

2）U_{CE}增大时，输入特性曲线右移，同样的 U_{BE}，I_B将减小，这说明 U_{CE}对输入特性有影响。图 6-19 画出了 $U_{CE}>1V$ 时的输入特性曲线。U_{CE}越大，曲线越向右移，但从 U_{CE}大于一定值（一般当 $U_{CE}>1V$）后，曲线基本重合，因此只需测试一条 $U_{CE}>1V$ 的输入特性曲线。

可以看出，晶体管的输入特性曲线是非线性的，且有一段死区，只有在发射结外加电压大于死区电压时，晶体管才会出现 I_B。硅管的死区电压约为 0.5V，锗管的约为 0.1～0.2V。晶体管导通时，其发射结电压变化不大，硅管约为 0.6～0.7V，锗管约为 0.3V。这是检查放大电路中晶体管是否正常的重要依据，若检查结果与上述数值相差较大，可直接判断管子有故障存在。

2. 输出特性曲线

输出特性曲线是在基极电流 I_B一定的情况下，晶体管输出回路中集射电压 U_{CE}与集电极电流 I_C之间的关系曲线，用函数式表示为

$$I_C = f(U_{CE})\big|_{I_B=\text{常数}}$$

图 6-20 为某晶体管的输出特性曲线。在不同的 I_B下，可得出不同的曲线，所以晶体管

的输出特性曲线是一曲线簇。

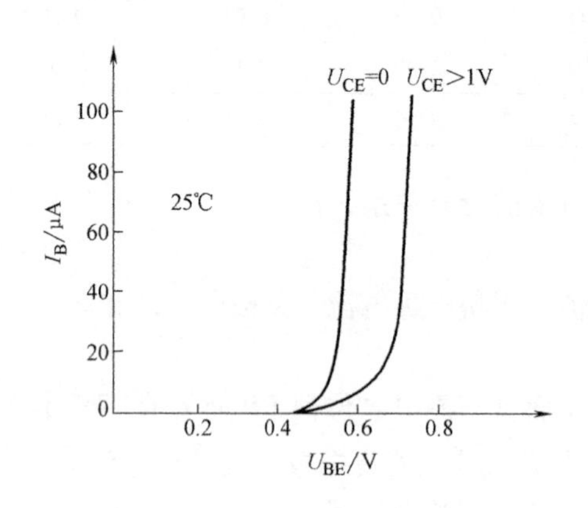

图 6-19　输入特性曲线

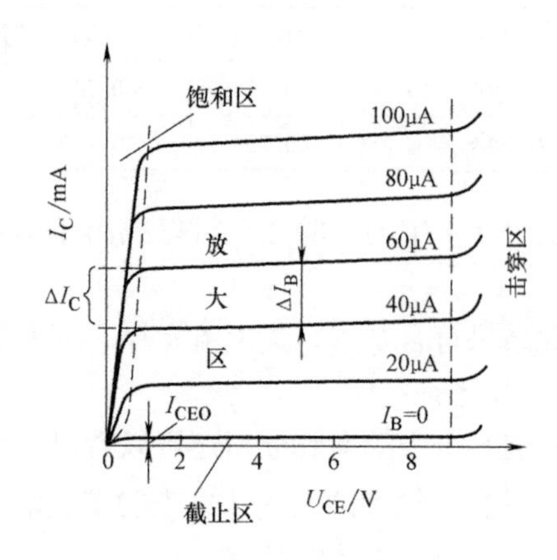

图 6-20　输出特性曲线

当 I_B一定时，在 U_{CE}超过一定数值（约 1V）以后，U_{CE}继续增大时，I_C不再有明显的增加，此时晶体管具有恒流特性。

当 I_B增大时，相应的 I_C也增大，曲线上移，而且 I_C比 I_B大得多。

通常把晶体管的输出特性曲线分为四个区域：截止区、放大区、饱和区及击穿区。

（1）截止区　$I_B=0$ 时的曲线的以下区域称为截止区。$I_B=0$ 时，$I_C=I_{CEO}$（在表 6-1 中，I_{CEO}小于 10μA）。对于 NPN 型硅管，$U_{BE}<0.5V$ 时，已开始截止，但是为了可靠截止，常使 $U_{BE}\leqslant 0$。

晶体管截止状态的工作条件是发射结零偏或反偏，集电结反向偏置。

（2）放大区　输出特性曲线的近似水平部分是放大区。在该区域内，管压降 U_{CE}已足够大，发射结正向偏置，集电结反向偏置，I_C与 I_B成正比关系，即 I_B有一个微小变化，I_C将按比例发生较大的变化，这既体现了晶体管的电流放大作用，也体现了基极电流对集电极电流的控制作用。

晶体管处于放大状态的工作条件是发射结正向偏置，集电结反向偏置。

（3）饱和区　饱和区是对应于 U_{CE}较小的区域（$U_{CE}<U_{BE}$），此时发射结和集电结均处于正向偏置，以致使 I_C几乎不能随 I_B的增大而增大，即 I_C不受 I_B的控制，晶体管失去放大作用，I_C处于“饱和”状态。晶体管工作在饱和区时，集电极与发射极之间的管压降称为晶体管的饱和压降 U_{CES}，锗管 U_{CES}约为 0.1V，硅管 U_{CES}约为 0.3V。

晶体管饱和状态的工作条件是发射结、集电结均正向偏置。

以上三个区域均为晶体管的正常工作区。晶体管工作在饱和区和截止区时，具有“开关”特性，因而常用于脉冲数字电路；晶体管工作在放大区时可在模拟电路中起放大作用，所以晶体管具有“开关”和“放大”两大功能。

（4）击穿区　从曲线的右边可以看到，当 U_{CE}大于某一值后，I_C开始剧增，这个现象称为一次击穿。晶体管一次击穿后，集电极电流突增，只要电路中有合适的限流电阻，击穿电流小，时间短，晶体管不会烧毁。当集电极电压降低后，晶体管仍能恢复正常工作。

四、晶体管的主要参数

1. 电流放大倍数

(1) 共射直流电流放大倍数$\bar{\beta}$　当晶体管接成共发射极电路时，在静态时集电极电流 I_C 与基极电流 I_B的比值称为共射静态电流放大倍数，即直流电流放大倍数：

$$\bar{\beta}=\frac{I_C}{I_B}$$

(2) 共射交流电流放大倍数 β（h_{fe}）　当晶体管工作在动态时，集电极电流的变化量 ΔI_C与基极电流的变化量 ΔI_B的比值称为动态电流放大倍数，即交流电流放大倍数：

$$\beta=\frac{\Delta I_C}{\Delta I_B}$$

显然，$\bar{\beta}$和β的含义是不同的，但在输出特性曲线近于平行，并且I_{CEO}较小的情况下，两者数值较为接近。今后在估算时，常用$\bar{\beta}\approx\beta$这个近似关系式。

2. 极间反向电流

极间反向电流的大小，反映了晶体管质量的优劣，其值越小越好。

(1) 集电极—基极反向饱和电流 I_{CBO}　I_{CBO}是晶体管的发射极开路时，集电极和基极间的反向漏电流，在温度一定的情况下，I_{CBO}接近于常数，所以又叫反向饱和电流。温度升高时，I_{CBO}会增大，使管子的稳定性变差。小功率硅管的I_{CBO}小于1μA，锗管的I_{CBO}约为10μA。I_{CBO}的测量电路如图 6-21a 所示。

(2) 穿透电流 I_{CEO}　I_{CEO}为基极开路时，由集电区穿过基区流入发射区的穿透电流，它是I_{CBO}的（$1+\bar{\beta}$）倍，即

$$I_{CEO}=(1+\bar{\beta})I_{CBO}$$

而集电极电流 I_C为

$$I_C=\bar{\beta}I_B+I_{CEO}$$

因此，由于I_{CBO}受温度影响较大，故温度变化对I_{CEO}和I_C的影响更大，选用管子时，一般希望极间反向饱和电流尽量小一些。I_{CEO}的测量电路如图 6-21b 所示。

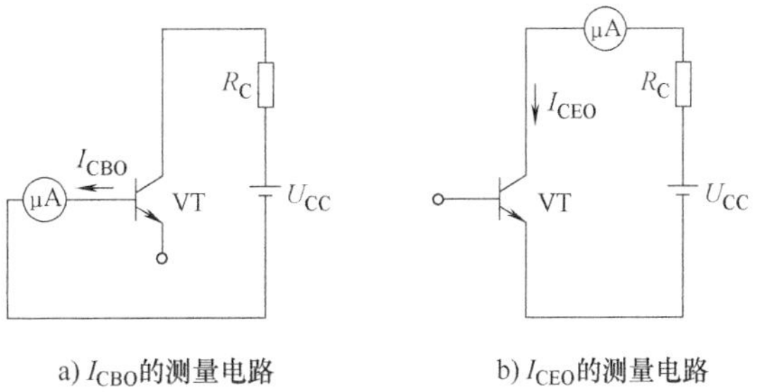

a) I_{CBO}的测量电路　　b) I_{CEO}的测量电路

图 6-21　极间反向电流的测量电路

3. 极限参数

极限参数是指晶体管正常工作时所允许的电流、电压和功率等的极限值。如果超过这些值，就很难保证管子的正常工作，严重时将造成管子的损坏。常用的极限参数有以下几个。

(1) 集电极最大允许电流 I_{CM}　晶体管的集电极电流 I_C超过一定值时，某些参数将变坏，特别是晶体管的β值将明显下降，当β值下降到正常值的三分之二时的集电极电流，称为集电极最大允许电流 I_{CM}。因此，在使用晶体管时，I_C超过 I_{CM}时并不一定会使晶体管损坏，但β值将逐渐降低。

(2) 集电极-发射极反向击穿电压 $U_{(BR)CEO}$　$U_{(BR)CEO}$是指基极开路时，加于集电极与发

射极间的反向击穿电压，其值通常为几十伏至几百伏以上。当温度上升时，击穿电压要下降，所以选择晶体管时，$U_{(BR)CEO}$应大于工作电压U_{CE}的两倍以上。使用中，若$U_{CE} > U_{(BR)CEO}$，将可能导致晶体管损坏。

（3）发射极—基极反向击穿电压$U_{(BR)EBO}$ $U_{(BR)EBO}$是指集电极开路时，允许加在发射极与基极之间的最高反向电压，一般为几伏至几十伏。

（4）集电极最大允许功耗P_{CM} 晶体管正常工作时，由于集电结所加反向电压较大，集电极电流I_C也较大，因$U_{CB} \approx U_{CE}$，故将$U_{CE}I_C$作为集电极的功率损耗。根据管子工作时允许的最高温度，定出了集电极最大允许功率损耗P_{CM}。晶体管在使用中应保证$U_{CE}I_C < P_{CM}$。根据P_{CM}值，可在输出特性曲线上画出一条P_{CM}线，称之为允许管耗线，如图6-22所示。使用时，P_C超过极限值是不允许的。

4. 实例

简易路灯自动开关电路如图6-23所示。2CR44是硅光电池，又叫太阳电池，它是把光能直接转换为电能的半导体器件，继电器KA是动作电流为6mA的高灵敏继电器。白天，硅光电池受光照产生的电流较小，达不到继电器KA的动作电流。此电流需经晶体管放大后，才能驱动继电器KA的线圈，使KA的常闭触点断开，路灯熄灭。晚上，硅光电池不受光照不产生电流，晶体管没有基极电流，集电极电流近似为零，继电器常闭触点闭合，路灯电源接通。调整电位器RP可以调整基极电流，也就控制了开关路灯时光的强度。

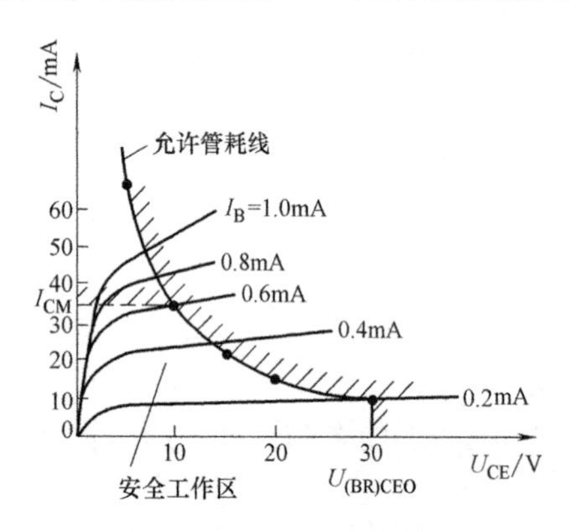

图6-22 晶体管的安全工作区

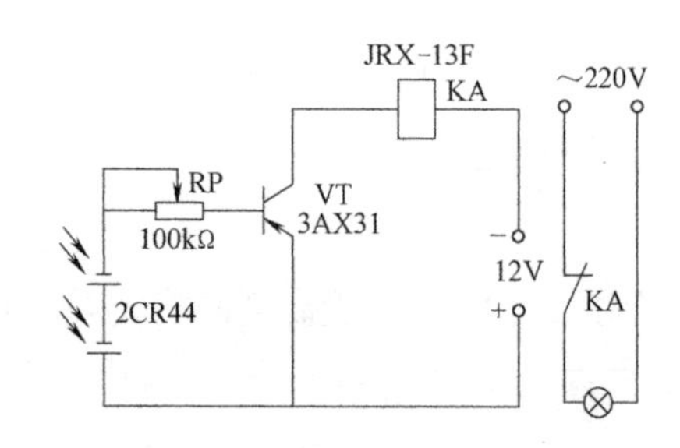

图6-23 简易路灯自动开关电路

第三节 单管基本放大电路

一、对放大电路的要求

（1）有一定的输出功率 上节的实例中，由于基极电流对集电极电流有控制作用，所以硅光电池能以微小的功率来控制继电器动作时所需的较大功率。

（2）具有足够的放大倍数 放大倍数是衡量放大电路放大能力的重要参数。放大器的输入信号十分微弱，如果要使它的输出达到额定功率，就要求放大器具有足够的电流、电压放大倍数。

（3）失真要小　凡包含放大器的仪器设备，如示波器、扩音机等，都要求输出信号与输入信号的波形一致，如果放大过程中波形变化了就叫失真，实际放大过程中造成失真的因素很多，使用中要求失真不超过允许的范围。

（4）工作要稳定　当工作条件变化时，放大器中晶体管的工作特性将受到影响，因此必须采取措施尽量减少干扰，保证放大器在工作范围内的稳定。

二、共射基本放大电路

1. 共射基本放大电路的组成及各元器件的作用

（1）电路组成　图 6-24 所示电路是最基本的交流放大电路。由于晶体管的发射极是输入和输出的公共端，故称为共射基本放大电路。输入端接需要放大的交流信号源，输入电压为 u_i；输出端接负载电阻 R_L，输出电压为 u_o。

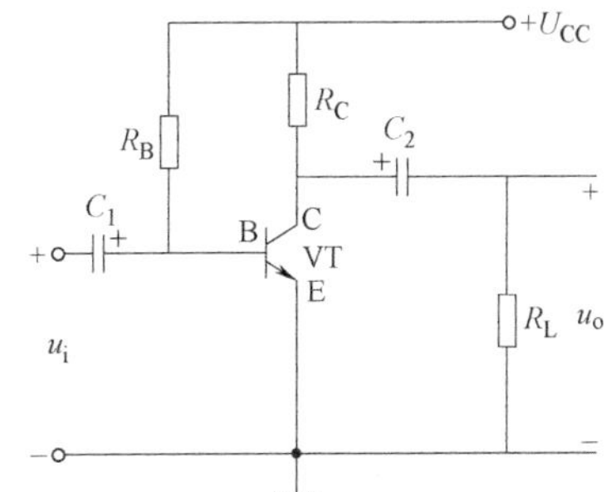

图 6-24　共射基本放大电路

（2）各元器件的作用

1）晶体管 VT。它是放大电路的核心，起电流放大作用，即将微小的基极电流变化量转换成较大的集电极电流变化量，反映了晶体管的电流控制作用。

2）直流电源 U_{CC}。它使晶体管的发射结正偏，集电结反偏，确保晶体管工作在放大状态。它又是整个放大电路的能量提供者。放大电路把小能量的输入信号放大成大能量的输出信号，这些增加的能量就是由 U_{CC}通过晶体管转换来的，绝非晶体管本身产生的。晶体管非但产生不了能量，还由于它在工作时发热而消耗能量。

3）集电极电阻 R_C。其作用是将晶体管的集电极电流变换成集电极电压（$u_{CE}=U_{CC}-i_CR_C$）。R_C的值一般取几千欧至几十千欧。

4）基极偏置电阻 R_B　它的作用是决定静态基极电流 I_{BQ}的大小。I_{BQ}也称偏置电流，故 R_B称为偏置电阻。

5）电容 C_1和 C_2。其一是隔断直流，使电路的静态工作点不受输入端的信号源和输出端负载的影响；其二是传送交流信号，当 C_1、C_2的电容量足够大时，它们对交流信号呈现的容抗很小，可近似认为短路，故 C_1、C_2称为耦合电容。

C_1、C_2通常是大容量的电解电容，一般为几微法至几十微法。在连接电路时要注意它的极性。

2. 共射基本放大电路的静态工作点

放大器的工作状态分静态和动态两种。静态是指放大电路无输入信号时的工作状态。静态工作点 Q 是指放大电路在静态时，晶体管各极电压和电流值（主要指 I_{BQ}、I_{CQ}和 U_{CEQ}）。

静态工作点不同对放大器有比较大的影响。由晶体管的输入特性和输出特性可知，当 I_B设置非常小，在输入信号为负半周时，交流信号所产生的 i_b与直流量 I_B叠加后，很容易使晶体管进入截止区而失去放大作用，如图 6-25b 所示；当 I_B设置较大，在输入信号为正半周时，交流信号所产生的 i_b与直流量 I_B叠加后，使 i_C很大，u_{CE}很小（此时集电结也正偏），这样又很容易使晶体管进入饱和区而失去放大作用，如图 6-25d 所示。当工作点设置适当时，将会得到如图 6-25c 所示的波形。因此，静态工作点设置得是否合理，直接影响着放大电路的工作状态，它是否稳定也影响着放大电路的稳定性。

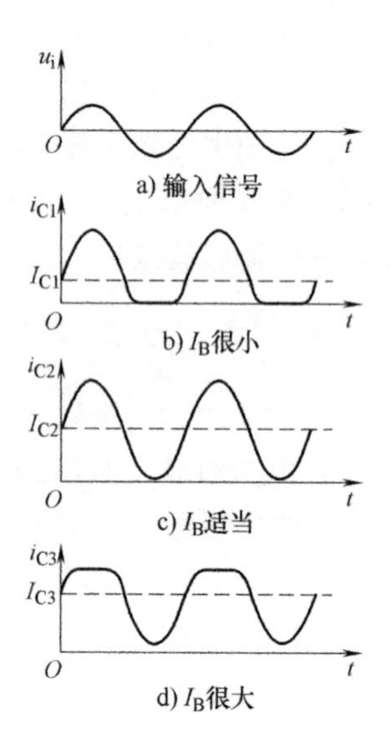

图6-25　静态工作点对波形的影响

3. 共射基本放大电路的工作原理

放大电路有输入信号时的工作状态称为动态。这时，放大电路在直流电源电压与输入的交流电压共同作用下，电路中的电流和电压既有直流成分，又有交流成分，总的电流与电压是随交流信号变化的脉动直流。

在图6-26所示的共射基本放大电路中，交流输入信号u_i通过耦合电容C_1送到晶体管的基极和发射极。图6-26a所示为输入信号的波形。电源U_{CC}通过偏置电阻R_B提供U_{BEQ}，基射电压为交流信号u_i与直流电压U_{BEQ}的叠加，其波形如图6-26b所示，它使基极电流i_B产生相应的变化，其波形如图6-26c所示。

变化的基极电流i_B使集电极电流i_C有较大的变化（$i_C=\beta i_B$），如图6-26d所示。i_C电流大时，集电极电阻R_C的压降也相应大，使集电极对地的电位降低；反之i_C电流小时，集电极对地的电位升高。因此集射电压u_{CE}波形与i_C变化情况正好相反，如图6-26e所示。集电极的信号经过电容C_2耦合后隔离了直流成分U_{CEQ}，输出只是信号的交流成分，波形如图6-26f所示。

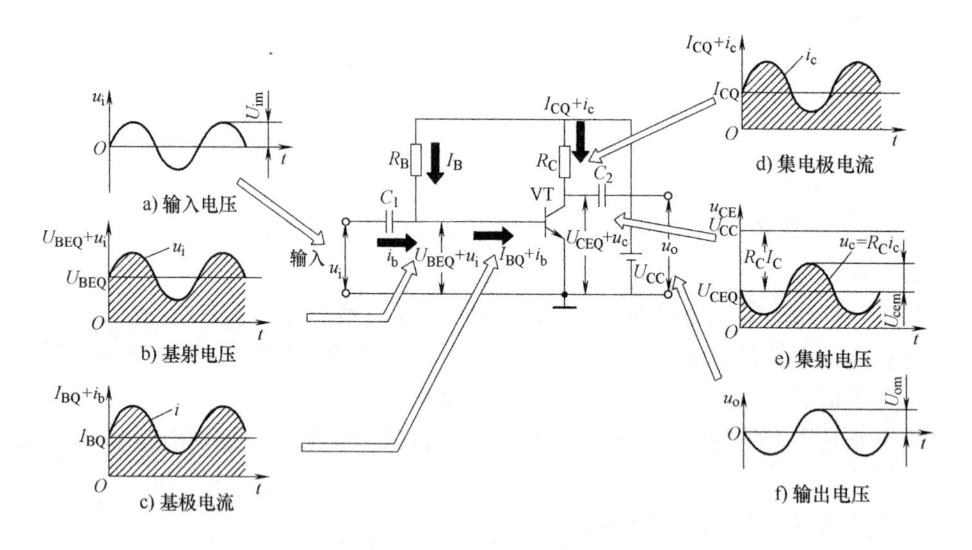

图6-26　放大器的电压、电流波形

综上所述，在共射放大电路中，输入电压u_i与输出电压u_o频率相同，相位相反，因此这种单级的共发射极放大电路通常也称为反相放大器。

4. 基本放大电路的估算分析法

由电路理论可知，在一个交流输入信号和直流电源信号共同作用的电路中，当交流信号变化范围较小时，可以将晶体管等效为线性元件。下面应用叠加定理，对共射放大电路进行分析。

(1) 静态分析 静态分析主要是确定放大电路的静态工作点（I_{BQ}、I_{CQ}和 U_{CEQ}），这些物理量都是直流量，故可用放大电路的直流通路来分析计算。

直流通路的画法：令交流输入信号 $u_i=0$，电容 C_1和 C_2有隔断直流的作用，所以开路。据此画出图 6-24 的直流通路，如图 6-27 所示。

直流通路的作用：主要是为电路实现能量转换提供电能。其次，使电路获得合适的静态工作点。

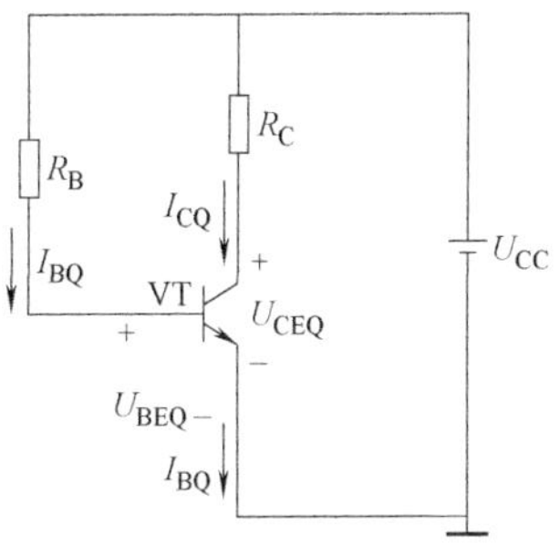

图 6-27 直流通路

根据图 6-27 所示的直流通路得出

$$I_{BQ}=\frac{U_{CC}-U_{BEQ}}{R_B} \tag{6-6}$$

硅管的 U_{BEQ}约为 0.7V，锗管的为 0.3V，当 $U_{CC}\gg U_{BEQ}$时，可忽略 U_{BEQ}，即

$$I_{BQ}\approx\frac{U_{CC}}{R_B} \tag{6-7}$$

根据晶体管的电流放大特性可得

$$I_{CQ}=\beta I_{BQ} \tag{6-8}$$

再根据图 6-27 所示的直流通路可得

$$U_{CEQ}=U_{CC}-I_{CQ}R_C \tag{6-9}$$

(2) 动态分析 动态分析主要确定放大电路的电压放大倍数、输入电阻和输出电阻等。

动态时，因为有输入信号，晶体管的各个电流和电压瞬时值都含有直流分量和交流分量，而所谓放大，则只考虑其中的交流分量。动态分析最基本的方法是微变等效电路法。

1) 晶体管的微变等效电路。微变等效电路法又称小信号分析法，它将晶体管在静态工作点附近进行线性化，然后用一个线性模型来等效，如图 6-28 所示。

下面从共射极接法的晶体管输入特性和输出特性两方面来分析。

由图 6-28b 可以看出，晶体管的输入特性曲线是非线性的，但在输入小信号时，选择合适的 Q 点，则 Q 点附近的工作段可近似为直线。当 U_{CE}为常数时，ΔU_{BE}与 ΔI_B之比为

$$r_{be}=\frac{\Delta U_{BE}}{\Delta I_B}$$

式中，r_{be}称为晶体管的输入电阻。在小信号工作条件下，r_{be}是一个常数，因此晶体管的输入电路可用 r_{be}来等效，如图 6-28d 所示。

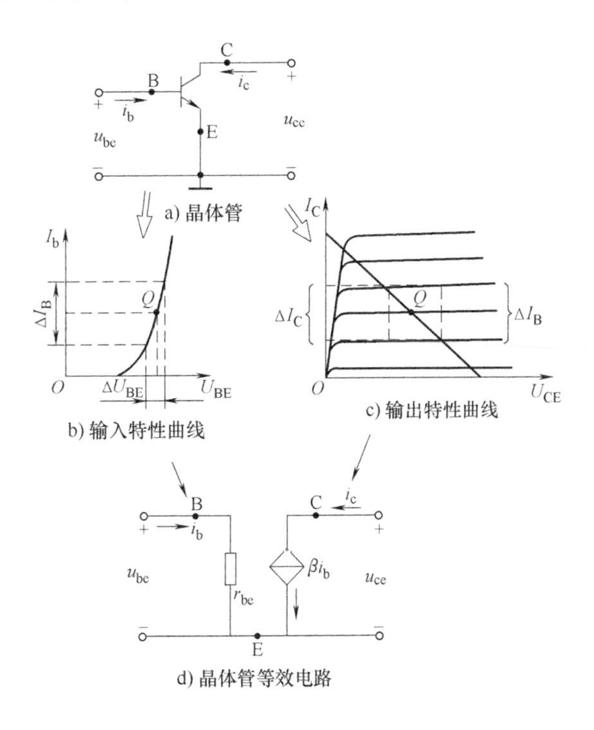

图 6-28 晶体管的微变等效电路

低频小功率晶体管的 r_{be} 可用下式估算

$$r_{be} \approx 300\Omega + \frac{26\text{mV}}{I_{BQ}} \tag{6-10}$$

式中，r_{be} 称为晶体管的输入电阻（Ω）；I_{BQ} 为基极电流的静态值（mA）。

晶体管的输出特性曲线如图6-28c所示，在线性工作区是一组近似等距离平行的直线。当 U_{CE} 为常数时，ΔI_C 与 ΔI_B 之比为

$$\beta = \frac{\Delta I_C}{\Delta I_B} = \frac{i_c}{i_b} \tag{6-11}$$

β 是晶体管共射极放大电路的电流放大倍数。在小信号工作条件下，β 是一个常数，它代表晶体管的电流控制作用，晶体管输出回路用受控电流源 $i_c = \beta i_b$ 来代替，如图6-28d所示。在电子技术手册中常用 h_{fe} 来代表 β。

2）放大电路的微变等效电路。由晶体管微变等效电路和放大电路的交流通路可得出放大电路的微变等效电路。图6-29a是图6-24所示共射基本放大电路的交流通路。微变等效电路中的电压、电流都是交流分量。输入信号是正弦信号，可用相量来表示，如图6-29b所示。

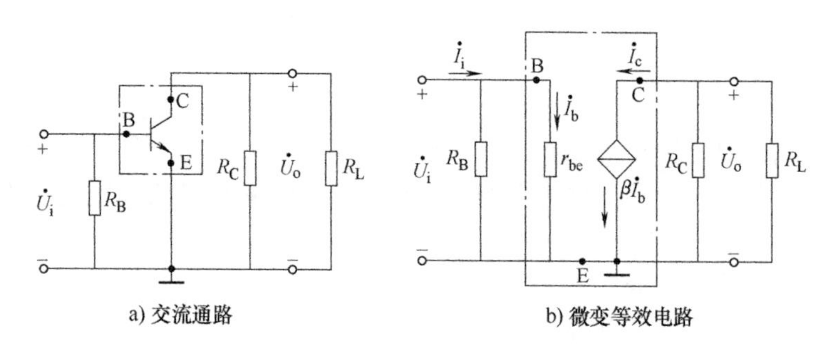

图6-29　共射基本放大电路的等效电路

交流通路的画法：令直流电源 $U_{CC}=0$，即将电源正极与地线短接。在电容 C_1 和 C_2 的值较大时，它们对交流信号呈现的容抗很小，可以忽略不计，所以用短路代替。

交流通路的作用：主要是将微弱的输入信号，按一定要求放大后，从输出端输出。

3）交流参数的计算。

① 电压放大倍数 A_u：放大电路输出电压与输入电压的比值叫作电压放大倍数，定义为

$$A_u = \frac{\dot{U}_o}{\dot{U}_i}$$

由图6-29b可得

$$\dot{U}_i = \dot{I}_b r_{be}$$

$$\dot{U}_o = -\dot{I}_c(R_L /\!/ R_C) = -\beta \dot{I}_b R_L'$$

$$A_u = \frac{\dot{U}_o}{\dot{U}_i} = -\beta\frac{R_L'}{r_{be}} \tag{6-12}$$

式中，负号表示输出电压与输入电压反相。如果电路中输出端开路（$R_L=\infty$），则

$$A_u = -\beta\frac{R_C}{r_{be}}$$

四、射极输出器

图6-32所示是一个射极输出器。

1. 电路分析

通过静态分析得出：射极输出器中的电阻 R_E 同样具有稳定工作点的作用。

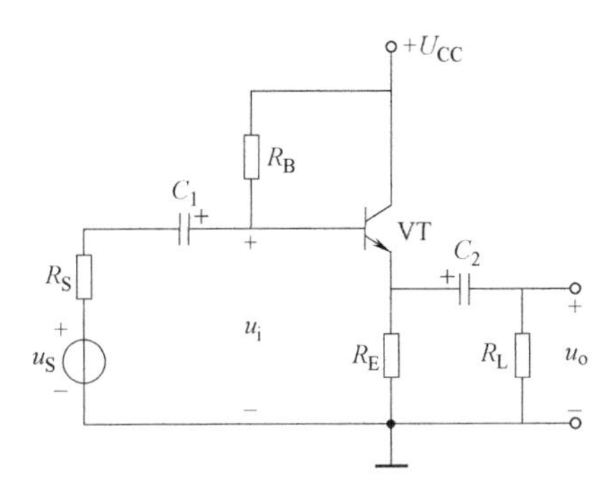

图6-32　射极输出器

通过动态分析得出：

（1）电压放大倍数

$$A_u=\frac{\dot{U}_o}{\dot{U}_i}=\frac{(1+\beta)R_L'}{r_{be}+(1+\beta)R_L'}<1$$

式中，A_u略小于1，正因为输出电压接近输入电压，二者的相位又相同，故射极输出器又称为射极跟随器，简称跟随器。

（2）输入电阻 r_i

$$r_i=R_B /\!/ [r_{be}+(1+\beta)R_L'] \tag{6-18}$$

式中，$R_L'=R_E /\!/ R_L$。

通常 R_B的阻值较大（几十千欧至几百千欧），R_E的阻值也有几千欧，因此上式表明射极输出器的输入电阻较高，可达几十千欧到几百千欧。

（3）输出电阻 r_o

$$r_o=R_E /\!/ \frac{r_{be}+(R_S /\!/ R_B)}{1+\beta} \tag{6-19}$$

式中，R_S为信号源内阻（通常较小）。上式表明射极输出器的输出电阻 r_o较小，通常为几欧至几百欧。

由此可见，射极输出器的特点是输入电阻高，输出电阻低，没有电压放大能力。

2. 射极输出器在电路中的应用

（1）用于输入级　由于其输入电阻高，从信号源吸取的电流小，对信号源影响小，因此在放大电路中多用它作高输入电阻的输入级。

（2）用于输出级　放大器的输出电阻越小，带负载能力越强。当放大器接入负载或负载变化时，对放大器影响小，可以保持输出电压的稳定。由于射极输出器的输出电阻小，因此在多级放大器的输出级常使用它。

（3）用于隔离级　在共射放大电路的级间耦合中，往往存在着前级输出电阻大，后级输入电阻小这种阻抗不匹配的现象，这将造成耦合中的信号损失，使放大倍数下降。利用射极输出器输入电阻大、输出电阻小的特点，将其接入上述两级放大器之间，在隔离前后级的同时，起到了阻抗匹配的作用。

第四节　多级放大器

在实际应用中，放大器的输入信号都较微弱，有时可低到毫伏或微伏数量级，为了驱动负载工作，必须由多级放大电路对微弱信号进行连续放大，方可在输出端获得必要的电压幅度或足够的功率。图6-33所示为多级放大电路的组成框图，其中输入级和中间级主要用做电压放大，可将微弱的输入电压放大到足够的幅度；后面的末前级和输出级用做功率放大，以输出负载所需要的功率。在多级放大电路中，每两个单级放大电路之间的连接方式称为耦合。常用的级间耦合有阻容耦合、直接耦合、变压器耦合和光耦合等四种方式。

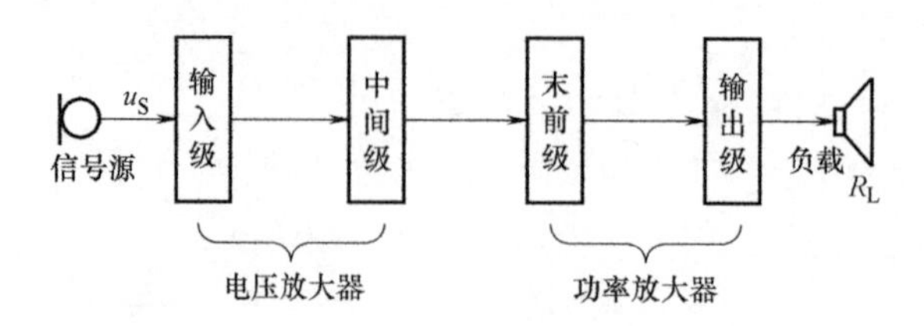

图 6-33 用作音频功放的多级放大器组成框图

一、级间耦合方式及特点

1. 阻容耦合

图 6-34 所示为两级阻容耦合放大电路，两级之间是通过电容耦合起来的。由于电容有“隔直流、通交流”的作用，因此前一级的交流输出信号可以通过耦合电容传送到后一级的输入端，而各级放大电路的静态工作点相互没有影响。此外，它还具有体积小、重量轻的优点。这些优点使它在多级放大电路中得到广泛应用。但阻容耦合方式不适合传送变化缓慢的信号，因为这类信号在通过耦合电容时会有很大的衰减。至于直流信号，则根本不能传送。

2. 直接耦合

为了避免耦合电容对缓慢信号造成的衰减，可以把前一级的输出端直接接到下一级的输入端，如图 6-35 所示，我们把这种连接方式称为直接耦合。直接耦合放大电路不仅能放大交流信号，还能放大直流信号或变化缓慢的信号，但直接耦合使各级的直流通路互相连通，各级的静态工作点互相影响，温度变化造成的直流工作点的漂移会被逐级放大，温漂较大。直接耦合是集成电路内部常用的耦合方式。

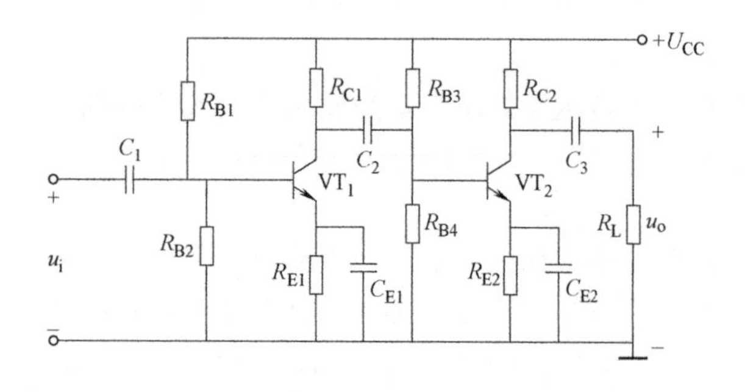

图 6-34 阻容耦合

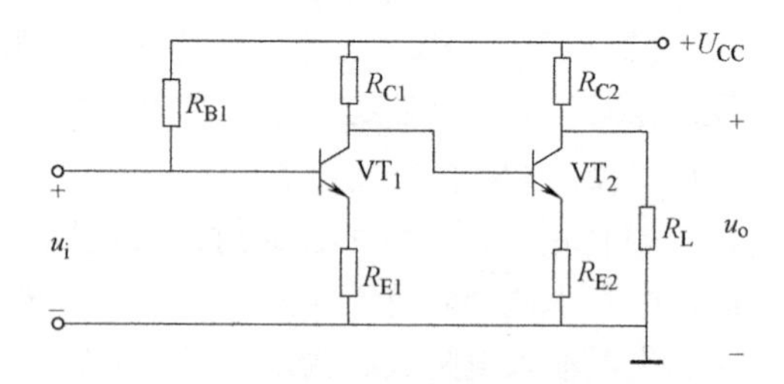

图 6-35 直接耦合

3. 变压器耦合

通过变压器实现级间耦合的放大器如图 6-36 所示。变压器 T_1将第一级的输出电压信号变换成第二级的输入电压信号，变压器 T_2将第二级的输出电压信号变换成负载 R_L所要求的电压。

变压器耦合的最大优点是能够进行阻抗、电压和电流的变换，这在功率放大器中常常用到。由于变压器对直流电无变换作用，因此具有很好的隔直作用。变压器耦合的缺点是体积和重量都较大，高频性能差、价格高，不能传送变化缓慢的信号或直流信号。

4. 光耦合

图6-37所示为光耦合放大器，其前级与后级的耦合器件是光耦合器件。前级的输出信号通过发光二极管转换为光信号，该光信号照射在光敏晶体管上，还原为电信号送至后级输入端。光耦合既可传输交流信号又可传输直流信号；既可实现前后级的电隔离，又便于集成化。

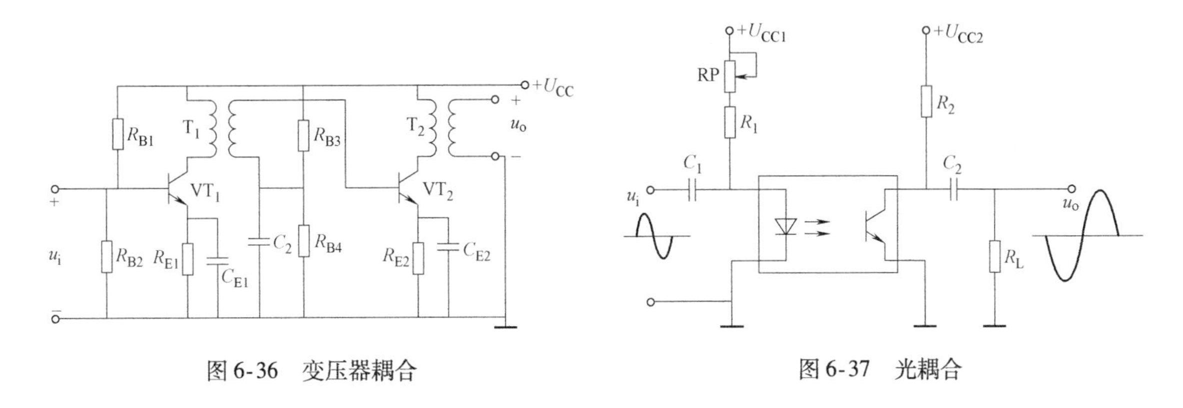

图6-36　变压器耦合　　图6-37　光耦合

二、多级放大器的分析

单级放大器的某些性能指标，可作为分析多级放大器的依据。但多级放大器又有其特点。为此，我们将分析多级放大器的电压放大倍数、输入电阻、输出电阻及非线性失真等内容。

1. 电压放大倍数

多级放大器对被放大的信号而言，属串联关系。前一级的输出信号就是后一级的输入信号。设各级放大器的放大倍数依次为 A_{u1}、A_{u2}、…、A_{un}，则输入信号 u_i 被第一级放大器放大后输出电压成了 $A_{u1}u_i$，经第二级放大器放大后的输出电压成为 $A_{u1}A_{u2}u_i$，依此类推，通过 n 级放大器放大后，输出电压为 $A_{u1}A_{u2}A_{u3}\cdots A_{un}u_i$。所以多级放大器总的电压放大倍数为各级电压放大倍数之积，即

$$A_u = A_{u1}A_{u2}\cdots A_{un} \tag{6-20}$$

式中，A_{u1}、A_{u2}、…、A_{un-1} 为有负载时的电压放大倍数，其负载为相应后级的输入电阻；A_{un} 则视具体电路而定。

电压放大倍数在工程中常用对数形式来表示，称为电压增益，用字母 G_u 表示，单位为分贝（dB），定义为

$$G_u = 20\lg|A_u| \tag{6-21}$$

若用分贝表示，则总增益为各级增益的代数和，即

$$\begin{aligned} G_u &= 20\lg|A_{u1}A_{u2}\cdots A_{un}| = 20\lg|A_{u1}| + 20\lg|A_{u2}| + \cdots + 20\lg|A_{un}| \\ &= G_{u1} + G_{u2} + \cdots + G_{un} \end{aligned} \tag{6-22}$$

2. 输入电阻和输出电阻

多级放大器的输入电阻和输出电阻与单级放大器类似，其输入电阻是从输入端看进去的

等效电阻，也就是第一级的输入电阻，输出电阻也是从输出端看进去的等效电阻，即最后一级的输出电阻。

3. 非线性失真

晶体管的输入特性曲线不是直线，输出特性曲线族中，每一条输出特性曲线也不完全是直线，其间隔也不完全相等。这就导致了输入输出特性的非线性，经放大器放大后的输出信号波形，与输入信号波形相比总是有一些变异，称为波形失真。这种变异是由晶体管的非线性特性引起，所以这种波形失真又叫非线性失真。

另外，如果放大电路的静态工作点选得不恰当或输入信号幅度过大，会使信号进入晶体管的截止区或饱和区而造成波形失真，这种失真分别称为截止失真和饱和失真，如图6-38所示，它们均属于非线性失真的范畴。对任何放大电路，总希望它的非线性失真越小越好。在多级放大器中，由于各级均存在着失真，则输出端波形失真更大，要减小输出波形的失真，必然要尽力克服各单级放大器的失真。

三、差动放大电路

在自动控制和检测装置中，待处理的电信号有许多是变化极为缓慢的，这类信号统称为直流信号。用来放大直流信号的放大电路称为直流放大器，直流放大器不能使用阻容耦合或变压器耦合方式，只有采用直接耦合方式才能使直流信号逐级顺利传送，但采用直接耦合必须处理好抑制零点漂移这一关键技术。

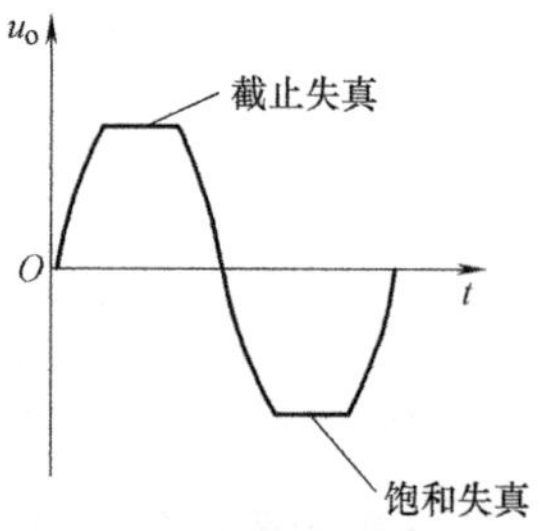

图6-38　单管共射放大器非线性失真波形

1. 零点漂移

所谓零点漂移，是指将直流放大器输入端对地短路，使之处于静态时，在输出端用直流毫伏表进行测量，会出现不规则变化的电压，即表针时快时慢不规则摆动，简称零漂，如图6-39所示。在直接耦合放大电路中，前一级的零漂电压会传到后一级并被逐级放大，严重时零漂电压会超过有用的信号，这将导致测量和控制系统出错。

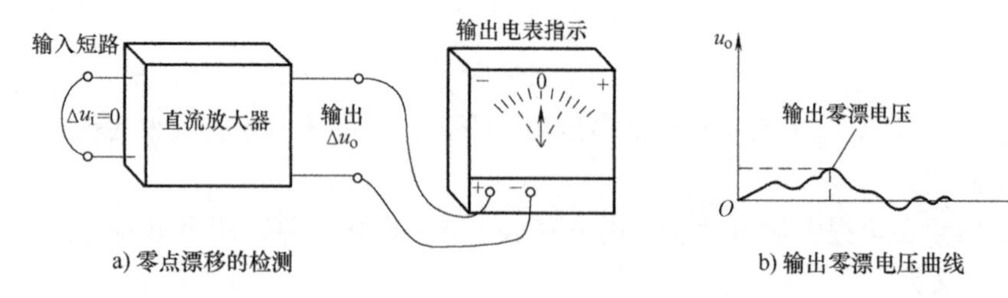

a) 零点漂移的检测　　b) 输出零漂电压曲线

图6-39　零点漂移现象

造成零点漂移的原因是电源电压的波动和晶体管参数随温度的变化，其中温度变化是产生零漂的最主要原因。

抑制零漂的方法很多，如采用高稳定度的稳压电源来抑制电源电压波动引起的零漂；利用恒温系统来消除温度变化的影响等。但最常用的方法是利用两只特性相同的晶体管接成差动放大器，这种电路在集成运放及其他模拟集成电路中常作为输入级及前置级。

2. 基本差动放大器

（1）电路结构 差动放大器是一种能够有效地抑制零漂的直流放大器，图6-40所示电路是最基本的电路形式。从电路中可以看出，它是由两个完全对称的单管放大器组成的。图中两个晶体管及对应的电阻参数基本一致。u_{id}是输入电压，它经R_1、R_2分压为u_{i1}与u_{i2}，分别加到两管的基极，经过放大后获得输出电压u_o，输出电压u_o等于两管集电极输出电压之差$u_o = u_{o1} - u_{o2}$。

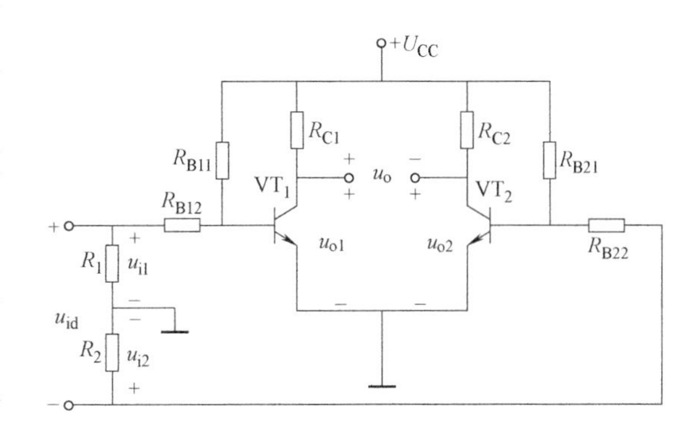

图6-40 基本差动放大器

（2）抑制零漂原理 因左右两个放大电路完全对称，所以在输入信号$u_{id} = 0$时，$u_{o1} = u_{o2}$，因此输出电压$u_o = 0$，即表明放大器具有零输入时零输出的特点。

当温度变化时，左右两个管子的输出电压u_{o1}、u_{o2}都要发生变动，但由于电路对称，两管的输出变化量（即每管的零漂）相同，即$\Delta u_{o1} = \Delta u_{o2}$，则$u_o = 0$。可见利用两管的零漂在输出端相抵消，可以有效地抑制零漂。

（3）差模信号和差模放大倍数 当输入信号u_{id}被R_1、R_2分压为大小相等、极性相反的一对输入信号，分别输入到两管的基极，此信号称为差模信号，即$u_{id1} = u_{id}/2$，$u_{id2} = -u_{id}/2$。则放大器对差模信号的放大倍数A_{ud}定义为

$$A_{ud} = \frac{u_{od}}{u_{id}} \tag{6-23}$$

因两侧电路对称，电压放大倍数$A_{u1} = A_{u2} = A_u$，有

$$A_{ud} = \frac{u_{od}}{u_{id}} = \frac{u_{od1} - u_{od2}}{u_{id}} = \frac{A_{u1}u_{id1} - A_{u2}u_{id2}}{u_{id}} = A_u$$

即

$$A_{ud} = A_u \tag{6-24}$$

该电路以多一倍的元件换来了对零点漂移抑制能力的提高。

（4）共模信号和共模抑制比 在两个输入端分别加上大小相等、极性相同的信号，此信号称为共模信号，即$u_{ic} = u_{ic1} = u_{ic2}$，这种输入方式称为共模输入。共模电压放大倍数定义为

$$A_{uc} = \frac{u_{oc}}{u_{ic}} \tag{6-25}$$

对于电路完全对称的放大器，其共模输出电压$u_{oc} = u_{oc1} - u_{oc2} = 0$，则

$$A_{uc} = 0 \tag{6-26}$$

在理想情况下，由于温度变化、电源电压波动等原因所引起两管的输出电压漂移量Δu_{o1}和Δu_{o2}相等，它们分别折合为各自的输入电压漂移也必然相等，即为共模信号。可见零点漂移等效于共模输入。实际上，放大器不可能绝对对称，故共模放大信号不为零。因此共模放大倍数A_{uc}越小，则表明抑制零漂能力越强。

放大器常用共模抑制比K_{CMR}来衡量放大器对有用信号的放大能力以及对无用漂移信号的抑制能力，其定义是

$$K_{CMR}=\left|\frac{A_{ud}}{A_{uc}}\right| \tag{6-27}$$

共模抑制比越大，放大器的性能越好。

（5）差模信号与共模信号共存　当放大电路两个输入端的实际输入信号为 u_{i1}、u_{i2} 时，则

$$u_{id}=u_{i1}-u_{i2} \tag{6-28}$$

$$u_{ic}=\frac{u_{i1}+u_{i2}}{2} \tag{6-29}$$

此时，输出电压 u_o中，既有差模输出信号 u_{od}，又有共模输出信号 u_{oc}，即

$$u_o=u_{od}+u_{oc} \tag{6-30}$$

3. 差动放大器的输入输出方式

差动放大器输入端可采用双端输入和单端输入两种方式，双端输入是将信号加在两个晶体管的基极；单端输入则是将信号加在一只晶体管的基极和公共端，而另一只管子的输入端接地。不论是双端还是单端输入，其输入电阻均为单管共射放大电路输入电阻的2倍。差动放大器的输出端可采用双端输出和单端输出两种方式，双端输出时负载 R_L接在两个晶体管的集电极之间，此时差模电压放大倍数等于单管共射放大电路的放大倍数；单端输出时，负载 R_L接在某个晶体管的集电极与公共端之间，而另一个晶体管不输出，此时差模电压放大倍数和输出电阻均比双端输出减小一半。

由于差动放大器有两种输入方式和两种输出方式，因此差动放大器共有四种连接方式。

① 双端输入、双端输出。利用电路两侧的对称性及接在发射极的电阻 R_E来抑制共模信号。②双端输入、单端输出。③单端输入、双端输出。④单端输入、单端输出。后三种接法的电路已不具备对称性，抑制零漂主要靠射极电阻 R_E的作用来实现。

四、功率放大器

在多级放大电路中，输出级的任务是能够驱动负载工作，这就要求输出级能够向负载提供足够大的信号功率，即不但向负载提供足够大的输出电压，而且能向负载提供足够大的输出电流，这种以供给负载足够大的信号功率为目的的放大器称为功率放大器。功率放大器与电压放大器没有本质的区别，但是它所完成的主要任务是输出足够大功率的不失真（或失真小）信号，因此功率放大器通常工作在大信号状态下，讨论的指标主要是输出功率、功率放大器的效率、晶体管的管耗功率等。

根据功率放大器在电路中的作用及特点，首先要求它输出功率大、非线性失真小、效率高；其次，由于晶体管工作在大信号状态，要求它的极限参数 I_{CM}、P_{CM}、$U_{(BR)CEO}$等应满足电路正常工作并留有一定余量，同时还要考虑晶体管有良好的散热功能，以降低结温，确保晶体管安全工作。

1. 互补对称功率放大电路（OCL电路）

（1）电路组成及工作原理　图6-41是双电源互补对称功率放大电路。这类电路又称无输出电容的功率放大电路，简称OCL电路。VT_1为NPN型管，VT_2为PNP型管，两管参数对称。电路工作原理如下所述。

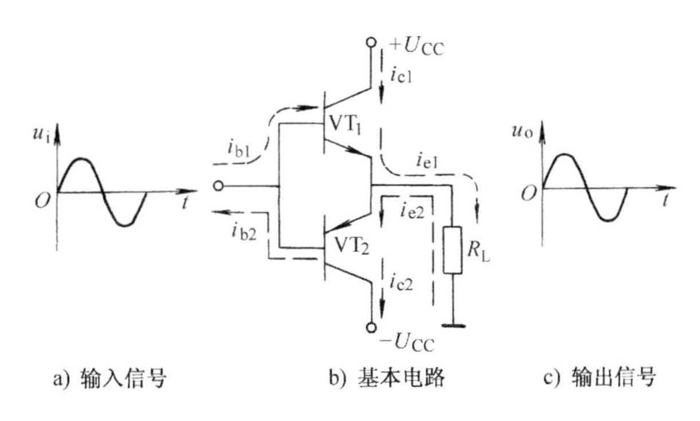

图 6-41　双电源互补对称功率放大电路

1）静态分析。当输入信号 $u_i=0$ 时，两晶体管都工作在截止区，此时 I_{BQ}、I_{CQ}、I_{EQ} 均为零，负载上无电流通过，输出电压 $u_o=0$。

2）动态分析

① 当输入信号为正半周时，$u_i>0$，晶体管 VT$_1$ 导通，VT$_2$ 截止，VT$_1$ 管的射极电流 i_{e1} 经电源 $+U_{CC}$ 自上而下流过负载，在 R_L 上形成正半周输出电压，$u_o>0$，且 $u_o\approx u_i$。

② 当输入信号为负半周时，$u_i<0$，晶体管 VT$_2$ 导通，VT$_1$ 截止，VT$_2$ 管的射极电流 i_{e2} 经电源 $-U_{CC}$ 自下而上流过负载，在 R_L 上形成负半周输出电压，$u_o<0$，且 $u_o\approx u_i$。

③ 由于这种功率放大电路的静态工作点位于截止区，因此称为乙类功率放大器。

（2）输出功率 P_o

$$P_o=I_oU_o=\frac{1}{2}I_{om}U_{om}=\frac{1}{2}\frac{U_{om}^2}{R_L} \tag{6-31}$$

输出信号不失真的最大振幅电压为

$$U_{om}=U_{CC}-U_{CES}$$

若忽略 U_{CES}，则

$$U_{om}\approx U_{CC}$$

因此，最大不失真输出功率为

$$P_{om}=\frac{1}{2R_L}(U_{CC}-U_{CES})^2\approx\frac{1}{2}\frac{U_{CC}^2}{R_L} \tag{6-32}$$

2. 交越失真及其消除

在上述功率放大器中，因没有设置偏置电压，静态时 U_{BE} 和 I_C 均为零，而晶体管有一死区电压，对硅管而言，在信号电压 $|u_i|<0.5\text{V}$ 时管子不导通，输出电压 u_o 仍为零，因此在信号过零附近的正负半波交接处无输出信号，出现了失真，该失真称为交越失真，如图 6-42 所示。

为了在 $|u_i|<0.5\text{V}$ 时仍有输出信号，从而消除交越失真，必须设置基极偏置电压，如图 6-43 所示。调节 RP 使功率放大电路的静态工作点位于放大区，但靠近截止区（有非常小的 I_{CQ}），这样两管处于微导通工作状态，因此该功率放大电路称为甲乙类功率放大器。

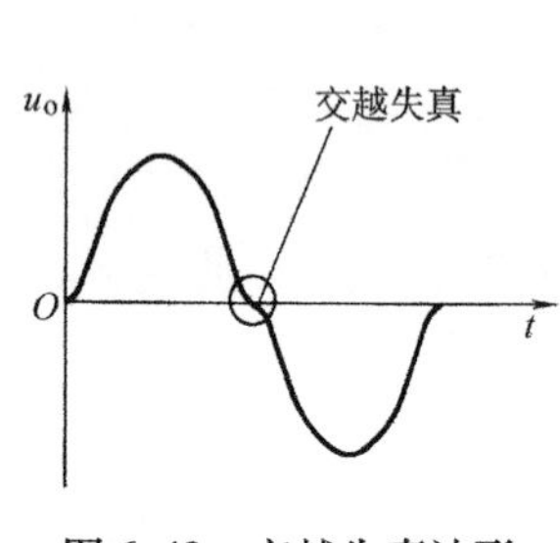

图6-42 交越失真波形

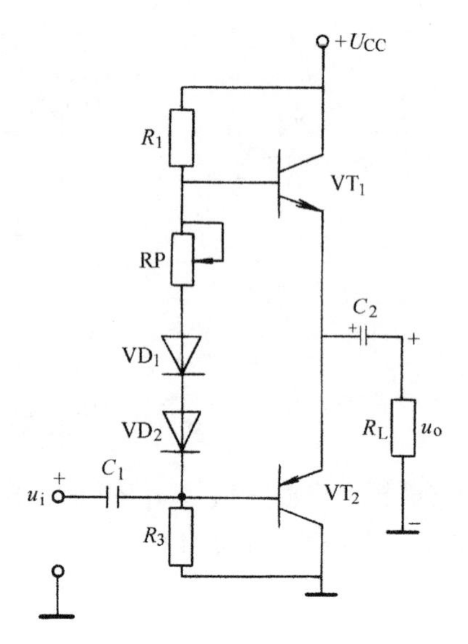

图6-43 甲乙类功率放大器

第五节 场效应晶体管及应用

前面讨论的晶体管是一种电流控制型器件，当它工作在放大状态时，必须给基极输入一定的基极电流。放大信号时，需从输入信号源中吸取信号源电流，所以，晶体管的输入电阻较低。20世纪60年代初，出现了另一种半导体器件，称为场效应晶体管。它通过改变电场强弱来控制固体材料的导电能力，因而它是一种电压控制型器件。由于场效应晶体管输入端电流几乎为零，几乎不吸取信号源电流，因而它具有很高的输入电阻。场效应晶体管还具有热稳定性好、低噪声、抗辐射能力强、制造工艺简单且便于集成等优点，因此在电子电路中得到了广泛的应用。

根据结构的不同，场效应晶体管可分为结型和绝缘栅型两类，其中绝缘栅型应用更为广泛，因此本节主要介绍绝缘栅型场效应晶体管及应用。

一、绝缘栅场效应晶体管的结构及符号

绝缘栅型场效应晶体管是由金属、氧化物和半导体组成的，因此又称为金属氧化物半导体场效应晶体管，简称MOS管。MOS管可分为增强型与耗尽型两种类型，每一种又分为N沟道和P沟道，即NMOS管和PMOS管。

图6-44a所示为N沟道增强型绝缘栅场效应晶体管结构示意图。它是在P型硅薄片（作衬底）上制成两个掺杂浓度高的N区（用N^+表示），用铝电极引出作为源极S和漏极D，硅片表面覆盖一层薄薄的二氧化硅绝缘层，在源极S和漏极D之间的绝缘层上再喷涂一层金属铝作为栅极G，衬底也引出一个电极，通常与源极相连，这样就得到了一个MOS管。由于栅极与源极、漏极以及衬底之间是绝缘的，故是绝缘栅型器件。图6-44b是增强型N沟道绝缘栅场效应晶体管的图形符号，箭头向内表示N沟道。若采用N型硅作衬底，源极、

漏极为 P^+ 型，则导电沟道为 P 沟道，其符号与 N 沟道类似，只是箭头方向朝外。

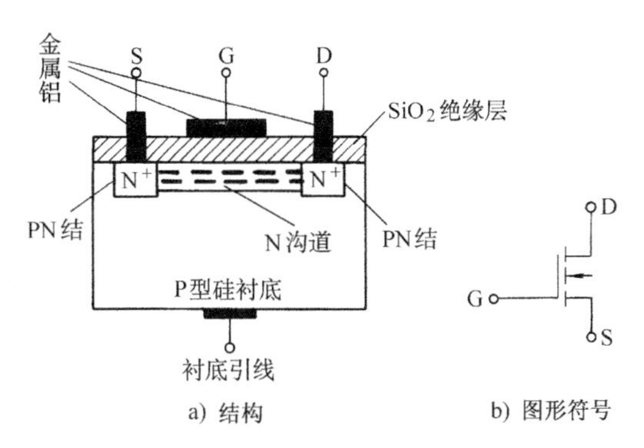

图 6-44　N 沟道增强型绝缘栅场效应晶体管

上述增强型绝缘栅场效应晶体管只有在外电场的作用下才有可能形成导电沟道，如果在制造时就使它具有一个原始导电沟道，这种绝缘栅场效应晶体管称为耗尽型。N 沟道耗尽型绝缘栅场效应晶体管的结构示意图和图形符号如图 6-45 所示。

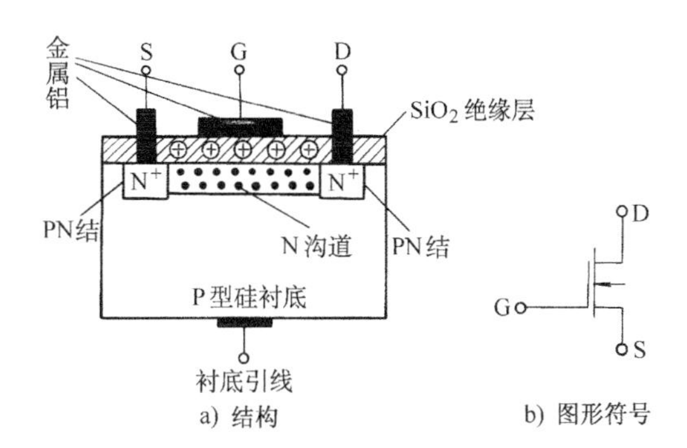

图 6-45　N 沟道耗尽型绝缘栅场效应晶体管

二、绝缘栅场效应晶体管的特性

场效应晶体管的基本特性可以由它的转移特性曲线和输出特性曲线来详细描述。

1. N 沟道增强型 MOS 管特性

（1）转移特性　某增强型 NMOS 管的转移特性曲线如图 6-46a 所示。它是描述当 U_{DS} 保持不变时，U_{GS} 对 I_D 的控制关系。从图中可以看出，当 $U_{GS} < U_{GS(th)}$ 时，$I_D \approx 0$，这相当于晶体管输入特性曲线的死区；当 $U_{GS} = U_{GS(th)}$ 时，通电沟道开始形成，随着 U_{GS} 的增大，I_D 也随之增大，这说明 I_D 开始受到 U_{GS} 的控制，它们之间的关系可用下式近似表示

$$I_D = I_{D0}\left[\frac{U_{GS}}{U_{GS(th)}} - 1\right]^2 \tag{6-33}$$

式中，I_{D0} 是 $U_{GS} = 2U_{GS(th)}$ 时的 I_D（mA）；$U_{GS(th)}$ 称为 NMOS 管的开启电压（V）。

（2）输出特性　增强型 NMOS 管的输出特性是指当 $U_{GS} > U_{GS(th)}$ 并保持不变时，漏源电压 U_{DS} 变化会引起漏极电流 I_D 的变化，它们之间的关系称为输出特性，图 6-46b 为某增强型 NMOS 管的输出特性曲线。从图中可以看出，场效应晶体管可分为三个工作区：

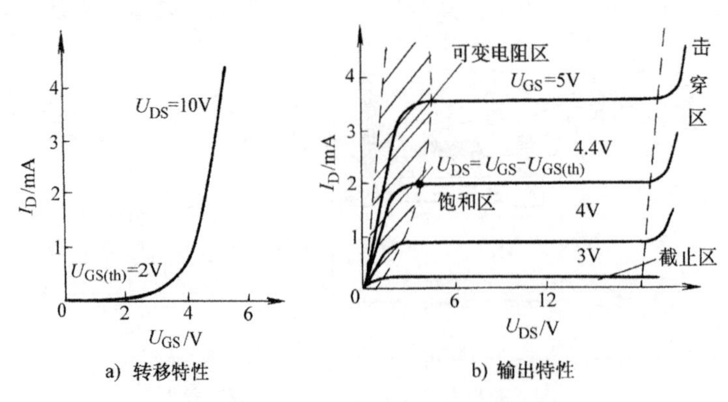

图6-46　增强型NMOS管的特性曲线

1）可变电阻区。在该区域，U_{DS}相对较小时，可不考虑U_{DS}对沟道的影响，于是U_{GS}一定时，沟道电阻也一定，故I_D与U_{DS}之间基本上是线性关系。U_{GS}越大，沟道电阻越小，故曲线越陡。在这个区域中，沟道电阻由U_{GS}决定，故称为可变电阻区。

2）恒流区（饱和区）。图中所示曲线近似水平的部分即为恒流区，它表示当$U_{DS}>U_{GS}-U_{GS(th)}$时，输入电压U_{GS}与漏极电流I_D之间的关系。该区的特点是I_D几乎不随U_{DS}的变化而变化，I_D已趋于饱和，具有恒流性质，所以这个区域又称饱和区。但I_D受U_{GS}的控制，U_{GS}增大，沟道电阻减小，I_D随之增加。

3）截止区。当$U_{GS}<U_{GS(th)}$时，场效应晶体管工作在截止区，此时，漏极电流I_D极小，几乎不随U_{DS}变化。

另外，U_{DS}较大时，场效应晶体管的I_D会急剧增大，如无限流措施，管子将被损坏，该区域叫击穿区，此时，场效应晶体管已不能正常工作。

2. N沟道耗尽型MOS管特性

与增强型相比，由于它的结构有所改变，因而其控制特性有明显变化。在U_{DS}为常数的条件下，当$U_{GS}=0$时，漏、源极间已经导通，流过的是原始导电沟道的漏极电流I_{DSS}。当$U_{GS}<0$时，即加反向电压时，导电沟道变窄，I_D减小；U_{GS}负值越高，沟道越窄，I_D也就越小。当U_{GS}达到一定负值时，导电沟道被夹断，$I_D\approx0$，这时的U_{GS}称为夹断电压，用$U_{GS(off)}$表示。图6-47a、b所示分别为N沟道耗尽型管的转移特性曲线和输出特性曲线。可见，耗尽型绝缘栅场效应晶体管不论栅-源电压U_{GS}是正是负或零，都能控制漏极电流I_D，这个特点使它的应用具有较大的灵活性。一般情况下，这类管子工作在负栅-源电压的状态。

实验表明，在$U_{GS(off)}\leqslant U_{GS}\leqslant0$范围内，耗尽型场效应晶体管的转移特性可近似用下式表示

$$I_D=I_{DSS}\left[1-\frac{U_{GS}}{U_{GS(off)}}\right]^2 \tag{6-34}$$

式中，I_{DSS}为$U_{GS}=0$的漏极电流（A），$U_{GS(off)}$为夹断电压（V）。

三、场效应晶体管的主要参数

（1）开启电压$U_{GS(th)}$或夹断电压$U_{GS(off)}$　当U_{DS}为某固定值时，使漏极电流I_D接近零（或按规定等于一个微小电流，例如1μA），这时的栅-源电压即为开启电压$U_{GS(th)}$（增强

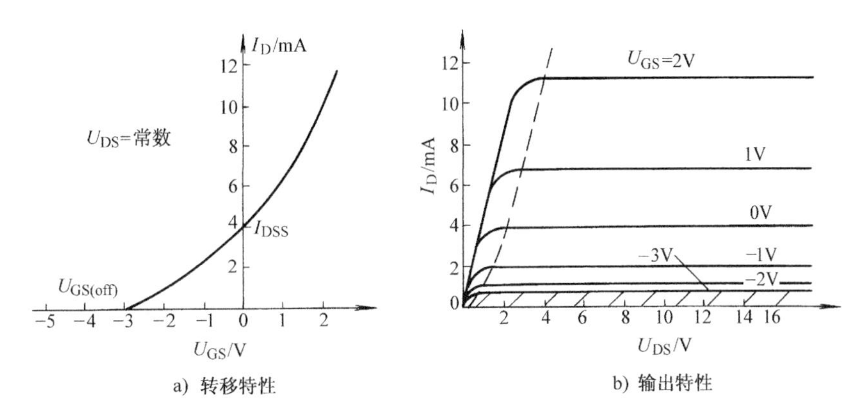

图 6-47　耗尽型 NMOS 管特性曲线

型）或夹断电压 $U_{GS(off)}$（耗尽型）。

（2）零偏漏极电流 I_{DSS}　当 U_{DS}为某固定值时，栅-源电压为零时的漏极电流。

（3）漏-源击穿电压 $U_{(BR)DS}$　当 U_{DS}增加，使 I_D开始剧增时的 U_{DS}称为 $U_{(BR)DS}$。使用时，U_{DS}不允许超过此值，否则会烧坏管子。

（4）栅-源击穿电压 $U_{(BR)GS}$　使二氧化硅绝缘层击穿时的栅-源电压叫作栅-源击空电压 $U_{(BR)GS}$，一旦绝缘层被击穿将造成短路现象，使管子损坏。

（5）直流输入电阻 R_{GS}　R_{GS}是指栅源间所加一定电压与栅极电流的比值。R_{GS}数值很大，这是因为栅源之间存在二氧化硅绝缘层的缘故，R_{GS}在 $10^{10}\Omega$ 左右。

（6）漏极最大耗散功率 P_{DM}　P_{DM}是管子允许的最大耗散功率，类似于晶体管中的 P_{CM}，是决定管子温升的参数。P_{DM}确定后可在漏极特性上作出它的临界损耗线。

（7）跨导 g_m　在 U_{DS}为规定值的条件下，漏极电流变化量和引起这个变化的栅-源电压变化量之比，称为跨导或互导，即

$$g_m = \frac{dI_D}{dU_{GS}}\Big|_{U_{DS}=\text{常数}} \tag{6-35}$$

跨导是表示栅-源电压对漏极电流控制能力的参数。

四、场效应晶体管放大电路简介

由于场效应晶体管具有输入电阻高、温度稳定性好和噪声小等突出优点，因此通常用在多级放大电路的输入级。

与晶体管放大电路相类似，场效应晶体管放大电路可分为共源极放大电路和共漏极放大电路等形式，而且也要设置合适的静态工作点，使场效应晶体管工作在恒流区（放大区）。下面以共源极放大电路为例予以介绍。

1. 电路的组成及各元器件的作用

图 6-48 所示电路是分压偏置共源极放大电路。与晶体管共射极分压偏置电路十分相似，图中各元器件的作用是：

1）VT：场效应晶体管，电压控制元器件，由栅-源电压 U_{GS}控制漏极电流 I_D。

2）R_{G1}、R_{G2}：分压电阻，使栅极获得合适的工作电压，改变 R_{G1}的阻值可调整放大电路

的静态工作点。

3）R_{G3}：R_{G3}阻值很大，用以减小 R_{G1}、R_{G2}对交流信号的分流作用，以保持较高的输入电阻。

4）R_D：漏极负载电阻，作用相当于晶体管放大电路的集电极负载电阻 R_C，可将漏极电流 I_D转换为输出电压 u_o。

5）R_S：源极电阻，不仅决定栅-源偏压 U_{GS}，同时还可稳定静态工作点。

6）C_S：源极旁路电容，消除 R_S对交流信号的衰减作用。

7）C_1、C_2：耦合电容，起隔断直流、耦合交流信号的作用。电容量一般在 0.01 ~ 10μF 范围内，比晶体管放大电路的耦合电容小。

耗尽型 NMOS 管通常工作在 $U_{GS} \leqslant 0$ 的放大区域，可采用共源极自偏压放大电路，如图 6-49所示。

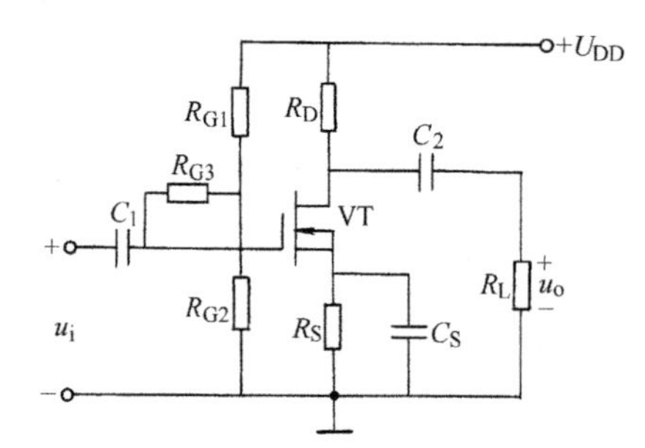

图 6-48　分压偏置共源极放大电路

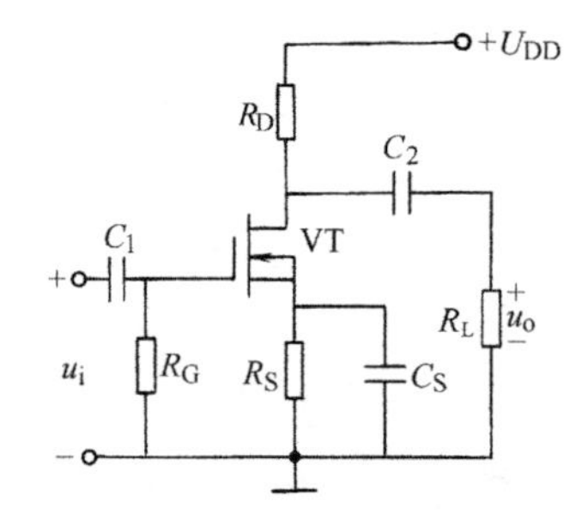

图 6-49　共源极自偏压放大电路

该电路是在源极串入源极电阻 R_S，考虑到耗尽型管在 $U_{GS}=0$ 时，也有漏极电流 I_D流过 R_S形成 I_SR_S（$I_S=I_D$）压降，该电压降为栅源极间提供负偏压 $U_{GS}=-I_SR_S$，使管子工作于放大状态。增强型 MOS 管则不能使用自偏压电路。

【实例】图 6-50 所示为简易送话器前置放大电路，放大管采用 N 沟道耗尽型场效应晶体管，送话器将声音信号转换为音频信号送入场效应晶体管的栅极，放大后的信号从漏极经耦合电容 C 输出。

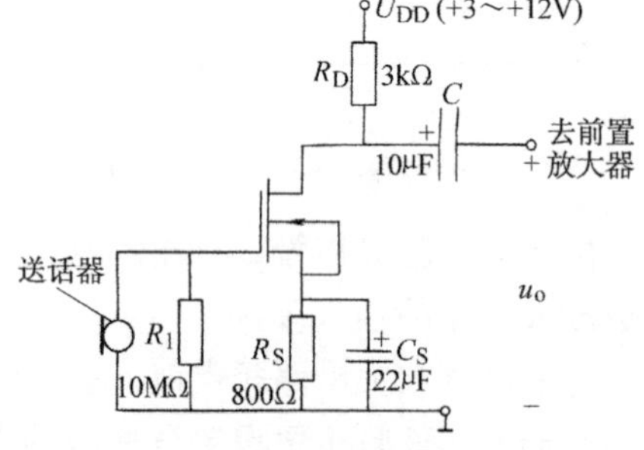

图 6-50　场效应晶体管自偏置电路应用实例

2. 动态参数的估算

（1）场效应晶体管的微变等效电路　由于共源极放大电路输入电阻很大，可看成在输入端加上一个开路电压 $\dot{U}_{GS}$。而输出回路中是被 $\dot{U}_{GS}$控制的电流源。根据式（6-35）跨导的定义可知，该受控电流源即为 $g_m\dot{U}_{GS}$。场效应晶体管内阻 r_{GS}极大，可将其看作开路。这样就得到图 6-51 所示的场效应晶体管微变等效电路。

（2）放大电路微变等效电路　由场效应晶体管的微变等效电路和图 6-48 共源放大电路的交流通路可得图 6-52 所示的微变等效电路。

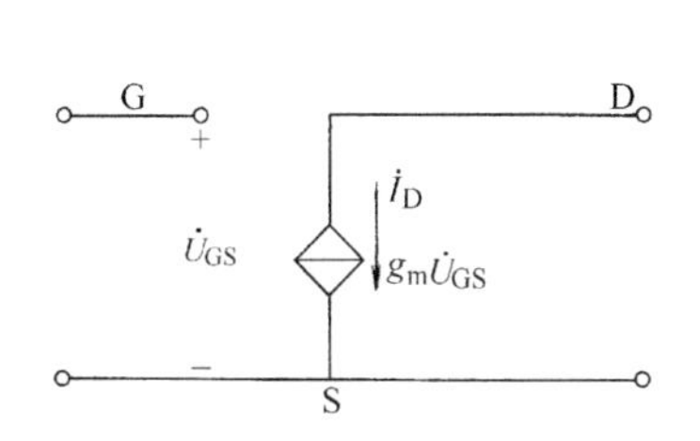

图6-51 场效应晶体管微变等效电路

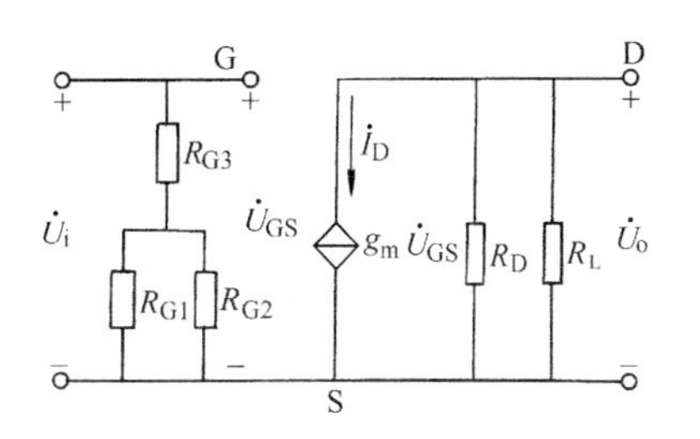

图6-52 微变等效电路

1）电压放大倍数 A_u。由图6-52可知

$$\dot{U}_o = -\dot{I}_D (R_D // R_L) = -g_m \dot{U}_{GS} R'_L = -g_m \dot{U}_i R'_L$$

$$A_u = \frac{\dot{U}_o}{\dot{U}_i} = -R'_L g_m \tag{6-36}$$

式中，负号表示输出电压与输入电压反相，$R'_L = R_D // R_L$。

2）输入电阻 r_i。由图6-52可知

$$r_i = R_{G3} + (R_{G1} // R_{G2}) \tag{6-37}$$

通常，为了减小 R_{G1}、R_{G2}对输入信号的分流作用，常选择 $R_{G3} \gg (R_{G1} // R_{G2})$，故有

$$r_i \approx R_{G3} \tag{6-38}$$

3）输出电阻 r_o

$$r_o = R_D \tag{6-39}$$

R_D一般为几百欧到几千欧，故输出电阻较大。

实验课题四 单管共射放大电路的测试

一、实验目的

1）掌握放大电路静态工作点的调整和测试方法。
2）学习放大器电压放大倍数的测试方法。
3）观察静态工作点对输出波形的影响。
4）熟悉常用电子仪器的使用方法。

二、预习要求

1）理解分压式单管共射放大器的工作原理及电路中各元器件的作用。
2）掌握分压式单管共射放大器静态工作点的计算方法。
3）了解共射放大电路中饱和失真、截止失真或信号过大引起失真的输出电压波形。
4）掌握放大器电压放大倍数的测试方法。
5）思考：如何测量实验内容任务1中集电极的电流？

三、实验仪器及设备

实验仪器及设备清单见表6-2。

表6-2 实验仪器及设备清单

序号	名　称	型号或规格	数量	备　注
1	直流稳压电源	自定	1	
2	低频信号发生器	自定	1	
3	示波器	自定	1	
4	数字万用表	自定	1	
5	电子技术实验机或实验板	自定	1	
6	交流毫伏表	自定	1	

四、实验内容

任务1 调整与测试静态工作点

按图6-53连接电路（实验电路中各元器件参数仅供参考，可根据实验室情况做调整）。调节RP，使发射极对“地”的电压 $V_E=3V$，用数字万用表的直流电压档分别测出晶体管的集电极、基极对“地”的电压，记录到表6-3中。

表6-3 静态工作点测试

测　量　值			计　算　值	
V_E/V	V_B/V	V_C/V	$I_C \approx V_E/R_E$	$U_{CE}=V_C-V_E$

任务2 测量电压放大倍数

输入正弦信号：$f=1kHz$，$U_i=10\sim20mV$，用示波器观察输出信号，当 R_L 分别为∞及2.2kΩ时，用交流毫伏表分别测量输入、输出电压，并记录到表6-4中。

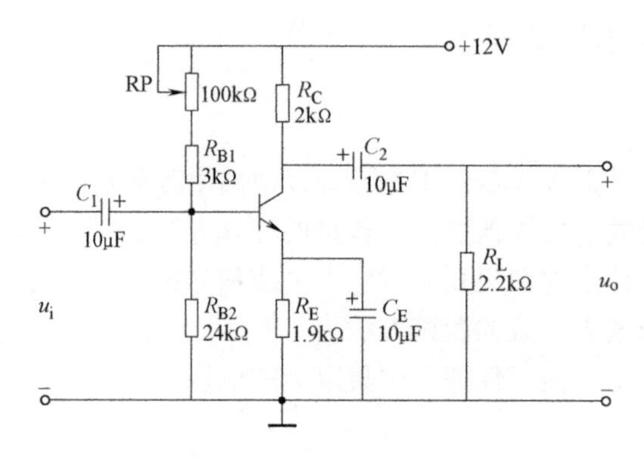

图6-53 共射放大电路

表 6-4　电压放大倍数的测量

R_L/kΩ	U_i/mV	U_o/V	计算放大倍数 A_u
2.2			
∞			

任务 3　观察静态工作点的变动及输入电压太大对输出波形的影响

首先，改变输入信号大小，使输出达到最大不失真，然后按表 6-5 要求调节，用示波器观察并记录输出电压的失真情况。

表 6-5　输入参数对输出波形的影响

条　件	输出电压波形	输出信号失真类型
RP 不变，增大 U_i		
U_i不变，减小 RP		
U_i不变，增大 RP		

五、注意事项

在电子实验过程中，注意所有仪器和电路要共地。

边学边练七　直流稳压电源

读一读 1　直流稳压电源的组成

日常生活和工业生产中使用的各种电子设备以及各种自动控制装置都需要稳定的直流电源供电。直流电源可以由直流发电机和各种电池提供，但比较经济实用的方法是利用电子电路将工频交流电转换成稳定的直流电，这种电路称为直流稳压电源电路。直流稳压电源的组成如图 6-54 所示，各组成部分的作用如下。

（1）电源变压器　其作用是将交流电网所提供的 220V 或 380V 的电压变换成直流电源所需要的电压。

（2）整流电路　其作用是将交流电压变换成脉动直流电压。

（3）滤波电路　其作用是滤除脉动直流电压中含有的脉动成分，从而得到脉动幅度较小的直流电压，以适应负载的需要。

（4）稳压电路　经整流、滤波输出的电压仍有一些波动，电网电压波动或负载变化时将随之变化，稳压电路的作用就是使输出电压稳定。

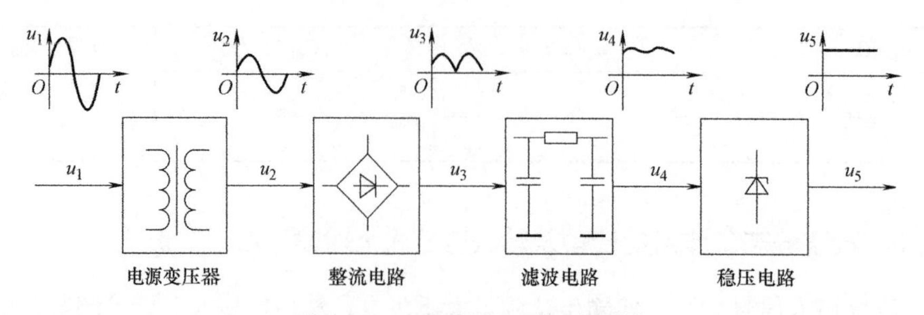

图 6-54　直流稳压电源组成框图

读一读2　滤波电路

滤波电路简称为滤波器，实际电路中常采用电容滤波器。电容滤波器是在负载的两端并联一个电容构成的，它是根据电容两端电压不能突变的原理设计的。

单相半波整流电容滤波电路如图 6-55 所示，单相桥式整流电容滤波电路如图 6-56 所示。

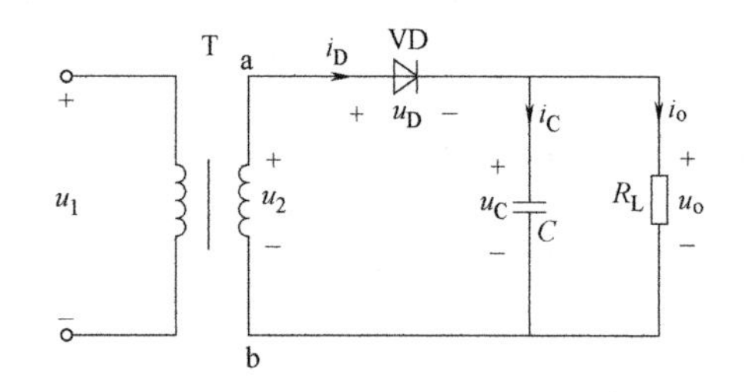

图 6-55　单相半波整流电容滤波电路

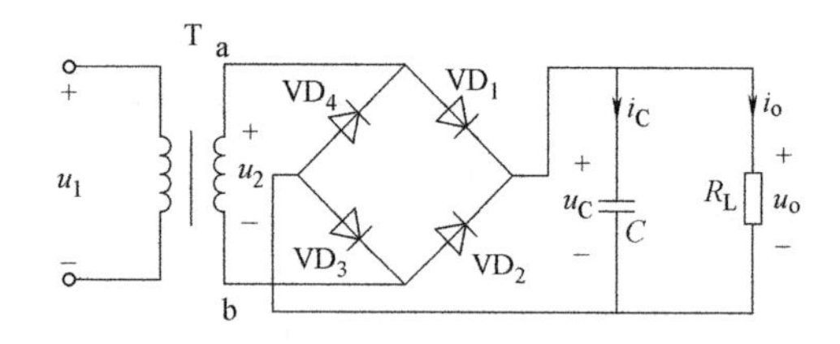

图 6-56　单相桥式整流电容滤波电路

图 6-55、图 6-56 未接滤波电容 C 之前，输出电压的波形如图 6-57 中的虚线所示。当在负载 R_L 的两端并联滤波电容后，输出波形就变为图 6-57 中的实线。显然，加上滤波器后的输出电压脉动程度减小了。

在电容滤波电路中，C 的容量或 R_L 的阻值越大，电容 C 放电越慢，输出的直流电压就越大，滤波效果也越好；反之，C 的容量或 R_L 的阻值越小，输出电压越低且滤波效果越差。

在采用大容量的滤波电容时，接通电源的瞬间充电电流很大，称为浪涌电流。

电容滤波器只适用于负载电流较小的场合。

读一读3　稳压电路

稳压电路一般用集成电路实现，称为集成稳压电源。

所谓集成稳压电源，就是把稳压电源的功率调整管、取样电路、基准电压、比较放大电路、启动和保护电路等，全部集成在一块芯片上，作为一个器件使用。因为集成稳压电源具有体积小，外围元器件少，性能稳定可靠，使用、调整方便等优点，因此得到广泛的应用。

目前，集成稳压电源类型很多，作为小功率的稳压电源以三端式串联稳压电源应用最为普遍。三端式是指稳压器仅有输入、输出、接地三个接线端子，其外形和图形符号如

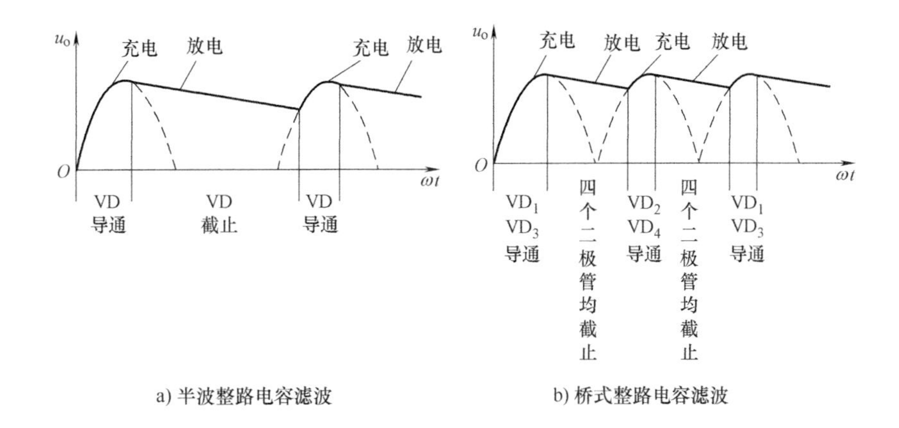

a) 半波整路电容滤波　　b) 桥式整路电容滤波

图 6-57　电容滤波输出波形

图 6-58所示。例如 W78 系列，有 5V、6V、9V、12V、15V、18V、24V 共七档固定正电压输出。如果需要 15V 输出电压则选用 W7815 型。另外还有与 W78 系列对应的 W79 系列，它有固定负电压输出。以上两种系列三端稳压器可以输出 0.5A 电流，如果加装散热片，可达到 1.5A。

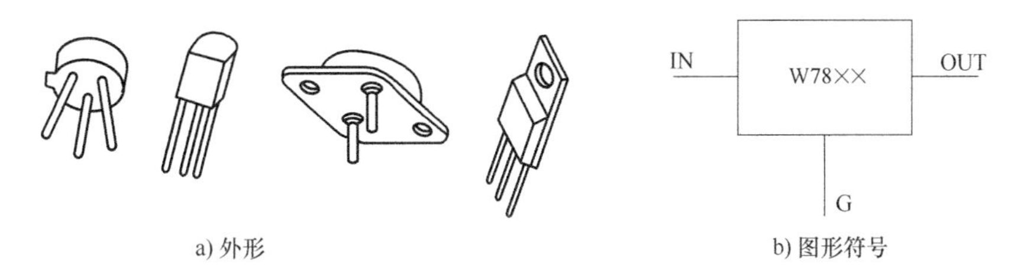

a) 外形　　b) 图形符号

图 6-58　三端集成稳压器外形和图形符号

具有固定电压输出的稳压电源如图 6-59 所示。图 6-59a 中 W78 系列的 IN 端为输入端，OUT 端为输出端，G 端为公共端，通常是在整流滤波电路之后接上三端稳压器，输入电压接 IN、G 端，OUT、G 端则输出稳定电压 U_o。图 6-59b 中 W79 系列的各引脚标示含义与图 6-59a 相同。在输入端并联一个电容 C_1 以旁路高频干扰信号，消除自激振荡。输出端的电容 C_2 起滤波作用。

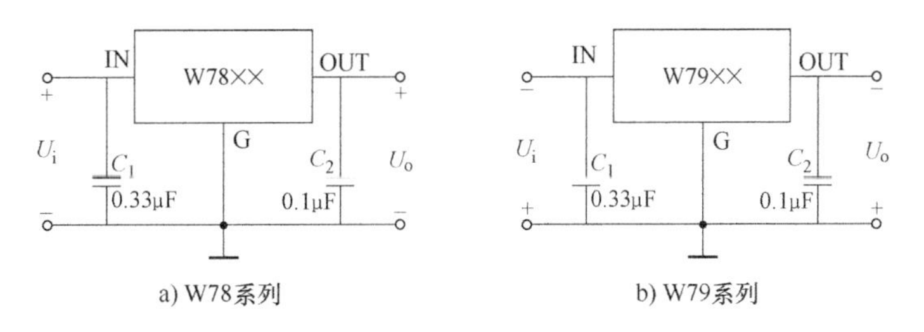

a) W78系列　　b) W79系列

图 6-59　三端固定式稳压电源

议一议　直流稳压电源由几个部分组成？

1）整流电路可以输出什么样的电压信号？其作用是什么？
2）滤波电路可以输出什么样的电压信号？其作用是什么？
3）稳压电路可以输出什么样的电压信号？其作用是什么？

练一练　搭接直流稳压电源

任务1　搭接电路

按图6-60搭接直流稳压电源电路。图中，变压器的额定容量为20VA，二次绕组额定电压为18V，额定电流为1A，二极管的型号为1N4001，负载电阻应大于15Ω。接入的负载电阻，应计算负载电阻上的功率，负载电阻上消耗的功率应小于负载电阻的额定功率。

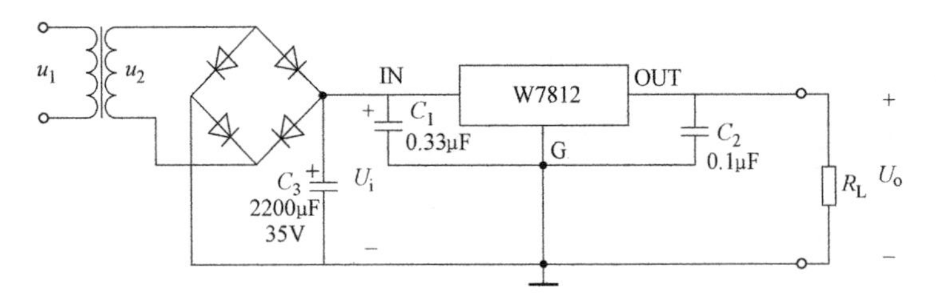

图6-60　直流稳压电源电路

任务2　观察输出电压波形

用示波器观察变压器二次绕组两端的电压波形、桥式整流电路的输出电压波形、滤波电路的输出电压波形及稳压电路的输出波形。根据各部分电路的输出电压波形，体会整流电路、滤波电路和稳压电路的作用。

任务3　测量电压

用万用表的交流电压档测量变压器二次绕组两端的电压，用万用表的直流电压档测量桥式整流电路、滤波电路及稳压电路的输出直流电压。改变负载电阻的阻值，测量以上各部分电压的变化情况，体会稳压电路的作用。

本章小结

（1）半导体二极管的核心是一个PN结，主要特性是单向导电性。二极管正偏时，PN结导通，表现出很小的正向电阻；二极管反偏时，PN结截止，反向电流极小，表现出很大的反向电阻。

（2）整流电路是利用二极管的单向导电特性，将交流电转换成单向的脉动直流电。在单相桥式整流电路中 $U_o = 0.9U_2$，$I_o = 0.9\frac{U_2}{R_L}$。

（3）特殊二极管主要有稳压管、发光二极管、光敏二极管等。稳压管是利用它在反向击穿状态下的恒压特性来工作的，发光二极管起着将电信号转换为光信号的作用，而光敏二极管则是将光信号转换为电信号。

（4）晶体管是由两个 PN 结构成的半导体器件，是一种电流控制器件。晶体管通过较小的基极电流去控制较大的集电极电流，即 $I_C = \beta I_B$，三个电极的电流关系为 $I_E = I_B + I_C$。

（5）通常用输入、输出特性曲线反映晶体管的性能。发射结正偏、集电结反偏时，晶体管工作在放大区；发射结与集电结均正偏时，工作在饱和区，相当于开关闭合；发射结与集电结均反偏时，处于截止区，相当于开关断开。晶体管有 PNP 型和 NPN 型两大类。

（6）场效应晶体管是一种电压控制器件，利用栅源电压控制漏极电流。其基本特性主要由转移特性和输出特性来描述。

（7）放大器的功能是把微弱的电信号放大。放大器的核心是晶体管或场效应晶体管，要想实现放大作用，必须使它们工作在放大区。晶体管放大电路和场效应晶体管放大电路都要设置合适的静态工作点。

（8）多级放大器有阻容耦合、直接耦合、变压器耦合和光耦合等方式。它的电压放大倍数为各级电压放大倍数之积。

（9）差动放大器由于电路对称，可有效地抑制零点漂移和共模信号。

思考题与习题

一、填空题

6-1 二极管的主要特性是（ ），其主要参数有（ ）、（ ）和（ ）。

6-2 二极管的两端加正向电压时，有一段“死区电压”，锗管约为（ ），硅管约为（ ）。

6-3 整流电路是利用二极管的单向导电性，将（ ）电转换成脉动的（ ）电。

6-4 晶体管具有放大作用的外部条件是（ ）结正向偏置，（ ）结反向偏置。

6-5 晶体管是一种（ ）的器件。场效应晶体管是一种（ ）的器件。

6-6 共射极放大电路的输入电压与输出电压相位（ ）。射极输出器的输入电压与输出电压相位（ ）。

6-7 对直流通路而言，放大器中的电容可视作（ ）；对于交流通路而言，容抗小的电容可视作（ ），直流电源可视作（ ）。

6-8 为了抑制直流放大器的零点漂移，可采用（ ）电路。电路的对称性越（ ），差动放大器抑制零漂的能力越好，它的 K_{CMR} 就越（ ）。共模抑制比 K_{CMR} 等于（ ）之比的绝对值。

6-9　多级放大器有（　　　）耦合、（　　　）耦合、（　　　）耦合和（　　　）耦合等方式。

二、单项选择题

6-10　在图6-61所示电路中，若测得a、b两端的电位如图所示，则二极管工作状态为（　　）。

a）导通　　b）截止　　c）不确定

6-11　电路如图6-62所示，二极管为理想元件，$U_S=3V$，则输出电压U_o为（　　）。

a）2/3V　　b）3V　　c）0V

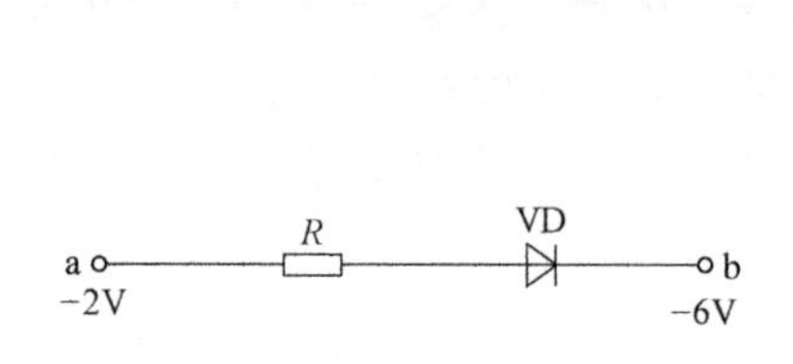

图6-61　题6-10图

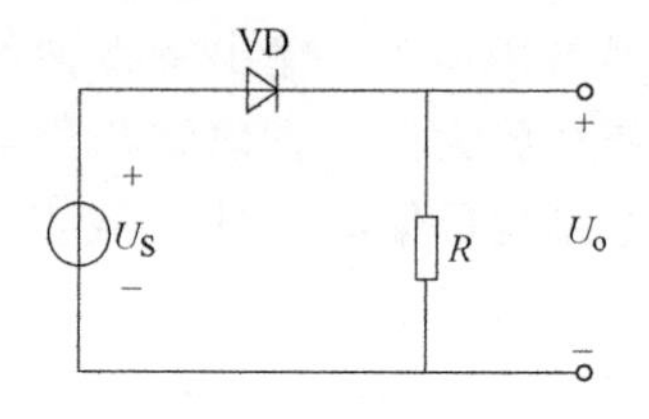

图6-62　题6-11图

6-12　在图6-63所示电路中，所有二极管均为理想元件，则VD_1、VD_2和VD_3的工作状态为（　　）。

a）VD_1导通，VD_2和VD_3截止

b）VD_1和VD_2截止，VD_3导通

c）VD_1和VD_3截止，VD_2导通

6-13　在图6-64电路中，稳压管VS_1的稳压值为6V，稳压管VS_2的稳压值为12V，则输出电压U_o等于（　　）。

a）12V　　b）6V　　c）18V

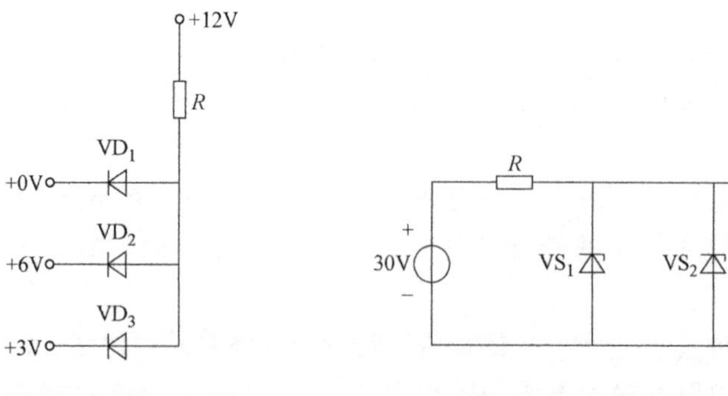

图6-63　题6-12图　　图6-64　题6-13图

6-14　单相桥式整流电路如图6-12所示，已知交流电压$u_2=100\sin\omega t$V，若有一个二极管损坏（断开），则输出电压的平均值U_o为（　　）。

a）31.82V　　b）45V　　c）0V

6-15　图6-65所示电路中，正确的单相桥式整流电路是（　　）。

6-16　已知两个单管放大器的电压放大倍数分别为20和30，若将它们连接起来组成两

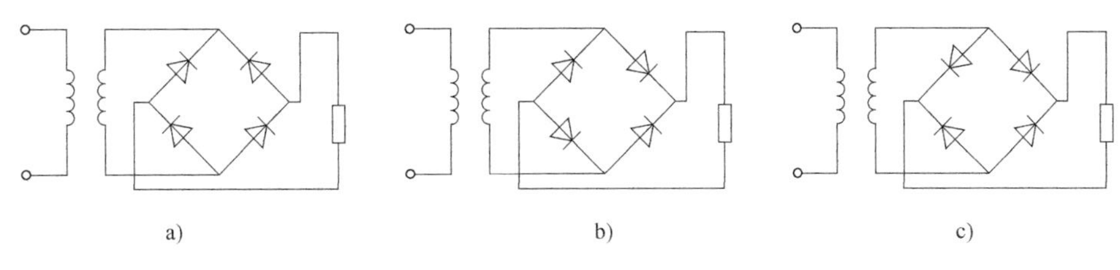

图 6-65　题 6-15 图

级阻容耦合放大电路，则其总的电压放大倍数为（　　）。

a）600　　　　b）50　　　　c）10

三、综合题

6-17　电路如图 6-66 所示，设二极管为理想元件，试求输出电压 U_o。

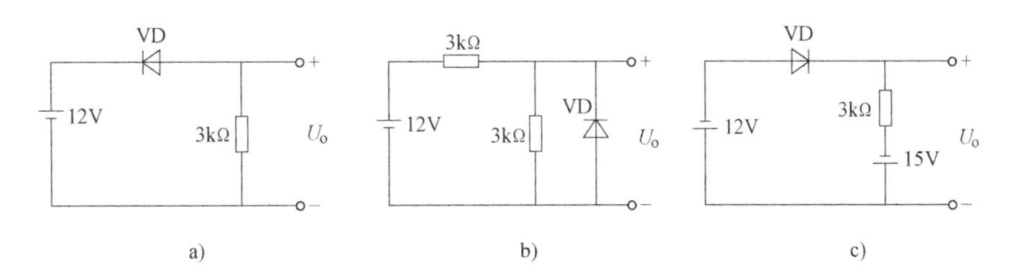

图 6-66　题 6-17 图

6-18　单相半波整流电路如图 6-10 所示，负载电阻 $R_L=2k\Omega$，变压器二次电压 $U_2=30V$。试求输出电压 U_o 和电流 I_o。

6-19　单相桥式整流电路如图 6-12 所示，已知负载电阻 $R_L=1k\Omega$。若该整流电路输出直流电压 $U_o=80V$，试求变压器二次电压 U_2。

6-20　共射基本放大电路如图 6-67 所示，晶体管为 NPN 型硅管，$\beta=100$，$r_{be}=1.3k\Omega$。

（1）估算静态工作点。

（2）求电压放大倍数 A_u、输入电阻 r_i 和输出电阻 r_o。

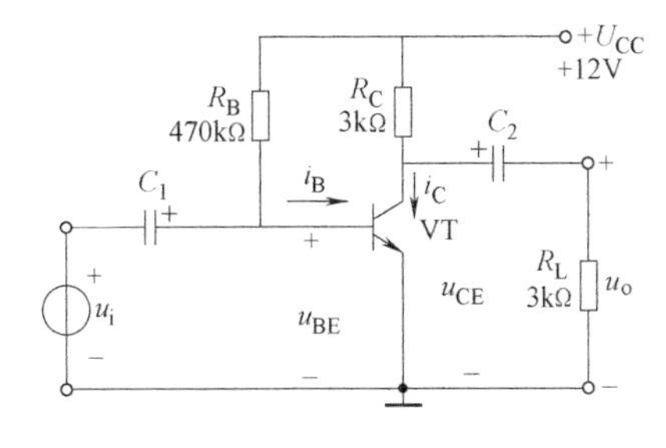

图 6-67　题 6-20 图

6-21　分压式偏置电路如图 6-68 所示，已知 $R_{B1}=30k\Omega$，$R_{B2}=10k\Omega$，$R_C=1.5k\Omega$，$R_E=2k\Omega$，$\beta=50$。

（1）简要说明图中各元器件的名称及作用。

（2）简述稳定静态工作点的过程。

（3）估算静态工作点。

6-22　射极输出器如图6-69所示，已知晶体管为硅管，$\beta=100$，$r_{be}=1.2\text{k}\Omega$。试求输入电阻r_i和输出电阻r_o。

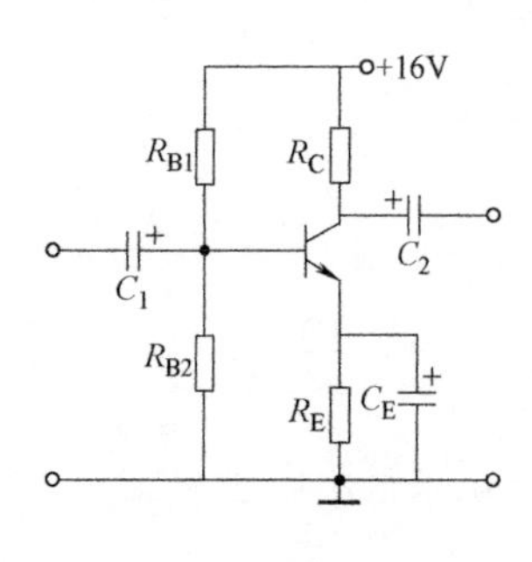

图6-68　题6-21图

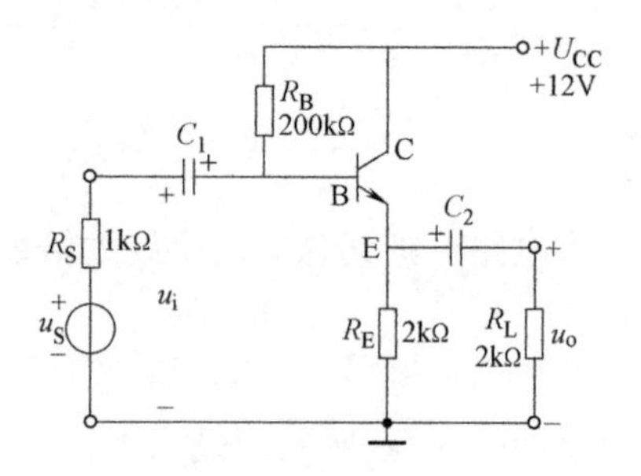

图6-69　题6-22图

6-23　某三级放大电路，若测得$A_{u1}=10$，$A_{u2}=100$，$A_{u3}=100$，试问总的电压放大倍数是多少？折算为分贝是多少？

6-24　某差动放大器，已知$u_{i1}=2\text{V}$，$u_{i2}=2.001\text{V}$，$A_{ud}=-10$，$K_{CMR}=100\text{dB}$，试求输出电压u_o中的差模成分u_{od}和共模成分u_{oc}。

第七章 运算放大器及其应用

学习目标

通过本章的学习，你应达到：

(1) 掌握理想运算放大器的条件和分析依据。

(2) 理解负反馈的概念。

(3) 了解负反馈类型及其对放大器性能的影响。

(4) 理解集成运算放大器的线性应用和非线性应用。

集成电路是利用半导体制造工艺把整个电路的各个元器件以及相互之间的连接线同时制造在一块半导体芯片上，组成一个不可分割的整体，实现了材料、元器件和电路的统一。集成电路与分立元件电路比较，体积小、重量轻、功耗低，由于减少了焊点，工作可靠性高，价格也较便宜。

就集成度而言，集成电路有小规模、中规模、大规模和超大规模（SSI、MSI、LSI 和 VLSI）之分。目前的超大规模集成电路，在几十平方毫米面积上制有上亿个元器件。就导电类型而言，有双极型、单极型（场效应晶体管）和两种兼容的。就功能而言，有数字集成电路和模拟集成电路，而后者又有集成运算放大器、集成功率放大器、集成稳压电源等多种。本章主要介绍集成运算放大器。

第一节 集成运算放大器

集成运算放大器简称集成运放，是具有高增益的多级直接耦合放大电路。在信号运算、信号处理、信号测量及波形产生等方面获得广泛应用。

一、集成运算放大器的特点

集成运算放大器的一些特点与其制造工艺是紧密相关的，主要有以下几点：

1）在集成电路工艺中还难于制造电感及容量稍微大一点的电容，因此集成运放各级之间都采用直接耦合，以方便集成化。必须使用电容的地方，也采用外接的形式。

2）集成运放的输入级都采用差动放大电路，需要一对性能相近的差动管。只有采用同一工艺过程在同一硅片上制作一对差动管，才能满足抑制温度漂移的要求。

3）集成电路工艺制作电阻，其阻值范围具有局限性，因此大电阻多采用晶体管恒流源替代。

4）在集成电路中，制作晶体管工艺简单，因此二极管、稳压管等均采用把晶体管的发射极、基极、集电极三者适当组配使用。

二、集成运算放大器的组成

集成运算放大器的内部包括四个部分：输入级、输出级、中间级和偏置电路。如图7-1所示。

输入级是提高运算放大器质量的关键部分，要求其输入电阻高，能够抑制零点漂移和干扰信号。因此输入级都采用差动放大电路，它有同相和反相两个输入端。

中间级主要进行电压放大，要求电压放大倍数高，一般由共射极放大电路组成。

输出级与负载相接，要求其输出电阻低，带负载能力强，一般由互补对称电路或射极输出器组成。

偏置电路的作用是为上述各级电路提供稳定和合适的偏置电流，决定各级的静态工作点。一般由各种恒流源组成。

由于运算放大器内部电路相当复杂，对使用者而言，主要是掌握如何使用，知道它的各引脚功能、主要参数及外部特性。而内部结构，一般了解即可。

三、集成运放的图形符号及外形

集成运算放大器的图形符号如图7-2所示。u_+为同相输入端，由此端输入信号，输出信号与输入信号同相。u_-为反相输入端，由此端输入信号，输出信号与输入信号反相。u_o为输出端，$+U_{CC}$接正电源，$-U_{CC}$接负电源。

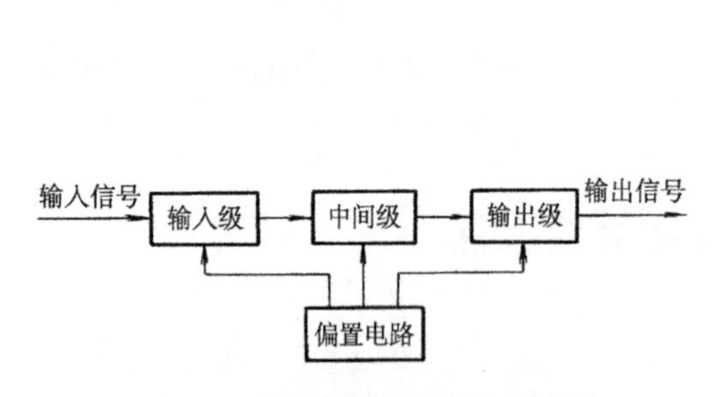

图7-1　集成运算放大器组成框图

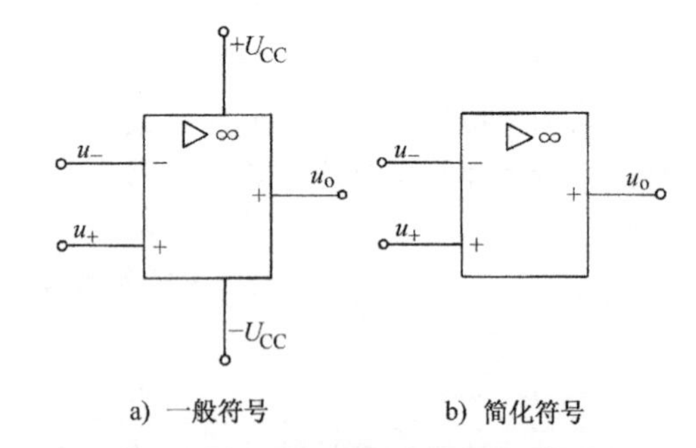

图7-2　集成运算放大器的图形符号

常见集成运放的外形有双列直插式和圆壳式等，如图7-3所示。双列直插式引脚号的识别是：引脚朝外，缺口向左，从左下脚开始为1，逆时针排列。比如LM358是8引脚的双集成运放，各引脚号及功能如图7-4所示。需要注意的是集成运放种类很多，不同型号的用途不同，引脚功能也不同，使用前必须查阅相关的手册和说明。

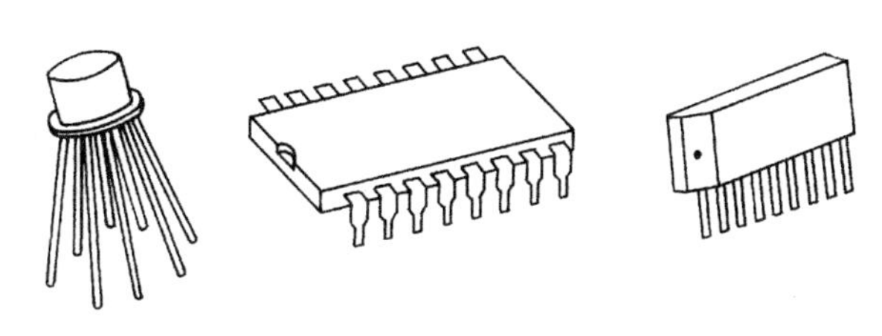

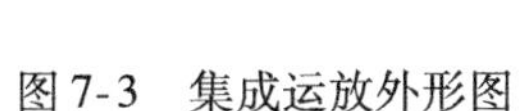

图 7-3 集成运放外形图

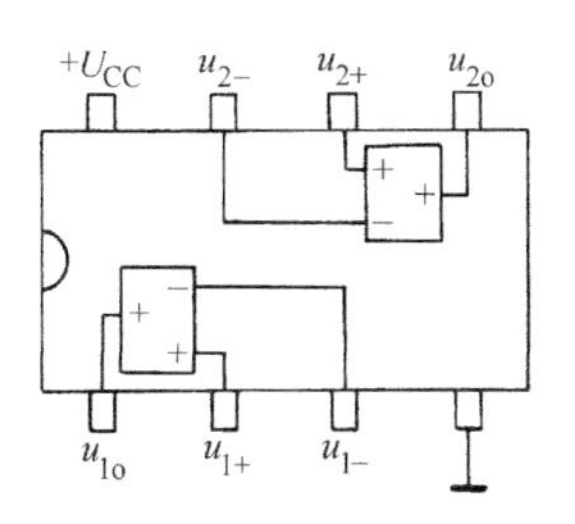

图 7-4 LM358 引脚功能图

四、集成运算放大器的主要参数

为了合理地选用和正确地使用运算放大器，必须了解运算放大器的主要参数及意义。其他参数可查阅手册。

（1）开环电压放大倍数 A_{uo} 指运放在无外加反馈情况下的空载电压放大倍数（差模输入），它是决定运算精度的重要因素，其值越大越好。一般约为 $10^4 \sim 10^7$，即 80 ~ 140dB（$20\lg|A_{uo}|$）。

（2）差模输入电阻 r_{id} 指运放在差模输入时的开环输入电阻，一般在几十千欧到几十兆欧范围。r_i 越大，性能越好。

（3）开环输出电阻 r_o 指运放无外加反馈回路时的输出电阻，开环输出电阻 r_o 越小，带负载能力越强。一般约为 20 ~ 200Ω。

（4）共模抑制比 K_{CMR} 用来综合衡量运放的放大和抗零漂、抗共模干扰的能力，K_{CMR} 越大，抗共模干扰能力越强。一般在 65 ~ 75dB 之间。

（5）输入失调电压 U_{io} 实际运放，当输入电压 $u_+ = u_- = 0$ 时，输出电压 $u_o \neq 0$，将其折合到输入端就是输入失调电压。它在数值上等于输出电压为零时两输入端之间应施加的直流补偿电压。U_{io}的大小反映了差放输入级的不对称程度，显然其值越小越好，一般为几个毫伏，高质量的在 1mV 以下。

（6）输入失调电流 I_{io} 输入失调电流是输入信号为零时，两个输入端静态电流之差。I_{io}一般为纳安级，其值越小越好。

（7）最大输出电压 U_{opp} 指运放在空载情况下，最大不失真输出电压的峰-峰值。

五、理想运算放大器的条件及分析依据

1. 理想化条件

开环电压放大倍数 $A_{uo} \to \infty$；差模输入电阻 $r_{id} \to \infty$；开环输出电阻 $r_o \to 0$；共模抑制比 $K_{CMR} \to \infty$。

由于实际运算放大器的上述指标足够大，接近理想化的条件，因此在分析时用理想运算放大器代替实际放大器所引起的误差并不严重，在工程上是允许的，这样就使分析过程极大地简化。在分析运算放大器时，一般可将它看成是一个理想运算放大器。

理想运算放大器的图形符号如图 7-5a 所示，图中的“∞”表示电压放大倍数 $A_{uo} \to \infty$。图 7-5b 为运算放大器的传输特性曲线。实际运放特性曲线分为线性区和饱和区，理想化特性曲线无线性区。实际运算放大器可工作在线性区，也可工作在饱和区，但分析方法截然

不同。

当运算放大器工作在线性区时，它是一个线性放大元件，u_o 和（$u_+ - u_-$）是线性关系，满足

$$u_o = A_{uo}(u_+ - u_-) \tag{7-1}$$

由于 A_{uo} 很高，即使输入毫伏级以下的信号，也足以使输出电压饱和，其饱和值为 $\pm U_{o(sat)}$，在数值上接近正、负电源电压。另外，由于干扰，在线性区工作难于稳定。所以，要使运算放大器工作在线性区，通常引入深度负反馈。

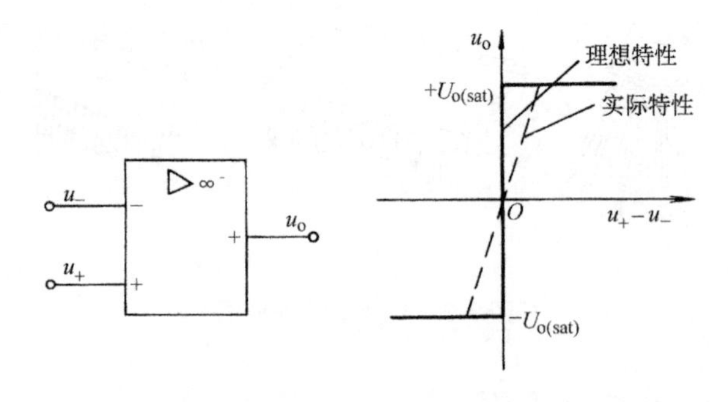

a) 理想运放图形符号　　b) 运算放大器传输特性

图 7-5　运算放大器传输特性

当运算放大器的工作范围超出线性区在饱和区时，输出电压和输入电压不再满足式(7-1)表示的关系，此时输出只有两种可能，即

$$\left.\begin{aligned} u_+ > u_- \text{时}\ u_o &= +U_{o(sat)} \\ u_+ < u_- \text{时}\ u_o &= -U_{o(sat)} \end{aligned}\right\} \tag{7-2}$$

例 7-1　F007 运算放大器如图 7-2 所示，正负电源电压为 ±15V，开环电压放大倍数 $A_{uo} = 2\times10^5$，输出最大电压为 ±13V。分别加入下列输入电压，求输出电压及极性。（1）$u_+ = 15\mu V$，$u_- = -10\mu V$；（2）$u_+ = -5\mu V$，$u_- = 10\mu V$；（3）$u_+ = 0V$，$u_- = 5mV$；（4）$u_+ = 5mV$，$u_- = 0V$。

解　由式（7-1）得　　$u_+ - u_- = \dfrac{u_o}{A_{uo}} = \dfrac{\pm 13}{2\times10^5}V = \pm 65\mu V$

可见，当两个输入端之间的电压绝对值小于 65μV，输出与输入满足式（7-1），否则输出就满足式（7-2），因此有

（1）$u_o = A_{uo}(u_+ - u_-) = 2\times10^5 \times (15+10)\times10^{-6}V = +5V$

（2）$u_o = A_{uo}(u_+ - u_-) = 2\times10^5 \times (-5-10)\times10^{-6}V = -3V$

（3）$u_o = -13V$

（4）$u_o = +13V$

2. 分析依据

运算放大器工作在线性区时，依据“虚短”、“虚断”两个重要的概念对运放组成的电路进行分析，极大地简化了分析过程。

（1）由于 $A_{uo}\to\infty$，而输出电压是有限电压，从式（7-1）可知 $u_+ - u_- = u_o/A_{uo} \approx 0$，即

$$u_+ \approx u_- \tag{7-3}$$

上式说明同相输入端和反相输入端之间相当于短路。由于不是真正的短路，故称“虚短”。

（2）由于运算放大器的差模电阻 $r_{id}\to\infty$，而输入电压 $u_i = u_+ - u_-$ 是有限值，两个输入端电流 $i_+ = i_- = u_i/r_{id}$，即

$$i_+ = i_- \approx 0 \tag{7-4}$$

上式说明同相输入端和反相输入端之间相当于断路。由于不是真正的断路，故称“虚断”。

第二节 负反馈放大器

反馈在模拟电子电路中得到非常广泛的应用。在放大电路中引入负反馈可以稳定静态工作点，稳定放大倍数，改变输入、输出电阻，拓展通频带，减小非线性失真等。因此研究负反馈是非常必要的。

一、反馈的基本概念

凡是将放大电路输出信号 X_o（电压或电流）的一部分或全部通过某种电路（反馈电路）引回到输入端，就称为反馈。若引回的反馈信号削弱输入信号而使放大电路的放大倍数降低，则称这种反馈为负反馈，若反馈信号增强输入信号，则为正反馈。本节主要讲负反馈。图 7-6 中分别为无负反馈的基本放大电路和带有负反馈的放大电路的方框图。显然任何带有负反馈的放大电路都包含基本放大电路和反馈电路两部分。输入信号 X_i 与反馈信号 X_f 在"⊗"处叠加后产生净输入信号 $X_d = X_i - X_f$。基本放大电路（开环）的放大倍数 $A = X_o/X_d$，反馈电路的反馈系数 $F = X_f/X_o$，带有负反馈的放大电路（闭环）的放大倍数 $A_f = X_o/X_i$。

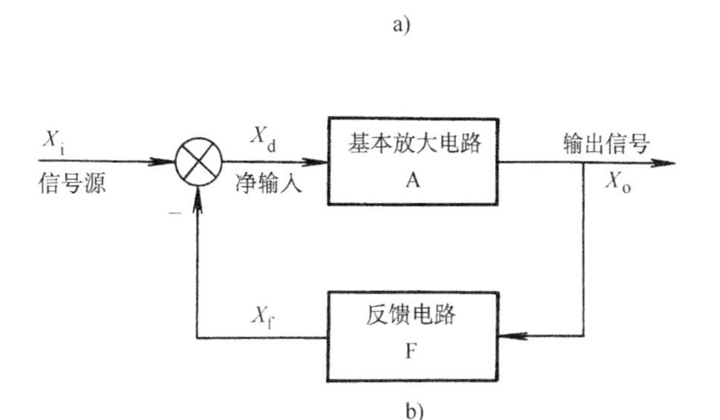

图 7-6 反馈放大电路框图

二、反馈类型的判别方法

（1）有无反馈的判别　判断有无反馈，就是判断有无反馈通道，即在放大电路的输出端与输入端之间有无电路连接，如果有电路连接，就有反馈，否则就没有反馈。反馈通道一般由电阻或电容组成。例如图 7-15 所示电路就有反馈，而图 7-22 所示电路就无反馈。

（2）交、直流反馈的判断　直流通道中所具有的反馈称为直流反馈。在交流通道中所具有的反馈称为交流反馈。例如分压偏置电路（图 6-30）中，由于电容 C 的导交作用使 R_e 上只有直流反馈信号，并且使净输入 U_{BE} 减少，所以是直流负反馈。直流负反馈的目的是稳定静态工作点，这点在前面讲得很清楚了。再比如射极输出器（图 6-32）中的 R_e 既在直流通道上也在交流通道上，所以交、直流反馈都有。交流负反馈的目的是改善放大电路的性能，因此下面主要研究交流负反馈。

（3）正、负反馈的判断　用瞬时极性法，首先在放大器输入端设输入信号的极性为"+"或"−"，再依次按相关点的相位变化推出各点对地交流瞬时极性，最后根据反馈回输入端（或输入回路）的反馈信号瞬时极性看其效果，使净输入信号减少的是负反馈，否则是正反馈。例如图 7-7a 中净输入 $u_d = u_i - u_f$，图 7-7b 中净输入 $i_d = i_i - i_f$，它们都是负反馈。如果将图中 u_f 的极性相反，i_f 的方向相反，则净输入增加，那它们就是正反馈了。晶

体管的净输入是 u_{be} 或 i_b。集成运放的净输入是 $u_+ - u_-$ 或 i_- 及 i_+。

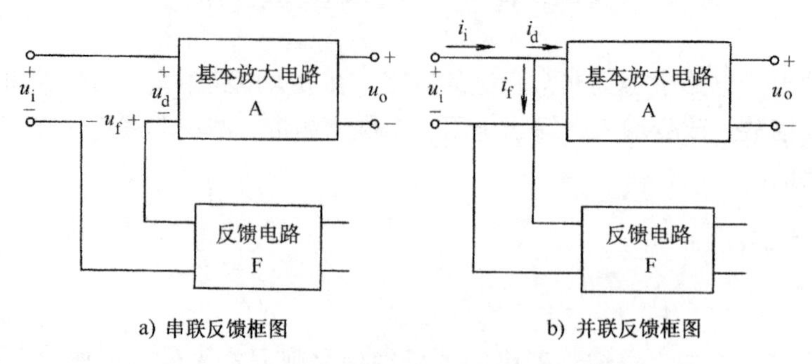

a) 串联反馈框图　b) 并联反馈框图

图 7-7　正负反馈及串、并联反馈的判别

（4）串联、并联反馈的判断　如图 7-7 所示，若输入信号 u_i 与反馈信号 u_f 在输入端相串联，且以电压相减的形式出现，即 $u_d = u_i - u_f$，为串联负反馈；若输入信号 i_i 与反馈信号 i_f 在输入回路并联且以电流相减形式出现，即 $i_d = i_i - i_f$ 为并联负反馈。

（5）电流、电压反馈的判断　如图 7-8 所示，反馈信号取自于输出电压，且 $X_f \propto u_o$，是电压反馈；若反馈信号取自于输出电流，且 $X_f \propto i_o$，是电流反馈。实用的判断方法是：将输出电压短接，若反馈量仍然存在，并且与 i_o 有关，则为电流反馈；若反馈量不存在或与 i_o 无关，则为电压反馈。

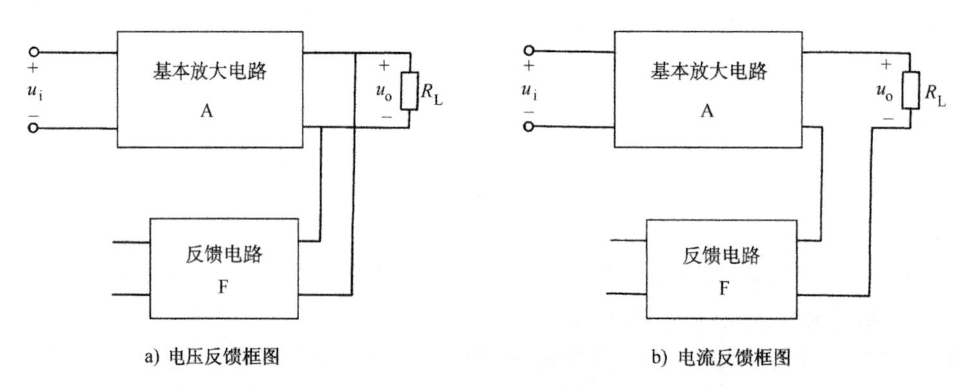

a) 电压反馈框图　b) 电流反馈框图

图 7-8　电压、电流反馈判别

三、负反馈放大器的四种组态

综合上述反馈类型，负反馈有四种组态（类型），下面以图 7-9 所示的运算放大器中的负反馈电路为例进行介绍。

由于基本放大电路是运算放大器，因此在分析图 7-9 中的反馈组态时还要运用“虚断”“虚短”的概念。图 7-9a、c 都是反相输入，运放的反相输入端为“虚地”。明确了上述概念后，先设 u_i 的极性，根据同相端、反相端的概念得出输出端的极性，再由反馈通道引回输入端，逐步判断出反馈量的极性或方向，这样就不难理解图 7-9 中电压标注的极性⊕都是实际极性，有助于反馈组态的分析。

（1）图 7-9a 所示电路，从输入端看，净输入 $i_d = i_i - i_f$，因此是并联反馈。从反馈量看

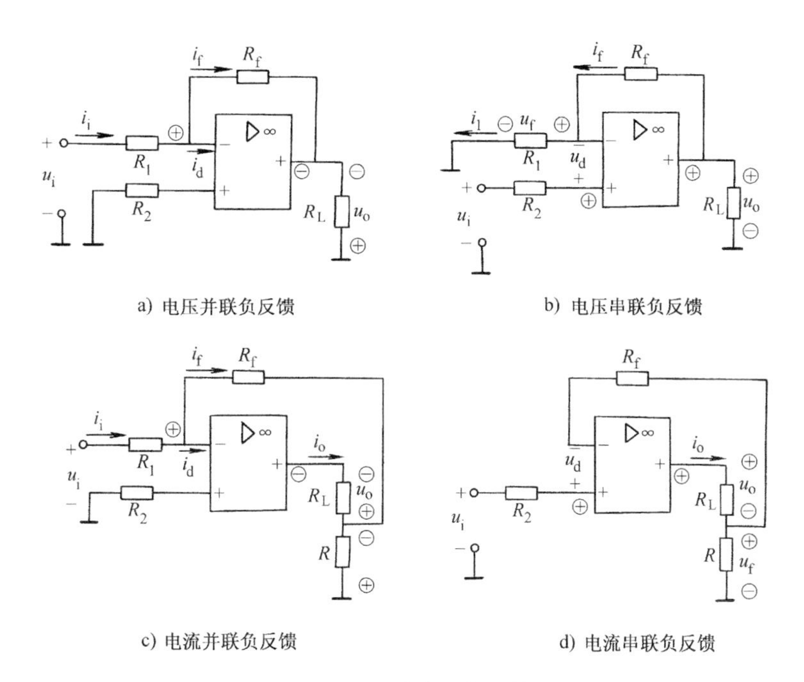

a) 电压并联负反馈　　b) 电压串联负反馈

c) 电流并联负反馈　　d) 电流串联负反馈

图 7-9　四种类型负反馈

$i_f=-u_o/R_f>0$（由图中 u_o 的实际极性可知，$u_o<0$），因此既是负反馈，又是电压反馈。综上所述，反馈组态为电压并联负反馈。

（2）图 7-9b 所示电路，从输入端看，净输入 $u_d=u_i-u_f$，因此是串联反馈。从反馈量看 $u_f=R_1u_o/(R_f+R_1)>0$（由图中 u_o 的实际极性可知，$u_o>0$），因此既是负反馈，又是电压反馈。综上所述，反馈组态为电压串联负反馈。

（3）图 7-9c 所示电路，从输入端看，净输入 $i_d=i_i-i_f$，因此是并联反馈。由虚地可看出 R_f 与 R 相当于并联的关系，所以反馈量 $i_f=-Ri_o/(R_f+R)>0$（由图中 i_o 的实际方向可知，$i_o<0$），因此既是负反馈，又是电流反馈。综上所述，反馈组态为电流并联负反馈。

（4）图 7-9d 所示电路，从输入端看，净输入 $u_d=u_i-u_f$，因此是串联反馈。由于反相输入端的电流为零，因此 R 与 R_L 是串联关系，反馈量 $u_f=Ri_o>0$（由图中 i_o 的实际方向可知，$i_o>0$），因此既是负反馈，又是电流反馈。如果将输出 u_o 短接，反馈信号仍然存在，也可判断出是电流反馈。综上所述，反馈组态为电流串联负反馈。

从上述的分析可以得出一般规律：①反馈电路直接从输出端引出的，是电压反馈；反馈电路是通过一个与负载串联的电阻上引出的，是电流反馈。②输入信号和反馈信号分别加在两个输入端上的，是串联反馈；加在同一个输入端上的，是并联反馈。③反馈信号使净输入信号减小的，是负反馈，否则，是正反馈。④由分立元件组成的反馈电路，可仿照运放组成的反馈电路的分析方法进行分析，其关键是要通晓分立元件与运放输入输出端子的对应关系。

四、负反馈对放大器性能的影响

1. 降低放大倍数及提高放大倍数的稳定性

根据图7-6b，可以推导出具有负反馈（闭环）的放大电路的放大倍数为

$$A_f = \frac{X_o}{X_i} = \frac{A}{1 + AF} \tag{7-5}$$

F反映反馈量的大小，其数值在0~1之间，$F=0$，表示无反馈；$F=1$，则表示输出量全部反馈到输入端。显然有负反馈时，$A_f < A$。

上式中的（$1+AF$）是衡量负反馈程度的一个重要指标，称为反馈深度。（$1+AF$）越大，放大倍数A_f越小。当$AF \gg 1$时称为深度负反馈，此时$A_f \approx 1/F$，可以认为放大电路的放大倍数只由反馈电路决定，而与基本放大电路放大倍数无关。运算放大器负反馈电路都能满足深度负反馈的条件，这一点将在第三节运放的线性应用得到验证。

负反馈能提高放大倍数的稳定性是不难理解的。例如，如果由于某种原因使输出信号减小，则反馈信号也相应减小，于是净输入信号增大，随之输出信号也相应增大，这样就牵制了输出信号的减小，使放大电路能比较稳定地工作。如果引入的是深度负反馈，则放大倍数$A_f = 1/F$，即基本不受外界因素变化的影响，这时放大电路的工作非常稳定。

2. 改善非线性失真

如图7-10所示，假定输出的失真波形是正半周大、负半周小，负反馈信号电压u_f与输入信号u_i进行叠加后使净输入信号u_d产生预失真，即正半周小、负半周大。这种失真波形通过放大器放大后正好弥补了放大器的缺陷，使输出信号比较接近于无失真的波形。但是，如果原信号本身就有失真，引入负反馈也无法改善。

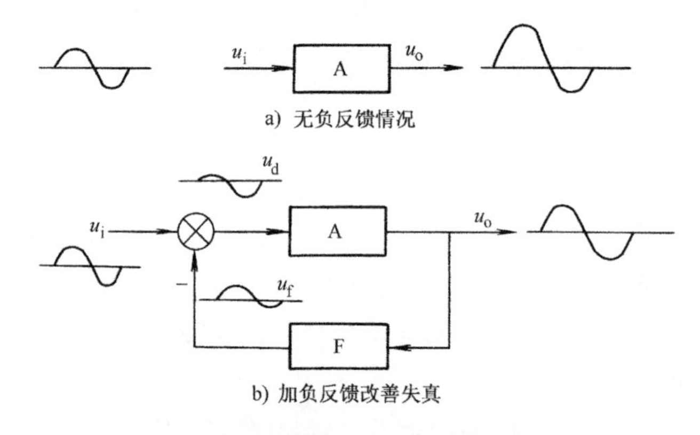

图7-10 负反馈对非线性失真的改善

3. 拓展通频带

通频带是放大电路的重要指标，放大器的放大倍数和输入信号的频率有关。定义放大倍数为最大放大倍数的$\sqrt{2}/2$倍以上所对应的频率范围为放大器的通频带。在一些要求有较宽频带的音、视频放大电路中，引入负反馈是拓展频带的有效措施之一。

放大器引入负反馈后，将引起放大倍数的下降，在中频区，放大电路的输出信号较强，反馈信号也相应较大，使放大倍数下降得较多；在高频区和低频区，放大电路的输出信号相对较小，反馈信号也相应减小，因而放大倍数下降得少些。如图7-11所示，加入负反馈之后，幅频特性变得平坦，通频带变宽。

4. 对输入电阻和输出电阻的影响

1）负反馈对输入电阻的影响取决于反馈信号在输入端的连接方式。串联负反馈使输入电阻提高，并联负反馈使输入电阻降低。

在图7-12所示电路中，当信号源u_i不变时，引入串联负反馈u_f后，u_f抵消了u_i的一

部分，所以基本放大电路的净输入电压 u_d 减小，使输入电流 i_i 减小，从而引起输入电阻 r_{if}（$r_{if}=u_i/i_i$）比无反馈的输入电阻 r_i 增加。反馈越深，r_{if}增加越多。输入电阻增大，减小了向信号源索取的电流，电路对信号源的要求降低了。

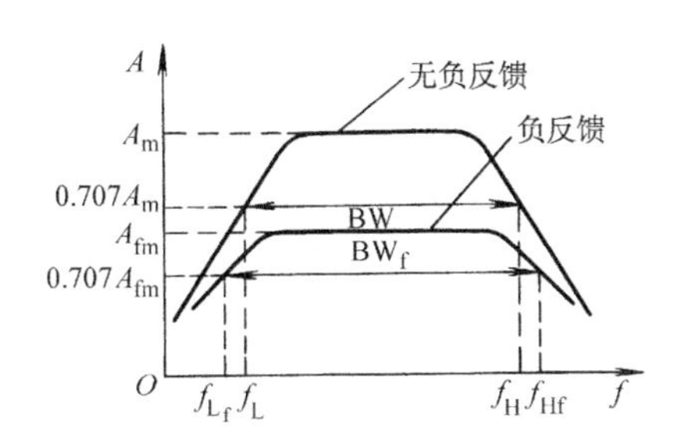

图 7-11　负反馈展宽放大器的通频带

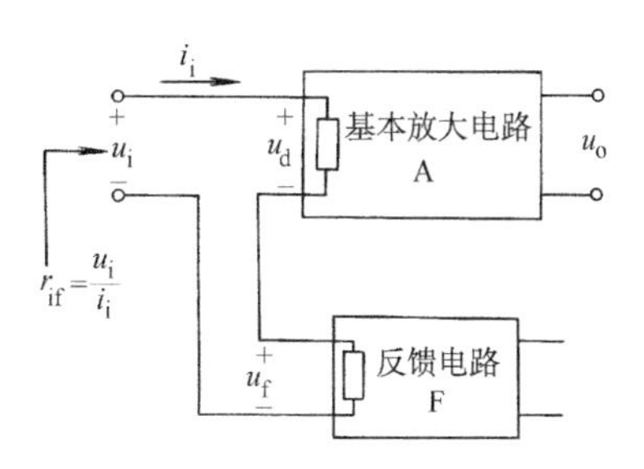

图 7-12　串联负反馈提高输入电阻

并联负反馈由于输入电流 i_i（$i_i=i_d+i_f$）的增加，致使输入电阻 r_{if}（$r_{if}=u_i/i_i$）减小，如图 7-13 所示，并联负反馈越深，r_{if}减小越多。

2）负反馈对输出电阻的影响取决于输出端反馈信号的取样方式。电压负反馈降低输出电阻，目的是稳定输出电压；电流负反馈提高输出电阻，目的是稳定输出电流。

如果是电压负反馈，从输出端看放大电路，可用戴维南等效电路来等效，如图 7-14a 所示。等效电路中的电阻就是放大电路的输出电阻，等效电路中的电压源就是放大电路的输出信号电压源。理想状态下，输出电阻为零，输出电压为恒压源特性，这意味着电压负反馈越深，输出电阻越小，输出电压越稳定，越接近恒压源特性。所以电压负反馈能够减小输出电阻，稳定输出电压，增强带负载能力。

如果是电流负反馈，从输出端看，放大电路可等效为电流源与电阻并联的形式来讨论，如图 7-14b 所示。等效电阻中的电阻仍然为输出电阻，电流源为输出信号电流源。理想状态下，输出电阻为无穷大，输出电流为恒流源特性。这意味着电流负反馈越深，输出电阻越大，输出电流越稳定，越接近恒流源特性。所以电流负反馈能够增加输出电阻，稳定输出电流。

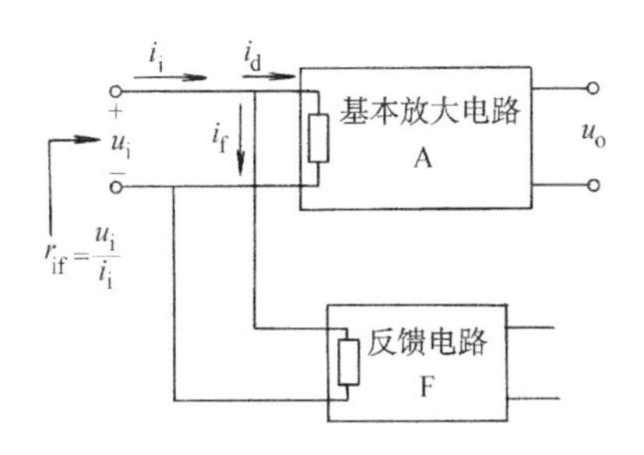

图 7-13　并联负反馈降低输入电阻

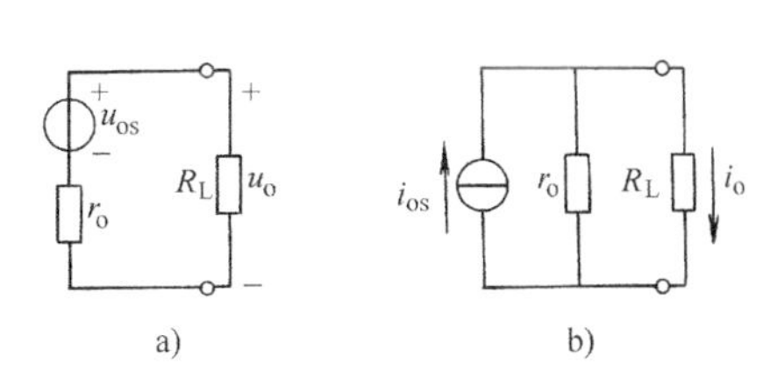

图 7-14　负反馈放大电路输出端等效图

第三节　运算放大器的应用

由运放组成的电路可实现比例、积分、微分、对数及加减乘除等运算。此时电路都要引入深度负反馈使运放工作在线性区。运放也可工作在饱和区，实现电压比较、波形转换等。本节只介绍比例、加减运算和电压比较器等电路。

一、运放的线性应用

1. 信号运算电路

（1）反相比例运算 图7-15为反相比例运算电路。输入信号 u_i 经电阻 R_1 接到集成运放的反相输入端，同相输入端经电阻 R_2 接“地”。输出电压 u_o 经电阻 R_f 接回到反相输入端。在实际电路中，为了保证运放的两个输入端处于平衡状态，应使 $R_2 = R_1 /\!/ R_f$。

在图7-15中，应用“虚断”和“虚短”的概念可知，从同相输入端流入运放的电流 $i_+ = 0$，R_2 上没有压降，因此 $u_+ = 0$。在理想状态下 $u_+ = u_-$，所以

$$u_- = 0 \tag{7-6}$$

虽然反相输入端的电位等于零电位，但实际上反相输入端没有接“地”，这种现象称为“虚地”。“虚地”是反相运算放大电路的一个重要特点。

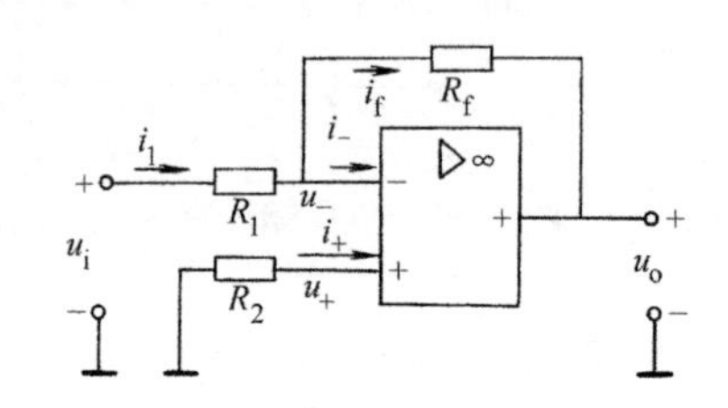

图7-15 反相比例运算电路

由于从反相输入端流入运放的电流 $i_- = 0$，所以 $i_1 = i_f$，由图7-15可列出

$$i_1 = \frac{u_i - u_-}{R_1} = \frac{u_i}{R_1}$$

$$i_f = \frac{u_- - u_o}{R_f} = -\frac{u_o}{R_f}$$

$$\frac{u_i}{R_1} = -\frac{u_o}{R_f}$$

故

$$u_o = -\frac{R_f}{R_1}u_i \tag{7-7}$$

闭环电压放大倍数为

$$A_{uf} = \frac{u_o}{u_i} = -\frac{R_f}{R_1} \tag{7-8}$$

式中负号代表输出与输入反相，输出与输入的比例由 R_f 与 R_1 的比值来决定，而与集成运放内部各项参数无关，说明电路引入了深度负反馈，保证了比例运算的精度和稳定性。从反馈组态来看，属于电压并联负反馈。当 $R_f = R_1$ 时，$u_o = -u_i$，$A_{uf} = -1$，这就是反相器。

例7-2 电路如图7-15所示，已知 $R_1 = 2\text{k}\Omega$，$u_i = 2\text{V}$，试求下列情况时的 R_f 及 R_2 的阻值。

1）$u_o = -6\text{V}$。

2）电源电压为 ±13V，输出电压达到极限值。

解 由式（7-7）得 $R_f = -\frac{u_o}{u_i}R_1$，平衡电阻 $R_2 = R_1 /\!/ R_f$

1）$R_f = -\frac{u_o}{u_i}R_1 = -\frac{-6}{2} \times 2\text{k}\Omega = 6\text{k}\Omega$

$R_2 = R_1 /\!/ R_f = 2\text{k}\Omega /\!/ 6\text{k}\Omega = 1.5\text{k}\Omega$

2）设饱和电压为 ±13V，则 $R_f=-\frac{-13}{2}\times 2\text{k}\Omega=13\text{k}\Omega$，$R_2\approx 1.73\text{k}\Omega$。当 $R_f\geqslant 13\text{k}\Omega$，输出电压饱和。

（2）同相比例运算　图 7-16a 为同相比例运算电路，信号 u_i 接到同相输入端，R_f 引入负反馈。在同相比例运算的实际电路中，也应使 $R_2=R_1 /\!/ R_f$，以保证两个输入端处于平衡状态。

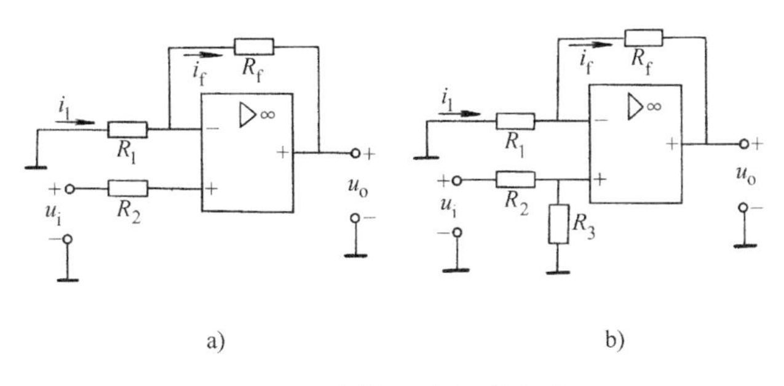

图 7-16　同相比例运算电路

由 $u_-=u_+$ 及 $i_+=i_-=0$，可得 $u_+=u_i$，$i_1=i_f$

$$i_1=-\frac{u_-}{R_1}=-\frac{u_+}{R_1}$$

$$i_f=\frac{u_--u_o}{R_f}=\frac{u_+-u_o}{R_f}$$

$$u_o=\left(1+\frac{R_f}{R_1}\right)u_+ \tag{7-9}$$

于是

$$u_o=\left(1+\frac{R_f}{R_1}\right)u_i$$

闭环电压放大倍数

$$A_{uf}=\frac{u_o}{u_i}=1+\frac{R_f}{R_1} \tag{7-10}$$

式（7-9）更有一般性，当同相输入端的前置电路结构较复杂时，如图 7-16b 所示，只需将 u_+ 求出代入式（7-9）便可求得输出电压。

式（7-10）说明了输出电压与输入电压的大小成正比，且相位相同，电路实现了同相比例运算。一般 A_{uf} 值恒大于 1，但当 $R_f=0$ 或 $R_1=\infty$ 时，$A_{uf}=1$，这种电路称为电压跟随器，如图 7-17 所示。从反馈组态来看，图 7-17 所示电路属于电压串联负反馈。由于是深度负反馈，所以 A_{uf} 与运放参数无关，其精度和稳定程度只取决于 R_1 和 R_f，同时电路的输入电阻很高，输出电阻很低。

例 7-3　电路如图 7-16b 所示，求 u_o 与 u_i 的关系式。

解　由于 $i_+=0$，所以 R_2 与 R_3 是串联关系，由分压公式得

$$u_+=\frac{R_3}{R_2+R_3}u_i$$

将 u_+ 代入式（7-9）得

$$u_o=\left(1+\frac{R_f}{R_1}\right)\left(\frac{R_3}{R_2+R_3}\right)u_i$$

(3) 差动比例运算 差动比例运算也称为减法运算，如图7-18所示，信号同时从两个输入端加入。

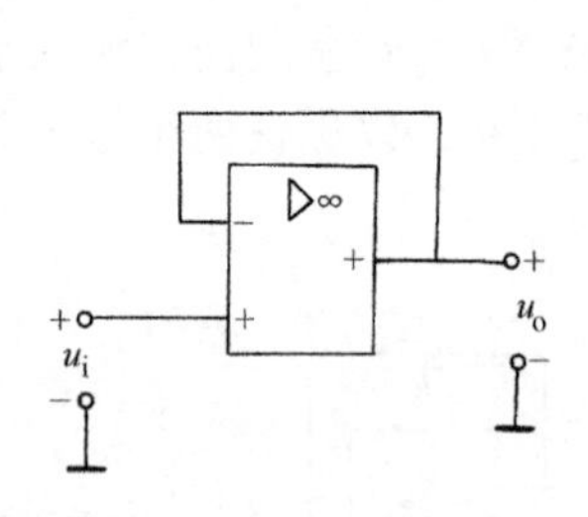

图7-17 电压跟随器

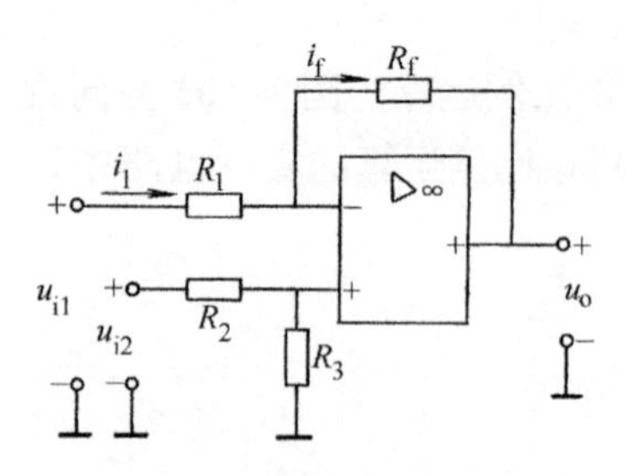

图7-18 差动比例运算电路

由于 $i_-=0$，所以 $i_1=i_f$，R_f 与 R_1 是串联关系，于是

$$i_1=\frac{u_{i1}-u_o}{R_1+R_f}$$

$$u_-=u_{i1}-R_1i_1=u_{i1}-R_1\frac{u_{i1}-u_o}{R_1+R_f}$$

又由于 $i_+=0$，所以 R_2 与 R_3 是串联关系，可得

$$u_+=\frac{R_3}{R_2+R_3}u_{i2}$$

因为 $u_+=u_-$，解得

$$u_o=\left(1+\frac{R_f}{R_1}\right)\frac{R_3}{R_2+R_3}u_{i2}-\frac{R_f}{R_1}u_{i1} \tag{7-11}$$

利用叠加原理也可得出上式。当 u_{i1} 单独作用时，是反相比例运算，即式 (7-11) 中的后一项；当 u_{i2} 单独作用时，如图7-16b所示，是同相比例运算，显然其结果就是式 (7-11) 中的前一项。

在式 (7-11) 中，若 $R_1=R_2$ 及 $R_f=R_3$ 时，则有

$$u_o=\frac{R_f}{R_1}(u_{i2}-u_{i1}) \tag{7-12}$$

在式 (7-12) 中，当 $R_f=R_1$ 时，则得

$$u_o=u_{i2}-u_{i1} \tag{7-13}$$

由上两式可见，输出电压 u_o 与两个输入电压的差值成正比，所以可以进行减法运算。

由式 (7-12) 可得差动比例运算电压放大倍数

$$A_{uf}=\frac{u_o}{u_{i2}-u_{i1}}=\frac{R_f}{R_1} \tag{7-14}$$

由于电路存在共模电压，为了保证运算精度，应当选用共模抑制比较高的运算放大器，另外，还应尽量提高元件的对称性。

(4) 反相比例求和电路 如果反相输入端有若干个输入信号，则构成反相比例求和电路，也叫加法运算电路，如图7-19所示。平衡电阻 $R_2=R_{11}/\!/R_{12}/\!/R_{13}/\!/R_f$。

由于 $u_- = u_+$ 及 $i_+ = i_- = 0$，以及运放的反相输入端是“虚地”点，于是

$$i_f = i_{11} + i_{12} + i_{13}$$

$$-\frac{u_o}{R_f} = \frac{u_{i1}}{R_{11}} + \frac{u_{i2}}{R_{12}} + \frac{u_{i3}}{R_{13}}$$

$$u_o = -\left(\frac{R_f}{R_{11}}u_{i1} + \frac{R_f}{R_{12}}u_{i2} + \frac{R_f}{R_{13}}u_{i3}\right) \tag{7-15}$$

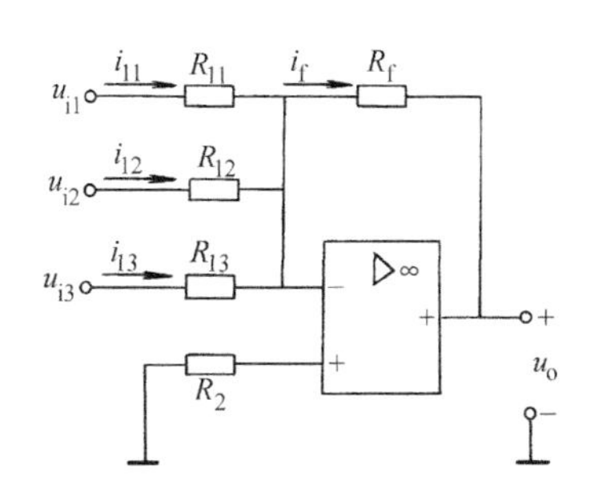

图 7-19 反相比例求和电路

当 $R_{11} = R_{12} = R_{13} = R_1$ 时，上式为

$$u_o = -\frac{R_f}{R_1}(u_{i1} + u_{i2} + u_{i3}) \tag{7-16}$$

当 $R_{11} = R_{12} = R_{13} = R_f = R_1$ 时，有

$$u_o = -(u_{i1} + u_{i2} + u_{i3}) \tag{7-17}$$

上式表明，该电路可实现求和比例运算，负号表示输出电压与输入电压反相。

例 7-4 某一测量系统的输出电压和一些非电量（经传感器变换为电量）的关系如图 7-19所示，表达式为 $u_o = -(4u_{i1} + 2u_{i2} + 0.5u_{i3})$。试确定图 7-19 电路中的各输入电阻和平衡电阻，设 $R_f = 100\text{k}\Omega$。

解 由式（7-15）可得

$$R_{11} = \frac{R_f}{4} = \frac{100}{4}\text{k}\Omega = 25\text{k}\Omega$$

$$R_{12} = \frac{R_f}{2} = \frac{100}{2}\text{k}\Omega = 50\text{k}\Omega$$

$$R_{13} = \frac{R_f}{0.5} = \frac{100}{0.5}\text{k}\Omega = 200\text{k}\Omega$$

$$R_2 = R_{11} /\!/ R_{12} /\!/ R_{13} /\!/ R_f = (25 /\!/ 50 /\!/ 200 /\!/ 100)\text{k}\Omega = 13.3\text{k}\Omega$$

2. 信号变换电路

在自动控制系统和测量系统中，经常需要把待测的电压转换成电流或把待测的电流转换成电压，利用运放可完成它们之间的转换。

（1）电压—电流变换电路 将输入电压变换成与之成正比的输出电流的电路，称为电压—电流变换器。如图 7-20a 所示为反相输入式电压—电流变换电路。其中 R_1 为输入电阻，R_L 为负载电阻，R_2 为平衡电阻。在理想条件下，运放的输入电流为零，所以有

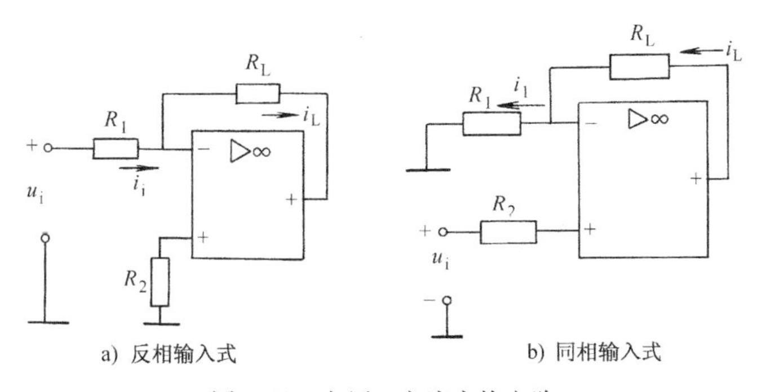

图 7-20 电压—电流变换电路

$$i_L = i_i = \frac{u_i}{R_1} \tag{7-18}$$

式（7-18）说明，负载电流与输入电压成正比，而与负载电阻 R_L 无关。只要输入电压 u_i 恒定，则输出电流 i_L 将稳定不变。

图7-20b所示为同相输入式电压—电流变换器。根据理想运放的条件，有

$$u_- = u_+ = u_i$$

则

$$i_L = i_1 = \frac{u_i}{R_1} \tag{7-19}$$

其效果与反相输入式电压—电流变换器相同，由于采取的同相输入，输入电阻高，电路精度高。但不可避免有较大的共模电压输入，应选用共模抑制比高的集成运放。

（2）电流—电压变换器　电流—电压变换电路如图7-21所示，运放在理想状态下，有

$$i_f = i_i$$

则

$$u_o = -i_f R_f = -i_i R_f \tag{7-20}$$

式（7-20）说明，输出电压与输入电流成正比，如果输入电流稳定，只要 R_f 选得精确，则输出电压将是稳定的。

二、运算放大器的非线性应用

电压比较器是一种模拟信号的处理电路。它将模拟信号输入电压与参考电压进行比较，并将比较的结果输出。比较的结果只需要反映输入量比参考量是大、还是小，所以用正、负两值就可以表示输出结果。因此应用集成运放构成比较器时，集成运放应工作在非线性区（饱和区），即开环状态。图7-22a为电压比较器中的一种。加在同相输入端的 U_R 是参考电压，输入电压 u_i 加在反相输入端。由于运放开环电压放大倍数很高，即使输入端有微小的差值信号，也会使输出电压饱和。

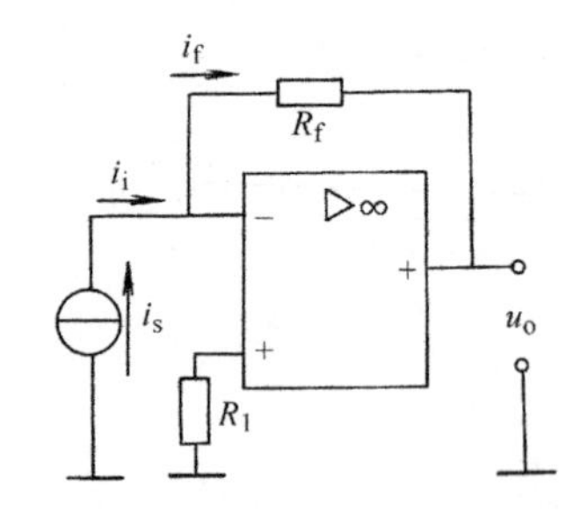

图7-21　电流—电压变换电路

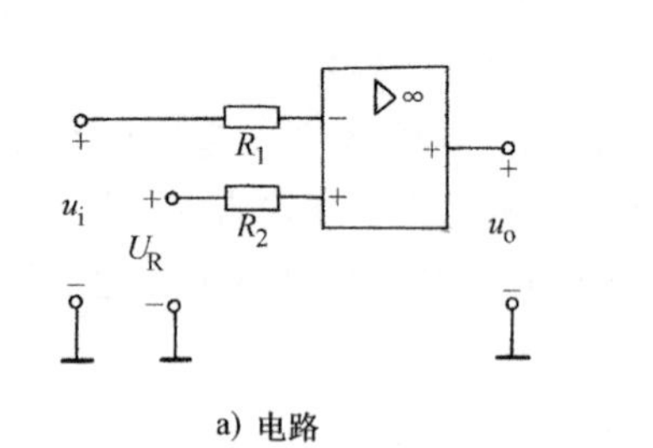

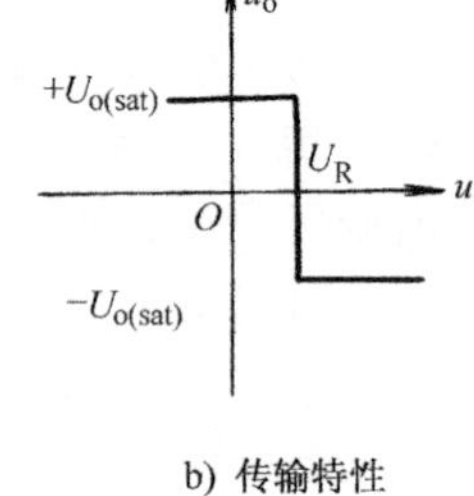

图7-22　电压比较器

当 $u_i < U_R$ 时，$u_o = +U_{o(sat)}$；当 $u_i > U_R$ 时，$u_o = -U_{o(sat)}$。

图7-22b为电压比较器的传输特性。可见，在比较器的输入端进行模拟信号大小的比较，在输出端则以正、负两个极限值来反映比较结果。

当 $U_R = 0$ 时，输入电压和零电压比较，称为过零比较器，其传输特性如图7-23a所示。当 u_i 为正弦电压时，u_o 为矩形波电压，实现了波形的转换，如图7-23b所示。比较器在自动控制及自动测量系统中应用十分广泛。

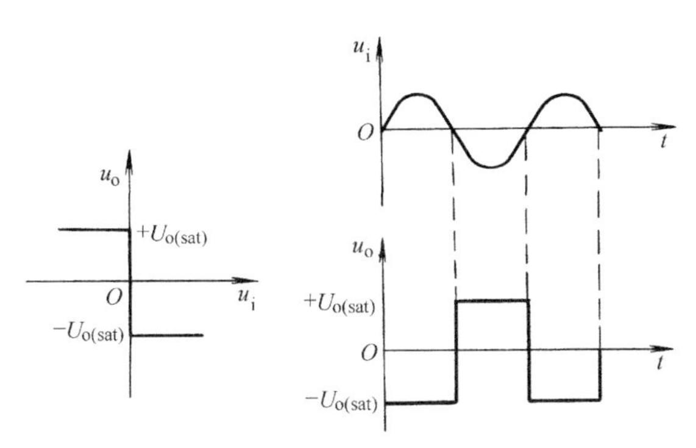

a) 过零比较器传输特性　　b) 正弦波电压转换为矩形波电压

图 7-23　过零比较器

三、使用集成运算放大器应注意的几个问题

1. 选用元件

集成运算放大器（简称集成运放）的类型很多，按其技术指标可分为通用型、高速型、高阻型、低功耗型、大功率型、高精度型等；按其内部电路可分为双极型（由晶体管组成）和单极型（由场效应晶体管组成）；按每一集成片中运算放大器的数目可分为单运放、双运放和四运放。通常是根据实际要求来选用运算放大器，选好后，根据引脚图和图形符号连接外部电路。一般生产厂家对其产品都配有使用说明书，选用元件时应仔细阅读。

2. 保护

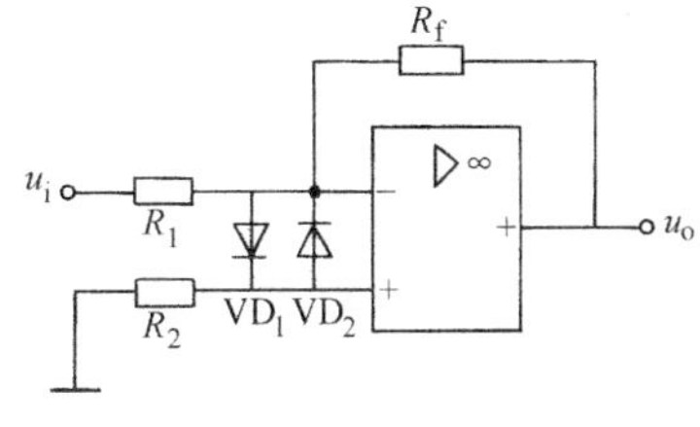

图 7-24　输入端保护

（1）输入端保护　当输入端所加的差模或共模电压以及干扰电压过高时，都会损坏输入级的晶体管。为此，在输入端接入反相并联的二极管将输入电压限制在二极管的正向电压以下，如图 7-24 所示。

（2）输出端保护　为防止输出电压过大，可利用稳压管来保护，如图 7-25 所示，将双向稳压管接在输出端就可以把输出电压限制在稳压值 U_Z 的范围内。

（3）电源保护　为防止正、负电源接反，可利用二极管来保护，如图 7-26 所示。

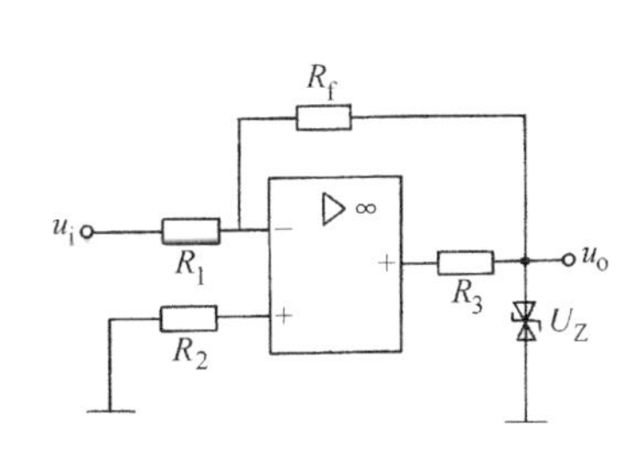

图 7-25　输出端保护

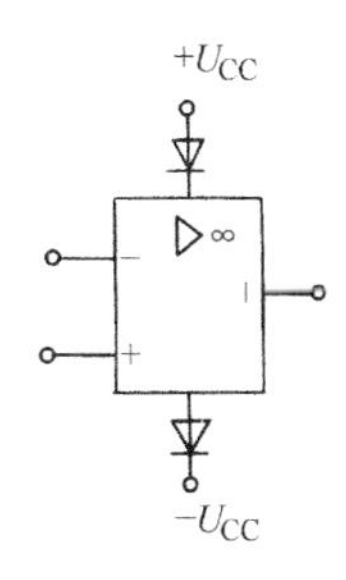

图 7-26　电源保护

实验课题五 运算放大器的线性应用

一、实验目的

1）学习集成运算放大器的正确使用方法。

2）应用集成运算放大器组成基本运算电路。

二、预习要求

1）根据图7-28、图7-29、图7-30中各元器件参数，计算反相比例运算电路的输出电压和放大倍数，计算加法、减法运算电路的输出电压。

2）熟悉万用表的使用方法，切记直流电压档的标识为DCV，注意万用表的表笔正确插法，即红表笔插在“+”孔，黑表笔插在“-”孔中。

三、实验仪器

实验仪器清单见表7-1。

表7-1 实验仪器清单

序号	名 称	型号或规格	数量	备注
1	直流稳压电源（双路输出）	自定	1	
2	低频信号发生器	自定	1	
3	示波器	自定	1	
4	数字万用表	自定	1	
5	电子技术学习机或实验板	自定	1	

四、实验内容

实验中选用型号为免调零的运算放大器OP 07，其引脚图如图7-27所示。

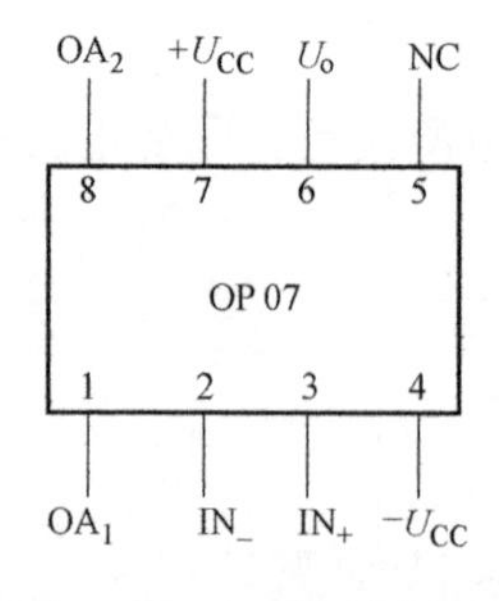

图7-27 OP 07引脚图

任务1 反相比例运算电路的搭接与测试

实验电路如图7-28所示。按表7-2进行测量计算。

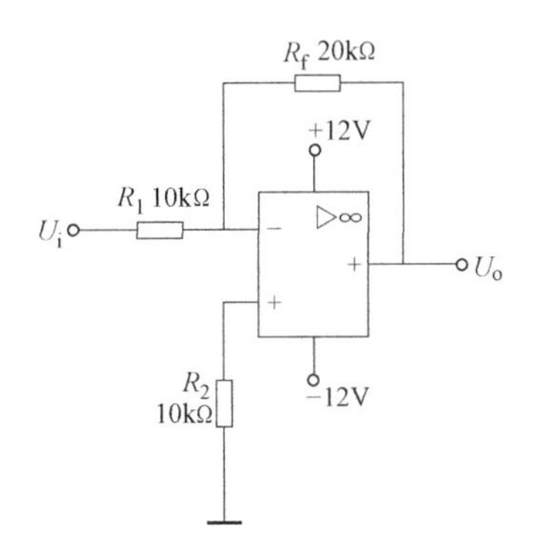

图 7-28 反相比例运算电路

表 7-2 反相比例运算电路的测量

U_i/V	−0.5	1
U_o/V		
计算 A_{uf}		

任务 2 反向加法运算电路的搭接与测试

实验电路如图 7-29 所示。按表 7-3 进行测量计算。

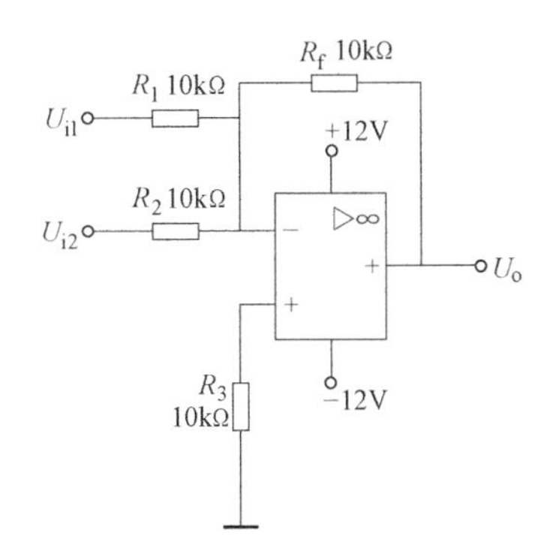

图 7-29 反相加法运算电路

表 7-3 反相加法运算电路的测量

U_{i1}/V	U_{i2}/V	U_o/V
1	−1	
1	1	
−1	1	
2	−1	

任务 3 减法运算电路的搭接与测试

实验电路如图 7-30 所示。按表 7-4 进行测量计算。

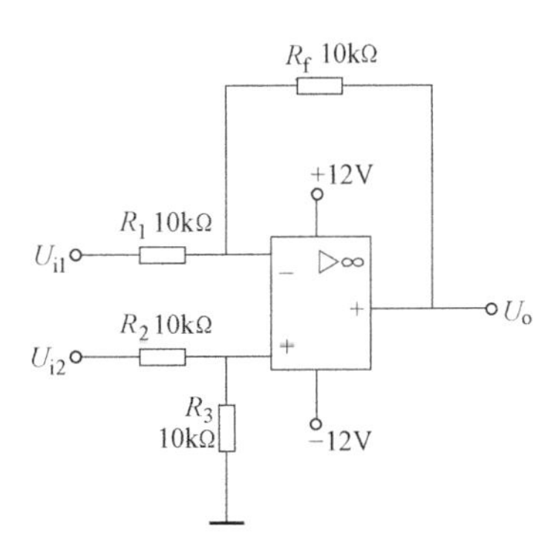

图 7-30 减法运算电路

表 7-4 减法运算电路的测量

U_{i1}/V	U_{i2}/V	U_o/V
1	−1	
1	1	
−1	1	
2	−1	

五、注意事项

1）注意集成运放的正确使用方法。
2）切记正确连接工作电源。

边学边练八　RC正弦波振荡器

读一读1　正弦波振荡器的基本概念

波形产生电路包括正弦波振荡电路和非正弦波振荡电路，它们不需要外加输入信号就能产生各种周期性的连续波形，例如正弦波、方波、三角波和锯齿波等。波形产生电路和波形变换电路在测量、自动控制、通信以及遥测遥感等技术领域中有着广泛的应用。

正弦波振荡电路是利用正反馈的原理来产生正弦波信号的，它包括放大电路和正反馈电路两个部分，其组成框图如图7-31所示。$\dot{A}$是放大电路的放大倍数，$\dot{F}$是反馈电路的反馈系数，$\dot{U}_{id}$为放大电路的输入信号。当开关S打在端点1处时，放大电路没有反馈，其输入电压为外加输入信号（设为正弦信号）$\dot{U}_i$，经放大后，输出电压为$\dot{U}_o$。如果通过正反馈引入的反馈信号$\dot{U}_f$与$\dot{U}_{id}$的幅度和相位相同，即$\dot{U}_f=\dot{U}_{id}$，就可以用反馈电压代替外加输入电压，这时如果将开关S打到2上，即使去掉输入信号$\dot{U}_i$，仍能维持稳定的输出。这时的电路就成为没有输入信号而有输出信号的自激振荡电路。

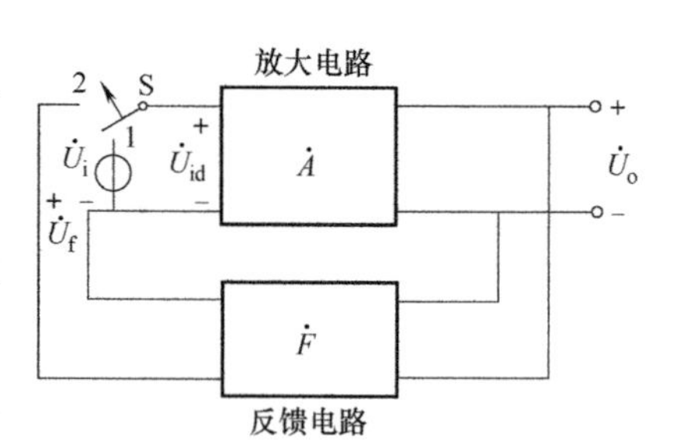

图7-31　正弦波振荡电路的组成框图

由框图可知，产生振荡的基本条件是反馈信号与输入信号大小相等、相位相同。反馈信号为

$$\dot{U}_f=\dot{F}\dot{U}_o=\dot{A}\dot{F}\dot{U}_{id}$$

当$\dot{U}_f=\dot{U}_{id}$时，有

$$\dot{A}\dot{F}=1$$

上式就是振荡电路的自激振荡条件。

如果振荡电路对各种频率信号均满足这个条件，输出信号中可能包含着各种频率的谐波分量。为了获得某一频率f_0的正弦波输出信号，应在放大电路或反馈电路中，加入具有选频特性的电路，使频率f_0的信号满足振荡条件，即反馈信号与输入信号大小相等、相位相同。所以振荡电路中应包含选频电路。

若振荡电路满足自激振荡条件时，就可以有稳定的信号输出。但最初的输入信号是怎么产生的呢？

原来，当振荡电路接通电源时，电路中的各点电位以及各支路电流会从零开始增大，通过数学分析可以证明，这种突然变化的信号包含着从低频到高频的各种频率的谐波成分，但只有一种频率为 f_0 的信号满足振荡的相位条件，即反馈信号与输入信号相位相同。如果这时放大倍数足够大，即可以满足 $\dot{A}\dot{F}>1$ 的条件，反馈信号大于输入信号，经过正反馈不断放大后，输出信号在很短的时间内由小变大，使振荡电路起振。随着输出信号的增大，晶体管工作范围进入截止区或饱和区，电路的放大倍数 A 自动地逐渐下降，限制了振荡幅度的增大，最后，当 $\dot{A}\dot{F}=1$ 时得到稳定的输出电压。通常，从起振到等幅振荡所经历的时间是极短的（大约经历几个振荡周期的时间）。

根据振荡电路对起振、稳幅和振荡频率的要求，一般振荡电路除放大电路和反馈电路外，应该还包含选频电路和稳幅电路。其中放大电路具有放大信号的作用，同时将直流电能转换成正弦波信号的能量。反馈电路的作用是将输出信号反馈到放大电路的输入端。选频电路的作用是只对某一特定频率 f_0 满足自激振荡条件，形成单一频率的振荡。稳幅电路的作用是稳定振幅，改善波形。

根据组成选频网络的元件不同，通常将正弦波振荡器分为 *RC* 正弦波振荡器、*LC* 正弦波振荡器和石英晶体正弦波振荡器。

读一读 2　*RC* 桥式正弦波振荡器

图 7-32 所示为 *RC* 桥式正弦波振荡器，它一般用来产生零点几赫兹到数百千赫兹的低频信号。该电路结构简单，目前常用的低频信号源大多采用这种形式的振荡电路。

由图 7-32 可以看出，*RC* 桥式正弦波振荡器由同相比例运算放大电路和 *RC* 串并联正反馈电路（兼选频电路）组成。*RC* 串并联电路具有选频特性，它对不同频率的信号反馈系数不同。*RC* 桥式正弦波振荡器就是利用这一特性工作的。

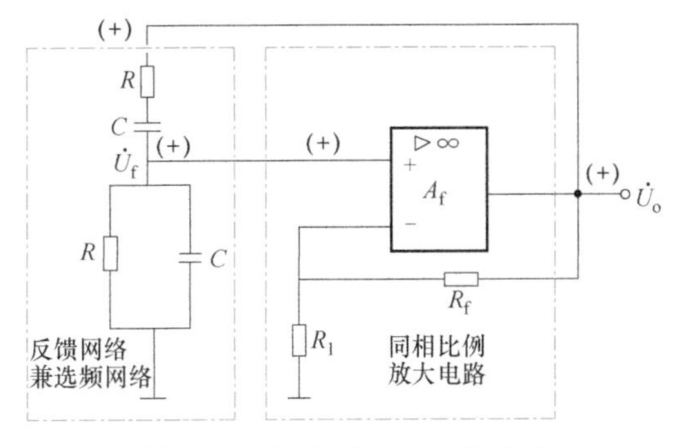

图 7-32　*RC* 桥式正弦波振荡器

可以证明，当 *RC* 串并联电路的信号频率 $f=f_0$，即

$$f=f_0=\frac{1}{2\pi RC} \qquad (7\text{-}21)$$

电路的反馈系数最大，$F=1/3$，此时正反馈最强，且反馈信号和输出信号的相位相同。电路在其他频率时，F 很快衰减，且反馈信号和输出信号的相位也不相同，不满足自激振荡条件。所以，*RC* 串并联电路具有选频特性。f_0 称为 *RC* 串并联电路的固有频率。可见，改变 R、C 的参数值，就可以调节振荡频率。

因为 $F=1/3$，根据起振条件 $AF>1$，要求图中所示的同相比例运算放大电路的电压放大倍数 $A_f=1+\dfrac{R_f}{R_1}$ 应略大于 3，若 R_f 略大于 $2R_1$，就能顺利起振；若 $R_f<2R_1$，则 $A_f<3$，电路不能振荡；若 $R_f\gg 2R_1$，则 $A_f\gg 3$，输出波形失真，近似于方波。

议一议 正弦波振荡电路由哪几个部分组成？
选频电路的作用是什么？
RC 桥式正弦波振荡电路的频率由什么决定？
正弦波振荡电路起振条件是什么？
正弦波振荡电路最初的输入信号是如何产生的？
RC 桥式正弦波振荡电路对放大电路的放大倍数有什么要求？

练一练 搭接正弦波振荡电路

任务1 搭接电路

按图7-33连接电路。其中，集成运算放大器的型号为OP 07，其引脚图如图7-27所示，直流电源电压为±12V；电阻 R 为10kΩ，电容 C 为0.01μF；电阻 R_1 为3kΩ，电阻 R_2 为5.1kΩ，电位器RP为2kΩ。

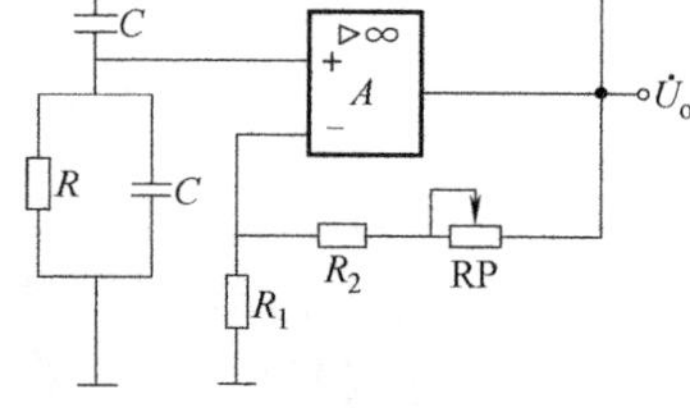

图7-33 *RC* 桥式正弦波振荡器搭接电路图

任务2 观察输出电压波形

搭接好电路后，接通电源。

1）调节电位器RP，用示波器观察输出电压波形，使输出波形为稳定的、失真较小的正弦波信号。

2）调节电位器RP，使电路停振，此时没有正弦波信号输出，说明电路没有起振，判断没有起振的原因。

3）调节电位器RP，使电路重新起振，继续增大RP，用示波器观察输出电压波形的失真情况。

任务3 测量输出信号的频率和幅度

1）调节电位器RP，当输出波形稳定、失真较小时，用毫伏表测量正弦波输出电压的有效值，然后用示波器读出正弦波输出电压的峰峰值，转换成有效值，与毫伏表测量的结果进行比较。

2）用示波器读出输出正弦波信号的周期，转换成频率，然后根据 R、C 的数值用式（7-21）计算振荡频率，与测量结果进行比较。

本章小结

（1）集成运放是高放大倍数的直接耦合多级放大电路。其内部有输入级、中间级、输出级及偏置电路。为抑制零点漂移，集成运放的输入级采用差动放大电路。

（2）分析由运放组成的电路，首先要判断其工作在什么区域。一般负反馈工作在线性区，分析电路的重要依据是 $u_+=u_-$、$i_+=i_-=0$。开环或正反馈工作在非线性区，输出为极限状态。当 $u_+>u_-$ 时，输出为 $+U_{o(sat)}$，当 $u_+<u_-$ 时，输出为 $-U_{o(sat)}$。

（3）运放有三种输入方式：反相、同相及差动。运放工作在线性区，可实现比例、加、减等各种运算。运放工作在非线性区，可实现电压比较、波形转换等。

（4）放大电路中引入负反馈，以降低放大倍数为代价来改善电路的性能。直流负反馈能稳定静态工作点；交流负反馈能改善电路的动态性能：稳定放大倍数、拓宽通频带、减小非线性失真等；电压负反馈，能稳定输出电压使输出电阻减小，带负载能力提高；电流负反馈，能稳定输出电流使输出电阻增大；串联负反馈，使输入电阻增大，减小向信号源索取的电流；并联负反馈，使输入电阻减小。

（5）负反馈类型：电压并联、电压串联、电流并联、电流串联。

（6）判断负反馈组态的方法：正、负反馈看极性，交、直流反馈看通道，电压、电流反馈看输出端，串联、并联看输入端。

思考题与习题

一、填空题

7-1　集成运放是高放大倍数的（　　）耦合多级放大电路。其内部有（　　）级、（　　）级、（　　）级及偏置电路。为抑制零点漂移，集成运放的输入级采用（　　）放大电路。

7-2　集成运放的三种输入方式是（　　）、（　　）和（　　）。

7-3　放大电路中引入负反馈，以降低放大倍数为代价来改善电路的性能。直流负反馈能稳定（　　）；交流负反馈能改善电路的动态性能：稳定（　　）、拓宽（　　）、减小（　　）等。

7-4　放大电路引入的负反馈中，电压负反馈，能稳定输出（　　）使输出电阻（　　），带负载能力（　　）；电流负反馈，能稳定输出（　　）使输出电阻（　　）；串联负反馈，使输入电阻（　　），减小向信号源索取的电流；并联负反馈，使输入电阻（　　）。

7-5　负反馈的类型包含（　　）、（　　）、（　　）和（　　）。

二、单项选择题

7-6　电路如图 7-34 所示，若 u_i 一定，当可变电阻 RP 的电阻值由大适当地减小时，则输出电压的变化情况为（　　）。

a）由小变大　　b）由大变小　　c）基本不变

7-7　电路如图 7-35 所示，若输入电压 $u_i=-0.5V$，则输出电流 i 为（　　）。

a）10mA　　b）-5mA　　c）5mA

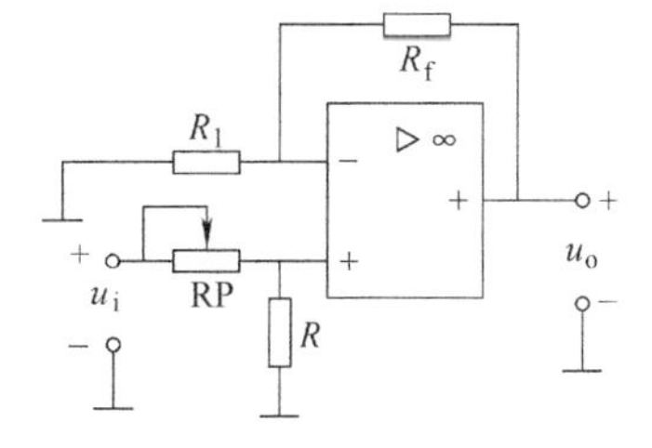

图 7-34　题 7-6 图

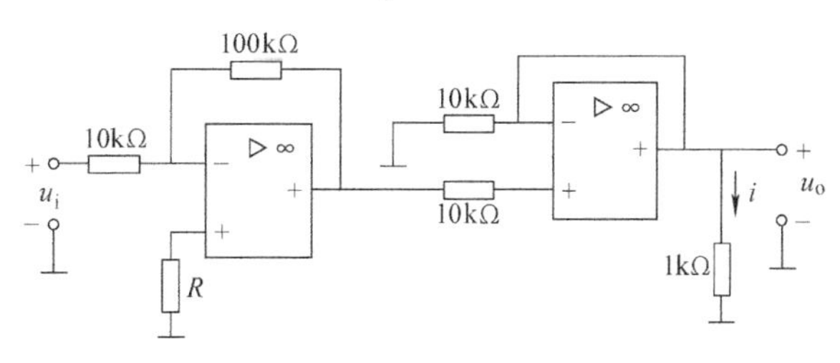

图 7-35　题 7-7 图

7-8　在图7-36所示由理想运算放大器组成的运算电路中，若运算放大器所接电源为±12V，且$R_1=10\mathrm{k\Omega}$，$R_f=100\mathrm{k\Omega}$，则当输入电压$u_i=2\mathrm{V}$时，输出电压u_o最接近于（　　）。

a）20V　　b）−12V　　c）−20V

7-9　图7-37所示电路的输出电压u_o为（　　）。

a）$-2u_i$　　b）$-u_i$　　c）u_i

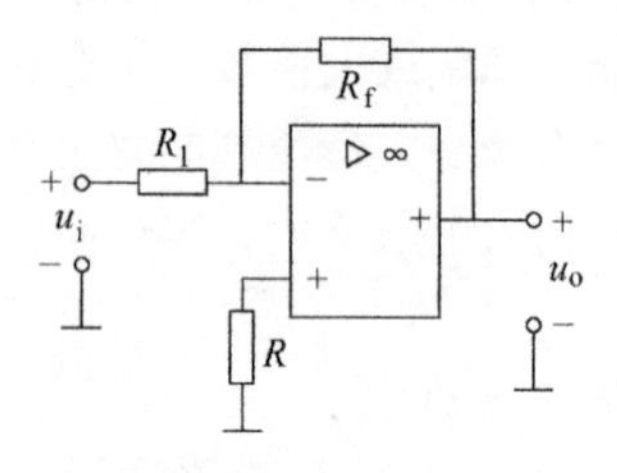

图7-36　题7-8图

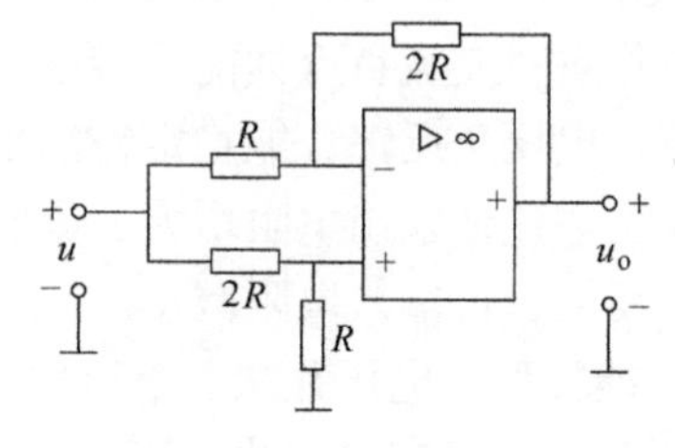

图7-37　题7-9图

7-10　电路如图7-38所示，运算放大器的最大输出电压为±12V，晶体管VT的$\beta=50$，为了使灯HL亮，限额输入电压u_i应满足（　　）。

a）$u_i>0$　　b）$u_i=0$　　c）$u_i<0$

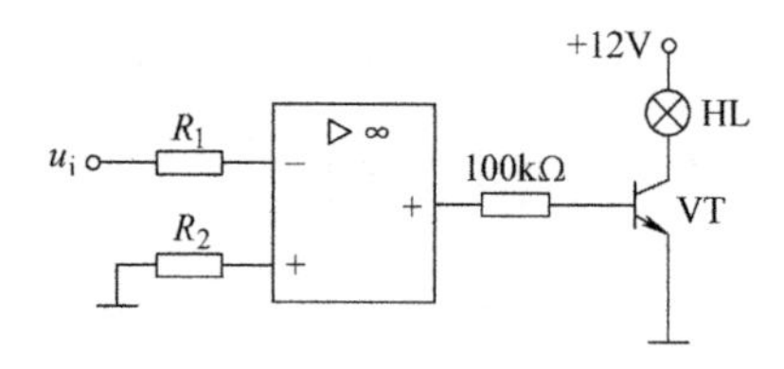

图7-38　题7-10图

三、综合题

7-11　有一运算放大器如图7-2所示，正负电源电压为±15V，开环电压放大倍数$A_{uo}=1\times10^6$，输出最大电压为±13V。分别加入下列输入电压，求输出电压及极性。

（1）$u_+=-10\mu\mathrm{V}$，$u_-=-5\mu\mathrm{V}$。

（2）$u_+=-100\mu\mathrm{V}$，$u_-=3\mathrm{mV}$。

（3）$u_+=5\mu\mathrm{V}$，$u_-=-5\mu\mathrm{V}$。

（4）$u_+=-5\mu\mathrm{V}$，$u_-=-20\mu\mathrm{V}$。

7-12　什么是虚断和虚短？什么叫虚地？虚地与平常所说的接地有什么区别？若将虚地点接地，运算放大器还能正常工作吗？

7-13　电路如图7-15所示，已知$R_1=10\mathrm{k\Omega}$，$R_f=20\mathrm{k\Omega}$，试计算电压放大倍数及平衡电阻R_2。

7-14　电路如图7-16a所示，若电压放大倍数等于5，$R_1=3\mathrm{k\Omega}$，求反馈电阻R_f的值。如果电路如图7-16b所示，若电压放大倍数仍然等于5，$R_1=3\mathrm{k\Omega}$，$R_2=R_3=1.5\mathrm{k\Omega}$，再求反馈电阻$R_f$的值。

7-15　电路如图7-18所示，已知$R_1=R_2=10\mathrm{k\Omega}$，$R_3=R_f=30\mathrm{k\Omega}$，$u_{i1}=3\mathrm{V}$，$u_{i2}=0.5\mathrm{V}$，试用叠加定理求输出电压$u_o$。

7-16 电路如图 7-19 所示，已知 $R_{11}=2\text{k}\Omega$，$R_{12}=3\text{k}\Omega$，$R_{13}=4\text{k}\Omega$，$R_{\text{f}}=30\text{k}\Omega$，$u_{\text{i1}}=0.2\text{V}$，$u_{\text{i2}}=-0.3\text{V}$，$u_{\text{i3}}=0.4\text{V}$，试求输出电压 u_{o}。

7-17 按下面的运算关系画出运算电路，并计算各电阻的阻值。

（1）$u_{\text{o}}=-3u_{\text{i}}$（$R_{\text{f}}=50\text{k}\Omega$）。

（2）$u_{\text{o}}=0.2u_{\text{i}}$（$R_{\text{f}}=20\text{k}\Omega$）。

（3）$u_{\text{o}}=2u_{\text{i2}}-u_{\text{i1}}$（$R_{\text{f}}=10\text{k}\Omega$）。

7-18 分别求出图 7-39 所示电路 u_{o} 与 u_{i} 的运算关系。

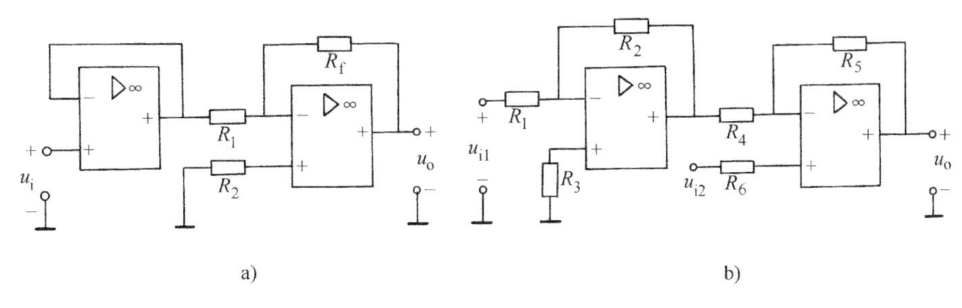

图 7-39 题 7-18 图

7-19 图 7-40 是监控报警装置电路原理图。如果要对温度进行监控，可由传感器取得监控信号 u_{i}，U_{R} 是表示预期温度的参考电压。当 u_{i} 超过预期温度时，报警灯亮，试说明其工作原理。二极管 VD 和电阻 R_3 在此起何作用?

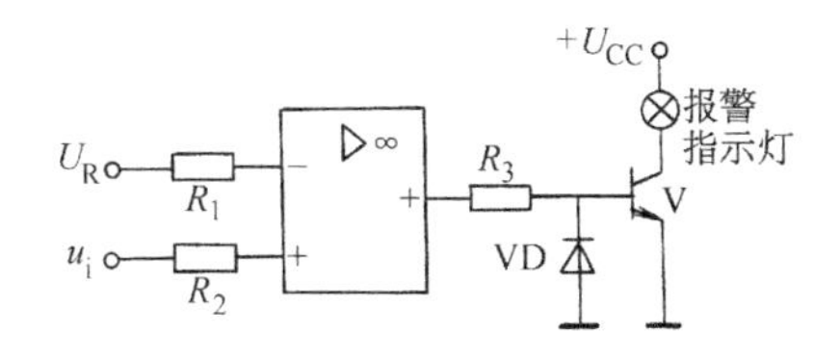

图 7-40 题 7-19 图

7-20 电路如图 7-22a 所示，$u_{\text{i}}=2\sin\omega t\text{mV}$。

（1）分别画出 $U_{\text{R}}=1\text{mV}$、$U_{\text{R}}=-1\text{mV}$ 时的输出电压波形。

（2）如果将（1）中的 u_{i} 加在同相端，U_{R} 加在反相端，画出输出电压的波形。

（3）试分析 U_{R} 的大小对输出电压波形的影响。

第八章 数字电路基础及组合逻辑电路

学习目标

通过本章的学习，你应达到：

(1) 了解数字电路的特点，了解数制和码字的概念，了解二进制数的运算规律。

(2) 掌握常用逻辑门电路的逻辑符号、逻辑功能和表示方法。

(3) 理解集成逻辑门电路的特性、参数及应用。

(4) 理解典型组合逻辑电路的功能和应用。

第一节 数字电路基础

一、数字电路的概念及应用

1. 数字信号的概念

电子电路所处理的电信号分为两类：一类是数值随时间连续变化的信号，称为模拟信号，例如，模拟语言的音频信号（可以通过传声器把声音信号转换成相应的电信号）就属于模拟信号；另一类是数值随时间断续、离散变化的信号，也就是说其数值的变化是不连续的，多以脉冲信号的形式出现，这一类信号称为数字信号。

脉冲信号也称脉冲波。电脉冲是指在短促的时间内突然变化的电信号。例如，发报机的操作人员每按一次按键所发送的信号，就属于这种信号。常见的脉冲信号如图 8-1 所示。

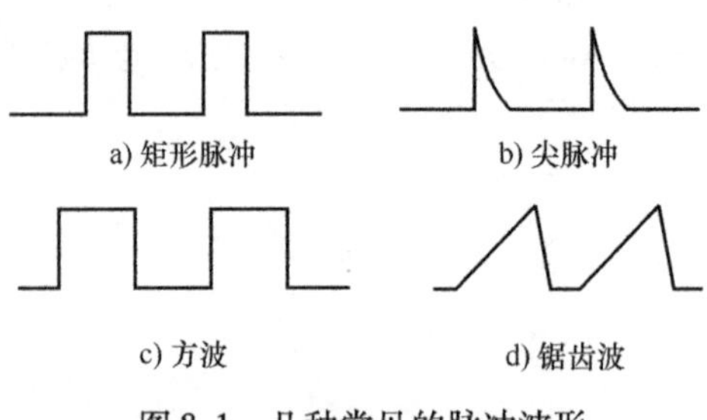

图 8-1 几种常见的脉冲波形

从广义上讲，一切非正弦的、带有突变特点的波形，统称为脉冲。数字电路处理的信号多是矩形脉冲，这种信号只有两种状态，可用二值变量（逻辑变量）来表示，即用逻辑 1 和 0 来表示信号的状态（高电平或低电平），我们以后所讲的数字信号，通常都是指这种信号。

2. 数字电路的概念

按照电子电路中工作信号的不同，通常把电路分为模拟电路和数字电路。我们把处理模拟信号的电子电路称为模拟电路，如各类放大器、稳压电路等都属于模拟电路。我们把处理数字信号的电子电路称为数字电路，如后面将要介绍的各类门电路、触发器、译码器及计数器等都属于数字电路。

与模拟电路比较，数字电路主要有以下特点：

1）数字电路在计数和数值运算时采用二进制数，是利用数字信号的两种状态来传输 0 和 1 这样的数字信息的，抗干扰能力强。

2）数字电路不仅能完成数值运算，而且能进行逻辑判断和逻辑运算。这在控制系统中是不可缺少的，因此也把数字电路称为逻辑电路。

3）数字电路的分析方法不同于模拟电路，其重点在于研究各种数字电路输出与输入之间的相互关系，即逻辑关系，因此分析数字电路的数学工具是逻辑代数，表达数字电路逻辑功能的方式主要是真值表、逻辑函数表达式和逻辑图等。

数字电路也有一定的局限性，因此，往往把数字电路和模拟电路结合起来，组成一个完整的电子系统。

3. 数字电路的应用

数字电路的应用十分广泛，它已广泛应用于数字通信、自动控制、数字测量仪表以及家用电器等各个领域。特别是在数字电路基础上发展起来的电子计算机，已进入现代社会的各个领域，不仅在高科技研究领域，而且在生产、管理、教育、服务行业以及家庭中都得到了广泛应用，它标志着电子技术的发展进入了一个新的阶段。另外，数字式移动电话（手机）、数字式高清晰度电视以及数码照相机等也都是数字电路发展的产物。

二、数制和码制

在日常生活中，我们习惯采用十进制数，而在数字系统中进行数字的运算和处理时，采用的都是二进制数。二进制数位数太多，使用不方便，所以也经常采用十六进制数（每位代替四位二进制数）。

1. 数的表示方法

（1）十进制数　十进制数采用十个数码：0、1、2、3、4、5、6、7、8、9，任何数值都可以用上述十个数码按一定规律排列起来表示。十进制数的计数规律是“逢十进一”。0 ~ 9 十个数可以用一位基本数码表示，10 以上的数则要用两位以上的数码表示。如 11 这个数，右边的“1”为个位数，左边的“1”为十位数，也就是：$11 = 1 \times 10^1 + 1 \times 10^0$。这样，每一数码处于不同的位置时，它代表的数值是不同的，即不同的数位有不同的位权。

例如，十进制数 1949 代表的数值为

$$1949 = 1 \times 10^3 + 9 \times 10^2 + 4 \times 10^1 + 9 \times 10^0$$

其中，每位的位权分别为 10^3、10^2、10^1、10^0。

又如，
$$[234]_{10} = 2 \times 10^2 + 3 \times 10^1 + 4 \times 10^0 = 234$$

式中，下标 10 表示十进制，有时也用下标 D 表示十进制，两者都可以省略。

（2）二进制数　二进制数采用两个数码：0 和 1，计数规律是“逢二进一”。二进制数的各位位权从低位到高位分别是 2^0、2^1、2^2、…。

例如，
$$[1001]_2 = 1 \times 2^3 + 0 \times 2^2 + 0 \times 2^1 + 1 \times 2^0 = 9$$

式中，下标2表示二进制，有时也用下标B表示。

（3）十六进制数 十六进制数采用16个数码：0、1、2、3、4、5、6、7、8、9、A、B、C、D、E、F，其中A、B、C、D、E、F分别表示10、11、12、13、14、15。十六进制数的计数规律是“逢十六进一”，各位的位权是16的幂。

例如，
$$[9D]_{16}=9\times16^1+13\times16^0=157$$
式中，下标16表示十六进制，有时也用下标H表示。

二进制数的位数很多，不便于书写和记忆。例如，要表示十进制数4020，若用二进制表示，则为111110110100，若用十六进制表示，则为FB4，因此，在数字系统的资料中常采用十六进制数代替二进制数。

（4）二进制数与十六进制数的相互转换

1）将二进制正整数转换为十六进制数

将二进制数从最低位开始，每4位分为一组（最高位可以补0），每组都转换为1位相应的十六进制数码即可。

例8-1 将二进制数$[1001011]_2$转换为十六进制数。

解 二进制数 0100 1011
↓ ↓
十六进制数 4 B

即$[1001011]_2=[4B]_{16}$

2）将十六进制正整数转换为二进制数。

将十六进制数的每一位转换为相应的4位二进制数即可。

例8-2 将$[4B]_{16}$转换为二进制数。

解 十六进制数 4 B
↓ ↓
二进制数 0100 1011

即$[4B]_{16}=[1001011]_2$

最高位为0，可舍去。

2. 常用编码

数字系统中的信息可以分为两类，一类是数值信息，另一类是文字、符号信息。数值的表示前已述及。文字、符号信息也常用一定位数的二进制数码来表示，这个特定的二进制码称为代码。建立这种代码与文字、符号或特定对象之间的一一对应的关系称为编码。这就如运动会给所有运动员编上不同的号码一样。

（1）二—十进制码（BCD码） 二—十进制码（BCD码）指的是用十个特定的四位二进制数来分别表示一位十进制数的编码方式，这种特定的四位二进制数简称BCD码。由于四位二进制数码有十六种不同的组合状态，用以表示十进制数的十个数码时，只需选用其中十种组合，其余六种组合则不用（称为无效组合）。因此，BCD码的编码方式有很多种。

在BCD编码中，一般分有权码和无权码。表8-1中列出了几种常见的BCD码。例如，8421BCD码是一种最基本的、应用十分普遍的BCD码，它是一种有权码，8421就是指编码中各位的位权分别是8、4、2、1，另外2421BCD码、5421BCD码也属于有权码，而余3码和格雷循环码（也称格雷码）则属于无权码。

表 8-1　常见的几种 BCD 编码

十进制数码	8421编码	5421编码	2421编码	余3码（无权码）	格雷码（无权码）
0	0000	0000	0000	0011	0000
1	0001	0001	0001	0100	0001
2	0010	0010	0010	0101	0011
3	0011	0011	0011	0110	0010
4	0100	0100	0100	0111	0110
5	0101	1000	1011	1000	0111
6	0110	1001	1100	1001	0101
7	0111	1010	1101	1010	0100
8	1000	1011	1110	1011	1100
9	1001	1100	1111	1100	1000

（2）二—十进制数　将十进制数的每一位分别用 BCD 码表示出来，所构成的数称为二—十进制数，它们是一位对四位的关系。例如，$[47]_{10} = [01000111]_{8421BCD}$，下标表示该数为 8421 编码方式。

在二—十进制数中，BCD 码的每四位组成一组，代表一位十进制数码，组与组之间的关系仍是十进制关系。

三、逻辑代数的基本知识

逻辑代数是用以描述逻辑关系、反映逻辑变量运算规律的数学，它是分析和设计逻辑电路所采用的一种数学工具。

1. 基本逻辑关系

（1）逻辑变量　自然界中，许多现象都存在着对立的两种状态，为了描述这种相互对立的状态，往往采用仅有两个取值的变量来表示，这种二值变量就称为逻辑变量。例如，电平的高低，灯泡的亮灭等现象都可以用逻辑变量来表示。

逻辑变量可以用字母 A、B、C、…、X、Y、Z 等来表示，但逻辑变量只有两个不同的取值，分别是逻辑 0 和逻辑 1。这里 0 和 1 不表示具体的数值，只表示相互对立的两种状态。

（2）基本的逻辑关系及其运算　所谓逻辑关系是指一定的因果关系，即条件和结果的关系。基本的逻辑关系只有“与”、“或”、“非”三种，逻辑代数中有三种基本的逻辑运算，即“与”运算、“或”运算、“非”运算，其他逻辑运算是通过这三种基本运算来实现的。在数字电路中，利用输入信号来对应“条件”，用输出信号来对应“结果”，这样，数字电路输入、输出信号之间所存在的因果关系就可以用这三种逻辑关系来描述，对应的电路分别叫作“与门”、“或门”、“非门”。

1）与逻辑和与运算。当决定某一种结果的所有条件都具备时，这个结果才能发生，这种逻辑关系称为与逻辑关系，简称与逻辑。

例如，把两只开关与一只白炽灯串联后接到电源上，当这两只开关都闭合时，白炽灯才能亮，只要有一只开关断开，灯就灭。因此，灯亮和开关的接通是与逻辑关系，若用 Y 代表白炽灯的状态，A、B 分别代表两只开关的状态，可以用逻辑代数中的与运算表示，记作

$$Y = A \cdot B$$

或
$$Y = AB$$

这里，灯亮、开关接通，我们用逻辑 1 表示；灯灭、开关断开，我们用逻辑 0 表示。与运算的运算规则为 $0 \cdot 0 = 0$，$0 \cdot 1 = 0$，$1 \cdot 0 = 0$，$1 \cdot 1 = 1$。**即有 0 出 0，全 1 出 1。**

2）或逻辑和或运算。当决定某一结果的几个条件中，只要有一个或一个以上的条件具备，结果就发生，这种逻辑关系称为或逻辑关系，简称或逻辑。

例如，把两只并联的开关和一只灯泡串联后接到电源上，这样，只要有一个开关接通，灯泡就亮。因此，灯亮和开关的接通是或逻辑关系，可以用逻辑代数中的或运算来表示，记作

$$Y = A + B$$

或运算的运算规则为 $0 + 0 = 0$，$0 + 1 = 1$，$1 + 0 = 1$，$1 + 1 = 1$。**即有 1 出 1，全 0 出 0。**或逻辑又称为逻辑加。

3）非逻辑和非运算。如果条件与结果的状态总是相反，则这样的逻辑关系叫作非逻辑关系，简称非逻辑，或称为逻辑非。逻辑变量 A 的逻辑非，表示为$\overline{A}$，$\overline{A}$读作“A 非”或“A 反”，其表达式为

$$Y = \overline{A}$$

非逻辑的运算规律为 $\overline{0} = 1$，$\overline{1} = 0$。

2. 逻辑函数及其表示方法

（1）逻辑函数的定义　逻辑函数的定义和普通代数中函数的定义类似。在逻辑电路中，如果输入变量 A、B、C、…的取值确定后，输出变量 Y 的值也被唯一确定了。那么，我们就称 Y 是 A、B、C、…的逻辑函数。逻辑函数的一般表达式可以记作

$$Y = f(A, B, C, \cdots)$$

根据函数的定义，$Y = A \cdot B$、$Y = A + B$、$Y = \overline{A}$三个表达式反映的是三个基本的逻辑函数，分别表示 Y 是 A、B 的与函数、或函数以及 Y 是 A 的非函数。

在逻辑代数中，逻辑函数和逻辑变量一样，都只有逻辑 0 和逻辑 1 两种取值。

（2）逻辑函数的表示方法　逻辑函数的表示方法有很多种，以下结合实际电路介绍几种常用的方法。

1）真值表。真值表是将逻辑变量的各种可能的取值和相应的函数值排列在一起而组成的表格。

例如，图 8-2a 所示是二极管与门电路，A、B 是它的两个输入端，Y 是输出端。当 A、B 中有低电平[⊖]时，则对应的二极管导通，输出电压被钳位在低电平。当 A、B 全为高电平时，输出才为高电平。如果高电平用 1 表示，低电平用 0 表示，则可得与门真值表，见表 8-2。

⊖ 电平是表示电位相对高低的术语。

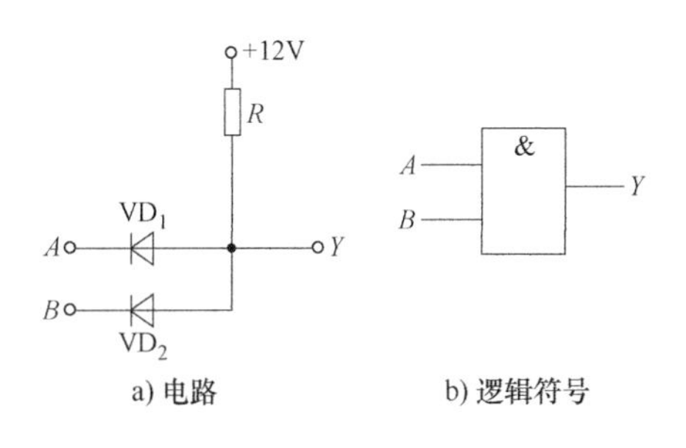

图 8-2　二极管与门电路

表 8-2　与门真值表

A	B	Y
0	0	0
0	1	0
1	0	0
1	1	1

2）逻辑函数表达式。逻辑函数表达式是用各变量的与、或、非逻辑运算的组合表达式来表示逻辑函数的，简称函数式或表达式。

在上中，与门电路输出状态 Y 与输入状态 A、B 的逻辑关系可表示为

$$Y=A\cdot B$$

该式表明，当 A 和 B 全为 1 时，输出 Y 才为 1，这与它的真值表是相符的。

3）逻辑图。用规定的逻辑符号连接所构成的图，称为逻辑图。图 8-2b 所示为与门的逻辑符号，也是与逻辑的逻辑符号。每一种逻辑运算都可以用一种逻辑符号来表示，只要能得到逻辑函数的表达式，就可以转换为逻辑图。由于逻辑符号也代表逻辑门电路，和电路器件是相对应的，所以逻辑图也称为逻辑电路图。

3. 逻辑代数中的基本公式和定律

（1）变量和常量的关系

公式 1　$A+0=A$　　　公式 1′　$A\cdot 1=A$

公式 2　$A+1=1$　　　公式 2′　$A\cdot 0=0$

公式 3　$A+\overline{A}=1$　　　公式 3′　$A\cdot\overline{A}=0$

（2）与普通代数相似的定律

1）交换律

公式 4　$A+B=B+A$　　　公式 4′　$A\cdot B=B\cdot A$

2）结合律

公式 5　$(A+B)+C=A+(B+C)$　　　公式 5′　$(A\cdot B)\cdot C=A\cdot(B\cdot C)$

3）分配律

公式 6　$A\cdot(B+C)=A\cdot B+A\cdot C$　　　公式 6′　$A+B\cdot C=(A+B)\cdot(A+C)$

上述公式中，除公式 6′以外，其他都和普通代数完全一样。

（3）逻辑代数中的一些特殊定律

1）重叠律

公式 7　$A+A=A$　　　公式 7′　$A\cdot A=A$

2）反演律（摩根定律）

公式 8　$\overline{A+B}=\overline{A}\cdot\overline{B}$　　　公式 8′　$\overline{A\cdot B}=\overline{A}+\overline{B}$

3）非非律（否定律或还原律）

公式 9　$\overline{\overline{A}}=A$

第二节 门 电 路

一、基本逻辑门

在逻辑电路中，电平的高低是相互对立的逻辑状态，可用逻辑1和逻辑0分别表示。通常，我们用逻辑1表示高电平，用逻辑0表示低电平。

1. 二极管与门电路

二极管与门电路如图8-2所示，真值表见表8-2。其逻辑功能为“有0出0，全1出1”。

2. 二极管或门电路

二极管或门电路及逻辑符号如图8-3所示，图8-3b是或逻辑的逻辑符号。

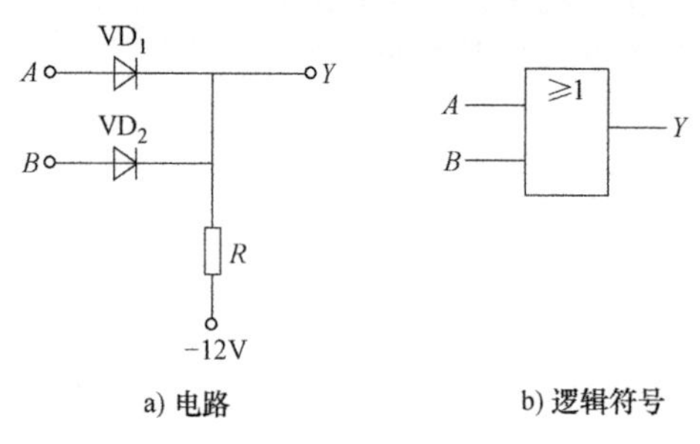

图8-3 二极管或门电路

表8-3 或门真值表

A	B	Y
0	0	0
0	1	1
1	0	1
1	1	1

当A、B中有高电平时，对应的二极管导通，输出电压被钳位在高电平。当A、B均为低电平时，输出才为低电平。或门电路的真值表见表8-3。或门的逻辑功能为“有1出1，全0出0”。

3. 非门电路（晶体管反相器）

由晶体管构成的反相器电路如图8-4所示。图8-4b是非逻辑的逻辑符号。

当输入低电平时，晶体管截止，$i_C \approx 0$，输出高电平，$u_o = U_{oH} \approx U_{CC}$；当输入高电平时，若$R_1$、$R_2$、$R_C$选择适当，使得晶体管饱和，则输出低电平，$u_o = U_{oL} = U_{CES} \approx 0.3V$。

从图中可以看出，输出电平与输入电平反相，输出电平和输入电平之间是非逻辑关系，所以该电路称为反相器，又称为非门。图8-4b为非门的逻辑符号，也是非逻辑的逻辑符号。

非门电路的真值表见表8-4。

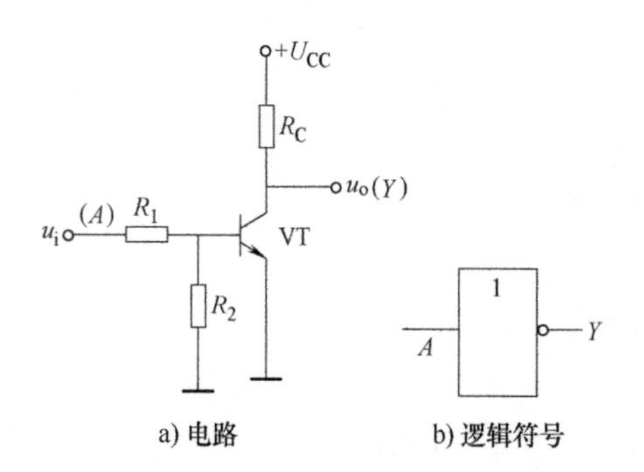

图8-4 非门电路及逻辑符号

表8-4 非门真值表

A	Y
0	1
1	0

二、复合逻辑门电路

所谓复合门，就是把与门、或门和非门结合起来作为一个门电路来使用。例如，把与门和非门结合起来构成与非门，把或门和非门结合起来构成或非门等。常用的复合门逻辑符号如图 8-5 所示。其中$Y=\bar{A}B+A\bar{B}$称为异或逻辑，可用 $Y=A\oplus B$ 表示。其逻辑关系是：当 A、B 中有一个为 1 时，Y 为 1；A、B 都为 0 或都为 1 时，Y 等于 0。

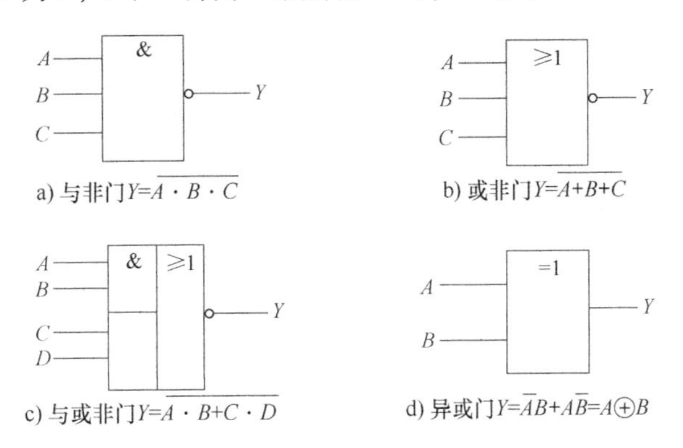

图 8-5　复合门电路

一个逻辑函数可以有不同的表达式，除了与或表达式外还有或与表达式、与非—与非表达式、或非—或非表达式、与或非表达式等。

例如：$Y=A\bar{B}+BC$　　与或表达式

$=(A+B)(\bar{B}+C)$　　或与表达式

$=\overline{\overline{A\bar{B}}\cdot\overline{BC}}$　　与非—与非表达式

$=\overline{\overline{A+B}+\overline{\bar{B}+C}}$　　或非—或非表达式

$=\overline{\bar{A}\cdot\bar{B}+B\bar{C}}$　　与或非表达式

可以分别列出每个表达式的真值表来证明这些等式是成立的。

根据函数的不同表达式，可得函数 Y 的逻辑图如图 8-6 所示，可以看出，通过逻辑函数

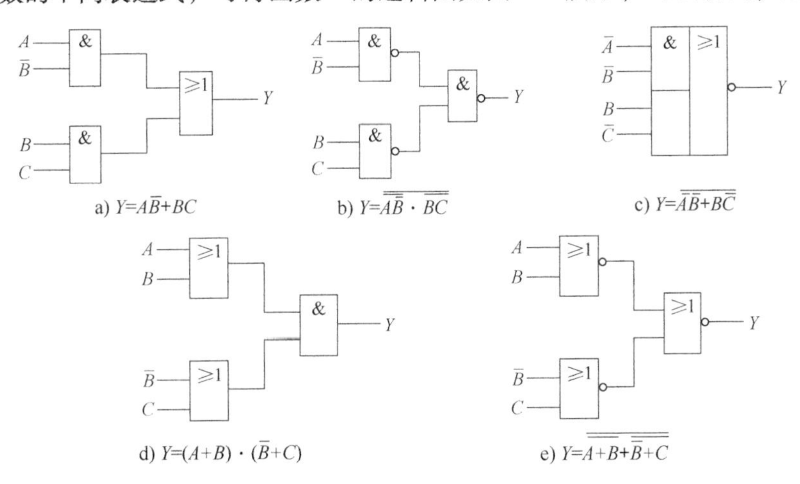

图 8-6　函数 $Y=A\bar{B}+BC$ 的各种逻辑图

的转换，同一逻辑函数可以用不同的逻辑门来实现。

例如，若采用与非表达式，则可以用三个与非门来实现逻辑函数 Y 的功能，如图 8-6b 所示，这就可以用后面讲到的一片 74LS00 集成电路来实现。

三、集成逻辑门电路

前面所介绍的门电路可以由分立元件组成，但实际使用时一般采用集成逻辑门。常用的集成逻辑门有两种类型：TTL 电路和 CMOS 电路。

1. TTL 电路

TTL 电路全称为晶体管—晶体管集成逻辑门电路，简称 TTL 电路。TTL 电路有不同系列的产品，各系列产品的参数不同，其中 LSTTL 系列的产品综合性能较好，应用比较广泛，下面我们以 LSTTL 电路为，介绍 TTL 电路。

（1）TTL 与非门电路

1）电路组成。TTL 的基本电路形式是与非门，74LS00 是一种四 2 输入的与非门，其内部有四个两输入端的与非门，其电路图和引脚图如图 8-7 所示。

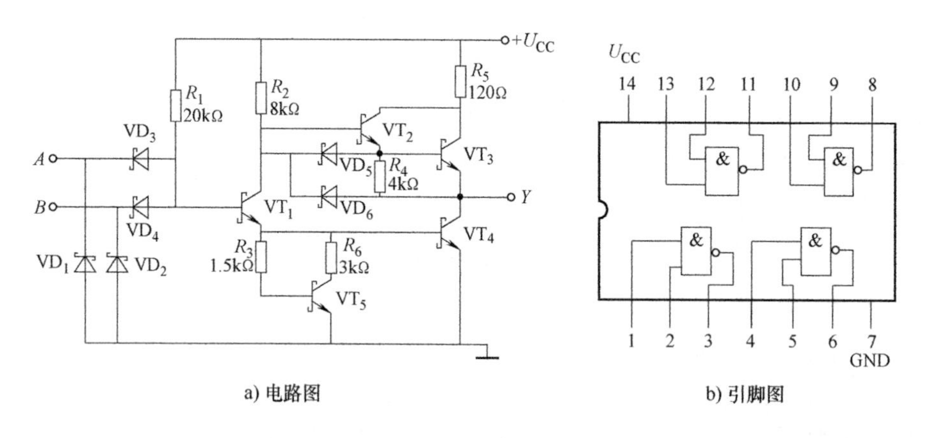

a) 电路图　　b) 引脚图

图 8-7　与非门 74LS00

在图 8-7b 中，引脚 7 和 14 分别接地（GND）和电源（+5V 左右）。

在 LSTTL 电路内部，为了提高工作速度，采用了肖特基晶体管，肖特基晶体管的符号如图 8-8 所示。肖特基晶体管的主要特点是开关时间短、工作速度高。

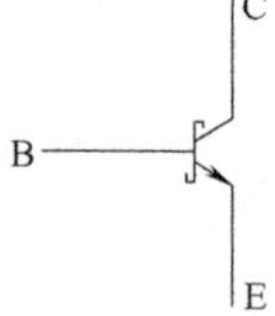

图 8-8　肖特基晶体管符号

LSTTL 与非门电路由输入级、中间倒相级和输出级三部分组成。

功能分析：当电路的任一输入端有低电平时，输出为高电平；当输入全为高电平时，输出为低电平。

与非门电路的逻辑函数表达式为：$Y=\overline{AB}$，功能简述为：有 0 出 1，全 1 出 0。

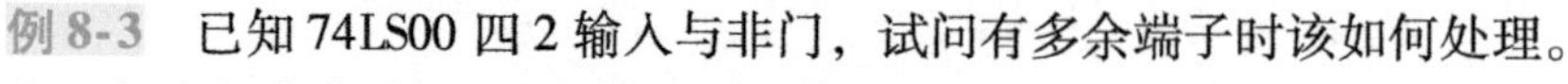

例 8-3　已知 74LS00 四 2 输入与非门，试问有多余端子时该如何处理。

解　与非门多余端子的处理方法分析如下：

① 多余端子接电源或悬空[⊖]：$Y=\overline{AB}=\overline{A\cdot 1}=\overline{A}$；

② 多余端子与有用端子并接：$Y=\overline{AB}=\overline{AA}=\overline{A}$。

2）TTL 门电路的主要参数。门电路的参数反映着门电路的特性，是合理使用门电路的重要依据。在使用中若超出了参数规定的范围，就会引起逻辑功能混乱，甚至损坏集成块。我们以 TTL 与非门为说明 TTL 电路参数的含义。

① 输出高电平 U_{OH}。U_{OH}是指输入端有一个或一个以上为低电平时的输出高电平值。性能较好的器件空载时 U_{OH}约为 4V。手册中给出的是在一定测试条件下（通常是最坏的情况）所测量的最小值。正常工作时，U_{OH}不小于手册中给出的数值。74LS00 的 U_{OH}为 2.7V。

② 输出低电平 U_{OL}。U_{OL}是指输入端全部接高电平时的输出低电平值。U_{OL}是在额定的负载条件下测试的，应注意手册中的测试条件。手册中给出的通常是最大值。74LS00 的 $U_{OL}\leqslant 0.5V$。

③ 输入短路电流 I_{IS}。I_{IS}是指输入端有一个接地，其余输入端开路时，流入接地输入端的电流。在多级电路连接时，I_{IS}实际上就是灌入前级的负载电流。显然，I_{IS}大，则前级带同类与非门的能力下降。74LS00 的 $I_{IS}\leqslant 0.4mA$。

④ 高电平输入电流 I_{IH}。I_{IH}是指一个输入端接高电平，其余输入端接地时，流入该输入端的电流。对前级来讲，是拉电流。74LS00 的 $I_{IH}\leqslant 20\mu A$。

⑤ 输入高电平最小值 U_{IHmin}。当输入电平高于该值时，输入的逻辑电平即为高电平。74LS00 的 $U_{IHmin}=2V$。

⑥ 输入低电平最大值 U_{ILmax}。只要输入电平低于 U_{ILmax}，输入端的逻辑电平即为低电平。74LS00 的 $U_{ILmax}=0.8V$。

⑦ 平均传输时间 t_{pd}。TTL 电路中的二极管和晶体管在进行状态转换时，即由导通状态转换为截止状态，或由截止状态转换为导通状态时，都需要一定的时间，这段时间叫作二极管和晶体管的开关时间。同样，门电路的输入状态改变时，其输出状态的改变也要滞后一段时间。t_{pd}是指电路在两种状态间相互转换时所需时间的平均值。

例 8-4　图 8-9 所示为 74LS00 与非门构成的电路，A 端为信号输入端，B 端为控制端，试根据其输入波形画出其输出波形。

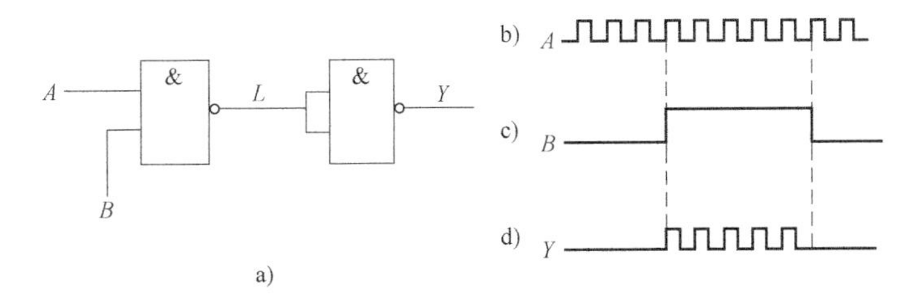

图 8-9　例 8-4 图

a）电路　b）输入端波形　c）控制端波形　d）输出端波形

解　图 8-9a 中，当控制端 B 为 0 时，不论 A 是什么状态，输出端 L 总为高电平，Y 总为低电平，信号不能通过；当控制端 B 为 1 时，$L=\overline{A\cdot B}=\overline{A\cdot 1}=\overline{A}$，$Y=\overline{L}=\overline{\overline{A}}=A$，输入端 A 的信号可以通过，其输出波形如图 8-9d 所示。

⊖ 对 TTL 电路来说，输入端悬空相当于高电平。

可以看出，在 $B=1$ 期间，输出信号和输入信号的波形相同，所以该电路可作为数字频率计的受控传输门。当控制信号 B 的脉宽为 1s 时，该与非门输出的脉冲个数等于输入端 A 的输入信号的频率 f。

（2）其他类型的TTL门电路　为实现多种多样的逻辑功能及控制，除与非门以外，生产厂家还生产了多种类型的TTL单元电路。这些电路的参数和与非门类似，只是逻辑功能不同。下面介绍几种常见的其他类型的LSTTL门电路，除个别电路外，其内部电路不再给出。

1）或非门74LS27。74LS27是一种三3输入或非门。内部有三个独立的或非门，每个或非门有三个输入端，图8-10为它的逻辑符号与引脚图。

或非门的逻辑函数表达式为 $Y=\overline{A+B+C}$，逻辑功能简述为：**有1出0，全0出1。**

例8-5　已知74LS27三3输入或非门，问或非门多余端子该如何处理。

解　或非门多余端子的处理方法如图8-11所示。分析如下：

① 多余端子接地：对第一个或非门，若用它实现 $Y_1=\overline{A+B}$，对第3个多余的输入端可以接地，即 $Y_1=\overline{A+B+0}=\overline{A+B}$。

② 多余端子与有用端子并接：对第二个或非门，若用它实现 $Y_2=\overline{C+D}$，将第3个多余的输入端与有用的端子并接，即 $Y_2=\overline{C+C+D}=\overline{C+D}$。另外，也可以把或非门当作非门使用，如 $Y_3=\overline{E+E+E}=\overline{E}$。

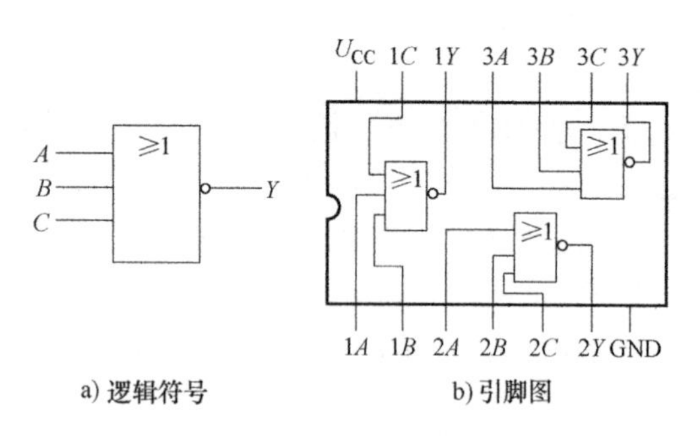

a) 逻辑符号　　b) 引脚图

图8-10　74LS27或非门电路

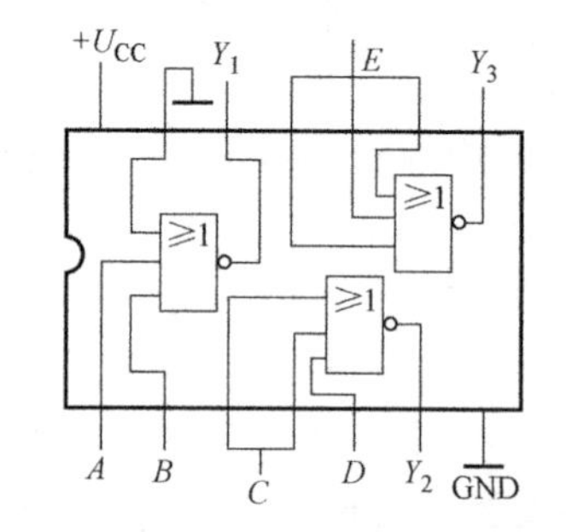

图8-11　或非门多余端子的处理

2）异或门74LS86。74LS86是一种四异或门，内部有四个异或门。异或门的逻辑功能为 $Y=A\overline{B}+\overline{A}B=A\oplus B$，其输入相异（一个为0，一个为1）时，输出为1；输入相同时，输出为0。

应用实例：由异或门构成的正码/反码电路如图8-12所示。当控制端 B 为低电平时，输出 $Y_i=A_i\overline{B}+\overline{A}_iB=A_i\cdot\overline{0}+\overline{A}_i\cdot 0=A_i\cdot 1+\overline{A}_i\cdot 0=A_i$，输出与输入相等，输出为二进制码的原码（即正码）；当控制端 B 为高电平时，输出 $Y_i=A_i\overline{B}+\overline{A}_iB=A_i\cdot\overline{1}+\overline{A}_i\cdot 1=\overline{A}_i$，输出与输入相反，输出为输入二进制码的反码。

2. CMOS电路

目前，在数字逻辑电路中，CMOS器件得到了大量应用。

CMOS器件内部集成的是绝缘栅型场效应晶体管，由于这种场效应晶体管是由金属（Metal）、氧化物（Oxide）和半导体材料（Semiconductor）构成的，又称为MOS场效应晶体管。MOS场效应晶体管也是一种电子器件，其特性和晶体管类似，但其栅极（控制极，类似于晶体管的基极）与其他两个电极之间是绝缘的，输入电阻很大，输入电流极小。当

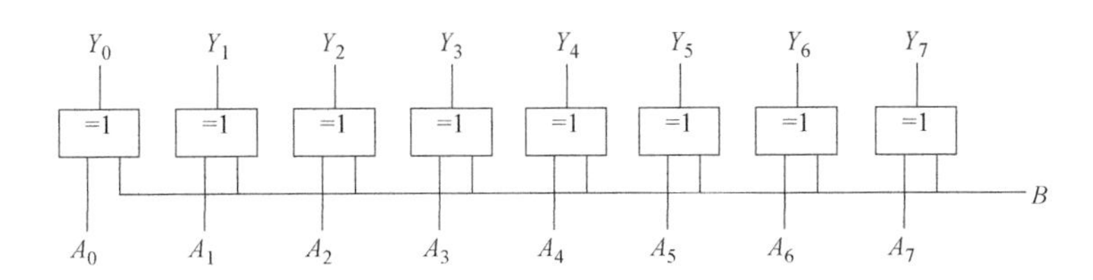

图 8-12　异或门构成的正码/反码电路

在 MOS 管的栅极和另一特定电极之间加上一定的控制电压时，会在除栅极之外的另外两个电极之间产生一个能够导电的通道，称为沟道。如果沟道中多数载流子是自由电子，则称为 N 沟道，对应的管子称为 NMOS 管；如果沟道中多数载流子是空穴，则称为 P 沟道，对应的场效应晶体管称为 PMOS 管。NMOS 管和 PMOS 管的导通条件不同。

CMOS 集成电路中集成有两种互补的 MOS 管，一种是 N 沟道 MOS 管（NMOS 管），另一种是 P 沟道 MOS 管（PMOS 管），所以称为 CMOS 器件（互补型 MOS 器件）。

（1）CMOS 反相器　CMOS 反相器电路如图 8-13 所示，由一个 N 沟通 MOS 管 VF_N和一个 P 沟道 MOS 管 VF_P组成。

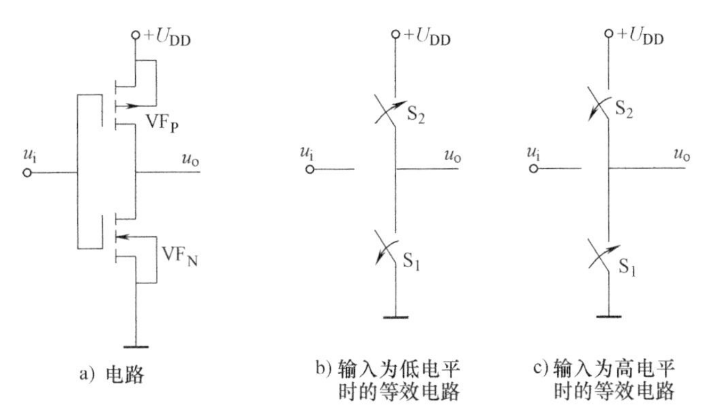

图 8-13　CMOS 反相器及其等效电路

当输入低电平时，根据 MOS 管的工作原理，VF_N截止，VF_P导通，等效电路如图 8-13b 所示，输出为高电平；当输入为高电平时，VF_N导通，VF_P截止，等效电路如图 8-13c 所示，输出为低电平。

CMOS 反相器中常用的有六反相器 CD4069，其内部由六个反相器单元组成。

（2）其他类型的 CMOS 门电路　CMOS 集成逻辑门的种类很多。

CD4011 是一种四 2 输入与非门，其内部有四个与非门，每个与非门有两个输入端。

CD4025 是一种三 3 输入或非门，它内部有三个或非门，每个或非门有三个输入端。

CD4085 是一种 CMOS 双 2-2 输入与或非门，并带有禁止端，其逻辑图如图 8-14 所示。其中禁止端的作用是：当禁止端有效时，输出状态被锁定为 0；禁止端无效时，电路正常工作。即当 INH = 0 时，$Y=\overline{AB+CD}$；当 INH = 1 时，$Y=0$，即此时输出状态被锁定为 0。

3. TTL 电路与 CMOS 电路比较

不同场合对集成电路的输入输出电平、工作速度和功耗等性能有不同的要求，应选用不同系列的产品。

目前，TTL电路和CMOS电路都有几种不同的系列。TTL电路常用的有74系列和74LS系列，COMS电路常用的有CD4000系列、74HC系列和74HCT系列，它们的参数有所不同，但引脚排列相同，可以根据实际需要选用合适的产品。

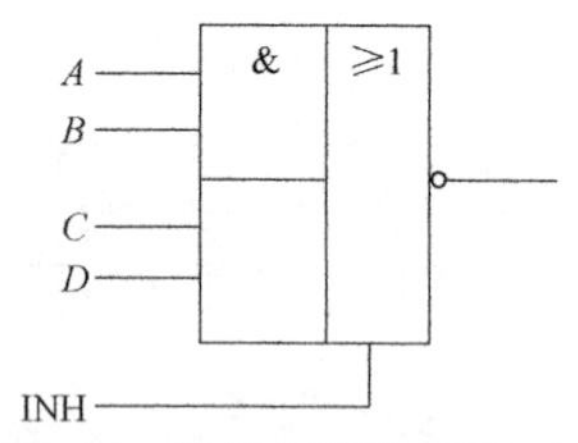

图8-14 带禁止端的CMOS与或非门逻辑图（1/2 CD4085）

与TTL电路比较，CMOS电路虽然工作速度较低，但具有集成度高、功耗低、工艺简单等优点，因此，在数字系统中，特别是大规模集成电路领域得到了广泛的应用。

第三节 常用集成组合逻辑电路

按逻辑电路逻辑功能的特点来分，数字电路可分为组合逻辑电路和时序逻辑电路。若电路在任一时刻的输出都只取决于该时刻的输入状态，而与输入信号作用之前电路原来的状态无关，则该数字电路称为组合逻辑电路。

组合逻辑电路在结构上一般由各种门电路组成，且内部不含有反馈电路，即电路中不含任何具有记忆功能的逻辑电路单元，一般也不含有反馈电路。

组合逻辑电路的逻辑功能可以用逻辑函数表达式或真值表来表示。

组合逻辑电路的品种很多，有专用的中规模集成器件（MSI），常见的有编码器、译码器、数据选择器和数字比较器等。这些集成器件通常设置有一些控制端（使能端）、功能端和级联端等，在不用或少用附加电路的情况下，就能将若干功能部件扩展成位数更多、功能更复杂的电路。

下面我们分别介绍几种实用性强，应用较广泛的组合逻辑电路。

一、编码器

在数字系统中，常常需要把某种具有特定意义的输入信号（如数字、字符或某种控制信号等）编成相应的若干位二进制代码来处理，这一过程称为编码。能够实现编码的电路称为编码器。

常用的有10线-4线8421BCD码优先编码器。其功能是将十进制数的10个数码转换成对应的4位8421BCD码（二—十进制码）。

10线-4线8421BCD码优先编码器有10个输入端，每一个输入端对应着一个十进制数（0～9），其输出端输出的是与输入信号十进制数对应的8421BCD码。

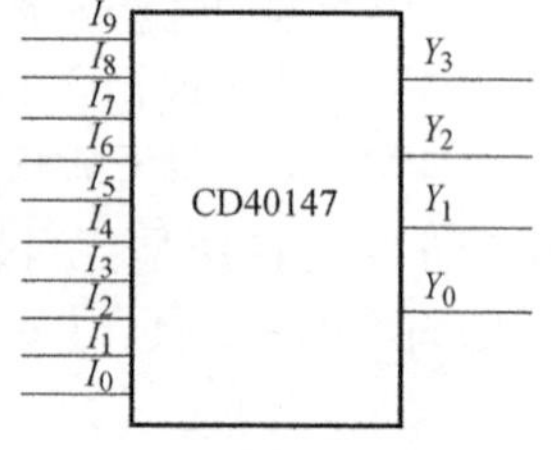

图8-15 10线-4线编码器CD40147逻辑框图

CD40147是一种标准型CMOS集成10线-4线8421BCD码优先编码器。所谓优先编码器，是指编码器的所有编码输入信号按优先顺序排了队，当同时有两个以上编码输入信号有效时，编码器将只对其中优先等级高的一个输入信号进行编码。CD40147的逻辑框图如图8-15所示，其真值表见表8-5。

CD40147有10个输入端I_0～I_9，4个输出端Y_3、Y_2、Y_1、

Y_0，优先等级是从 9 到 0。例如，当 $I_9=1$ 时，无论其他输入端为何种状态，输出 $Y_3Y_2Y_1Y_0=1001$；当 $I_9=I_8=0$，$I_7=1$ 时，输出 $Y_3Y_2Y_1Y_0=0111$；当其他输入端等于 0，$I_0=1$ 时，输出 $Y_3Y_2Y_1Y_0=0000$。当 10 个输入信号全为 0 时，输出 $Y_3Y_2Y_1Y_0=1111$，这是一种伪码，表示没有编码输入。

表 8-5　CD40147 的真值表

输入										输出			
I_0	I_1	I_2	I_3	I_4	I_5	I_6	I_7	I_8	I_9	Y_3	Y_2	Y_1	Y_0
0	0	0	0	0	0	0	0	0	0	1	1	1	1
1	0	0	0	0	0	0	0	0	0	0	0	0	0
×	1	0	0	0	0	0	0	0	0	0	0	0	1
×	×	1	0	0	0	0	0	0	0	0	0	1	0
×	×	×	1	0	0	0	0	0	0	0	0	1	1
×	×	×	×	1	0	0	0	0	0	0	1	0	0
×	×	×	×	×	1	0	0	0	0	0	1	0	1
×	×	×	×	×	×	1	0	0	0	0	1	1	0
×	×	×	×	×	×	×	1	0	0	0	1	1	1
×	×	×	×	×	×	×	×	1	0	1	0	0	0
×	×	×	×	×	×	×	×	×	1	1	0	0	1

10 线-4 线编码器可用于键盘编码。

二、译码器及数码显示器

译码是编码的逆过程，也就是把二进制代码所表示的特定含义“翻译”出来的过程。实现译码功能的电路称为译码器，目前主要用集成电路实现。译码器的种类较多，最常用的是显示译码器，它是用来驱动数码管等显示器件的译码器。

在数字测量仪表和各种数字系统中，常用显示译码器将 BCD 码译成十进制数，并驱动数码显示器显示数码。显示译码器和数码显示器构成了显示电路。在讨论显示译码器之前，我们先介绍一下数码显示器（即数码管）的特性。

1. 数码显示器

在各种数码管中，分段式数码管利用不同的发光段组合来显示不同的数字，应用很广泛。下面介绍最常见的分段式数码管——半导体数码管及其驱动电路。

半导体发光二极管是一种能将电能或电信号转换成光信号的发光器件。其内部是由特殊的半导体材料组成的 PN 结。当 PN 结正向导通时，发光二极管能辐射发光。辐射波长决定了发光的颜色，通常有红、绿、橙、黄等颜色。单个 PN 结封装而成的产品就是发光二极管，而多个 PN 结可以封装成半导体数码管（也称 LED 数码管，LED 是发光二极管的英文缩写）。

半导体 LED 数码管内部有两种接法，即共阳极接法和共阴极接法，例如，BS201 就是一种七段共阴极半导体数码管（还带有一个小数点），其引脚排列图和内部接线图如图 8-16 所示。BS204 内部是共阳极接法，共阳极接法的引脚排列图和内部接线图如图 8-17 所示，其外引脚排列图与图8-16基本相同（共阴输出变为共阳输出）。

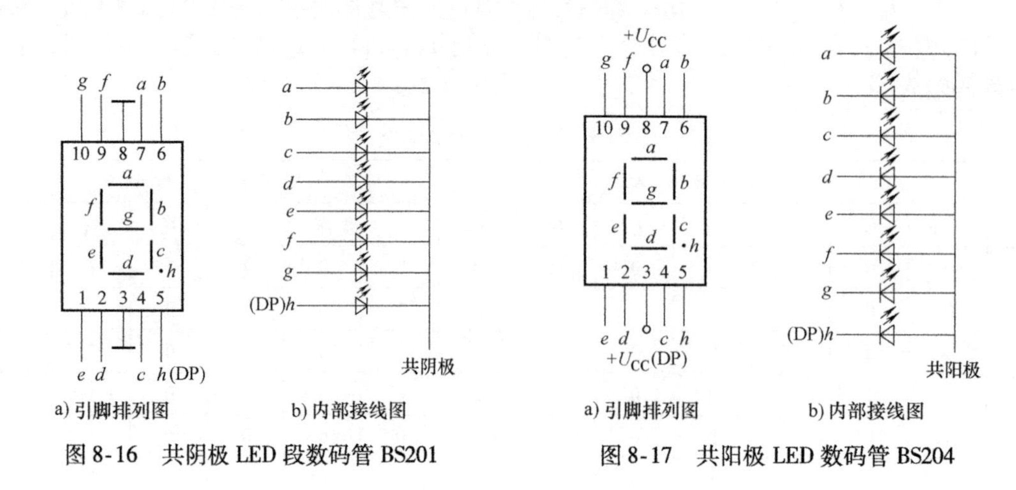

a) 引脚排列图　　b) 内部接线图

图8-16　共阴极LED段数码管BS201

a) 引脚排列图　　b) 内部接线图

图8-17　共阳极LED数码管BS204

各段笔画的明暗组合能显示出十进制数0～9及某些英文字母，如图8-18所示。

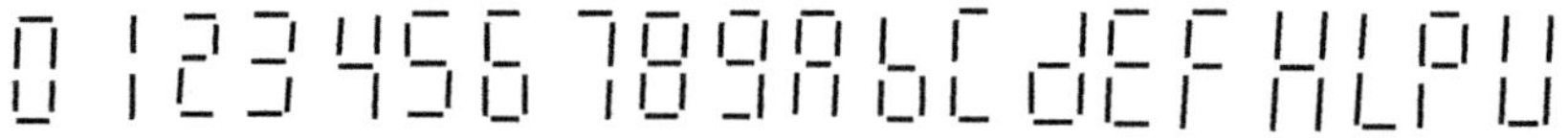

0 1 2 3 4 5 6 7 8 9 A b C d E F H L P U

图　8-18

LED七段显示半导体数码管的优点是工作电压低（1.7～1.9V）、体积小、可靠性高、寿命长（大于1万h）、响应速度快（优于10ns）及颜色丰富等，缺点是耗电较大，工作电流一般为几毫安至几十毫安。

LED数码管的工作电流较大，可以用半导体晶体管驱动，也可以用带负载能力比较强的译码/驱动器直接驱动。两种LED数码管的驱动电路如图8-19所示，较常用的方法是采用译码/驱动器直接驱动。

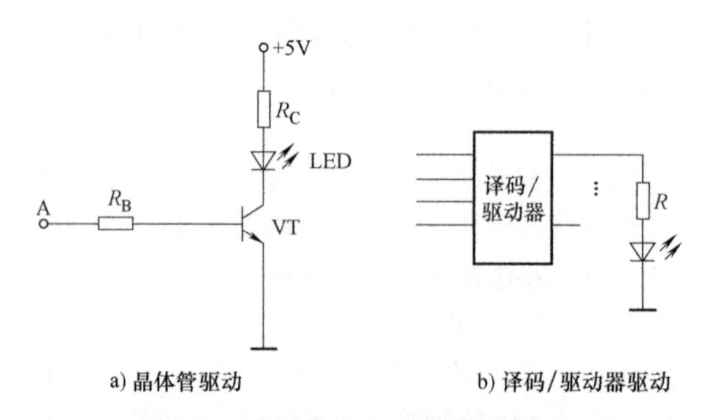

a) 晶体管驱动　　b) 译码/驱动器驱动

图8-19　半导体发光二极管驱动电路

另外，液晶数码管也是一种分段式数码管，但驱动电路较复杂。

2. 七段显示译码器

如上所述，分段式数码管利用不同发光段的组合来显示不同的数字，因此，为了使数码管能将数码所代表的数显示出来，必须首先将数码译出，然后经驱动电路控制对应的显示段的状态。例如，对于8421BCD码的0101状态，对应的十进制数为5，译码驱动器应使分段式数码管的a、c、d、f、g各段为一种电平，而b、e两段为另一种电平。即对应某一数码，译码器应有确定的几个输出端有规定信号输出，这就是分段式数码管显示译码器电路的特点。

下面，以共阴极BCD七段译码/驱动器74HC48为例说明集成译码器的使用方法。

74HC48的逻辑框图如图8-20所示，其真值表见表8-6。从74HC48的真值表可以看出，74HC48应用于高电平驱动的共阴极显示器。当输入信号$A_3A_2A_1A_0$为0000～1001时，分别显示0～9数字信号；而当输入1010～1110时，显示稳定的非数字信号；当输入为1111时，七个显示段全暗。可以从显示段出现非0～9数字符号或各段全暗，判断出输入已出错，即可检查输入情况。

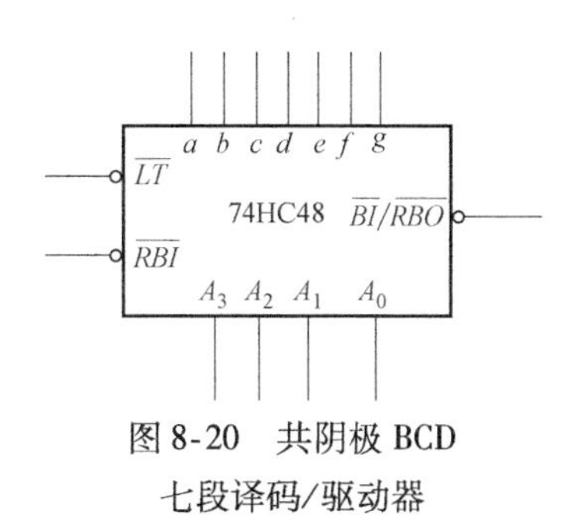

图8-20　共阴极BCD七段译码/驱动器

74HC48除基本输入端和基本输出端外，还有几个辅助输入输出端：试灯输入端$\overline{LT}$，灭零输入端$\overline{RBI}$，灭灯输入/灭零输出端$\overline{BI}/\overline{RBO}$。其中$\overline{BI}/\overline{RBO}$比较特殊，它既可以作输入用，也可以作输出用。现根据真值表，对它们的功能进行说明。

(1) 灭灯功能　将$\overline{BI}/\overline{RBO}$端作输入用，并输入0，即灭灯输入端$\overline{BI}=0$时，无论$\overline{LT}$、$\overline{RBI}$及$A_3$、$A_2$、$A_1$、$A_0$状态如何，$a \sim g$均为0，数码管熄灭。因此，灭灯输入端$\overline{BI}$可用作显示控制。例如，用一个矩形脉冲信号来控制灭灯输入端时，显示的数字将间歇地闪亮。

表8-6　74HC48真值表

数字功能	输入							输出							显示数字
	$\overline{LT}$	$\overline{RBI}$	A_3	A_2	A_1	A_0	$\overline{BI}/\overline{RBO}$	a	b	c	d	e	f	g	
0	1	1	0	0	0	0	1	1	1	1	1	1	1	0	0
1	1	×	0	0	0	1	1	0	1	1	0	0	0	0	1
2	1	×	0	0	1	0	1	1	1	0	1	1	0	1	2
3	1	×	0	0	1	1	1	1	1	1	1	0	0	1	3
4	1	×	0	1	0	0	1	0	1	1	0	0	1	1	4
5	1	×	0	1	0	1	1	1	0	1	1	0	1	1	5
6	1	×	0	1	1	0	1	0	0	1	1	1	1	1	6
7	1	×	0	1	1	1	1	1	1	1	0	0	0	0	7
8	1	×	1	0	0	0	1	1	1	1	1	1	1	1	8
9	1	×	1	0	0	1	1	1	1	1	0	0	1	1	9

（续）

数字功能	输入							输出							显示数字
	$\overline{LT}$	$\overline{RBI}$	A_3	A_2	A_1	A_0	$\overline{BI}/\overline{RBO}$	a	b	c	d	e	f	g	
10	1	×	1	0	1	0	1	0	0	0	1	1	0	1	
11	1	×	1	0	1	1	1	0	0	1	1	0	0	1	
12	1	×	1	1	0	0	1	0	1	0	0	0	1	1	
13	1	×	1	1	0	1	1	1	0	0	1	0	1	1	
14	1	×	1	1	1	0	1	0	0	0	1	1	1	1	
15	1	×	1	1	1	1	1	0	0	0	0	0	0	0	全暗
$\overline{BI}$	×	×	×	×	×	×	0	0	0	0	0	0	0	0	全暗
$\overline{RBI}$	1	0	0	0	0	0	0	0	0	0	0	0	0	0	全暗
$\overline{LT}$	0	×	×	×	×	×	1	1	1	1	1	1	1	1	8

（2）试灯功能　在$\overline{BI}/\overline{RBO}$作为输出端（不加输入信号）的前提下，当试灯输入端$\overline{LT}=0$时，不论$\overline{RBI}$、$A_3$、$A_2$、$A_1$、$A_0$为何状态，$\overline{BI}/\overline{RBO}$都为1（此时$\overline{BI}/\overline{RBO}$作输出用），$a \sim g$全为1，所有段全亮。可以利用试灯输入信号来测试数码管的好坏。

（3）灭零功能　在$\overline{BI}/\overline{RBO}$作为输出端（不加输入信号）的前提下，当$\overline{LT}=1$，灭零输入端$\overline{RBI}=0$时，若$A_3A_2A_1A_0$为0000，则$a \sim g$均为0，数码管各段均不亮，实现灭零功能，此时，$\overline{BI}/\overline{RBO}$输出低电平（此时$\overline{BI}/\overline{RBO}$作输出用），表示译码器处于灭零状态。若$A_3A_2A_1A_0$不为0000时，则照常显示，$\overline{BI}/\overline{RBO}$输出高电平，表示译码器不处于灭零状态。因此，当输入是数字零的代码而又不需要显示零的时候，可以利用灭零输入端的功能来实现。

应用实例：一个七位数码显示器，若要将006.0400显示成6.04，可按图8-21连接电路，这样既符合人们的阅读习惯，又能减少电能的消耗。

原理分析：图中各片电路$\overline{LT}=1$，第一片电路$\overline{RBI}=0$，第一片的$\overline{RBO}$接第二片的$\overline{RBI}$，当第一片的输入$A_3A_2A_1A_0=0000$时，灭零且$\overline{RBO}=0$，使第二片也有了灭零条件，只要第二片输入零，数码管也可熄灭。第六片、第七片的原理与此相同。图中，第四片的$\overline{RBI}=1$，不处在灭零状态，因此6与4中间的0得以显示。

由于74HC48内部已设有限流电阻，所以图8-21中的共阴极数码管的共阴极端可以直接接地，译码器的输出端也不用接限流电阻。

对于共阴极接法的数码管，还可以采用74HC248、CD4511等七段锁存译码驱动器。其中74HC248的功能和74HC48相同，只是对于数字6和9，分别显示的是6和9。

对于共阳极接法的数码管，可以采用共阳极数码管的字形译码器，如74HC247等，在相同的输入条件下，其输出电平与74HC48相反，但在共阳极数码管上显示的结果一样。

三、数据选择器

能够实现从多路数据输入端中选择一路进行传输的电路称为数据选择器，又称多路选

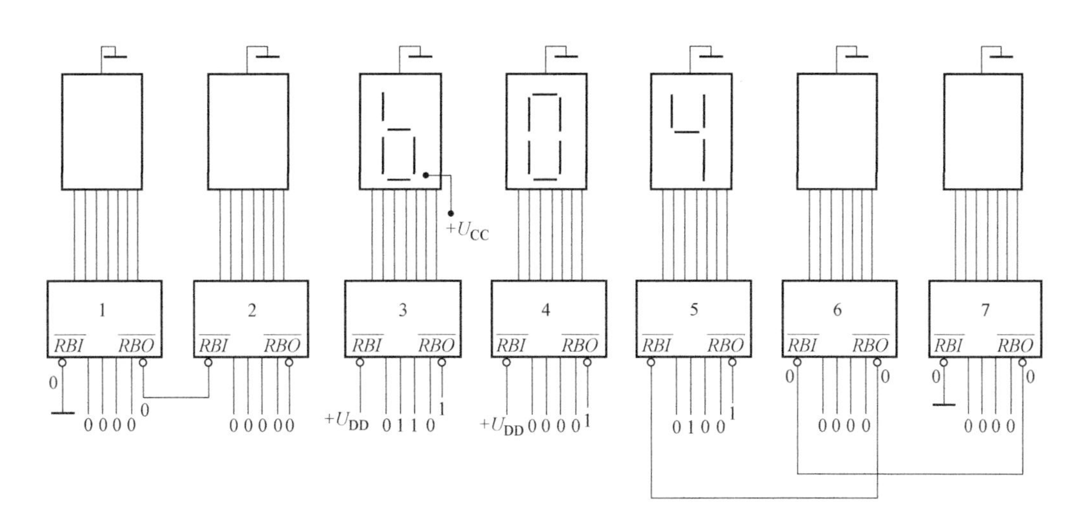

图 8-21 具有灭零控制的七位数码显示系统

择器。

1. 数据选择器的功能及工作原理

数据选择器的基本功能相当于一个单刀多掷开关，如图 8-22 所示。通过开关的转换（由选择输入信号控制），在输入信号 D_0、D_1、D_2、D_3 中选择一路信号传送到输出端。

选择输入信号又称为地址控制信号或地址输入信号。如果有两个地址输入信号和四个数据输入信号，就称为四选一数据选择器，其输出信号

$$Y=(\overline{A}_1\overline{A}_0)D_0+(\overline{A}_1A_0)D_1+(A_1\overline{A}_0)D_2+(A_1A_0)D_3$$

由上式可知，对于 A_1A_0 的不同取值，Y 分别等于 $D_0\sim D_3$ 中的一个。例如 A_1A_0 为00，则 D_0 信号被选通到 Y 端，A_1A_0 为 11 时，D_3 被选通。

如果有三个地址输入信号，八个数据输入信号，就称为八选一数据选择器，或者八路数据选择器。

2. 八路数据选择器

74HC151 是一种有互补输出的八路数据选择器，如图 8-23 所示，其真值表见表 8-7。

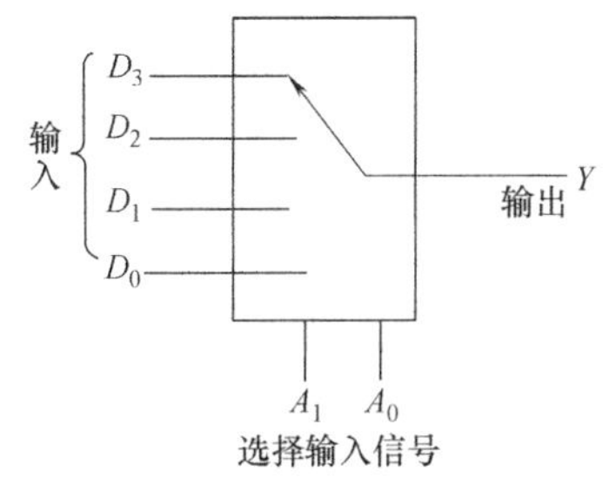

图 8-22 数据选择器原理框图

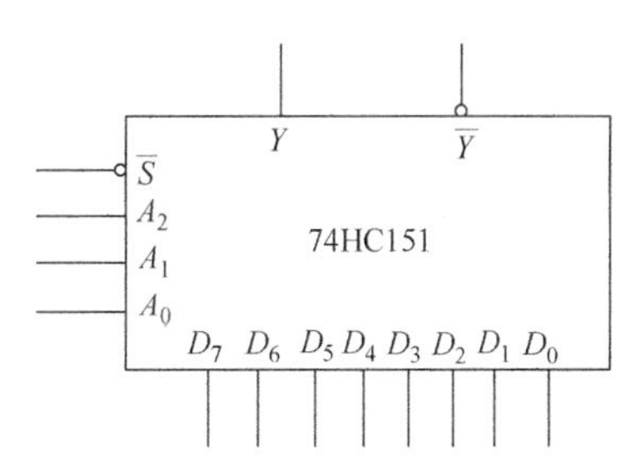

图 8-23 八路数据选择器 74HC151

表 8-7 74HC151 真值表

使能	输入			输出	
$\overline{S}$	A_2	A_1	A_0	Y	$\overline{Y}$
1	×	×	×	0	1
0	0	0	0	D_0	$\overline{D_0}$
0	0	0	1	D_1	$\overline{D_1}$
0	0	1	0	D_2	$\overline{D_2}$
0	0	1	1	D_3	$\overline{D_3}$
0	1	0	0	D_4	$\overline{D_4}$
0	1	0	1	D_5	$\overline{D_5}$
0	1	1	0	D_6	$\overline{D_6}$
0	1	1	1	D_7	$\overline{D_7}$

当$\overline{S}=1$时，选择器不工作，$Y=0$，$\overline{Y}=1$。

当$\overline{S}=0$时，选择器正常工作，对于地址输入信号的任何一种状态，都有一路输入数据被送到输出端。例如，当$A_2A_1A_0=000$时，$Y=D_0$，当$A_2A_1A_0=101$时，$Y=D_5$等。

3. 数据选择器的应用

数据选择器的典型应用电路如图 8-24 所示。该电路是由数据选择器构成的无触点切换电路，用于切换四种频率的输入信号。图中 CD4529 是双四选一数据选择器，只利用其中的一半。四路信号由$X_0\sim X_3$输入，Z端的输出由A、B端来控制。例如，当$BA=11$时，X_3被选中，$f_3=1\text{kHZ}$的方波信号由Z端输出。

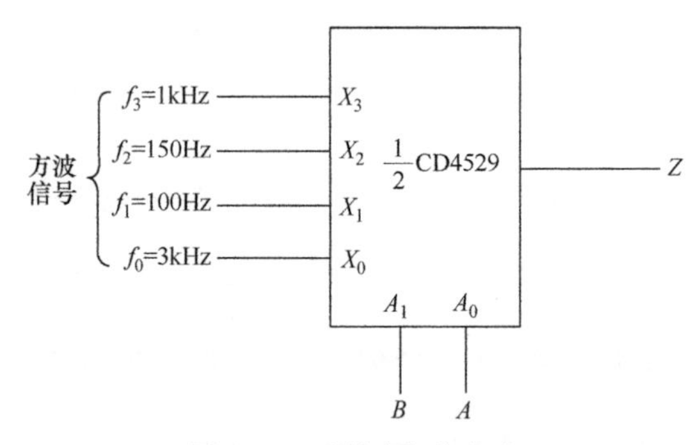

图 8-24 无触点切换电路

实验课题六 集成门电路的应用

一、实验目的

1）熟悉与非门和或非门的逻辑功能。

2）掌握门电路的逻辑功能测试方法。

3）学习用与非门构成其他门电路。

二、预习要求

1）复习与非、或非的逻辑概念。
2）复习各基本门电路的逻辑真值表。
3）了解集成块 74LS00、74LS02、74LS20 的逻辑功能。

三、实验仪器

实验仪器及元件清单见表 8-8。

表 8-8　实验仪器及元件清单

序　号	名　称	型号或规格	数　量	备　注
1	数字电路实验箱	自定	1	
2	与非门	74LS00	1	四 2 输入与非门
3	或非门	74LS02	1	四 2 输入或非门
4	与非门	74LS20	1	二 4 输入与非门

四、实验内容

任务 1　与非门 74LS00 和或非门 74LS02 的逻辑功能测试

与非门 74LS00、74LS20 和或非门 74LS02 的引脚图如图 8-25 所示。其中，1*A*、1*B* 为第一个门的两个输入端，1*Y* 为第一个门的输出端，以此类推。

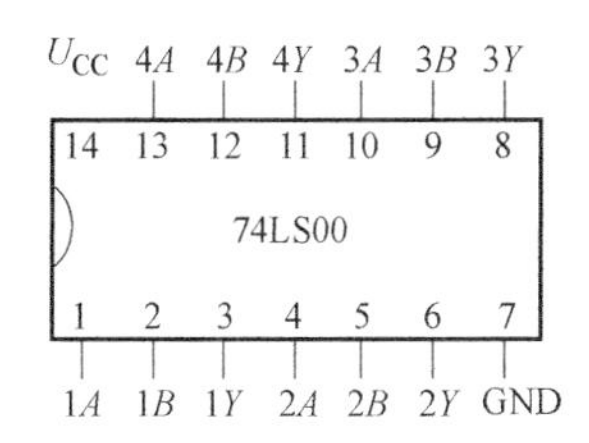

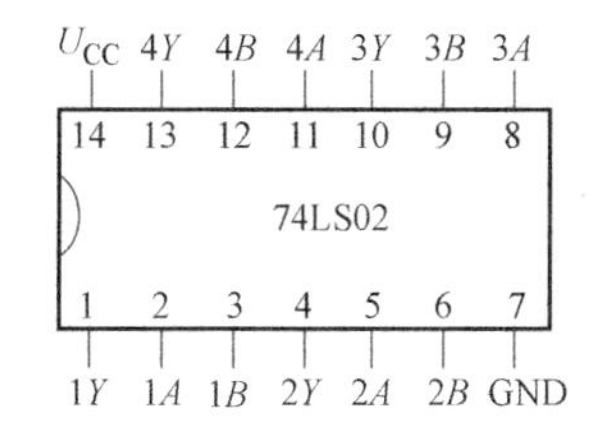

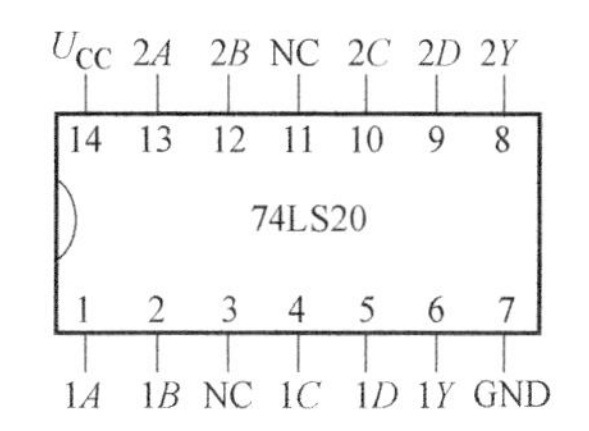

图 8-25　与非门和或非门引脚图

集成门电路的逻辑功能反映在它的输入、输出的逻辑关系上，逻辑图如图 8-26 所示。将与非门、或非门的输入端（如第一个门的 1*A*、1*B* 端）分别接逻辑开关，输出端（如该门的 1*Y* 端）接发光二极管，改变输入状态的高低电平，观察发光二极管的亮灭情况，发光二极管点亮记作“1”，发光二极管熄灭记作“0”。将输出状态填入表 8-9 中。

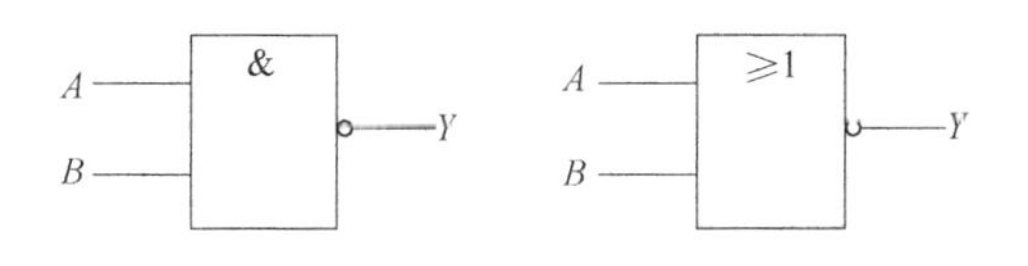

图 8-26　与非门和或非门逻辑图

表 8-9　逻辑门逻辑功能测试

输　入		输　出	
A	*B*	*Y*（74LS00）	*Y*(74LS02）
0	0		
0	1		
1	0		
1	1		

任务2　用与非门（74LS00）构成与门电路

（1）与门的逻辑功能测试　按图8-27连接电路，将与门的输入端A、B分别接逻辑开关，输出端接发光二极管，并按表8-10进行测试记录，写出图8-27所示电路的逻辑表达式。

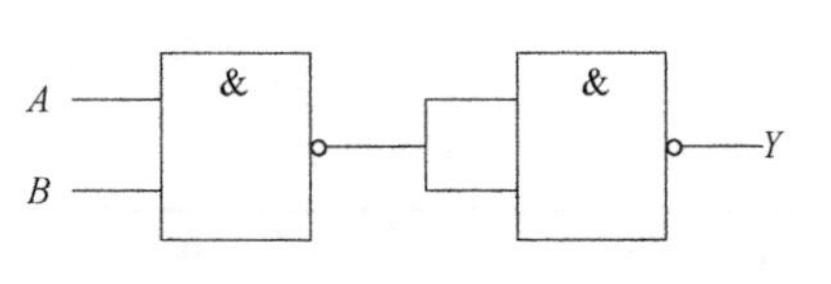

图8-27　与非门构成的与门电路

表8-10　与门电路逻辑功能测试

输　入		输　出
A	B	Y
0	0	
0	1	
1	0	
1	1	

（2）观察与门的开关控制作用　按图8-28连接电路，将与门的输入端A接逻辑开关作为控制信号，输入端B接频率为1Hz的秒脉冲作为输入信号，输出端Y接发光二极管，并按表8-11进行测试记录。

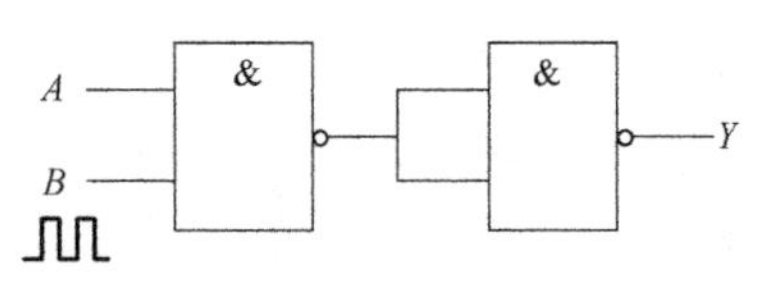

图8-28　与门的开关控制作用电路

表8-11　与门的开关控制作用测试

A 控制信号	B 输入信号	Y 输出信号
0	秒脉冲	
1	秒脉冲	

任务3　用与非门（74LS00）构成或门电路

按图8-29连接电路，将或门的输入端A、B分别接逻辑开关，输出端Y接发光二极管，并按表8-12进行测试记录，写出图8-29所示电路的逻辑表达式。

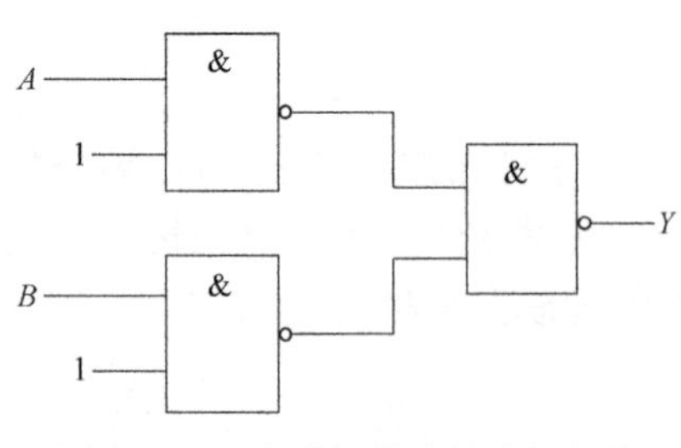

图8-29　用与非门构成的或门电路

表8-12　或门电路测试

输　入		输　出
A	B	Y
0	0	
0	1	
1	0	
1	1	

任务4　用与非门构成三变量多数表决器

按图8-30连接电路，将表决器的输入端A、B、C分别接逻辑开关，输出端Y接发光二极管，并按表8-13进行测试记录，写出图8-30所示电路的逻辑表达式，叙述其工作原理。

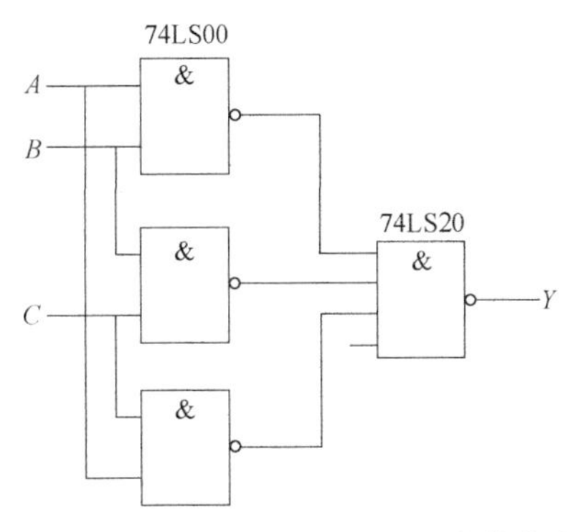

图 8-30 用与非门构成的三变量多数表决器

表 8-13 三变量多数表决器测试

输 入			输 出
A	B	C	Y
0	0	0	
0	0	1	
0	1	0	
0	1	1	
1	0	0	
1	0	1	
1	1	0	
1	1	1	

五、注意事项

1）注意集成芯片的电源连接，不可将电源和地接反。

2）注意集成芯片的型号不同功能也不同。

边学边练九 组合逻辑电路的设计与实现

读一读 组合逻辑电路的设计

1. 设计步骤

在实际工作中，有时需要设计一个组合逻辑电路来实现特定的功能要求。组合逻辑电路的设计，就是根据逻辑功能的要求，设计出具体的组合电路。一般设计方法分四个步骤进行：

1）分析命题。首先对命题要求的逻辑功能进行分析，确定哪些是输入变量，哪些是输出变量以及它们之间的相互关系；然后对它们进行逻辑赋值，即确定什么情况下为逻辑 1，什么情况下为逻辑 0。这一步骤是设计组合逻辑电路的关键。

2）根据逻辑功能列出真值表。如果逻辑赋值不同，得到的真值表也不一样。

3）逻辑函数化简。根据真值表写出相应的逻辑表达式并进行化简和变换。

4）画逻辑电路图。根据化简与变换后的逻辑表达式，用门电路画出相应的逻辑电路图。也可以直接根据真值表选用合适的集成逻辑器件来实现。

2. 用门电路的设计实例

设计一个三变量多数表决器，即三个变量 A、B、C 中，有两个或三个表示同意，表决才能通过，否则不通过。设计过程如下：

1）分析命题。设输入变量为 A、B、C，输出变量用 Y 表示，然后对逻辑变量进行赋值：A、B、C 同意用 1 表示，不同意用 0 表示；逻辑函数 $Y=1$ 表示表决通过，$Y=0$ 表示表决不通过。

2）根据题意列真值表，见表8-14。

表8-14　三变量表决器真值表

A	B	C	Y
0	0	0	0
0	0	1	0
0	1	0	0
0	1	1	1
1	0	0	0
1	0	1	1
1	1	0	1
1	1	1	1

3）根据真值表写出相应的逻辑表达式。从真值表中可以看出，输出变量Y在四种情况下为1，根据或逻辑的概念，其输出变量Y可以表示为四种情况的"或"逻辑。

逻辑表达式的分析方法：每一个与逻辑中，变量为1，用原变量；变量为0，用反变量。例如当A、B、C为0、1、1时，Y值为1，也就是说$\overline{A}$为1、B为1、C为1同时满足时，Y为1，根据与逻辑的概念，这种情况可以表示为$\overline{A}$、B、C的与逻辑，即$\overline{A}BC$。输出变量在几种情况下为1，就可以写出几个与项，输出变量等于这几个与项的或逻辑。

根据真值表可得

$$Y=\overline{A}BC+A\overline{B}C+AB\overline{C}+ABC$$

根据逻辑代数的公式进行化简和变换可得

$$Y=\overline{A}BC+A\overline{B}C+AB\overline{C}+ABC=AB+AC+BC=\overline{\overline{AB}\cdot\overline{AC}\cdot\overline{BC}}$$

4）根据化简与变换后的逻辑表达式，用与非门实现，画出相应的逻辑电路图，如图8-30所示。

3. 用数据选择器的设计实例

数据选择器除了能在多路数据中选择一路数据输出外，还能有效地实现组合逻辑函数，作为这种用途的数据选择器又称逻辑函数发生器。下面我们仍以三变量多数表决器为例，说明用数据选择器实现组合逻辑函数的方法和步骤。

通常，因为三变量逻辑函数的变量有八种可能的组合，如果要实现三变量的逻辑函数，就要选用八选一数据选择器。

八选一数据选择器的真值表见表8-7，其逻辑函数表达式为

$$\begin{aligned}Y=&(\overline{A}_2\overline{A}_1\overline{A}_0)D_0+(\overline{A}_2\overline{A}_1A_0)D_1+(\overline{A}_2A_1\overline{A}_0)D_2+(\overline{A}_2A_1A_0)D_3\\&+(A_2\overline{A}_1\overline{A}_0)D_4+(A_2\overline{A}_1A_0)D_5+(A_2A_1\overline{A}_0)D_6+(A_2A_1A_0)D_7\end{aligned}$$

可以看出，对于地址输入信号的任何一种状态组合，都有一路输入数据被送到输出端。例如，当$A_2A_1A_0=000$时，$Y=D_0$；当$A_2A_1A_0=101$时，$Y=D_5$等。

若将A、B、C作为八选一数据选择器的地址输入信号，令$A=A_2$、$B=A_1$、$C=A_0$，则八选一数据选择器的输出Y的表达式为

$$Y=(\overline{A}\,\overline{B}\,\overline{C})D_0+(\overline{A}\,\overline{B}C)D_1+(\overline{A}B\overline{C})D_2+(\overline{A}BC)D_3$$

$$+(A\overline{B}\,\overline{C})D_4+(A\overline{B}C)D_5+(AB\overline{C})D_6+(ABC)D_7$$

比较上式和三变量表决器的函数表达式，可以看出：当 $D_0=D_1=D_2=0$、$D_3=1$、$D_4=0$、$D_5=D_6=D_7=1$ 时，两式相同，即八选一数据选择器的八个数据输入端按上面的方法分别接高电平（相当于逻辑 1）或接低电平，输入变量 A、B、C 从地址输入端输入后，输出端就会产生所需要的函数。

议一议

你能根据实际的逻辑问题列出真值表吗？

逻辑赋值不一样，同一个逻辑问题的真值表相同吗？表达式相同吗？

你能根据逻辑函数的真值表写出其逻辑函数表达式吗？

你可以直接根据真值表用数据选择器实现该逻辑函数吗？

练一练

任务 1　用八选一数据选择器实现表决器功能

74HC151 是一种有互补输出的八路数据选择器，其逻辑框图如图 8-23 所示，其真值表见表 8-7。74HC151 的引脚排列图如图 8-31 所示。

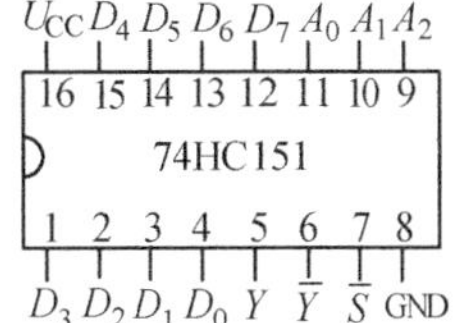

图 8-31　74HC151 引脚排列图

74HC151 有八个数据输入端（$D_0\sim D_7$）、三个地址输入端（$A_0\sim A_2$）、一个使能端 $\overline{S}$ 和两个互补输出端（Y、$\overline{Y}$）。

给 74HC151 接入 +5V 电源，电源正极接 U_{CC}，电源负极接 GND。八个数据输入端（$D_0\sim D_7$）中 $D_0=D_1=D_2=0$、$D_3=1$、$D_4=0$、$D_5=D_6=D_7=1$，即 D_0、D_1、D_2、D_4 接地，D_3、D_5、D_6、D_7 接高电平。三个地址输入端（$A_0\sim A_2$）作为输入端 A、B、C，分别接逻辑开关，输出端 Y 接发光二极管。

任务 2　用集成门电路验证表决器的功能

用 74LS00 和 74LS20 与非门各一个，按图 8-30 连接表决器电路。改变输入状态的高低电平，观察发光二极管的亮灭情况，发光二极管点亮说明输出为高电平，此时输入端中一定有两个以上为高电平，表决通过；发光二极管熄灭说明输出是低电平，表示表决没有通过。

本章小结

（1）用四位二进制数码来表示一位十进制数码的方法，称为二-十进制编码，简称 BCD 码。

（2）基本的逻辑关系有与、或、非三种逻辑关系。

（3）逻辑函数常用的表达方式有真值表、逻辑函数表达式和逻辑图等。

（4）门电路是组成数字电路的基本单元，集成逻辑门中最常用的有两种类型：TTL 电路和 CMOS 电路。TTL 电路功耗大但速度快，CMOS 电路具有功耗低、抗干扰能力强及电源电压的范围大等特点。

（5）组合逻辑电路的输出状态只取决于同一时刻的输入状态，而与电路的原状态无关。

思考题与习题

一、填空题

8-1　用四位二进制数码来表示一位十进制数码的方法，称为二-十进制编码，简称（　　　）码。

8-2　基本的逻辑关系有（　　　）、（　　　）和（　　　）三种。

8-3　逻辑函数常用的表达方式有（　　　）、（　　　）和（　　　）等。

8-4　集成逻辑门电路中最常见的类型是（　　　）电路和（　　　）电路。

8-5　常用的组合逻辑单元电路有（　　　）、（　　　）和（　　　）。

二、选择题

8-6　在 8421 编码中，表示数字 9 的 BCD 码是（　　）。

a）1001　　b）1100　　c）1111

8-7　下面给出的是三个逻辑门电路的输出高电平 U_{OH}，其他参数相同，性能好的逻辑门电路的输出高电平 U_{OH}应为（　　）。

a）3.4V　　b）3.6V　　c）4V

8-8　与非门多余的输入端可以采用下列哪些处理办法（　　）。

a）接地　　b）接电源正极　　c）和其他输入端并联

8-9　或非门多余的输入端可以采用下列哪些处理办法（　　）。

a）接地　　b）接电源正极　　c）和其他输入端并联

8-10　用译码器 74HC48 组成数码显示系统，如果不想显示最高位的零，最高位的译码器 74HC48 的灭零输入端$\overline{RBI}$的处理方法是（　　）。

a）接电源正极　　b）接地　　c）接低位译码器的灭零输出端$\overline{BI}/\overline{RBO}$

三、综合题

8-11　将下列二进制数转换成十进制数。

1011　11010　1110101　110101　10100011　11111111

8-12　将下列二进制数转换成十六进制数。

10101111　1001011　10101001101　1001110110

8-13　将下列十六进制数转换成二进制数。

5E　2D4　47　6CA　F0

8-14　将下列十进制数转换成 8421BCD 码。

37　312　86　47

8-15　当变量 A、B、C 取哪些组合时，下列逻辑函数 L 的值为 1。

（1）$Y = A\overline{B} + B\overline{C}$

（2）$Y=AB+BC+AC$

（3）$Y=\overline{AB+BC}\cdot(A+B)$

8-16　写出图 8-32 所示各逻辑图输出 Y 的逻辑表达式并化简（提示：根据逻辑图逐级写出输出端的逻辑函数式）。

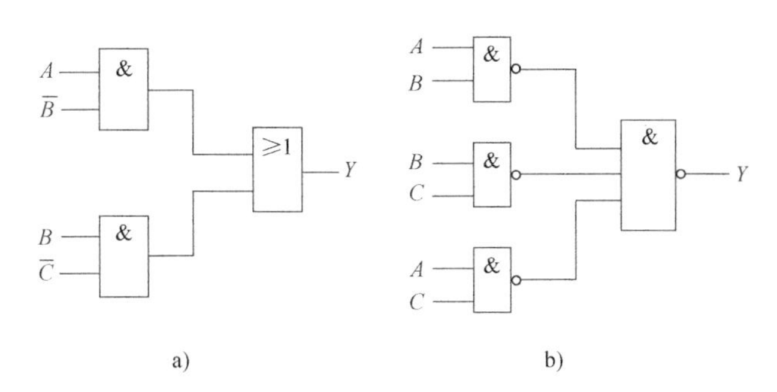

图 8-32　题 8-16 图

8-17　试画出下列逻辑函数表达式的逻辑图：

（1）$Y=AB+CD$

（2）$Y=\overline{\overline{AB}\cdot\overline{CD}}$

（3）$Y=\overline{AB+CD}$

8-18　电路如图 8-33a、b 所示，已知 A、B、C 波形如图 8-33 c 所示，试画出相应的输出 Y_1、Y_2波形。

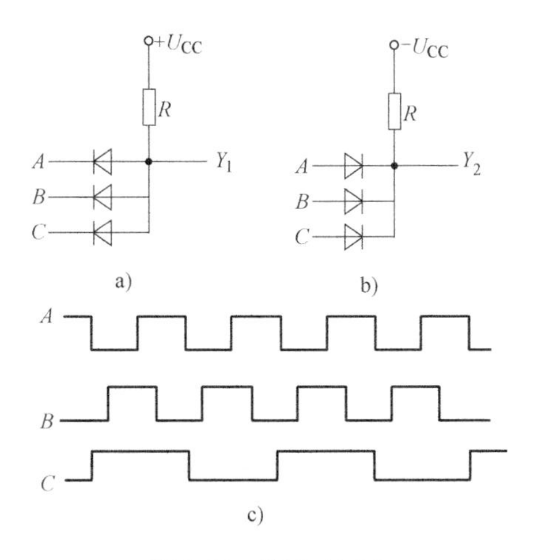

图 8-33　题 8-18 图

8-19　图 8-34 所示 TTL 门电路，输入端 1、2、3 为多余输入端，试问哪些接法是正确的？

8-20　当 10 线-4 线优先编码器 CD40147 的输入端 I_8、I_3、I_1 接 1，其他输入端接 0 时，输出编码是什么？当 I_3 改接 0 后，输出编码有何改变？若再将 I_8 改接 0 后，输出编码又有何变化？最后全部接 0 时，输出编码又是什么？

8-21　74HC153 是四选一数据选择器，如图 8-35 所示。试写出输出 Z 的表达式。

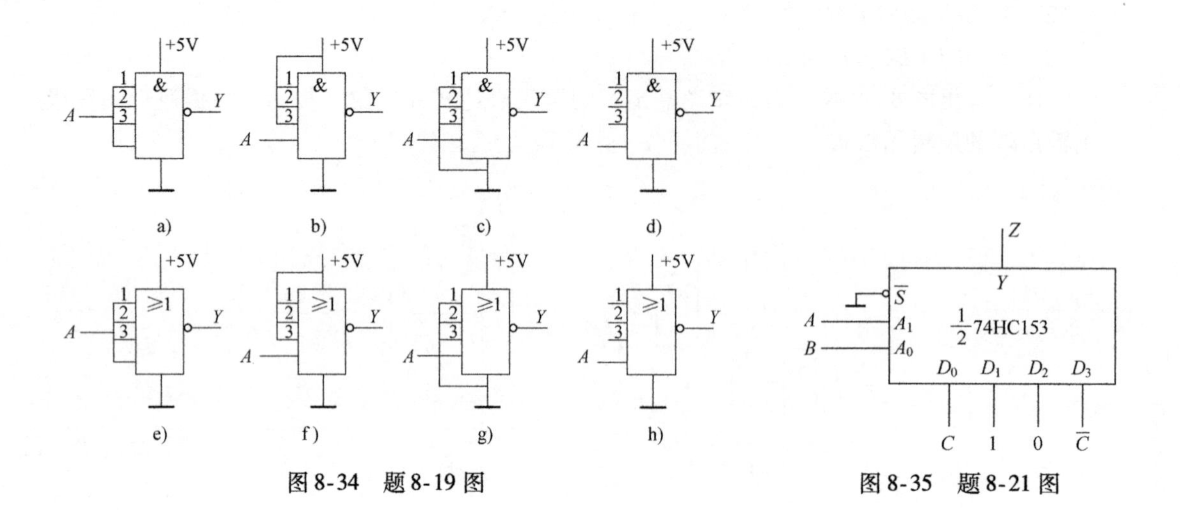

图8-34　题8-19图

图8-35　题8-21图

第九章 时序逻辑电路

学习目标

通过本章的学习，你应达到：

(1) 理解 RS 触发器的结构、逻辑功能及工作原理。

(2) 理解集成 JK 触发器、D 触发器的逻辑功能及应用。

(3) 掌握常用时序逻辑电路的功能、型号及应用。

在数字电路中，除组合逻辑电路外，还有时序逻辑电路。时序逻辑电路与组合逻辑电路不同，它在任何时刻的输出不仅取决于该时刻的输入，而且还取决于输入信号作用前的输出状态。时序逻辑电路一般包含有组合逻辑电路和存储电路两部分，其中存储电路是由具有记忆功能的触发器组成的。

第一节 触 发 器

触发器是存储一位二进制数字信号的基本逻辑单元电路。触发器具有两个稳定状态，分别用逻辑 1 和逻辑 0 表示。在触发信号作用下，两个稳定状态可以相互转换（称为翻转），当触发信号消失后，电路能将新建立的状态保持下来，因此，这种电路也称为双稳态电路。计算机中的寄存器就是用触发器构成的。

触发器的逻辑功能常用状态转换特性表和时序图（或波形图）来描述。

一、基本 RS 触发器

基本 RS 触发器又称为 RS 锁存器，在各种触发器中，它的结构最简单，是各种复杂结构触发器的基本组成部分。

1. 与非门组成的基本 RS 触发器

（1）电路组成　图 9-1a 所示电路是由两个与非门交叉反馈连接成的基本 RS 触发器。$\overline{S}$、$\overline{R}$是两个触发信号输入端。字母上的非号表示触发信号是低电平（称为低电平有效），也就是说该两端没有加触发信号时处于高电平，加触发信号时变为低电平。Q、$\overline{Q}$为触发器的两个互补信号输出端，通常规定以 Q 端的状态作为触发器的状态。当输出端 $Q=1$ 时，称为触发器的 1 态，简称 1 态；$Q=0$ 时，称为触发器的 0 态，简称 0 态。

基本 RS 触发器的逻辑符号如图 9-1b 所示，$\overline{S}$、$\overline{R}$端的小圆圈也表示该触发器的触发信号为低电平有效。

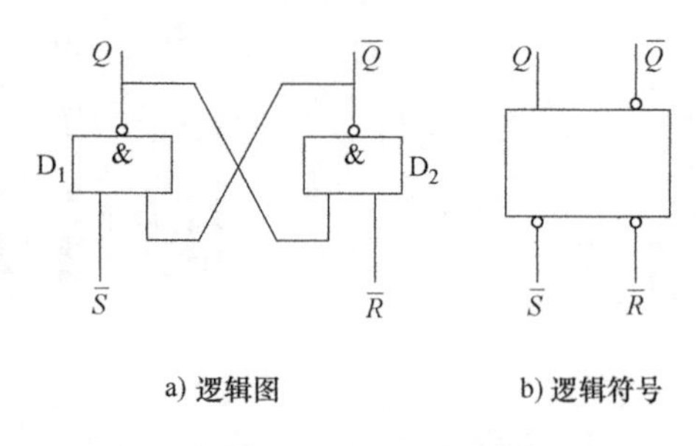

a) 逻辑图　　b) 逻辑符号

图 9-1　基本 RS 触发器

（2）逻辑功能分析　在基本 RS 触发器中，触发器的输出不仅由触发信号来决定，而且当触发信号消失后，电路能依靠自身的正反馈作用，将输出状态保持下去，即具备记忆功能。下面分析其工作情况。

1）当$\overline{S}=\overline{R}=1$时，电路有两个稳定状态：$Q=1$、$\overline{Q}=0$或$Q=0$、$\overline{Q}=1$，我们把前者称为1状态或置位状态，把后者称为0状态或复位状态。若$\overline{S}=\overline{R}=1$，这两种稳定状态将保持不变。例如，$Q=1$、$\overline{Q}=0$时，$\overline{Q}$反馈到 D_1 输入端，使 Q 恒为高电平1；Q 反馈到 D_2，由于这时$\overline{R}=1$，使$\overline{Q}$恒为低电平0。因此，我们又把触发器称为双稳态电路。

2）当$\overline{R}=1$、$\overline{S}=0$（即在$\overline{S}$端加有低电平触发信号）时，$Q=1$，D_2 门输入全为1，$\overline{Q}=0$，触发器被置成1状态。因此我们把$\overline{S}$端称为置1输入端，又称置位端。这时，即使$\overline{S}$端恢复到高电平，$Q=1$，$\overline{Q}=0$的状态仍将保持下去，这就是触发器的记忆功能。

3）当$\overline{R}=0$、$\overline{S}=1$（即在$\overline{R}$端加有低电平触发信号）时，$\overline{Q}=1$，D_1 门输入全为1，$Q=0$，触发器被置成0状态。因此我们把$\overline{R}$端称为置0输入端，又称复位端。这时，即使$\overline{R}$端恢复到高电平，$Q=0$，$\overline{Q}=1$的状态也将继续保持下去。

4）当$\overline{R}=0$、$\overline{S}=0$（即在$\overline{R}$、$\overline{S}$端同时加有低电平触发信号）时，D_1 和 D_2 门的输出都为高电平，即$Q=\overline{Q}=1$，这是一种未定义的状态，既不是1状态，也不是0状态，在 RS 触发器中属于不正常状态，这种状态是不稳定的，我们称之为不定状态。在这种情况下，当$\overline{R}=\overline{S}=0$的信号同时消失变为高电平后，触发器转换到什么状态将不能确定，可能为1状态，也可能为0状态，因此，对于这种不定状态，在使用中是不允许出现的，应予以避免。

（3）逻辑功能的描述　在描述触发器的逻辑功能时，为了便于分析，我们规定：触发器在接收触发信号之前的原稳定状态称为初态，用 Q^n 表示；触发器在接收触发信号之后建立的新稳定状态叫作次态，用 Q^{n+1} 表示。触发器的次态 Q^{n+1} 是由触发信号和初态 Q^n 的值共同决定的。例如，在 $Q^n=1$ 时，若$\overline{S}=0$、$\overline{R}=1$，则 $Q^{n+1}=1$，触发器的状态将维持不变；若$\overline{S}=1$、$\overline{R}=0$，则 $Q^{n+1}=0$，即触发器由1状态翻转到0状态。

在数字电路中，常采用下述两种方法来描述触发器的逻辑功能。

1）状态转换特性表。由上章内容可知，描述逻辑电路输出与输入之间逻辑关系的表格称为真值表。由于触发器次态 Q^{n+1} 不仅与输入的触发信号有关，而且与触发器初态 Q^n 有关，所以应把 Q^n 也作为一个逻辑变量（称为状态变量）列入真值表中，并把这种含有状态变量的真值表叫作触发器的状态转换特性表，简称特性表。基本 RS 触发器的特性表见表 9-1。表中，Q^{n+1} 与 Q^n、$\overline{R}$、$\overline{S}$之间的关系直观表达了 RS 触发器的逻辑功能。表 9-2 为简化的特性表。

2）时序图（又称波形图）。时序图是以波形图的方式来描述触发器的逻辑功能的。在图 9-1a 所示电路中，假设触发器的初态为$Q=0$、$\overline{Q}=1$，触发信号$\overline{R}$、$\overline{S}$的波形已知，则根据表 9-1 可画出 Q 和 $\overline{Q}$波形，如图 9-2 所示。

表 9-1　基本 RS 触发器状态转换特性表

$\overline{S}$	$\overline{R}$	Q^n	Q^{n+1}
1	1	0	0
1	1	1	1
1	0	0	0
1	0	1	0
0	1	0	1
0	1	1	1
0	0	0	不定
0	0	1	不定

表 9-2　简化的 RS 触发器特性表

$\overline{S}$	$\overline{R}$	Q^{n+1}
1	1	Q^n
1	0	0
0	1	1
0	0	不定

结论：在正常工作条件下，当触发信号到来时（低电平有效），触发器翻转成相应的状态，当触发信号过后（恢复到高电平），触发器的状态将维持不变，因此，基本 RS 触发器具有记忆功能。

2. 或非门组成的基本 RS 触发器

或非门组成的基本 RS 触发器的逻辑图和逻辑符号如图 9-3 所示。

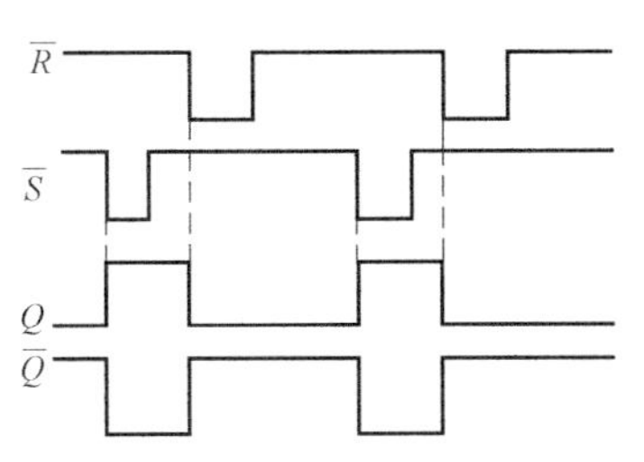

图 9-2　基本 RS 触发器时序图

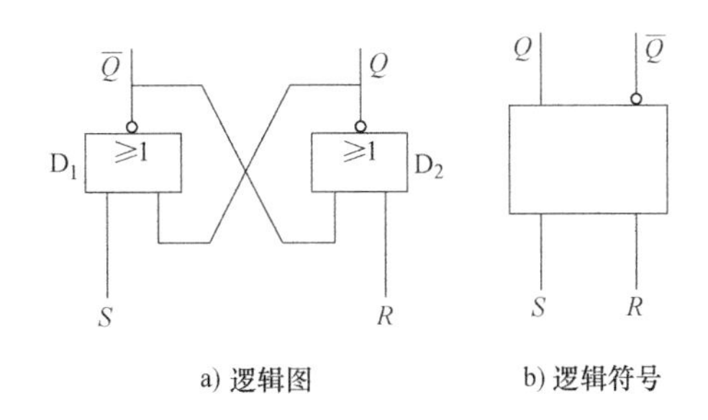

图 9-3　或非门组成的基本 RS 触发器

触发信号输入端 R、S 在没有加触发信号时应处于低电平状态，当加触发信号时变为高电平（称为高电平有效）。例如，当 $R=1$、$S=0$ 时，D_2 输出低电平，D_1 输入全为 0 而使输出 $\overline{Q}=1$，即触发器被置成 0 状态。其特性表见表 9-3，时序图如图 9-4 所示。

表 9-3　或非门构成的 RS 触发器特性表

R	S	Q^{n+1}
0	0	Q^n
0	1	1
1	0	0
1	1	不定

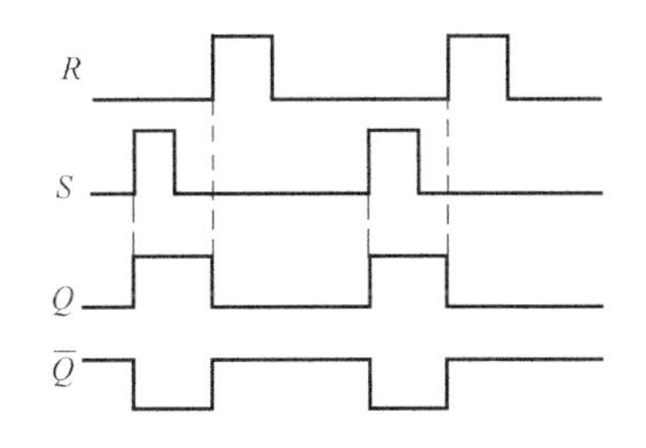

图 9-4　或非门构成的 RS 触发器时序图

二、同步 RS 触发器和 D 锁存器

前面介绍的基本 RS 触发器的触发信号直接控制着输出端的状态，而实际应用时，常常要求触发器的状态只在某一指定时刻变化，这个时刻可由外加时钟脉冲（简称 CP）来决定。由时钟脉冲控制的触发器称为同步触发器。同步触发器的时钟脉冲触发方式分为高电平有效和低电平有效两种类型。

1. 同步 RS 触发器

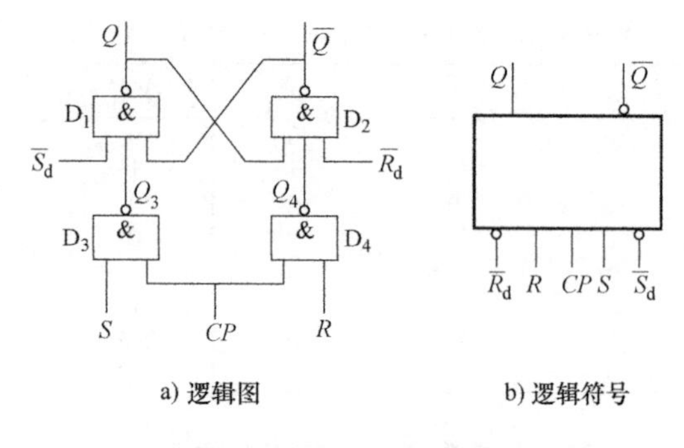

图 9-5　同步 RS 触发器

(1) 电路组成　同步 RS 触发器是同步触发器中最简单的一种，其逻辑图和逻辑符号如图 9-5 所示。图中 D_1 和 D_2 组成基本 RS 触发器，D_3 和 D_4 组成输入控制门电路。CP 是时钟脉冲信号，高电平有效，即 CP 为高电平时，输出状态可以改变，CP 为低电平时，触发器保持原状态不变。

(2) 逻辑功能分析

1）当 $CP=0$ 时，$Q_3=Q_4=1$，此时触发器保持原状态不变。

2）当 $CP=1$ 时，$Q_3=\overline{S}$，$Q_4=\overline{R}$，触发器将按基本 RS 触发器的规律发生变化。此时，同步 RS 触发器的状态转换特性表与表 9-3 相同。

(3) 初始状态的预置　在实际应用中，有时需要在时钟脉冲 CP 到来之前，预先将触发器设置成某种状态，为此，在同步 RS 触发器电路中设置了直接置位端 $\overline{S}_d$ 和直接复位端 $\overline{R}_d$（均为低电平有效）。如果在 $\overline{S}_d$ 或 $\overline{R}_d$ 端加低电平，则可以直接作用于基本 RS 触发器，使其置 1 或置 0，不受 CP 脉冲限制，故 $\overline{S}_d$ 和 $\overline{R}_d$ 也称为异步置位端和异步复位端。初始状态预置完毕后，$\overline{S}_d$ 和 $\overline{R}_d$ 应处于高电平，触发器才能进入正常的同步工作状态。其工作情况可用图 9-6 所示的波形图来描述。

2. 同步 D 触发器

(1) 电路组成　同步 D 触发器又称为 D 锁存器，其逻辑图和逻辑符号如图 9-7 所示。

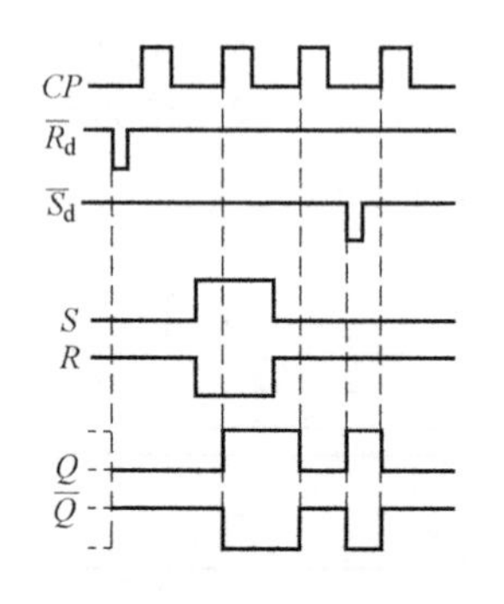

图 9-6　同步 RS 触发器时序波形图

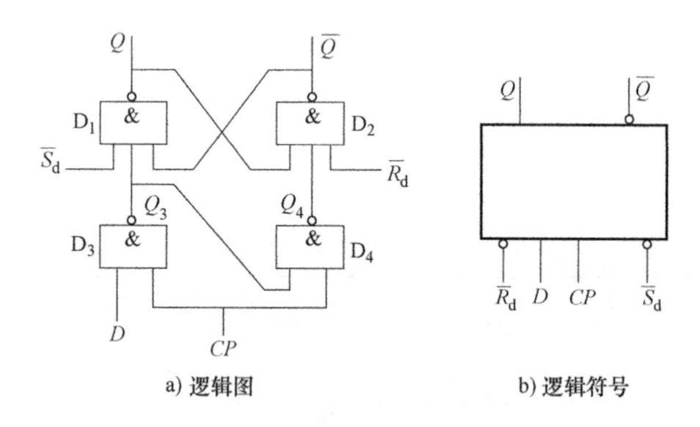

图 9-7　同步 D 触发器

与同步 RS 触发器相比，同步 D 触发器只有一个触发信号输入端 D 和一个同步信号输入端 CP，也可以设置直接置位端和直接复位端。

(2) 逻辑功能分析　当 $CP=0$ 时，触发器状态保持不变。当 $CP=1$ 时，若 $D=0$，则触发器被置 0，$Q=0$；若 $D=1$，则触发器被置 1，$Q=1$。直接置位端和直接复位端的作用不受 CP 脉冲控制。同步 D 触发器的特性表和时序图不再给出，同学们可以自己分析。

3. 同步触发器的应用问题

同步脉冲（时钟脉冲）高电平有效的同步触发器，其状态在 $CP=1$ 时才可能变化，同步脉冲低电平有效的同步触发器，其状态在 $CP=0$ 时才可能变化。

同步触发器要求在 CP 有效期间 R、S 的状态或 D 的状态应保持不变，否则可能会引起触发器状态的相应变化，使触发器的状态不能严格地同步变化，从而失去同步的意义，因此，这种工作方式的触发器在应用中受到一定的限制，现已逐渐被边沿触发器所代替。

三、边沿触发器

边沿触发器的状态变化是由时钟脉冲 CP 控制，且只在某一特定的时刻（CP 上升沿或下降沿所对应的时刻）才发生变化，而在 CP 持续期间，触发器的状态保持不变。与同步 RS 触发器相比，边沿触发器的抗干扰能力和工作可靠性有了较大地提高。

按触发器状态变化所对应的 CP 时刻的不同，可把边沿触发器分为 CP 上升沿触发方式和 CP 下降沿触发方式，也称 CP 正边沿触发方式和 CP 负边沿触发方式。按实现的逻辑功能不同，可把边沿触发器分为边沿 D 触发器和边沿 JK 触发器，下面分别予以介绍。

1. 边沿 D 触发器

（1）逻辑符号　边沿 D 触发器的逻辑符号如图 9-8 所示。图中，$\overline{R}_d$为异步直接复位端，$\overline{S}_d$ 为异步直接置位端，D 为数据信号输入端。符号图中 $\overline{R}_d$、$\overline{S}_d$ 端的小圆圈表示低电平有效。该触发器为 CP 上升沿触发（图中，CP 端若有小圆圈表示触发器为 CP 下降沿触发）。

（2）逻辑功能　当 $CP=0$ 或 $CP=1$ 时，触发器的状态保持不变。当 CP 下降沿到来时，触发器的状态也保持不变。只有在 CP 上升沿到来的时刻，触发器的状态才会发生变化。若这一时刻 $D=0$，触发器的状态将被置 0；若这一时刻 $D=1$，触发器的状态将被置 1。

综上所述，这种边沿触发器的状态只有在 CP 的上升沿到来时才可能改变，除此之外，在 CP 的其他任何时刻，触发器都将保持状态不变，故把这种类型的触发器称为正边沿触发器或上升沿触发器。

除上述正边沿触发的 D 触发器之外，还有在时钟脉冲下降沿触发的负边沿 D 触发器，与正边沿 D 触发器相比较，只是触发器翻转时所对应的时钟脉冲 CP 的触发沿不同，其所实现的逻辑功能均相同，在此不再赘述。

（3）逻辑功能描述　根据以上分析，可以归纳出边沿 D 触发器在 CP 上升沿到来时的状态转换特性表，见表 9-4，简化的 D 触发器特性表见表 9-5，时序图如图 9-9 所示。

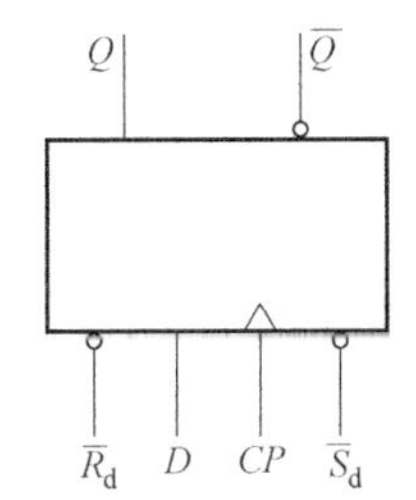

图 9-8　边沿 D 触发器的逻辑符号

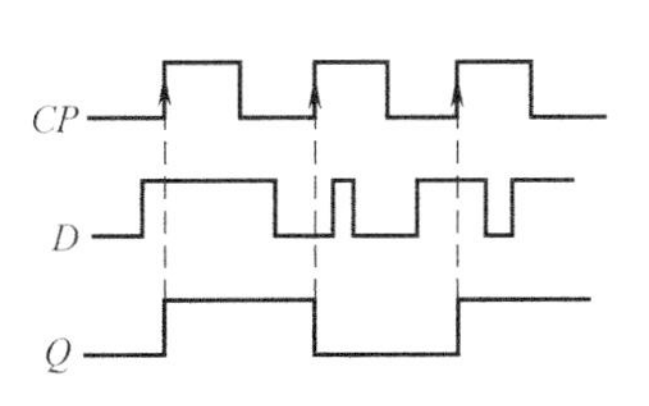

图 9-9　D 触发器时序图

表 9-4 D触发器状态转换特性表

CP	D	Q^n	Q^{n+1}
↑	0	0	0
↑	0	1	0
↑	1	0	1
↑	1	1	1

表 9-5 简化的D触发器特性表

CP	D	Q^{n+1}
↑	0	0
↑	1	1

另外，因为构成逻辑门电路的晶体管在进行状态转换时需要一定的时间，所以逻辑门在进行状态的转换过程中，输出状态的转换不可避免地滞后于输入触发信号，会产生一定的延迟。在触发器电路中，要保证触发器工作可靠，触发器时钟脉冲的工作频率应有限制，不能超过其最高工作频率。

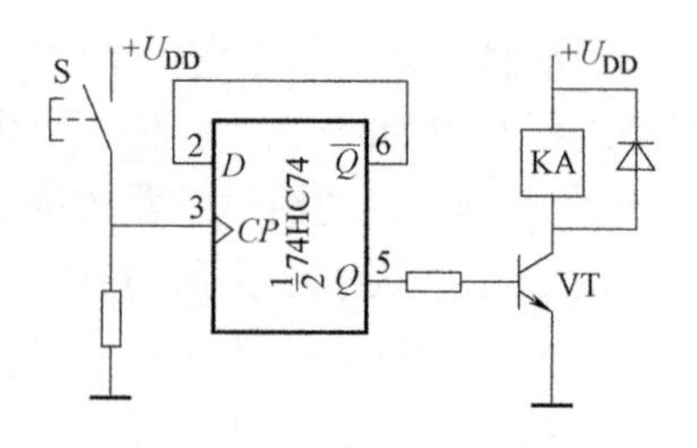

图 9-10 74HC74 应用电路

（4）边沿D触发器的应用实例 74HC74是一种集成正边沿双D触发器，内含两个上升沿触发的D触发器。图9-10是利用74HC74构成的单按钮电子转换开关电路，该电路只利用一个按钮即可实现电路的接通与断开。

图9-10电路中，74HC74的D端和$\overline{Q}$相连接，即D的状态总是和$\overline{Q}$的状态相同，和Q的状态相反。每按一次按钮S，相当于为触发器提供一个时钟脉冲上升沿，触发器状态翻转一次。假设触发器原来处于0状态，即$Q=0$、$D=\overline{Q}=1$，当按下S时，触发器的状态由0翻转为1，即$Q=1$、$D=\overline{Q}=0$。当再次按下S时，触发器的状态又由1翻转到0。Q端经晶体管VT驱动继电器KA，利用KA控制的开关即可控制其他电路。

2. 边沿JK触发器

（1）逻辑符号 JK触发器的逻辑符号如图9-11所示，其中图9-11a为CP上升沿触发，图9-11b为CP下降沿触发，除此之外，二者的逻辑功能完全相同。图中J、K为触发信号输入端，$\overline{R}_d$、$\overline{S}_d$为直接复位端和直接置位端，二者均为低电平有效。

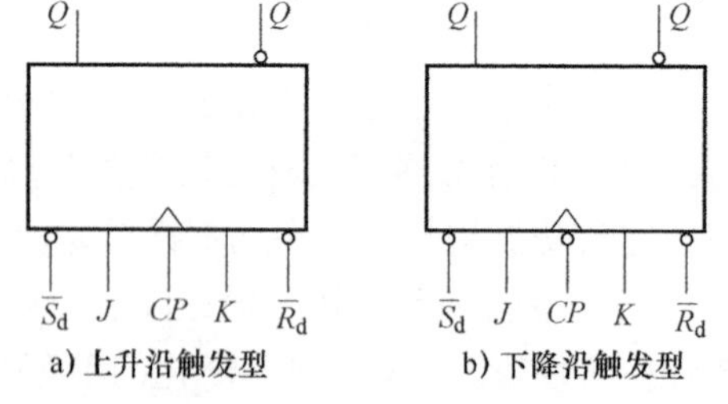

a) 上升沿触发型 b) 下降沿触发型

图 9-11 边沿JK触发器

（2）逻辑功能 下降沿触发的JK触发器逻辑功能见表9-6，表9-7为JK触发器简化的功能表，时序图如图9-12所示。从表中可以看出，当直接复位端和直接置位端不起作用（都为高电平）时，JK触发器有四种功能：当CP脉冲的触发沿到来时，若J、K同时为0，则触发器的状态保持不变；若$J=0$、$K=1$，则触发器被置0；若$J=1$、$K=0$，则触发器被置1；若$J=1$、$K=1$，则触发器的状态和原状态相反，即$Q^{n+1}=\overline{Q}^n$，触发器的状态翻转。

（3）边沿JK触发器的应用实例 74HC112内含两个下降沿JK触发器，图9-13a是利用74HC112组成的二分频和四分频电路。所谓分频，是指电路输出信号的频率是输入信号频率的$1/N$（其中N为整数，即分频次数），也就是说，输出信号的周期是输入信号周期的N倍。

表 9-6　JK 触发器功能表

CP	$\overline{S}_d$　$\overline{R}_d$	J　K	Q^n	Q^{n+1}	功能名称
×	0　1	×　×	×	1	直接置 1
×	1　0	×　×	×	0	直接置 0
↓	1　1	0　0	0	0	保持
↓	1　1	0　0	1	1	保持
↓	1　1	0　1	0	0	置 0
↓	1　1	0　1	1	0	置 0
↓	1　1	1　0	0	1	置 1
↓	1　1	1　0	1	1	置 1
↓	1　1	1　1	0	1	翻转
↓	1　1	1　1	1	0	翻转

表 9-7　JK 触发器简化功能表

J　K	Q^{n+1}
0　0	Q^n
0　1	0
1　0	1
1　1	$\overline{Q}^n$

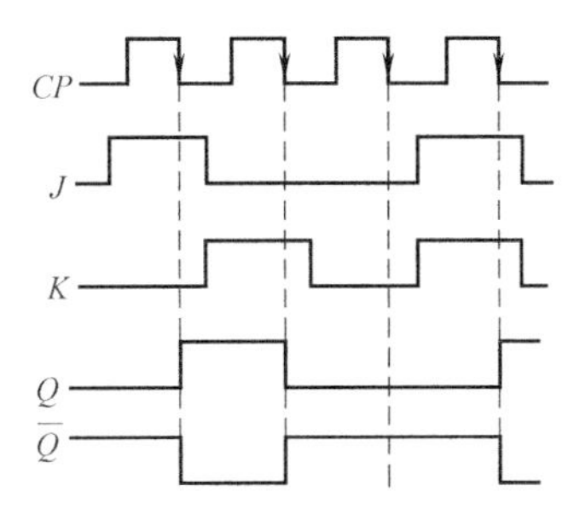

图 9-12　JK 触发器时序图

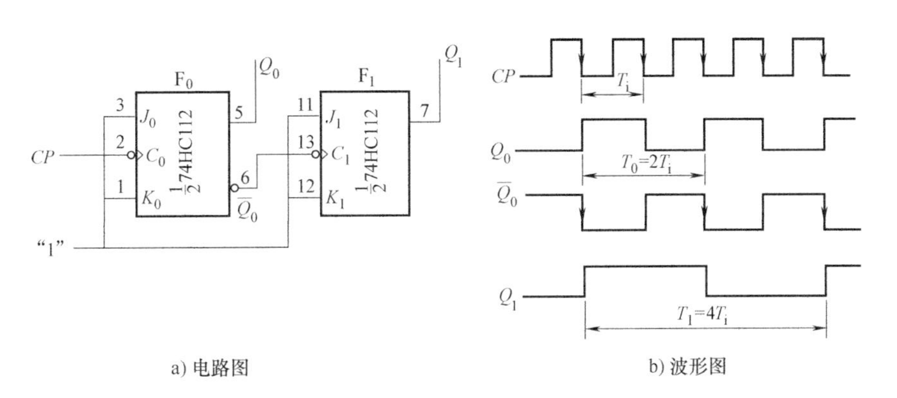

图 9-13　74HC112 构成的分频电路

图 9-13 电路中，两个 JK 触发器的输入端均接高电平 1，由 JK 触发器的功能表可知，两个触发器在相应的时钟脉冲下降沿到来时均应翻转。这里，F_0 触发器的时钟脉冲输入端接时钟脉冲信号 CP，其输出端 $\overline{Q}_0$ 接 F_1 触发器的时钟端，作为 F_1 的时钟信号，因此，F_1 只有在 $\overline{Q}_0$ 的下降沿才翻转。

假设电路开始工作时，各级触发器的起始状态均为 0，即 $Q_0=Q_1=0$、$\overline{Q}_0=\overline{Q}_1=1$。在第一个 CP 的下降沿到来时，F_0 发生翻转，Q_0 由 0 状态变为 1 状态，$\overline{Q}_0$ 由 1 状态变为 0 状态，$\overline{Q}_0$ 的下降沿又使 F_1 发生翻转，Q_1 由 0 状态变为 1 状态。在第二个 CP 的下降沿到来时，F_0 又由 1 状态变为 0 状态，此时，由于 $\overline{Q}_0$ 为上升沿，所以 F_1 不翻转，Q_1 的状态不变。同理，在第三个 CP 的下降沿到来时，F_0、F_1 又同时发生翻转。这样，当不断输入 CP 脉冲时，就可以从 Q_0、Q_1 端分别得到相对于 CP 频率的二分频和四分频信号输出。其波形图如图 9-13b 所示。

第二节　计　数　器

一、计数器的功能和分类

计数器是一种应用广泛的时序逻辑电路，它不仅可用来对脉冲计数，而且还常用于数字系统的定时、延时、分频及构成节拍脉冲发生器等。

计数器的种类繁多，按计数长度可分为二进制、十进制及 N 进制计数器。按计数脉冲的引入方式可分为异步工作方式和同步工作方式两类。按计数的增减趋势可分为加法、减法及可逆计数器。

无论哪种类型的计数器，其组成和其他时序电路一样，都含有存储单元（这里通称为计数单元），有时还增加一些组合逻辑门电路，其中存储单元是由触发器构成的。

二、异步计数器

异步计数器是指计数脉冲没有同时加到所有触发器的 CP 端。当计数器脉冲到来时，各触发器的翻转时刻不同，所以，在分析异步计数器时，要特别注意各触发器翻转所对应的有效时钟条件。

异步二进制计数器是计数器中最基本、最简单的电路，由多个触发器连接而成，计数脉冲一般加到最低位触发器的 CP 端，其他各级触发器由相邻低位触发器的输出信号来触发。

1. 异步二进制加法计数器

图 9-14 所示电路是利用三个下降沿 JK 触发器构成的异步二进制加法计数器。计数脉冲 CP 加至最低位触发器 F_0 的时钟端，低位触发器的 Q 端依次接到相邻高位触发器的时钟端，因此，它是异步计数器。

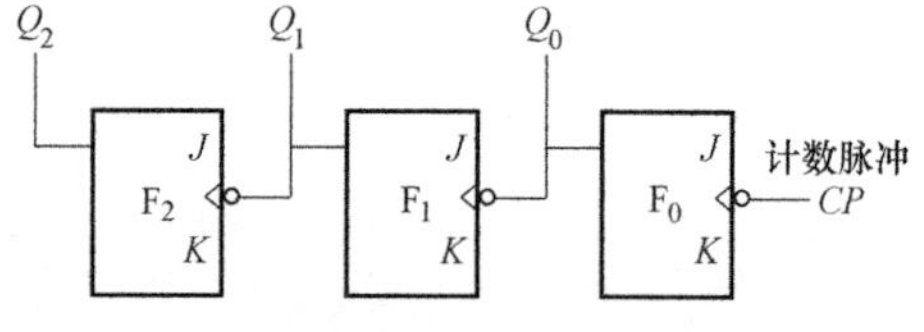

图 9-14　异步二进制加法计数器

图 9-14 中，JK 触发器的 J、K 输入端为高电平[⊖]。根据 JK 触发器的逻辑功能可知，当 JK 触发器的 J、K 端同时为 1 时，每来一个时钟脉冲，对应着时钟脉冲的触发沿，触发器的状态都将翻转一次，具有这种功能的触发器也叫作计数工作方式的触发器，简称 T′触发器。电路工作时，每输入一个计数脉冲，F_0 的状态翻转计数一次，而高位触发器是在其相邻的低位触发器从 1 状态变为 0 状态时才进行翻转计数的，如 F_1 是在 Q_0 由 1 状态变为 0 状态时翻转，F_2 是在 Q_1 由 1 状态变为 0 状态时翻转，除此条件外，F_1、F_2 都保持原来状态。该计数器的状态转换特性表见表 9-8，时序图如图 9-15 所示。

计数器的状态转换规律也可以采用图 9-16 所示的状态转换图来表示。状态转换图是用图形的方式来描述各触发器的状态转换关系的。图中，各圆圈内的数字表示三个触发器 $Q_2Q_1Q_0$ 的状态，箭头表示计数脉冲 CP 到来后各触发器的状态转换方向。可以看出，若把

⊖ 图 9-14 中触发器为 TTL 电路，J、K 端悬空，就相当于接高电平。

三个触发器 $Q_2Q_1Q_0$ 的状态看成是一个二进制数，则每来一个计数脉冲，计数器的状态加 1，所以它是一个异步 3 位二进制加法计数器。

表 9-8　状态转换特性表

计数脉冲 *CP* 序号	计数器状态			计数脉冲 *CP* 序号	计数器状态		
	Q_2	Q_1	Q_0		Q_2	Q_1	Q_0
0	0	0	0	5	1	0	1
1	0	0	1	6	1	1	0
2	0	1	0	7	1	1	1
3	0	1	1	8	0	0	0
4	1	0	0				

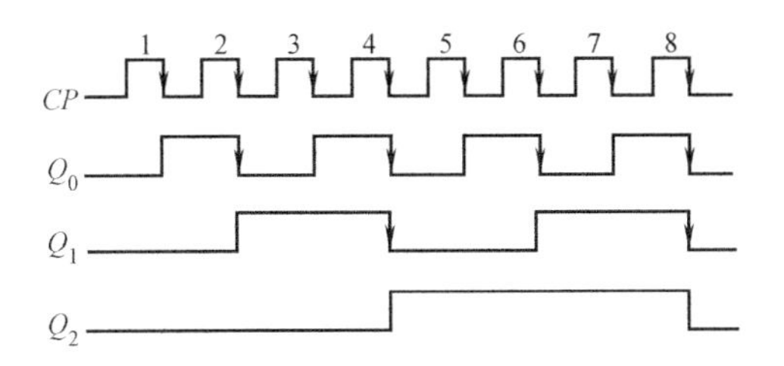

图 9-15　异步二进制加法计数器时序图

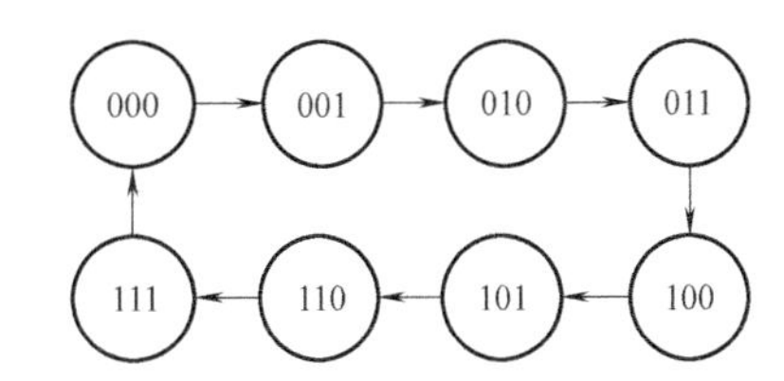

图 9-16　异步二进制加法计数器状态转换图

另外，通过图 9-15 所示的时序图还可看出：Q_0 的频率只有 *CP* 的 1/2，Q_1 的频率只有 *CP* 的 $1/4(1/2^2)$，Q_2 的频率为 *CP* 的 1/8（$1/2^3$），即计数脉冲每经过一级触发器，输出脉冲的频率就减小 1/2，因此，计数器还具有分频功能。由 n 个触发器构成的二进制计数器，其末级触发器输出脉冲的频率为 *CP* 的 $1/2^n$，即可以对 *CP* 进行 2^n 分频。

异步 3 位二进制加法计数器也可采用上升沿 D 触发器来构成，如图 9-17a 所示。图中各 D 触发器连接成 T′触发器，高位触发器的时钟端接相邻低位触发器的 $\overline{Q}$ 端，其时序图如图 9-17b所示。

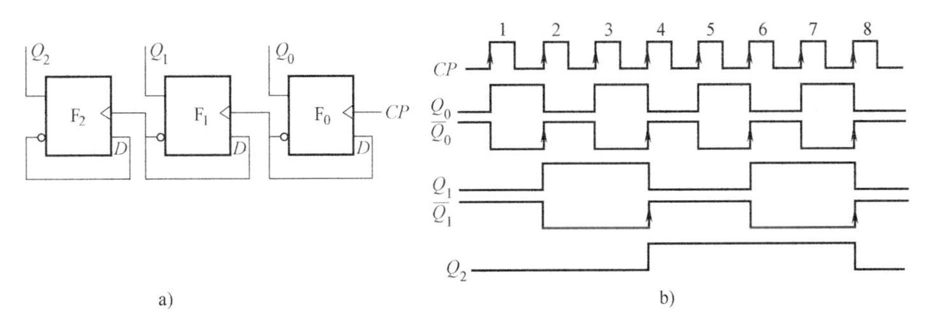

图 9-17　上升沿触发的异步 3 位二进制加法计数器

2. 异步十进制加法计数器

虽然二进制计数器有电路简单、运算方便等优点，但人们常用的毕竟是十进制数，因此，在数字系统中还经常用到十进制计数器。

一位十进制数有 0 ~ 9 十个数码，即一位十进制计数器应该有十个不同的状态。由于一个触发器可以表示两种状态，组成一位十进制计数器需要 4 个触发器。4 个触发器共有 $2^4 = 16$ 种不同的状态，我们可以从 16 种状态中选取 10 种状态（称为有效状态）分别表示 0、1、

2、3、4、5、6、7、8、9这十个数码，其余的6种多余状态（称为无效状态）不用，使计数器的状态按十进制计数规律变化，这样就得到一位十进制计数器。十进制计数器的编码方法有多种，常用的是8421BCD码。

异步十进制计数器通常是在二进制计数器基础上，通过一定的方法消除多余的无效状态后实现的，并且一旦电路误入多余的无效状态后，它应具有自启动功能。所谓自启动，是指计数器由于某种原因进入无效状态时，在时钟脉冲连续作用下，能自动地从无效状态返回到有效状态，正常工作后，又重新在有效状态中循环。

图9-18所示是由4个JK触发器构成的8421码异步十进制加法计数器，该电路具有自启动和向高位计数器进位的功能。下面分析其计数原理。

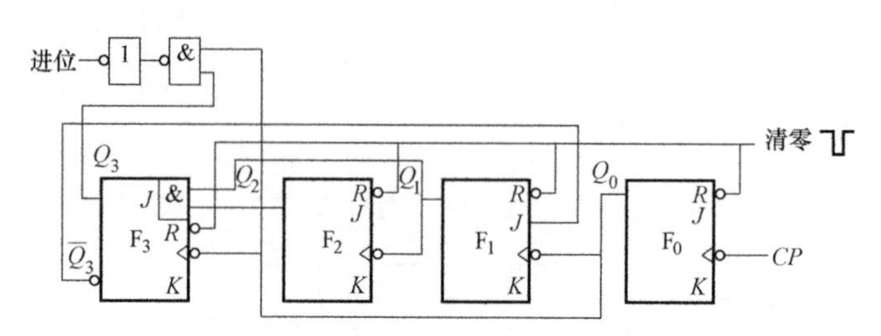

图9-18 异步十进制加法计数器

由图可知，F_0 ~ F_2 中除 F_1 的 J_1 端与 F_3 的 $\overline{Q}_3$ 端连接外，其他输入端均为高电平（图中使用的触发器假定为TTL电路，输入端悬空，相当于高电平），由此可知，在 F_3 触发器翻转前，即从0000起到0111为止，$\overline{Q}_3=1$，F_0 ~ F_2 的翻转情况与3位二进制加法计数器相同。当经过7个计数脉冲 CP 后，F_3 ~ F_0 的状态为0111时，$Q_2=Q_1=1$，使 F_3 的两个 J 输入端均为1（$J=Q_1Q_2$），为 F_3 由0状态变为1状态准备了条件。当第8个计数脉冲 CP 输入后，F_0 ~ F_2 均由1状态变为0状态，F_3 由0状态变为1状态，即4个触发器的状态变为1000。此时 $Q_3=1$，$\overline{Q}_3=0$，因 $\overline{Q}_3$ 与 J_1 端相连，所以 $J_1=0$，而 $K_1=1$，使下一次由 F_0 来的负脉冲（Q_0 由1变为0时）只能使 F_1 置0，F_1 将保持不变。

第9个计数脉冲到来后，计数器的状态为1001，同时进位端由0变为1。

当第10个计数脉冲到来后，Q_0 产生负跳变（由1变为0），由于 $\overline{Q}_3=0$，F_1 不翻转，但 Q_0 能直接触发 F_3，使 Q_3 由1变0，从而使4个触发器跳过1010 ~ 1111六个状态而复位到初始状态0000，同时进位端 C 由1变为0，产生一个负跳变，向高位计数器发出进位信号。这样便实现了十进制加法计数功能。

异步十进制加法计数器状态转换特性表见表9-9，时序图如图9-19所示。

表9-9 异步十进制加法计数器状态转换特性表

计数脉冲 CP 序号	计数器状态				进位	对应十进制数
	Q_3	Q_2	Q_1	Q_0		
0	0	0	0	0	0	0
1	0	0	0	1	0	1
2	0	0	1	0	0	2
3	0	0	1	1	0	3
4	0	1	0	0	0	4
5	0	1	0	1	0	5
6	0	1	1	0	0	6
7	0	1	1	1	0	7
8	1	0	0	0	0	8
9	1	0	0	1	1	9
10	0	0	0	0	0	0

3. 异步 N 进制计数器

除了二进制和十进制计数器之外，在实际工作中，往往还需要其他不同进制的计数器，例如，时钟秒、分、小时之间的关系或工业生产线上产品包装个数的控制等，我们把这些计数器称为 N 进制计数器。异步 N 进制计数器的构成方式和异步十进制计数器基本相同，也是在二进制计数器的基础上，利用一定的方法跳过多余的状态后实现的。例如，五进制计数器可以用三个触发器组成，其状态转换规律可以按图 9-20 所示的状态转换图进行。

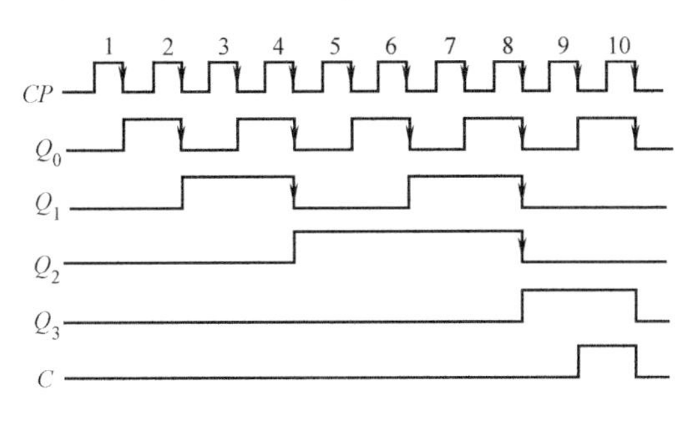

图 9-19　异步十进制加法计数器时序图

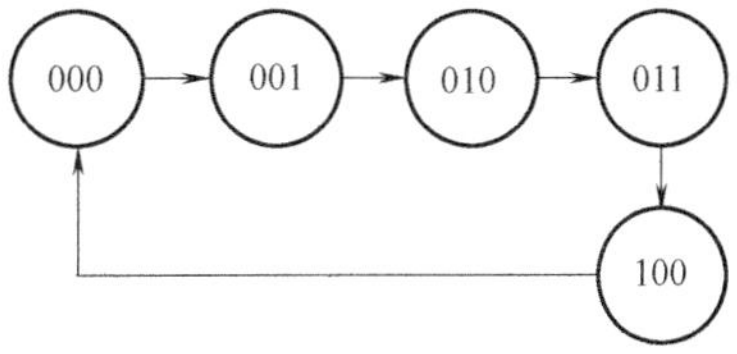

000 → 001 → 010 → 011 → 100

图 9-20　五进制计数器的状态转换图

从图中可以看出，每经过 5 个时钟脉冲后，计数器的状态循环变化一次，故计数容量为 5，为五进制计数器。

由于组成异步计数器的各触发器翻转时刻不同，因而工作速度低。为提高计数器的工作速度，建议采用同步工作方式的计数器，即同步计数器。

三、同步计数器

所谓同步计数器，就是将计数脉冲同时加到各触发器的时钟输入端，使各触发器在计数脉冲到来时同时翻转。

1. 同步二进制加法计数器

由三个 JK 触发器构成的同步 3 位二进制加法计数器的逻辑图如图 9-21a 所示，CP 是输入的计数脉冲。由图可以看出：对于最低位的 F_0 触发器，每输入一个计数脉冲，其输出状态翻转一次；对于 F_1 触发器，只有当 F_0 为 1 态时，在下一个计数脉冲到来时才翻转；对于触发器 F_2，只有在 F_0、F_1 全为 1 态时，在计数脉冲的作用下才翻转。其时序图如图 9-21b 所示，与异步二进制计数器的时序图完全相同。不过，异步工作方式的计数器各触发器的状态转换不是由同一个触发脉冲触发的，通常是低位触发器的状态先翻转，其输出再去触发高

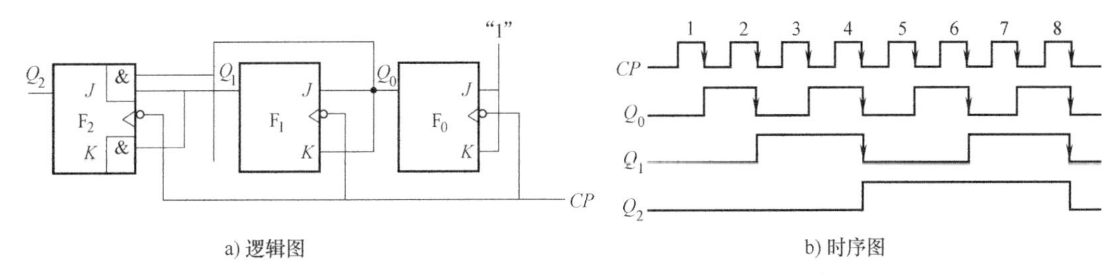

a) 逻辑图　　b) 时序图

图 9-21　同步 3 位二进制计数器

位触发器，各触发器状态的翻转不是同一时刻进行的，但同步工作方式的计数器触发器的状态是由同一个触发脉冲触发的。同步3位二进制计数器的状态转换特性表与异步二进制计数器也完全相同，见表9-8。

2. 同步十进制计数器

和异步十进制计数器的构成一样，若在同步二进制计数器的基础上通过一定的方法跳过多余的无效状态后，也可构成同步十进制计数器，其电路不再给出。同步十进制计数器的时序图和状态转换特性表与异步十进制计数器的完全相同。

通过上述分析可以看出，与异步计数器相比，由于异步计数器的触发信号通常是逐级传递的，触发信号要被延时，因而使其计数速度受到限制，工作频率不能太高；而同步计数器的计数脉冲是同时触发计数器中的全部触发器，各触发器的翻转与 CP 同步，所以工作速度较快，工作频率较高。

四、通用集成计数器

目前使用的计数器通常是集成计数器。为了增强集成计数器的功能，集成计数器通常设有一些附加功能，称为通用集成计数器，这样，就可以用通用集成计数器组成各种进制的计数器。下面介绍典型的集成计数器74HC161。

74HC161是一种可预置数的同步计数器，在计数脉冲上升沿作用下进行加法计数，其主要功能如下。

1. 清零

74HC161有一个低电平有效的异步（直接）清零端$\overline{R}$，当异步清零端$\overline{R}$为低电平时，可使计数器直接清零，这种清零方式称为异步（直接）清零。

2. 预置数

在实际工作中，有时在开始计数前，需将某一设定数据预先写入到计数器中，然后在计数脉冲 CP 的作用下，从该数值开始作加法或减法计数，这种过程称为预置数。74HC161有4个并行预置数数据输入端 $D_0 \sim D_3$ 和一个低电平有效的预置数控制端$\overline{LD}$。当预置数控制端$\overline{LD}$为低电平时，在计数脉冲 CP 上升沿的作用下，并行预置数数据输入端 $D_0 \sim D_3$ 所输入的数据被送入计数器，使计数器的状态和并行预置数数据输入端的状态相同，这种预置数方式称为同步预置数。当$\overline{LD}$为高电平时，预置数数据输入端不起作用。

3. 计数控制

74HC161有两个计数控制端 ET 和 EP，当计数控制端 ET 和 EP 均为高电平时，在 CP 上升沿的作用下计数器进行计数，$Q_0 \sim Q_3$ 同时变化；当 ET 或 EP 有一个为低电平时，则禁止计数。

4. 进位

74HC161有一个进位输出端 CO，该输出端在其他情况下为低电平，只有当计数器的 $ET=1$，并且计数器的输出全部为1时，CO 才为高电平，即 $CO=Q_3Q_2Q_1Q_0 \cdot ET$。计数器计数时，当计数到最大（四个输出端 $Q_3Q_2Q_1Q_0$ 为1111）时，CO 输出高电平，其持续时间等于 Q_0 的高电平持续时间。

5. 实用实例

1）应用实例1：将74HC161接成六进制计数器。

利用74HC161和一个与非门组成的六进制计数器如图9-22所示。电路中，4个预置数

数据输入端 $D_0 \sim D_3$ 均接低电平，清零端 $\overline{R}$ 接高电平，Q_2、Q_0 经与非门与预置数控制端 $\overline{LD}$ 相连。不难分析，当计数器计到 $Q_3Q_2Q_1Q_0=0101$（对应十进制数 5）时，$\overline{LD}$ 为低电平，在第 6 个 CP 上升沿到来后将 $D_3D_2D_1D_0=0000$ 的数据置入计数器，使 $Q_3Q_2Q_1Q_0=0000$，所以计数器的输出只有 0000 ~ 0101 六种有效状态，计数器为六进制计数器。

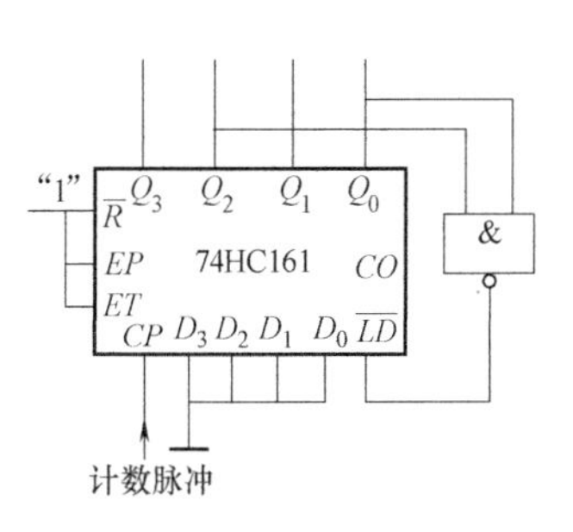

图 9-22 74HC161 构成的六进制计数器

2）应用实例 2：74HC161 的级联。

当需要位数更多的计数器时，可按图 9-23 所示电路进行级联。图中，同步清零端 $\overline{R}$、预置数控制端 $\overline{LD}$ 及计数脉冲端 CP 均分别并接在一起。第一级（最低位）的计数控制端 EP 和 ET 接 $+U_{DD}$，使它处于计数状态。第一级的进位输出端 CO 接第二级的 ET，第二级的进位输出端 CO 接第三级的 ET；第二级和第三级的 EP 接 $+U_{DD}$。这样只有当第一级的输出状态 $Q_3Q_2Q_1Q_0=1111$，进位输出端 CO 为高电平时，第二级才能计数。只有当第一级和第二级的 8 个输出状态为 11111111（都为 1）时，第一级的进位输出端 CO（第二级的 ET 端）为高电平，第二级的 CO 也为高电平，第三级才能计数。三级的 EP 端也可以接在一起，作为整个计数器的计数控制端，为 1 时计数器计数，为 0 时计数器状态保持不变。

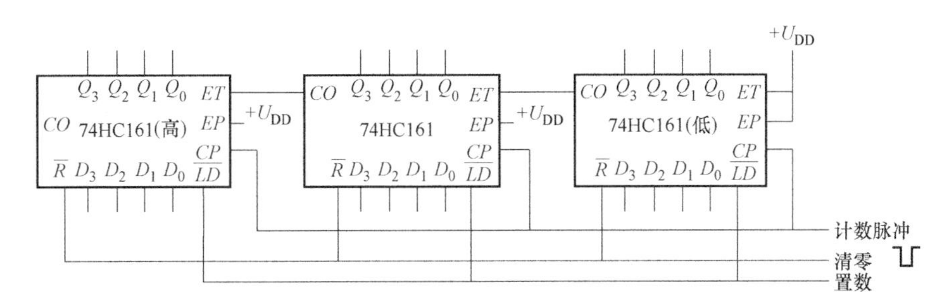

图 9-23 74HC161 的级联电路

第三节 寄 存 器

一、寄存器的功能和分类

在数字系统中，常常需要将一些数码存放起来，以便随时调用，这种存放数码的逻辑部件称为寄存器。寄存器必须具有记忆单元——触发器。因为触发器具有 0 和 1 两个稳定状态，所以一个触发器只能存放一位二进制数码，存放 N 位数码就应具备 N 个触发器。

一般寄存器都是在时钟脉冲的作用下把数据存放或送出触发器的，故寄存器还必须具有起控制作用的门电路，以保证信号的接收和清除。

寄存器按所具备的功能不同可分为两大类：数码寄存器和移位寄存器。

二、数码寄存器

数码寄存器只具有接收数码和清除原有数码的功能，在数字电路系统中，常用于暂时存放某些数据。

1. 数码寄存器原理

图9-24是一个由4个D触发器构成的4位数码寄存器。4个触发器的数据输入端D_3～D_0作为寄存器的数码输入端，时钟脉冲输入端CP接在一起，作为送数脉冲控制端。这样，在CP上升沿的作用下，就可以将4位数码寄存到4个触发器中。

在上述数码寄存器中要特别注意，由于触发器为边沿触发，故在送数脉冲CP的触发沿到来之前，输入的数码一定要预先准备好，以保证触发器的正常寄存。

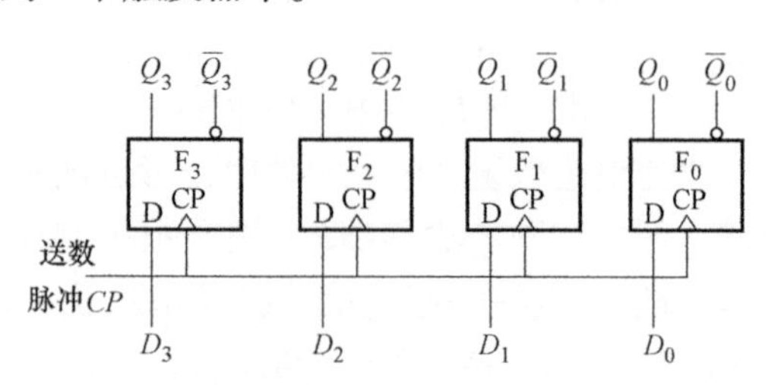

图9-24　数码寄存器

2. 集成数码寄存器

将构成寄存器的各个触发器以及有关控制逻辑门集成在一个芯片上，就可以得到集成数码寄存器。集成数码寄存器种类较多，常见的由触发器构成的有四D触发器（如74HC175）、六D触发器（如74HC174）及八D触发器（如74HC374、74HC377）等。由锁存器（同步D触发器）组成的寄存器，常见的有八D型锁存器（如74HC373）。锁存器与触发器的区别是：锁存器的时钟脉冲触发方式为电平触发，此时，时钟脉冲信号又称为使能信号，分高电平有效和低电平有效两种。当使能信号有效时，由锁存器组成的寄存器，其输出跟随输入数码的变化而变化（相当于输入直接接到输出端）；当使能信号结束时，输出保持使能信号跳变时的状态不变，因此，这一类寄存器有时也称为“透明”寄存器。

三、移位寄存器

移位寄存器除具有存储数码的功能外，还具有使存储的数码移位的功能。所谓移位功能，是指寄存器中所存的数据可以在移位脉冲作用下逐次左移或右移。根据数码在寄存器中移动情况的不同，又可把移位寄存器分为单向移位型和双向移位型。从输入数码和输出数码的方式来看，又可分为串入、并入，串出、并出等。

1. 单向移位寄存器

图9-25所示是用D触发器组成的单向移位寄存器。其中每个触发器的输出端Q依次接到高一位触发器的D端，只有第一个触发器F_0的D端接收数据。所有触发器的复位端R并联在一起作为清零端，时钟端并联在一起作为移位脉冲输入端CP，所以它是同步时序电路。

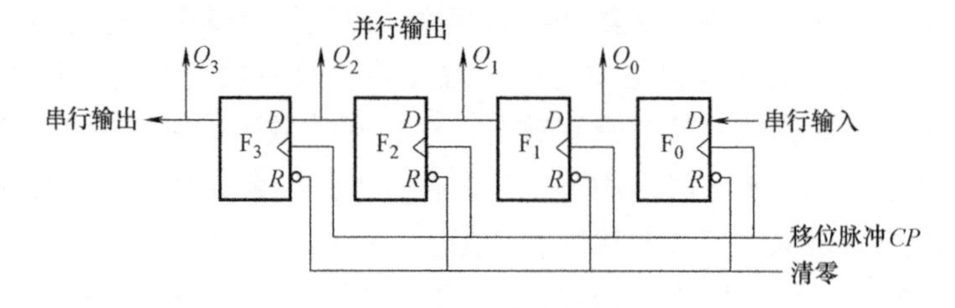

图9-25　单向移位寄存器

每当移位脉冲上升沿到来时，输入数据便一个接一个地依次移入F_0，同时每个触发器的状态也依次转移给高一位触发器，这种输入方式称为串行输入。假设输入的数码为1011，那么在移位脉冲作用下，寄存器中数码移动过程的时序图如图 9-26 所示。可以看到，当经过4 个 CP 脉冲后，1011 这 4 位数码就全部移入寄存器中，$Q_3Q_2Q_1Q_0=1011$，这时，可以从 4 个触发器的 Q 端同时输出数码 1011，这种输出方式称为并行输出。

若需要将寄存的数据从 Q_3 端依次输出（即串行输出），则只需要再输入几个移位脉冲即可，如图 9-26 所示。因此，可以把图 9-25 所示电路称为串行输入、并行输出、串行输出单向移位寄存器，简称串入/并出（串出）移位寄存器。

移位寄存器的输入也可以采用并行输入方式。图 9-27 所示是一个串行或并行输入、串行输出的移位寄存器电路。在并行输入时，采用了两步工作方式：第一步先用清零负脉冲把所有触发器清零；第二步利用送数正脉冲，打开与非门，通过触发器的直接置位端 S 输入数据，然后，再在移位脉冲作用下进行数码移位。

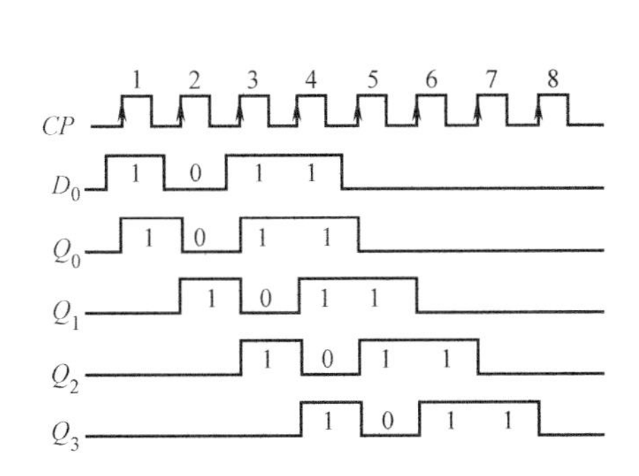

图9-26　单向移位寄存器数码移动过程时序图

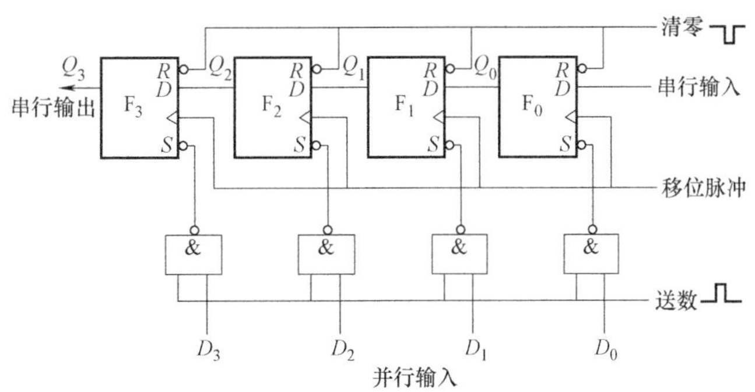

图 9-27　串并输入/串行输出移位寄存器

在上述各单向移位寄存器中，数码的移动情况是自右向左，完成自低位至高位的移动功能，所以又称为左移位寄存器。若将各触发器连接的顺序调换一下，让左边触发器的输出作为右邻触发器的数据输入，也可构成右移位寄存器。

另外，若在单向移位寄存器中再添加一些控制门，可以构成在控制信号作用下既能左移又能右移的双向移位寄存器。

2. 集成移位寄存器

集成移位寄存器的种类较多，应用很广泛，下面介绍 74HC164 的功能和应用。

74HC164 为串行输入/并行输出 8 位移位寄存器。它有两个可控串行数据输入端 A 和 B，串行输入的数据等于二者的与逻辑。当 A 或 B 任意一个为低电平时，相当于输入的数据为 0，在时钟端 CP 脉冲上升沿作用下 $Q_0{}^{n+1}$ 为低电平；当 A 或 B 中有一个为高电平时，就相当于从另一个串行数据输入端输入数据，并在 CP 脉冲上升沿作用下决定 $Q_0{}^{n+1}$ 的状态。

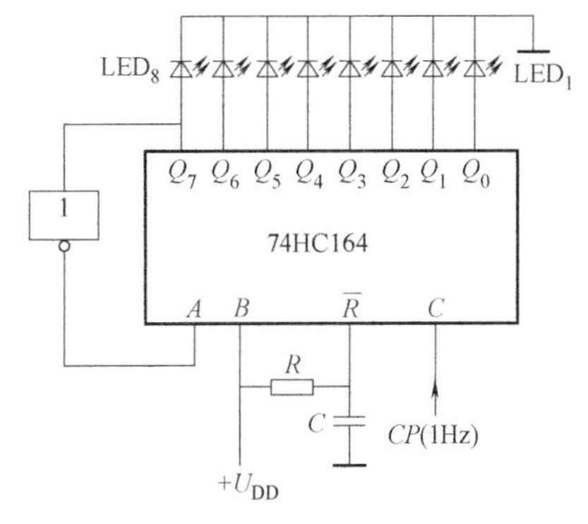

图 9-28　发光二极管循环点亮/熄灭控制电路

图 9-28 所示电路是利用 74HC164 构成的发光二极管循环点亮/熄灭控制电路。电路中，Q_7 经反相器与串行输入端 A 相连，B 接高电平。R、C 构成上电复位电路，当电路的直流电源才接通时，电容 C 两端的

电压为零，直接清零端$\overline{R}$为低电平，使74HC164的输出全部清零，随后，电容C被充电到高电平，清零端$\overline{R}$就不起作用了。

电路接通电源后，$Q_7 \sim Q_0$均为低电平，发光二极管$LED_1 \sim LED_8$不亮，这时A为高电平。当第一个秒脉冲CP的上升沿到来后，Q_0变为高电平，LED_1被点亮，第二个秒脉冲CP上升沿到来后，Q_1也变为高电平，LED_2被点亮，这样依次进行下去，经过8个CP上升沿后，$Q_0 \sim Q_7$均变为高电平，$LED_1 \sim LED_8$均被点亮，这时A为低电平。同理，再来8个CP后，$Q_0 \sim Q_7$又依次变为低电平，$LED_1 \sim LED_8$又依次熄灭。

当需要位数更多的移位寄存器时，可利用多片74HC164进行级联。图9-29是利用两片74HC164级联组成的16位移位寄存器。电路中各级采用公用的时钟脉冲和清零脉冲，低位的A、B并联在一起作为串行数据输入端，Q_7与高位的A、B端相连。在移位脉冲的作用下，从串行数据输入端向IC_1输入数据，同时IC_1的Q_7状态又送入IC_2。

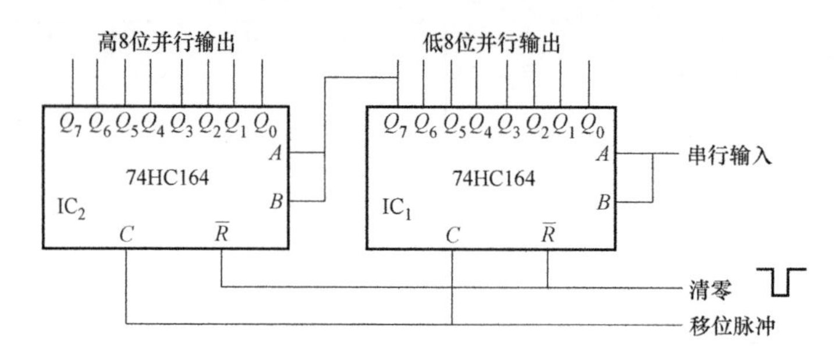

图9-29 74HC164的级联

实验课题七 计数器的应用

一、实验目的

1）熟悉中规模集成计数器构成任意进制计数器的方法。

2）掌握集成计数器74LS161的级联应用方法。

二、预习要求

1）掌握集成计数器构成任意进制计数器的方法。

2）复习计数器的一般分析和设计方法。

3）熟悉集成计数器、共阴七段显示译码/驱动器的功能特点和使用方法。

三、实验仪器

实验仪器清单见表9-10。

四、实验内容

计数器74LS161、显示译码器74LS48的引脚图如图9-30所示。74LS161的功能表见表9-11。

表 9-10 实验仪器清单

序号	名 称	型号或规格	数 量	备 注
1	数字电路实验箱	自定	1	
2	计数器	74LS161	2	
3	译码器	74LS48	2	
4	数码管	共阴极	2	
5	与非门	74LS00	1	

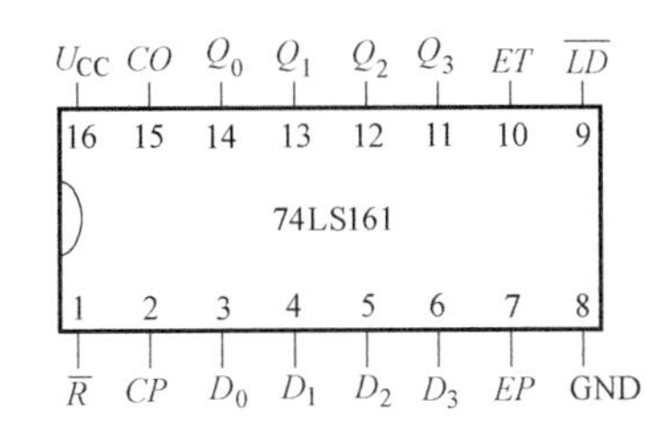

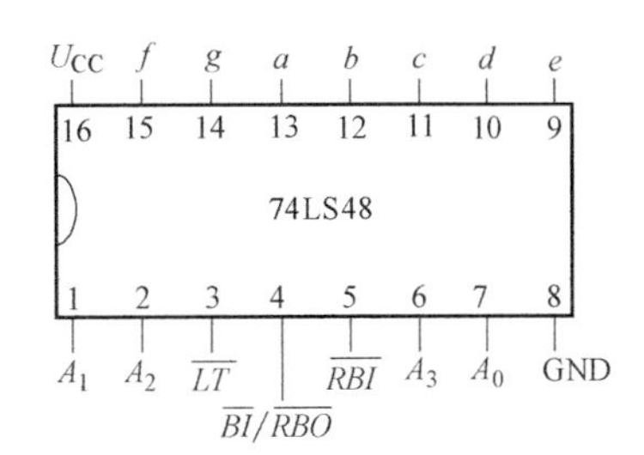

图 9-30 计数器 74LS161 和显示译码器 74LS48 引脚图

表 9-11 74LS161 功能表

输入									输出
CP	$\overline{R}$	EP	ET	$\overline{LD}$	D_3	D_2	D_1	D_0	Q_3 Q_2 Q_1 Q_0
×	0	×	×	×	×	×	×	×	0 0 0 0
×	1	1	0	1	×	×	×	×	禁止计数和进位
×	1	0	1	1	×	×	×	×	禁止计数
×	1	0	0	1	×	×	×	×	禁止计数和进位
↑	1	×	×	0	d_3	d_2	d_1	d_0	d_3 d_2 d_1 d_0
↑	1	1	1	1	×	×	×	×	加计数

 任务 1 用 74LS161 构成任意进制计数器

按图 9-31 连接电路，图 9-31a 是利用预置数功能实现的 N 进制计数器，图 9-31b 是利用复位法实现的 N'进制计数器，输入单次脉冲，观察记录输出 $Q_3Q_2Q_1Q_0$的状态，分析它们分别是几进制计数器。

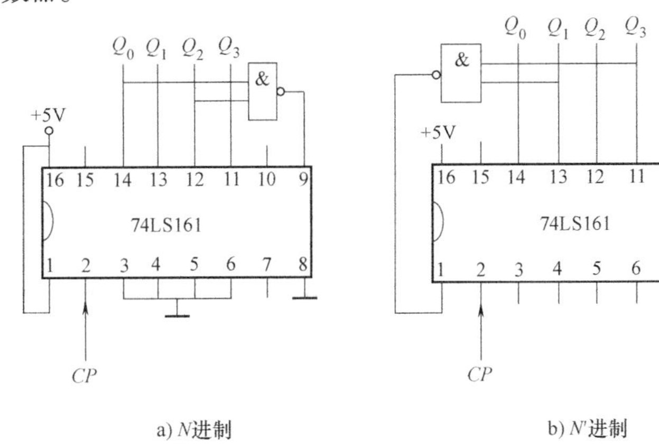

a) N进制　　b) N'进制

图 9-31 用 74LS161 构成的计数器

 任务2 用两个74LS161计数器构成数字秒表（即六十进制计数器）

实验电路如图9-32所示。两个计数器74LS161采用预置数功能实现个位十进制、十位六进制计数。

计数器级联构成六十进制计数器。将计数器的二进制输出 $Q_3Q_2Q_1Q_0$ 分别送到两个共阴BCD七段显示译码/驱动器的输入端 A_3、A_2、A_1、A_0，再将译码器的输出 a、b、c、d、e、f、g 对应连接到共阴数码管的输入端，送入1s脉冲，观察记录数码管的显示状况。

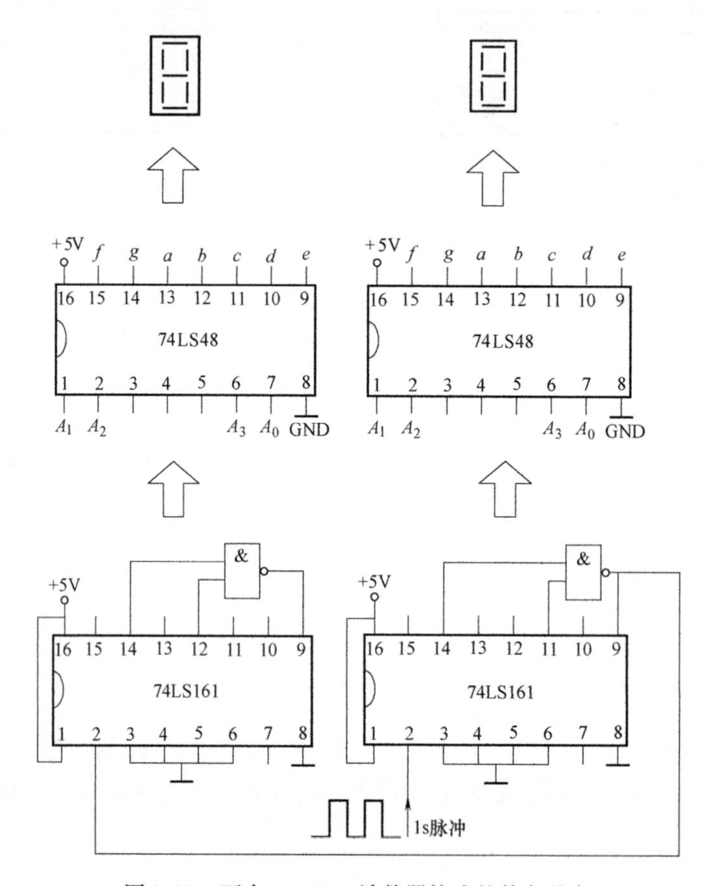

图9-32 两个74LS161计数器构成的数字秒表

五、注意事项

1）注意集成芯片的电源连接，不可将电源和地接反。

2）注意集成芯片的型号。

3）注意所用的集成芯片每个芯片都要接上电源，以保证它们正常工作。

边学边练十　555时基电路的应用

读一读1　555 时基电路的功能

555 时基电路又称 555 定时器，是一种中规模集成电路，只要在外部接上简单的辅助电路，便能构成各种不同用途的脉冲数字电路，它在工业自动控制、定时、仿声、电子乐器及防盗报警等方面都有广泛的应用。

图 9-33 所示为一种典型的 555 定时器原理图。其核心是一个 RS 触发器，触发器的输入 $\overline{R}$、$\overline{S}$分别由两个电压比较器 A_1 和 A_2 的输出供给，晶体管 VT 为放电管，当其基极为高电平时，放电管饱和导通。此外外部引脚还有一个复位端$\overline{R}$（低电平有效）。两个电压比较器的参考电位由三个阻值均为 5kΩ 的内部精密电阻组成的分压电路供给。

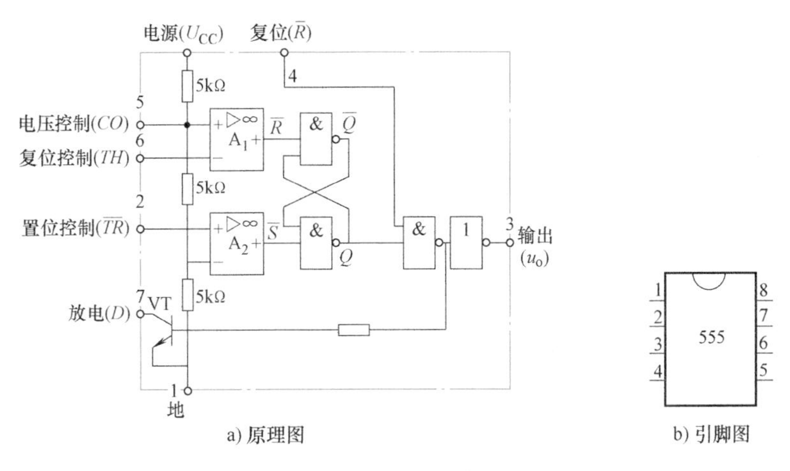

图 9-33　集成 555 定时器

555 定时器有八个引脚：1 端为接地端，2 端为置位控制端$\overline{TR}$，3 端为输出端，4 端为直接复位端$\overline{R}$，5 端为电压控制端 CO，6 端为复位控制端 TH，7 端为放电端（在电路内部，7 端和地之间接有放电管 VT），8 端为直流电源 U_{CC}接入端。

由原理图可知，当加上电源 U_{CC}后，比较器 A_1 的同相输入端（即控制端 CO）参考电位为 $2U_{CC}/3$，比较器 A_2 的反相输入端参考电位为 $U_{CC}/3$。

555 时基电路的功能如下：

1）当复位端$\overline{R}$为低电平时，可使触发器直接复位，输出 u_o 为低电平，用 0 表示，同时放电管 VT 导通。当$\overline{R}$不用时，可将该端接高电平。

2）当复位端$\overline{R}$为高电平、置位控制端$\overline{TR}$电位低于 $U_{CC}/3$ 时，A_2 的输出为 0，使 $Q=1$，输出 u_o 为高电平，用 1 表示，同时放电管 VT 截止。

3）当复位端$\overline{R}$为高电平，置位控制端$\overline{TR}$电位高于 $U_{CC}/3$，复位控制端 TH 电位高于 $2U_{CC}/3$ 时，A_2 的输出为 1，A_1 输出为 0，使触发器复位，输出 u_o 为低电平，用 0 表示，同时放电管 VT 导通。

4）当复位端$\overline{R}$为高电平、置位控制端$\overline{TR}$电位高于$U_{CC}/3$而复位控制端TH电位低于$2U_{CC}/3$时，A_1和A_2均输出为1，这时u_o状态取决于触发器原来的状态。

5）当在控制电压端CO外加控制电压时，可改变比较器A_1、A_2的参考电位。当不需要控制时，CO端一般与地之间接0.01μF电容，以防干扰的侵入，使控制端电压稳定在$2U_{CC}/3$上。

555定时器的逻辑功能见表9-12。

表9-12 555定时器的逻辑功能表

输入			输出	
直接复位端$\overline{R}$	置位控制端$\overline{TR}$	复位控制端TH	输出	放电管VT
0	×	×	0	导通
1	$<U_{CC}/3$	×	1	截止
1	$>U_{CC}/3$	$>2U_{CC}/3$	0	导通
1	$>U_{CC}/3$	$<2U_{CC}/3$	不变	不变

读一读2 555时基电路的应用

1. 构成施密特触发器

施密特触发器又称为施密特门电路，它同时具有触发器和门电路的特点。它具有两个稳定状态，这点和前面所谈到的触发器相同，但施密特触发器输入电平的变化又可以引起输出状态的变化，这点和门电路类似。

如果把施密特触发器看作门电路，则可看出它和一般的门电路不同，它有两个阈值电压：一个称为正向阈值电压，用U_{T+}表示；另一个称为负向阈值电压，用U_{T-}表示。当输入信号小于负向阈值电压U_{T-}时，输入端相当于低电平；当输入信号高于正向阈值电压U_{T+}时，输入端相当于高电平；当输入信号处于负向阈值电压U_{T-}和正向阈值电压U_{T+}之间时，输入端的状态不影响输出状态，输出状态原来是什么状态，现在就是什么状态，这点和触发器类似。

施密特触发器主要用于把其他不规则的信号转换成矩形脉冲，也可用于滤除信号中的干扰。

图9-34a所示电路是555定时器构成的施密特反相器，555定时器的7端悬空，2端和6端并在一起接输入信号u_i。图9-34b中，$U_{T-}=\frac{1}{3}U_{CC}$，$U_{T+}=\frac{2}{3}U_{CC}$。

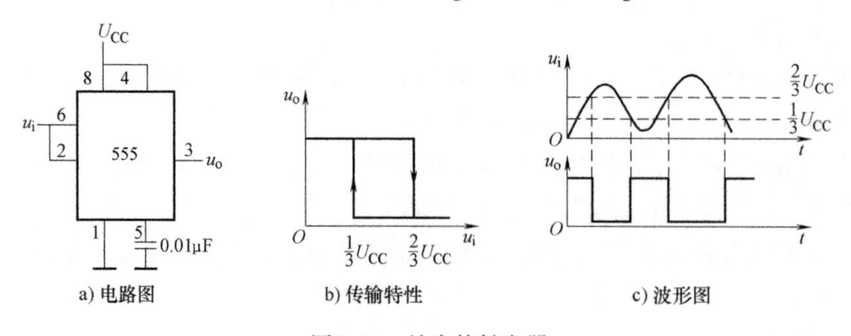

a) 电路图　b) 传输特性　c) 波形图

图9-34 施密特触发器

其工作原理如下：当 $u_i < U_{CC}/3$ 时，u_o 输出高电平；当 $u_i > 2U_{CC}/3$ 时，u_o 输出低电平；当 $U_{CC}/3 < u_i < 2U_{CC}/3$ 时，输出 u_o 保持原来状态不变。可见，这种电路的输出不仅与 u_i 的大小有关，而且与 u_i 的变化方向有关：u_i 由小变大时，$u_i > 2U_{CC}/3$ 时输出状态翻转；u_i 由大变小时，$u_i < U_{CC}/3$ 时输出状态才翻转。其输出对输入的滞后特性如图 9-34b 所示，图 9-34c 为其波形图。

2. 多谐振荡器

多谐振荡器就是矩形脉冲发生器，又叫无稳态电路。多谐振荡器没有稳定状态，只有两个暂稳态，它不需外加触发信号便能产生一系列矩形脉冲，在数字系统中常用作矩形脉冲源。多谐是指电路所产生的矩形脉冲中含有许多谐波的意思。

555 时基电路构成的多谐振荡器如图 9-35a 所示，它是在图 9-34a 所示施密特触发器基础上增加 R_1、R_2 及 C 等定时元件构成的。

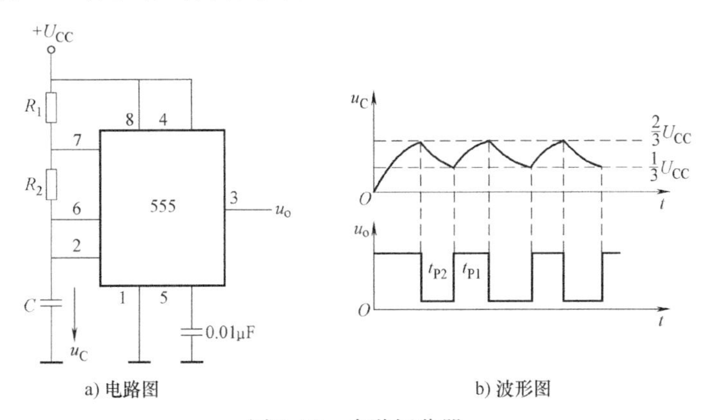

a) 电路图　　b) 波形图

图 9-35　多谐振荡器

电源刚接通时，u_C 等于 0，u_o 为高电平，放电管 VT 截止，电源 U_{CC} 经 R_1、R_2 给电容 C 充电，使 u_C 逐渐升高，只要 $u_C < U_{CC}/3$，u_o 就为高电平。当 u_C 上升到超过 $U_{CC}/3$ 时，输出状态保持不变，u_o 仍为高电平。当 u_C 继续上升超过 $2U_{CC}/3$ 时，u_o 翻转为低电平，同时放电管 VT 饱和导通。随后，C 经 R_2 及引脚 7 内部导通的放电管到地放电，u_C 下降。当 u_C 下降到低于 $U_{CC}/3$ 时，输出状态又翻转为高电平，同时放电管截止，电容又再次充电，其电位再次上升。如此循环下去，输出端 u_o 就连续输出矩形脉冲，电路的输出波形如图9-35b所示。其振荡周期为

$$T \approx 0.7(R_1 + 2R_2)C$$

议一议

555 时基电路可以构成什么电路？

555 时基电路的复位端 $\overline{R}$、置位控制端 $\overline{TR}$ 和复位控制端 TH 中哪个优先级最高，哪个优先级最低？

施密特触发器为什么既可以称为触发器，又可以称为施密特门电路？

多谐振荡器可以产生什么波形的信号？

练一练 晶体管简易测试电路

图9-36所示电路是简易NPN型晶体管测试电路。该电路中，555时基电路构成多谐振荡器电路，输出信号频率为

$$f=\frac{1}{0.7\times(51\times10^{3}+2\times100\times10^{3})\times0.01\times10^{-6}}\text{Hz}$$
$$\approx570\text{Hz}$$

输出频率属音频范围。

按图9-36连接电路，将晶体管的基极接入电路的b点，集电极接入c点，发射极接入e点，如蜂鸣器发声则该晶体管是好的，否则是坏的，且β值越高，声音越响。

分别接入不同的晶体管，根据声音大小判断晶体管β值的相对大小，并用万用表测量晶体管的β值，进行验证。

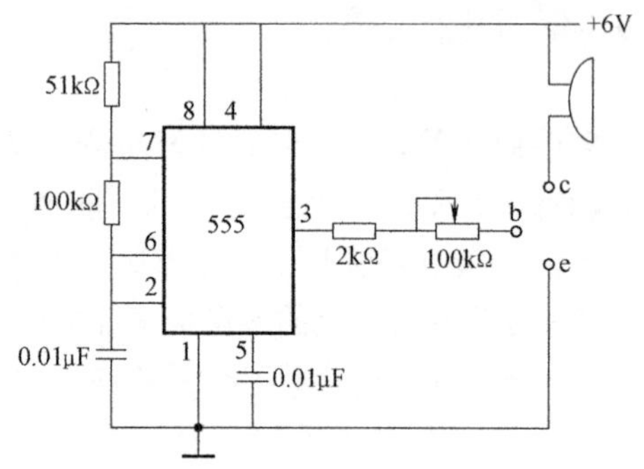

图9-36 晶体管简易测试电路图

本章小结

(1) 时序逻辑电路在任一时刻的输出不仅和当时的输入信号有关，而且还和电路原来的状态有关。

(2) 触发器有两种稳定状态：0态和1态。在外加信号作用下，可以从一种稳定状态转换到另一种稳定状态。当外加信号消失后，触发器将维持其状态不变，因此，触发器具有记忆功能。

(3) 触发器中，S端称为置1端，S的有效电平为高电平，$\overline{S}$的有效电平为低电平；R端称为置0端，R的有效电平为高电平，$\overline{R}$的有效电平为低电平。

(4) 边沿触发器分为上升沿触发和下降沿触发两种工作方式。边沿触发器的状态只在时钟脉冲上升沿或下降沿到来的那一时刻才能变化。边沿JK触发器的逻辑功能最完善，具有保持、置1、置0和翻转等功能。

(5) 计数器和寄存器是两种最常用的时序逻辑电路。时序电路可分为异步和同步两大类。计数器有二进制计数器、十进制计数器和其他进制计数器。

(6) 寄存器有数码寄存器和移位寄存器。

一、填空题

9-1 时序逻辑电路的输出不仅取决于该时刻的输入，而且还和电路（　　　　）有关。

9-2 时序电路中的存储电路一般由（　　　　）构成。

9-3　边沿触发器分为（　　　　）触发和（　　　）触发两种工作方式。

9-4　触发器有两种稳定状态，分别称为（　　）状态和（　　）状态。

9-5　寄存器可分为（　　　）寄存器和（　　　）寄存器。

二、单项选择题

9-6　D锁存器是指（　　）。

a）同步D触发器　　　b）上升沿D触发器　　　c）下降沿D触发器

9-7　正边沿触发器的状态只在（　　）可能改变。

a）CP由1到0时　　　b）CP等于1时　　　c）CP由0到1时

9-8　要组成六进制计数器，最少需要的触发器数目是（　　）。

a）2个　　　b）3个　　　c）4个

9-9　计数器除用于对脉冲计数外，还具有（　　）功能。

a）分频　　　b）译码　　　c）逻辑运算

9-10　触发器中逻辑功能最完善的是（　　）触发器。

a）RS触发器　　　b）D触发器　　　c）JK触发器

三、综合题

9-11　设同步RS触发器初始状态为0，R、S端的波形如图9-37所示。试画出其输出端Q、$\overline{Q}$的波形。

9-12　电路如图9-38a所示，D端输入的波形如图9-38b所示，试画出该电路输出端Q的波形。设触发器的初态为0。

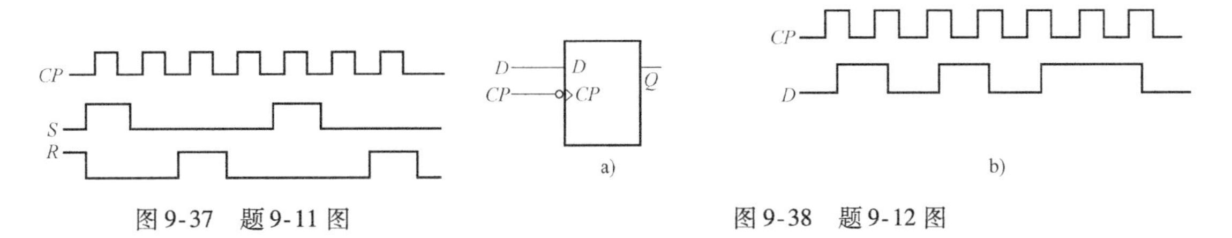

图9-37　题9-11图　　　图9-38　题9-12图

9-13　JK触发器如图9-39a所示，波形如图9-39b所示，设触发器的初始状态为零，试画出触发器输出端Q的波形。

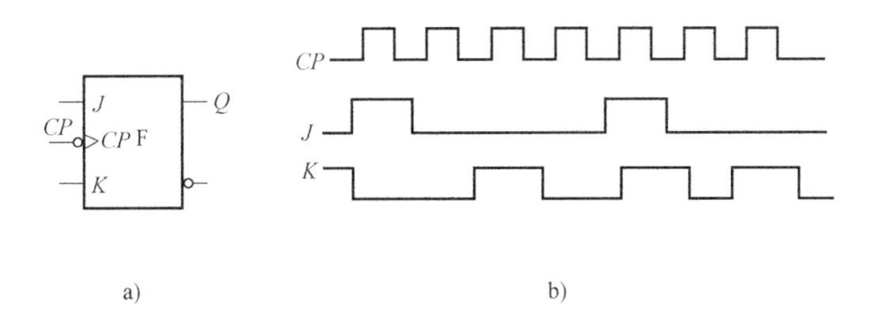

图9-39　题9-13图

9-14　由两个边沿JK触发器组成如图9-40a所示的电路，若CP、A的波形如图9-40b所示，试画出Q_1、Q_2的波形。设触发器的初始状态均为0。

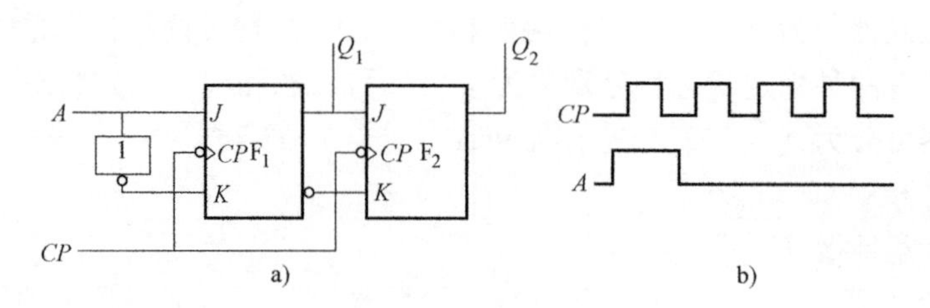

图9-40　题9-14图

9-15　图9-41a所示各触发器的 CP 波形如图9-41b所示，试画出各触发器输出端 Q 的波形。设各触发器的初态为0。

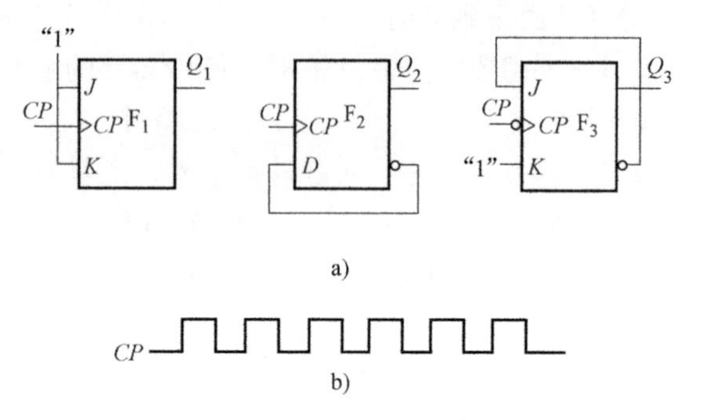

图9-41　题9-15图

9-16　由下列数目的触发器组成二进制加法计数器，能有多少种状态？

1）4　　2）8　　3）10

9-17　要组成计数容量为下列数的计数器，最少需要多少个触发器？

1）3　　2）5　　3）7

4）14　　5）60

9-18　分析图9-42所示电路的逻辑功能，并画出 Q_0、Q_1、Q_2 的波形。设各触发器的初始状态均为0。

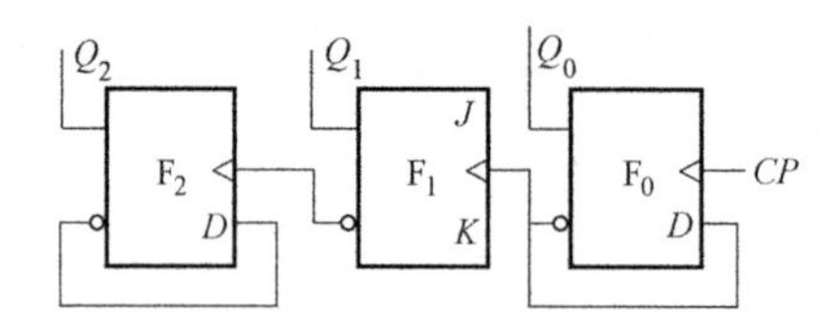

图9-42　题9-18图

9-19　试分析图9-43所示电路各为几进制计数器？

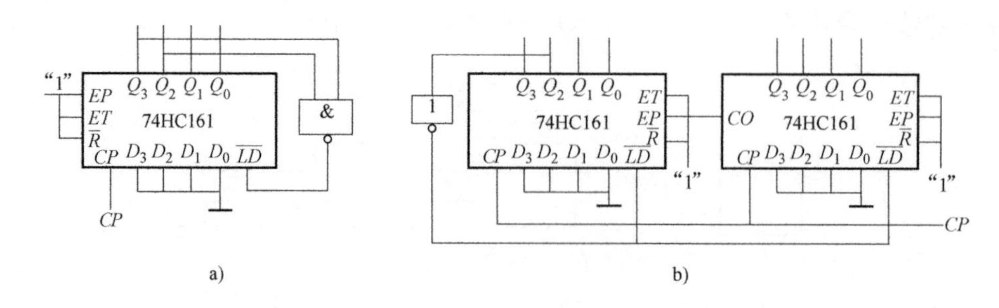

图9-43　题9-19图

9-20　试利用74HC161设计一个十进制计数器。

9-21　试利用74HC161设计一个二十五进制计数器。

第十章 半控型电力电子器件及应用

学习目标

通过本章的学习，你应达到：

(1) 理解晶闸管的基本工作原理、主要参数和伏安特性。

(2) 了解单结晶体管触发电路的工作原理、移相方法。

(3) 掌握可控整流电路的工作原理，会计算输出电压和电流。

(4) 理解有源逆变电路的工作原理。

第一节 晶 闸 管

晶闸管旧称可控硅，它是一种较理想的大功率变流器件。晶闸管包括普通晶闸管、双向晶闸管、快速晶闸管、可关断晶闸管、光控晶闸管和逆导晶闸管等。由于普通晶闸管应用最普遍，故本节仅介绍普通晶闸管。

一、晶闸管的结构和工作原理

晶闸管的检测

1. 晶闸管的结构

目前大功率晶闸管的外形结构有螺栓式和平板式两种，晶闸管的外形和图形符号如图 10-1 所示。

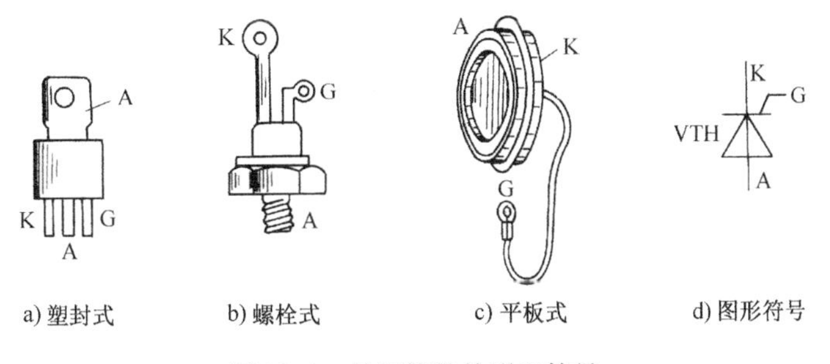

图 10-1 晶闸管的外形和符号

晶闸管有三个电极：阳极 A、阴极 K 和门极 G。它的管芯是由四层（$P_1N_1P_2N_2$）三端

（A、K、G）半导体构成，具有三个 PN 结，即 J_1、J_2、J_3。因此，晶闸管可以用三个 PN 结串联来等效，如图 10-2b 所示；也可以把图 10-2a 中间层的 N_1 和 P_2 分成两部分，构成一个 $P_1N_1P_2$ 型和另一个 $N_1P_2N_2$ 型的晶体管互补电路，其等效电路如图 10-2c 所示。

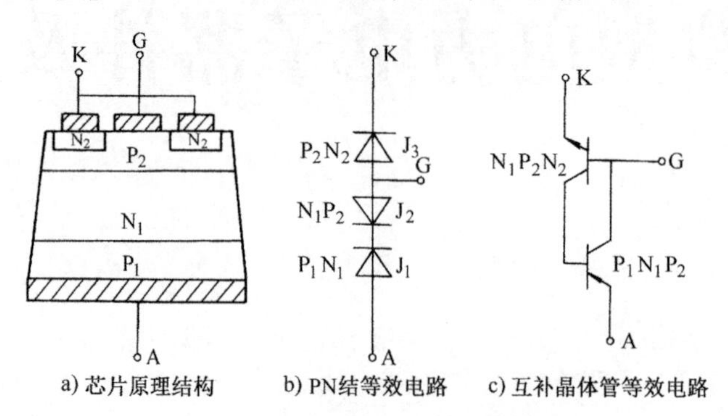

图 10-2　晶闸管的内部芯片及等效电路

2. 晶闸管的导通与关断条件

先看下面的实验，实验电路如图 10-3 所示。

从上面的实验可以看出：

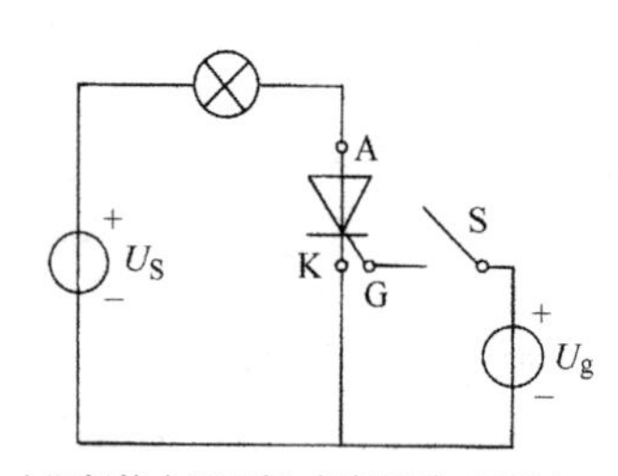

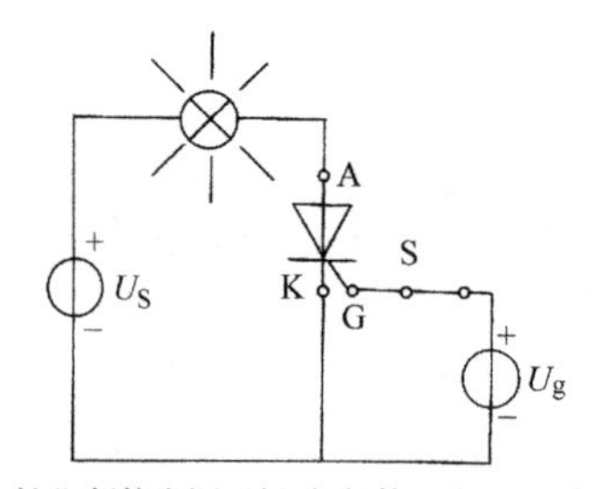

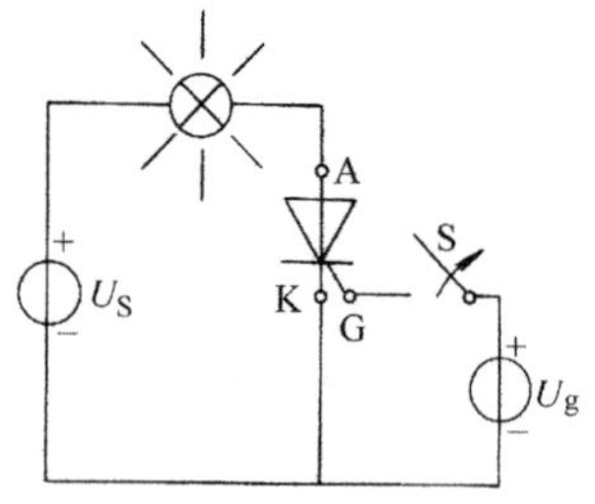

图 10-3　晶闸管的导通实验

1）不加门极电压，即使阳极加正电压，管子也不能导通。

2）只有在阳极加正电压，同时门极也加电压时，管子才导通。

3）一旦晶闸管导通，门极将失去作用。

晶闸管的关断条件是：正向阳极电压降低到一定值（或者在晶闸管阳、阴极间施加反向电压），使流过晶闸管的电流小于维持电流。

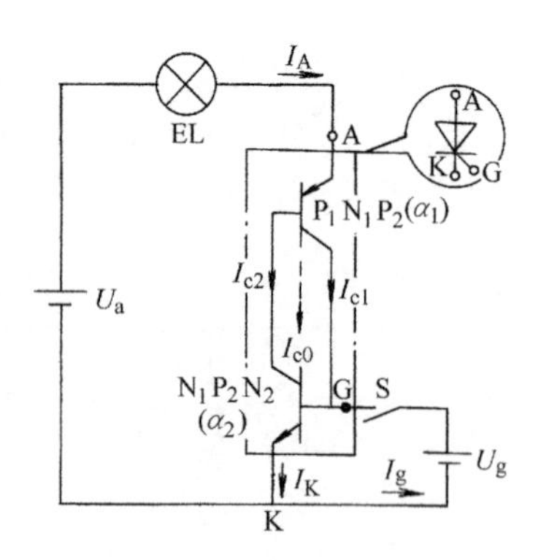

图 10-4　晶闸管的工作原理

3. 晶闸管的工作原理

晶闸管的工作原理如图 10-4 所示。从图 10-4 可以看出：其一，晶闸管阳极承受正向电压是管子导通的先决条件，因为阳极电压是正向的，互补晶体管才能得到正确接法的工作电源，否则是无法工作的；其二，闭合门极开关 S，触发电流 I_g 就流入了门极，它相当于给 $N_1P_2N_2$ 型晶体管的基

极输入电流，经过强烈的正反馈即

$$U_g \to I_g \to I_{b2} \to I_{c2} \uparrow (=\beta_2 I_{b2}) = I_{b1} \to I_{c1} (=\beta_1 I_{b1})$$

强烈正反馈

瞬时使互补晶体管达到饱和导通，即晶闸管由正向阻断状态转为导通状态；其三，当管子一旦导通，如断开S，$I_g=0$，晶闸管仍能继续导通的原因是强烈的正反馈电流已取代了 I_g 的作用。

二、晶闸管的伏安特性

晶闸管的伏安特性是指阳、阴极电压 U_a 与阳极电流 I_g 的关系，如图10-5所示。

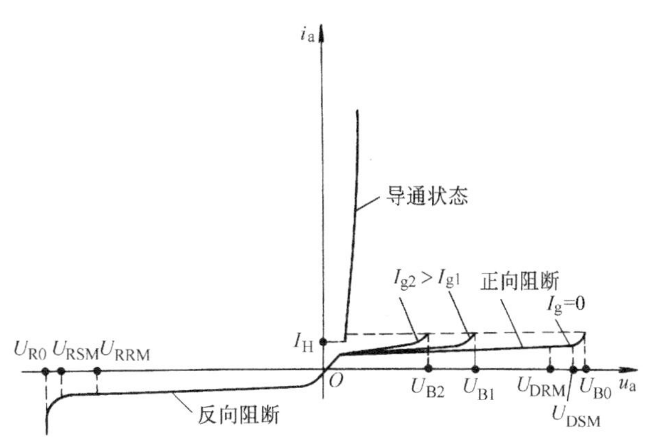

图10-5 晶闸管的伏安特性

U_{R0}—反向击穿电压 U_{RSM}—断态反向不重复峰值电压

U_{RRM}—断态反向重复峰值电压 U_{B0}—正向转折电压

U_{DSM}—断态正向不重复峰值电压

U_{DRM}—断态正向重复峰值电压

第Ⅰ象限是晶闸管的正向伏安特性。当 $I_g=0$ 时，由于 J_2 结处于反向偏置，因此，晶闸管只能流进很小的正向漏电流，此时，晶闸管处于“正向阻断状态”，当 $U_a=U_{B0}$ 时，J_2 结被击穿，电流突然上升，晶闸管由阻断状态变为正向导通状态，用这种方法使管子导通是不可控的，而且多次这样硬导通会损坏管子。所以，正常使用时，应有适当的 I_g 流入门极，相应的正向转折电压远小于 U_{B0}。

第Ⅲ象限是晶闸管的反向伏安特性。此时，J_1 和 J_3 结反偏，晶闸管只流过很小的反向电流，当反向电压增大到反向击穿电压 U_{R0} 时，J_1 和 J_3 结被击穿，晶闸管反向导通，此时功耗很大，晶闸管可能损坏。

三、晶闸管的主要参数

要正确使用晶闸管，不仅需要了解晶闸管的工作原理及特性，而且还要理解晶闸管主要参数的含义。现就经常用到的主要参数介绍如下。

1. 电压定额

（1）正向重复峰值电压 U_{DRM} 和反向重复峰值电压 U_{RRM}　U_{DRM}（U_{RRM}）是门极开路且元件的结温为额定值时，允许重复加在元件上的正（反）向峰值电压。

（2）通态平均电压 U_F（或 $U_{T(AV)}$）　晶闸管导通时管压降的平均值，一般在0.4～1.2V之间，管压降越小，器件功耗越小。由于管压降相对于其他电压较小，所以，分析原理时，可忽略不计。

（3）额定电压 U_{Tn}　额定电压 U_{Tn} 是指元件的标称电压，由生产厂家确定，通常把实测的 U_{DRM} 和 U_{RRM} 中较小的值，取系列值作为元件的 U_{Tn}，并标注于产品或合格证上。额定电压的系列值为：100V、200V、300V、400V、500V、600V、700V、800V、900V、1000V、

1200V、1400V、1600V、1800V、2000V、2400V、2600V、2800V、3000V。为了防止工作中的晶闸管遭受瞬态过电压的侵害，在选用晶闸管的额定电压时要留有余量。通常取额定电压U_{Tn}为晶闸管阳极电压的正常峰值电压的2~3倍，即

$$U_{Tn}=(2\sim3)U_{TM} \tag{10-1}$$

式中，U_{TM}是晶闸管正常工作时阳极电压的峰值电压（V）。

2. 电流定额

（1）额定电流$I_{T(AV)}$（器件的额定通态平均电流） 额定电流$I_{T(AV)}$是指晶闸管在规定的环境温度及散热条件下，允许通过的正弦半波电流的平均值。该值由生产厂家确定，并标注于产品或合格证上。额定电流的系列值为：1A、3A、5A、10A、20A、30A、50A、100A、200A、300A、400A、500A、600A、800A、1000A。

考虑到器件的过载能力较弱，在选用晶闸管的额定电流$I_{T(AV)}$时，通常要留有1.5~2倍的安全余量，即

$$I_{T(AV)}=(1.5\sim2)KI_{dM} \tag{10-2}$$

式中，I_{dM}为可控整流电路输出电流平均值的最大值（A），见第二、四节；K为计算系数，见表10-1，表中α_{min}是指最小触发延迟角，见本章第二节。

计算系数K包含以下三种因素：

1）实际通过晶闸管的电流并不是正弦半波。

2）晶闸管的发热由有效值决定，而平均值便于测量。

3）不同的电路，通过晶闸管的平均电流与可控整流电路输出电流平均值有确定的比例关系。

（2）维持电流I_H 在室温和门极开路时，晶闸管从通态到断态的最小电流，称为维持电流I_H。当晶闸管阳极电流$I_a<I_H$时，管子才会关断。

表10-1 $\alpha_{min}=0°$时的K值

可控整流电路类型	负载性质	K值
单相半波	电阻负载	1
单相半控桥	电阻负载	0.5
	大电感加续流管负载	0.45
三相半波	电阻负载	0.373
	大电感或大电感加续流管负载	0.367
三相全控桥	电阻或大电感负载	0.367

（3）擎住电流I_L 晶闸管从断态到通态，去掉门极电压，并使其保持导通所需的最小电流。

3. 门极定额

（1）门极触发电压U_{GT}和电流I_{GT} 门极触发电流I_{GT}是指在室温下晶闸管施加6V正向阳极电压时，使器件由断态转入通态所必需的最小门极电流。对应于I_{GT}的门极电压，称为

门极触发电压 U_{GT}。

（2）门极反向峰值电压 U_{GRM}　一般门极所加反向电压应小于其允许电压峰值，通常安全电压为5V左右。

以上参数中，U_{Tn}、U_F、$I_{T(AV)}$ 三个参数是选购晶闸管的主要技术数据。按标准，普通晶闸管型号命名含义如下：

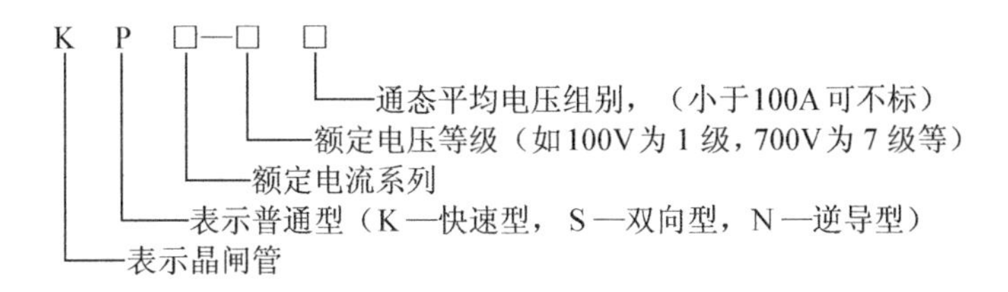

四、晶闸管的测试与使用

1. 万用表测试法

根据PN结单向导电性，用万用表欧姆档测试晶闸管三个电极之间的电阻，就可初步判断管子的好坏。好的管子，阳极与阴极之间的电阻 r_{AK}（或 r_{KA}）很大（接近无穷大），门极与阴极之间的电阻 r_{GK} 应小于或接近于反向电阻 r_{KG}。

2. 晶闸管的使用注意事项

1）选择晶闸管的额定电压、额定电流时，应留有足够的安全余量。

2）要有过电压、过电流保护措施。

3）严格按规定散热。

4）严禁用兆欧表检查晶闸管的绝缘情况。

由于晶闸管的过电流、过电压能力很弱，除选用时有一定的余量外，为了防止瞬间的过电流和过电压，实际应用中还并联了阻容吸收电路和串联了空心线圈、快速熔断器等保护器件。

第二节　单相可控整流电路

可控整流是将电网的工频交流电变换成大小可调的直流电。按交流电的相数分单相和三相可控整流电路。晶闸管可控整流装置原理框图如图10-6所示。其中TR为整流变压器，TS为同步变压器，主电路的形式有半波、全控桥、半控桥等，负载形式有电阻、大电感（接续流管和不接续流管）、含有反电动势的大电感（接续流管和不接续流管）等。本节介绍两种主电路形式的单相可控整流电路。

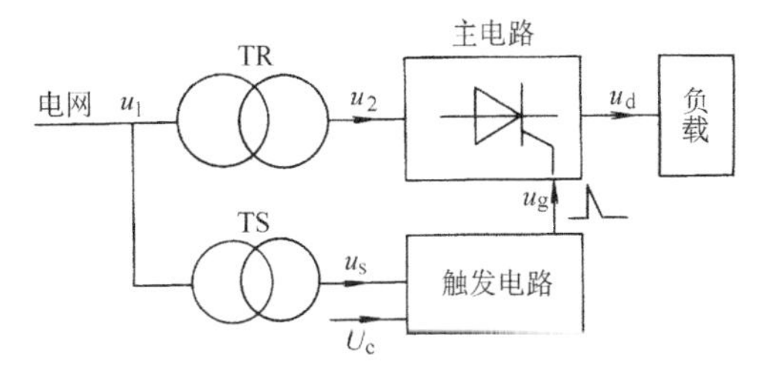

图10-6　可控整流装置原理框图

一、单相半波可控整流电路

1. 电路组成及工作原理

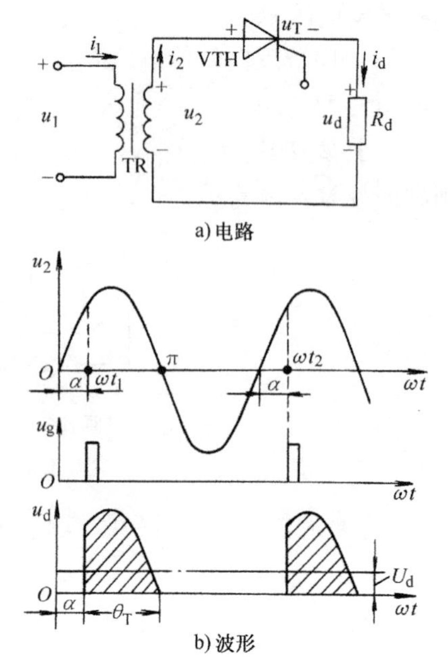

图 10-7　单相半波电阻性负载可控整流电路

单相半波可控整流电路如图10-7a所示。当交流电压$u_2>0$，晶闸管承受正向电压，不加触发电压u_g时，晶闸管不会导通。如果在t_1时刻给门极加入一个适当的触发电压u_g，则晶闸管导通，$u_d=u_2$；当$u_2=0$时，流过晶闸管的电流小于维持电流，晶闸管关断；当$u_2<0$时，晶闸管承受反压，保持关断。只要晶闸管不导通，$u_d=0$。

当u_2的第二个周期到来后，在相应的时刻t_2，加入触发电压u_g，晶闸管又一次导通……这样负载上就得到有规律的可控直流电压。电路各处的电压波形如图10-7b所示。

在可控整流电路中，从晶闸管承受正向电压到触发脉冲出现所经历的电角度称为触发延迟角（亦称移相角），用α表示。晶闸管在一周期内导通的电角度称为导通角，用θ_T表示，如图10-7所示。

在单相半波可控整流电路阻性负载中，α的变化范围为$0\sim\pi$，且$\alpha+\theta_T=\pi$。

2. 各电量的计算

（1）输出平均电压U_d和平均电流I_d　由图10-7可以推出

$$U_d=\frac{1}{2\pi}\int_\alpha^\pi\sqrt{2}U_2\sin\omega t\,d(\omega t)=0.45U_2\frac{1+\cos\alpha}{2} \tag{10-3}$$

$$I_d=\frac{U_d}{R_d} \tag{10-4}$$

（2）晶闸管两端承受的最大正反向电压U_{TM}　从图10-7可以看出，晶闸管的正、负半周中所承受的正向和反向电压的最大值，都可能达到输入交流电压u_2的峰值，即

$$U_{TM}=\sqrt{2}U_2 \tag{10-5}$$

单相半波可控整流电路具有电路简单、调整安装方便等优点，但其输出电压低，脉动大。因此，该电路仅适用于小容量、电容滤波的可控直流电源。

二、单相半控桥可控整流电路

1. 电阻性负载

如图10-8a所示，先分析VD_1、VD_2的工作情况：当$u_2>0$时，即a正、b负，二极管VD_1和VD_2两管中，VD_1正偏导通，VD_2反偏截止，所以，将流过很小的反向截止电流；当$u_2<0$时，即a负、b正，VD_2正偏导通，VD_1反偏截止。由此可见，VD_1、VD_2的工作状态只与电源u_2有关，而与VT_1、VT_2的工作状态无关。

再分析VTH_1、VTH_2的工作情况：当$u_2>0$时，VD_1导通（前已分析），从a—VTH_1—

R_d—VD_1—b 回路可以看出，VTH_1 此时承受正向电压，VTH_2 承受零压，当 t_1 时刻，VTH_1、VTH_2 同时加入触发电压 u_g 时，只有 VTH_1 被触发导通，则 $u_d = u_2$；当 $u_2 < 0$ 时，VD_2 导通，从 b—VTH_2—R_d—VD_2—a 回路可以看出，VTH_2 承受正偏电压，VTH_1 承受零压，故 t_2 时刻 VTH_1、VTH_2 同时加入触发电压 u_g，只有 VTH_2 导通，VTH_2 导通后，VTH_1 由承受零压变为承受反压，继续保持截止，此时输出电压 $u_d = -u_2$，波形如图 10-8b 所示。

2. 接续流管的大电感负载

单相半控桥整流电路带大电感负载时虽本身有续流能力，但在实际运行时，当突然把触发延迟角增大到 180°以上或突然切断触发电路时，会发生正在导通的晶闸管一直导通，两个二极管仍轮流导通的现象。用示波器观察可以看到，输出电压波形变成了单相正弦半波。此时触发信号对输出电压失去了控制作用，我们把这种现象称为失控。为防止失控，对接有大电感负载（$X_L \geqslant 10R_d$）的半控桥整流电路，都必须在直流侧并联续流二极管（因起续流作用而得名）。电路如图 10-9a 所示，该电路的输出电压 u_d 的波形与电阻性负载相同，但电流 i_d 是一条较平稳的直线，如图 10-9b 所示。

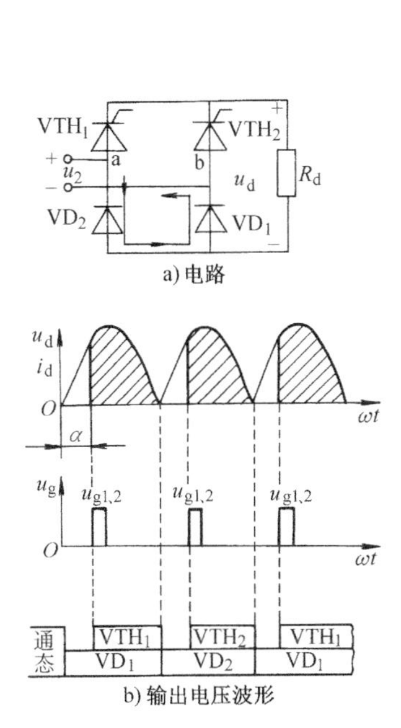

图 10-8　电阻性负载单相半控桥可控整流电路

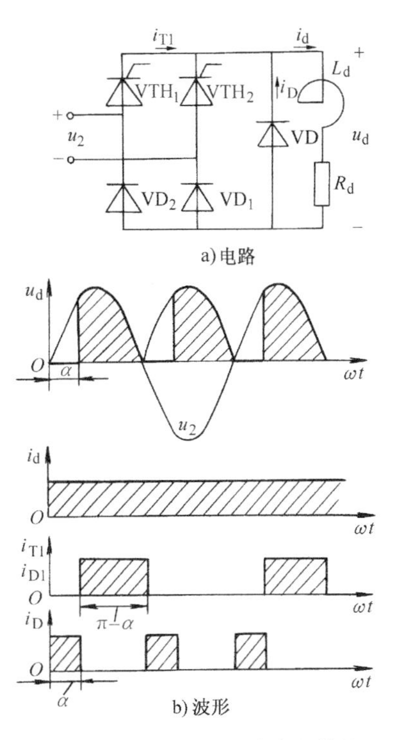

图 10-9　单相半控桥接续流管的大电感负载整流电路

3. 各电量的计算

（1）输出平均电压 U_d 和平均电流 I_d　由图 10-8b（或图 10-9b）可以看出，单相半控桥电路的输出平均电压 U_d 应为单相半波电路 U_d 的两倍，即

$$U_d = 0.9U_2 \frac{1+\cos\alpha}{2} \tag{10-6}$$

$$I_d = \frac{U_d}{R_d} \tag{10-7}$$

（2）晶闸管和二极管两端承受的最大正反向电压 U_{TM}、U_{DM} 从图10-8、图10-9可以看出，晶闸管和二极管的正、负半周中所承受的正向和反向电压的最大值，都可能达到输入交流电压 u_2 的峰值，即 $U_{TM}=\sqrt{2}U_2$，$U_{DM}=\sqrt{2}U_2$。

例10-1 某大电感负载采用接续流管的单相半控桥整流电路，电路及波形如图10-9所示。已知：电感线圈的内电阻 $R_d=5\Omega$，输入交流电压 $U_2=220V$，试求 $\alpha=60°$时的输出平均电压 U_d、输出平均电流 I_d、流过晶闸管的平均电流 I_{dT}和流过续流二极管的平均电流 I_{dD}，并选择晶闸管的型号。

解（1）
$$U_d=0.9U_2\frac{1+\cos\alpha}{2}=0.9\times220\times\frac{1+\cos60°}{2}V=149V$$

$$I_d=\frac{U_d}{R_d}=\frac{149}{5}A=29.8A$$

$$I_{dT}=\frac{180°-\alpha}{360°}I_d=\frac{180°-60°}{360°}\times29.8A=10A$$

$$I_{dD}=\frac{\alpha}{180°}I_d=\frac{60°}{180°}\times29.8A=10A$$

（2）晶闸管的选择主要是 U_{Tn}和 $I_{T(AV)}$两个参数。根据式（10-1）可知

$$U_{Tn}=(2\sim3)U_{TM}=(2\sim3)\sqrt{2}U_2$$
$$=(2\sim3)\times\sqrt{2}\times220V=622\sim933V$$

据晶闸管的系列值，选700V的晶闸管。

选择晶闸管电流 $I_{T(AV)}$时，应考虑在 $\alpha_{min}=0°$时，I_d 最大，即

$$I_{dM}=\frac{U_{dM}}{R_d}=\frac{0.9U_2(1+\cos0°)/2}{5\Omega}=\frac{0.9\times220}{5}A=39.6A$$

根据式（10-2）可知 $$I_{T(AV)}=(1.5\sim2)KI_{dM}$$

查表10-1得 $K=0.45$，故

$$I_{T(AV)}=(1.5\sim2)KI_{dM}=(1.5\sim2)\times0.45\times39.6A=26.7\sim35.6A$$

根据晶闸管的电流系列值，选择30A的晶闸管即可。

故应选两只型号为KP30-7的晶闸管。

第三节 单结晶体管触发电路

由单结晶体管组成的触发电路发出的尖脉冲，具有前沿陡、抗干扰能力强和温补性能好等优点，同时由于电路简单、调试维修方便，故在单相可控整流装置中得到广泛的应用。

一、单结晶体管简介

单结晶体管有三个电极：e为发射极，b_1 为第一基极，b_2 为第二基极。触发电路常用的单结晶体管型号有BT33，其外形与管脚排列如图10-10a所示。

单结晶体管的等效电路如图 10-10b 所示，其图形符号如图 10-10c 所示。因为它仅有一个 PN 结，且有两个基极，所以通常也称为“单结管”或“双基极管”。

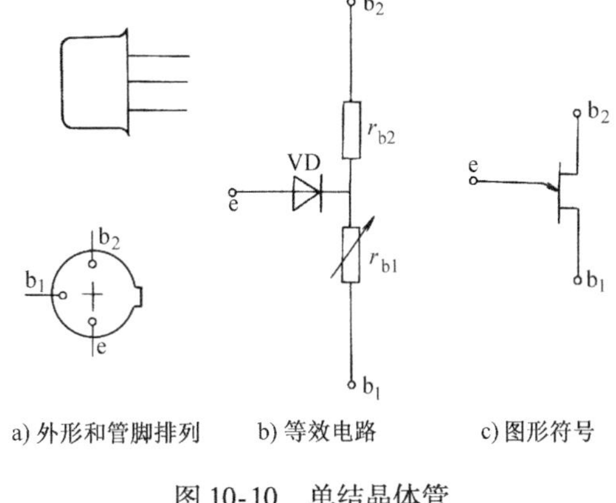

a) 外形和管脚排列　　b) 等效电路　　c) 图形符号

图 10-10　单结晶体管

二、单结晶体管的伏安特性

单结晶体管的伏安特性 $I_e = f(U_e)$ 是指在基极 b_2 和 b_1 之间加某固定直流电压 U_{bb}，然后根据发射极电流 I_e 和发射极正向电压 U_e 之间的关系绘制曲线，试验电路和伏安特性曲线如图 10-11 所示。伏安特性曲线分三个区间段。

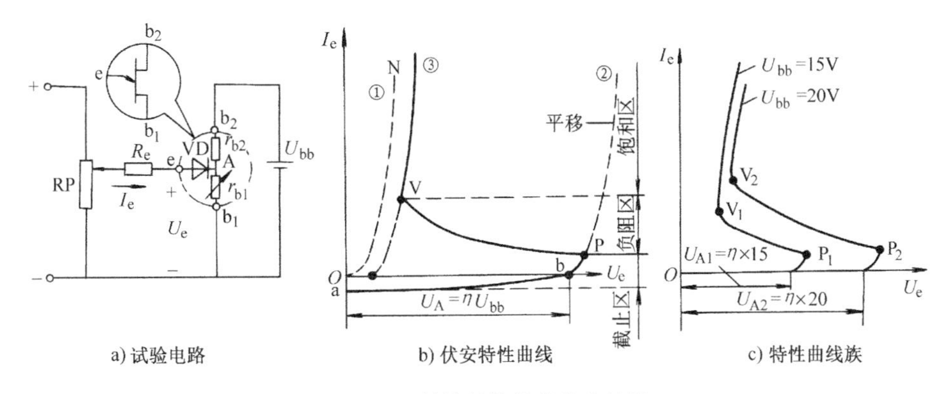

a) 试验电路　　b) 伏安特性曲线　　c) 特性曲线族

图 10-11　单结晶体管的伏安特性

1. 截止区——aP 段

当 U_{bb} 为某值时，单结晶体管等效电路中 A 点和第一基极之间的电压称为阈值电压，其值为

$$U_A = \frac{r_{b1}}{r_{b1} + r_{b2}} U_{bb} = \eta U_{bb} \tag{10-8}$$

式中，η 称为分压比，通常选 0.5～0.8，它是单结晶体管的技术参数。

设 $U_P = U_A + U_D$（U_D 为 PN 结导通结电压，一般为 0.7V），当 $U_e < U_P$ 时，单结晶体管截止。当 $U_e = U_P$ 时，单结晶体管就由截止状态转为导通状态。曲线上单结晶体管由截止转为导通的 P 点称为峰点，与之对应的电压 U_P 和电流 I_P 分别称为峰点电压和峰点电流。

2. 负阻区——PV 段

当 $U_e = U_P$ 时，单结晶体管由截止转为导通，发射极电流 I_e 开始剧增。随之 r_{b1} 越来越小，致使 U_A 下降，从而使 U_e 下降，体现了 r_{b1} 的负阻性，即 PV 线的动态电阻 $\Delta R_{eb1} = \Delta U_e / \Delta I_e$ 为负值，所以称负阻区。曲线上的 V 点称之为谷点，对应的电压 U_V 和电流 I_V 称为谷点电压和谷点电流。

3. 饱和区——VN 段

当 r_{b1} 减小到最小值，电路此时工作在特性曲线 V 点处，如继续增大发射极电流，需将发射极电压缓慢增大，动态电阻恢复正值，单结晶体管已工作在饱和状态。可见，谷点电压是维持单结晶体管导通的最小发射极电压。

图10-11c所示波形为U_{bb}取不同值时的特性曲线族。

综上所述，当$U_e < U_P$时，单结晶体管截止；当$U_e \geq U_P$时，单结晶体管由截止转为导通。当$U_e < U_V$时，单结晶体管又恢复截止。

三、单结晶体管的自励振荡电路

利用单结晶体管的负阻特性和RC的充放电特性，可以组成频率可调的单结晶体管自励振荡电路，如图10-12a所示。

闭合开关S，电源向C充电，电容C两端电压按指数规律上升，如图10-12b所示，即

$$u_C = U_{bb}(1 - e^{-t/(r+R)C})$$

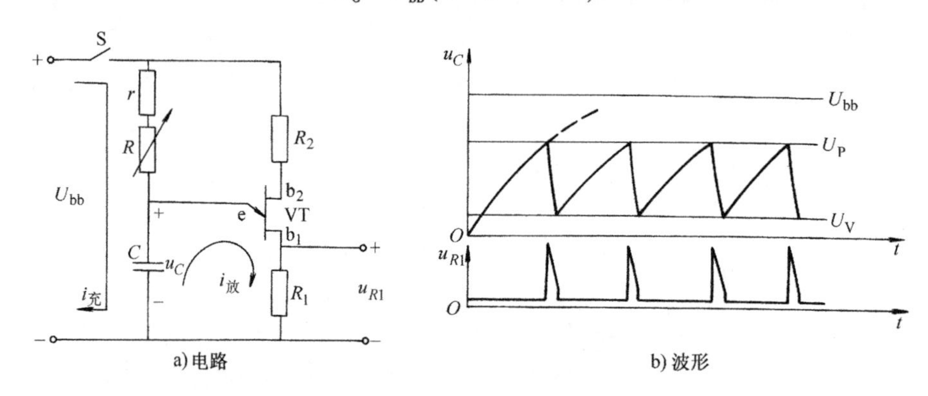

图10-12 单结晶体管自励振荡电路

当$u_C < U_P$时，单结晶体管截止，但此时，电压U_{bb}通过R_1、R_2和单结晶体管两基极，在R_1两端产生一个电压u_{R1}（残压）。由于R_1很小，u_{R1}也很小，不会将VT触发导通。当$u_C > U_P$时，单结晶体管导通，电容C通过单结晶体管向R_1放电，由于放电时间常数很小，放电很快，放电电流在R_1上形成一个脉冲电压波形如图10-12b所示。当$u_C < U_V$时，单结晶体管恢复截止，电源再次向电容C充电，重复上述过程，u_{R1}便形成周期性的变化波形。调节R值，可改变振荡频率。

晶闸管能否被触发导通，不仅与触发脉冲的高度有关，还与脉冲的宽度有关。R_1太小，脉冲太窄，不利于晶闸管的触发导通；R_1太大，残压太大，易使晶闸管误触发。R_1一般取$50 \sim 100\Omega$为宜。

四、同步电压为梯形波的单结晶体管触发电路

同步电压为梯形波的单结晶体管触发电路及波形如图10-13所示。由单结晶体管构成的触发电路具有电路简单的优点。现就其几个主要构成部分分析如下。

1. 梯形波同步电压形成环节（如图10-13区间①）

（1）同步环节　由主变压器TR和同步变压器TS完成主电路与触发电路的同步，以保证每半个周期都具有相同的触发延迟角α，使输出电压平稳。

（2）削波的目的　稳压管VS起削波的作用，主要达到两个目的：①扩大移相范围；

②使α不同时脉冲u_C幅值相等。

2. 触发脉冲移相环节（如图10-13区间②）

当增大R的阻值时，电容C的充电时间常数随之增大，从而使触发延迟角α增大；反之，使α减小。

3. 触发脉冲形成及输出环节（如图10-13区间③）

该环节由单结晶体管和输出负载电阻R_1等组成。在触发电路中，常采用脉冲变压器传送脉冲电压，将触发电路和主电路进行电隔离，如图10-14所示。

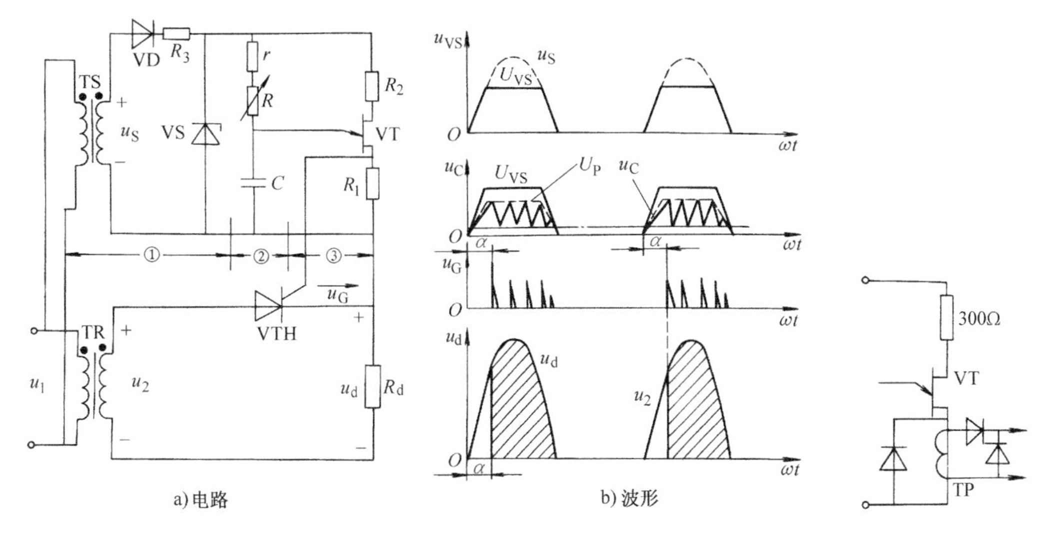

图10-13　同步电压为梯形波的单结晶体管触发电路及波形

图10-14　脉冲变压器输出电路

第四节　三相可控整流电路

当负载容量较大时，若采用单相可控整流电路，将造成电网三相电压的不平衡，影响其他用电设备的正常运行。因此，一般整流装置容量大于3kW，要求直流电压脉动小，选用三相可控整流较合适。

一、三相半波可控整流电路

1. 三相半波不可控整流电路

三相半波不可控整流电路如图10-15a所示，电源由三相整流变压器供电，其电压波形如图10-15b所示。

由电路图可知，$\omega t=\omega t_1 \sim \omega t_3$时，$u_U$最高，$VD_1$导通，$u_d=u_U$；$\omega t=\omega t_3$时，$u_V>u_U$，$VD_3$开始导通，同时，$VD_1$反偏截止；同理，$\omega t=\omega t_5$时，$VD_5$开始导通，$VD_3$反偏截止，$u_d=u_W$。$u_d$波形如图10-15c所示。由此可见，1、3、5三点分别是VD_1、VD_3、VD_5开始导通的点，由于是靠三相电源电压变化自然循环进行的，所以将1、3、5三点称为自然换相点。

2. 三相半波可控整流电路

将图10-15a中的二极管VD_1、VD_3、VD_5分别换成晶闸管VTH_1、VTH_3、VTH_5，即可得到三相半波可控整流电路。为了调试方便，一般采用共阴极接法，即三个晶闸管的阴极接在一起。其中，1、3、5自然换相点就是三相半波可控整流电路各相晶闸管移相触发延迟角α的起始点，即$\alpha=0°$点。

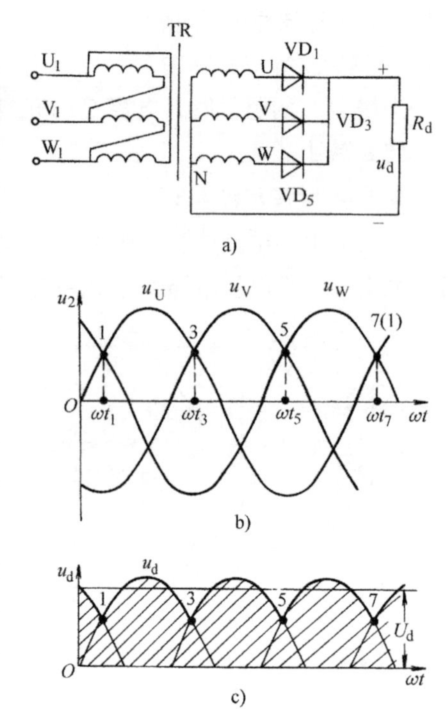

图10-15　三相半波不可控整流电路及波形

（1）电阻性负载　三相半波可控整流电路电阻性负载不同α时的波形如图10-16所示。

不同触发延迟角α的波形分析如下：

$\alpha=15°$时，u_d、i_{T1}的波形如图10-16a所示。设电路已在工作，W相VTH_5已导通，经过1号自然换相点时，虽然U相VTH_1开始承受正向电压，但u_{g1}未到来，故VT_1无法导通，于是VTH_5继续导通。在$\alpha=15°$处，有u_{g1}时，VTH_1被触发导通，而VTH_5承受u_{WU}反压而关断，输出电压u_d由u_W换成u_U，其他两相也依次轮流导通与关断。电阻性负载i_d波形与u_d波形相似，i_T波形仅是i_d波形的1/3。

$\alpha=60°$时，u_d与i_{T1}的波形如图10-16b所示。u_d与i_{T1}波形出现了断续，晶闸管关断点均在各自相电压过零处。

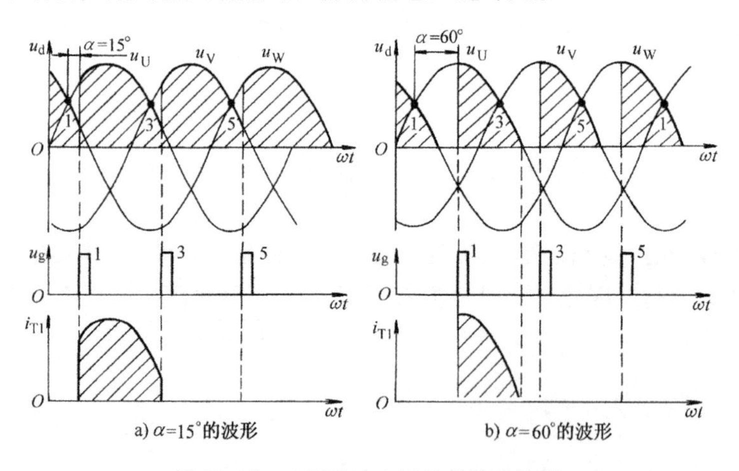

图10-16　三相半波电阻性负载的波形

（2）大电感负载

1）不接续流二极管　大电感负载不加续流二极管的三相半波可控整流电路如图10-17a所示。在可控整流电路中，经常用到大电感负载。根据晶闸管原理可知，晶闸管的关断有两种方法：①电压过零时自然关断；②加反偏电压关断。当触发延迟角$\alpha\leqslant30°$时，u_d波形与电阻性负载一样，但i_d波形是一条平稳的直线；当触发延迟角$\alpha>30°$时，电阻性负载，均是电压过零自然关断，而在大电感不加续流二极管时，晶闸管的关断是要靠加反偏电压才能使晶闸管关断。这是因为电感是储能元件，电感中电流的变化总是滞后于电压的变化。如 VTH_1 正在导通，当 $u_U>0$ 时，电感储能，其两端电压上正下负；当 $u_U=0$ 时，VTH_1 中的电流还不为零，电感 L_d 由负载变成了电源，其两端下正上负的感应电压使 VTH_1 继续正偏导通，直到 VTH_3 的触发脉冲 u_{g3} 到来，使 VTH_3 导通，一旦 VTH_3 导通，VTH_1 就会因承受反偏电压而关断。所以，$\theta_T=120°$，u_d 波形出现了负值，如图 10-17b 所示。

2）接续流二极管　为使晶闸管在相电压过零时及时关断，消除 u_d 的负值，可在负载两端并联二极管，电路如图 10-18a 所示。该二极管因起续流作用，所以常称为续流二极管。接续流二极管的大电感负载和电阻性负载的 u_d 波形完全相同，而电流 i_d 的波形是一条直线，如图 10-18b 所示。这是因为大电感产生的感应电压使续流二极管 VD 正偏导通，VD 的导通，一方面给大电感电流提供了继续流通的路径——续流，另一方面，使 VT 承受反压而关断。

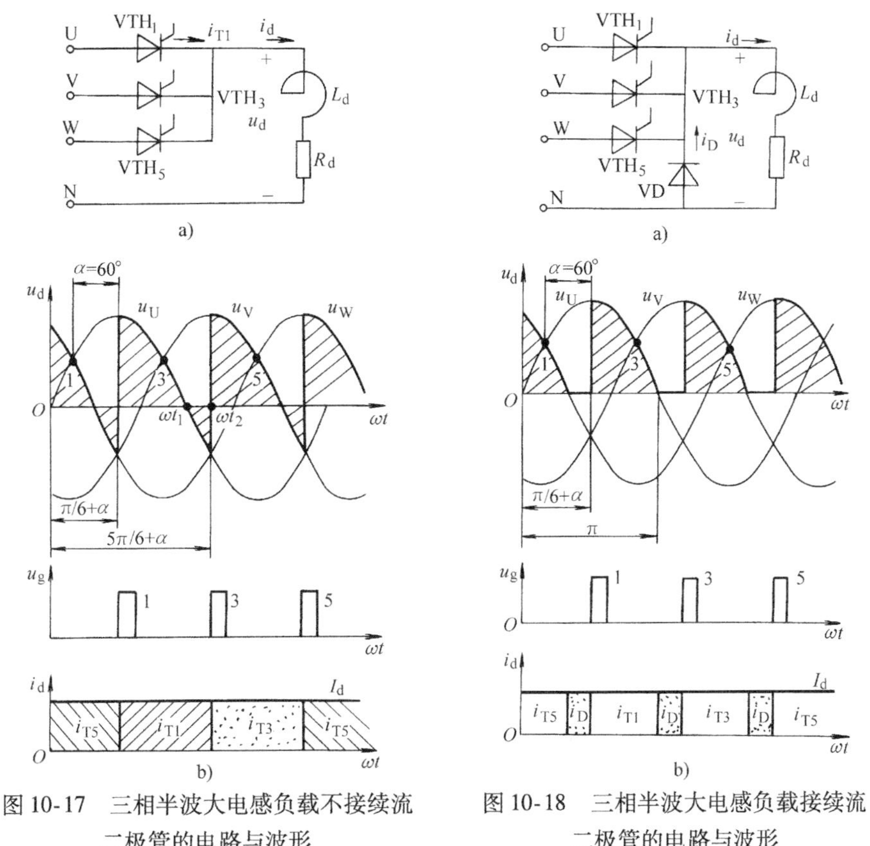

图 10-17　三相半波大电感负载不接续流二极管的电路与波形

图 10-18　三相半波大电感负载接续流二极管的电路与波形

（3）含有反电动势的大电感负载　蓄电池、直流电动机的电枢等负载的特点是含有直流电动势 E，它的极性与直流侧电压 U_d 的极性相反，故称为反电动势负载，为了使电枢电流 i_d 连续平稳，在电枢回路串入电感量足够大的平波电抗器 L_d，使之成为含有反电动势的大电感负载。为扩大移相范围，可在输出端并联续流管 VD，如图 10-19a 所示。电路分析方法与大电感负载相同，波形如图 10-19d 所示。

如果串入的平波电抗器 L_d 的电感量不够大，在电动机空载或轻载下，就有可能使 i_d 断续，波形如图 10-19c、e 所示。u_d 波形出现了带有反电动势阶梯的波形，u_d 值显然增大，电动机转速明显升高，应避免出现这种情况。

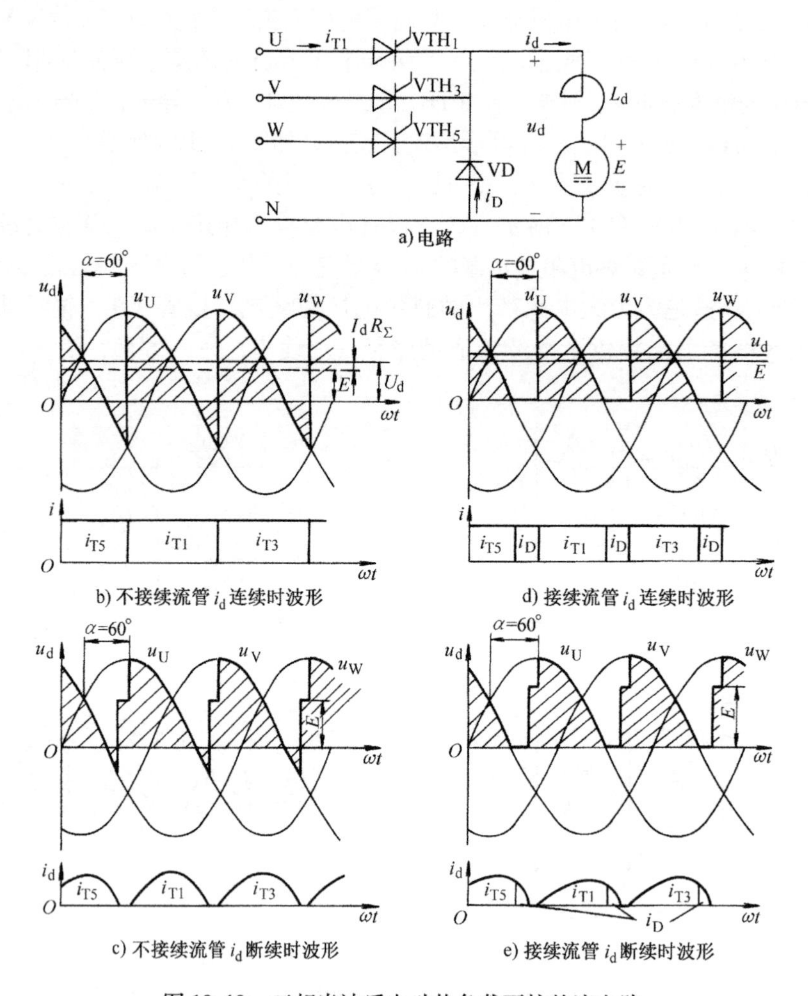

图 10-19 三相半波反电动势负载可控整流电路

（4）各电量的计算

1）输出平均电压 U_d 和平均电流 I_d 三相半波可控整流电路电阻性负载或加续流管的大电感负载，$30° \leqslant \alpha \leqslant 150°$ 时，u_d 波形不连续，$\theta_T < 120°$；其他情况，u_d 波形连续，$\theta_T = 120°$。

当 $\theta_T = 120°$时
$$U_d = 1.17U_2\cos\alpha \tag{10-9}$$

当 $\theta_T < 120°$时
$$U_d = 0.675U_2\left[1+\cos\left(\frac{\pi}{6}+\alpha\right)\right] \tag{10-10}$$

对含有反电动势的负载
$$I_d = \frac{U_d - E}{R_\Sigma} \tag{10-11}$$

式中，E 是电枢反电动势；R_Σ是电枢回路总电阻。对其他负载

$$I_d = \frac{U_d}{R_d}$$

2）晶闸管两端承受的最大正反向电压 U_{TM} 晶闸管两端承受的最大正反向电压 U_{TM}应

为线电压的峰值，即

$$U_{TM}=\sqrt{6}U_2 \tag{10-12}$$

例 10-2　已知三相半波可控整流电路大电感负载，电感内阻为 2Ω，直接由 220V 交流电源供电，试求 $\alpha=60°$时，不接续流管与接续流管两种情况时输出平均电压 U_d 和平均电流 I_d。

解　(1) 不接续流管时　根据图 10-17 可知，此时 u_d 电压波形连续，$\theta_T=120°$，可套用式（10-9），即

$$\begin{aligned}U_d&=1.17U_2\cos\alpha\\&=1.17\times220\times\cos60°\text{V}=128.7\text{V}\end{aligned}$$

$$I_d=\frac{U_d}{R_d}=\frac{128.7}{2}\text{A}=64.4\text{A}$$

(2) 接续流管时　根据图 10-18 可知，此时 u_d 波形不连续，$\theta_T<120°$，可套用式（10-10），即

$$\begin{aligned}U_d&=0.675U_2\left[1+\cos\left(\frac{\pi}{6}+\alpha\right)\right]\\&=0.675\times220\ [1+\cos\ (30°+60°)]\ \text{V}=148.5\text{V}\end{aligned}$$

$$I_d=\frac{U_d}{R_d}=\frac{148.5}{2}\text{A}=74.3\text{A}$$

二、三相全控桥整流电路

工业上广泛采用的三相全控桥整流电路，大多是含有反电动势的大电感负载，如图 10-20b 所示。三相全控桥实质上是由一组共阴极组与另一组共阳极组的三相半波可控整流电路串联构成的，可用三相半波可控整流电路基本原理分别分析共阴极组和共阳极组。图 10-20b 是将图 10-20a 中的负载合二为一，且去掉中性线（因其上电流为零）后的电路。

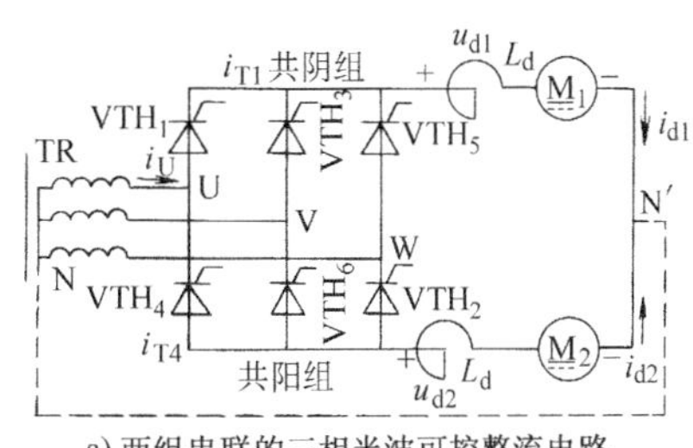

a) 两组串联的三相半波可控整流电路

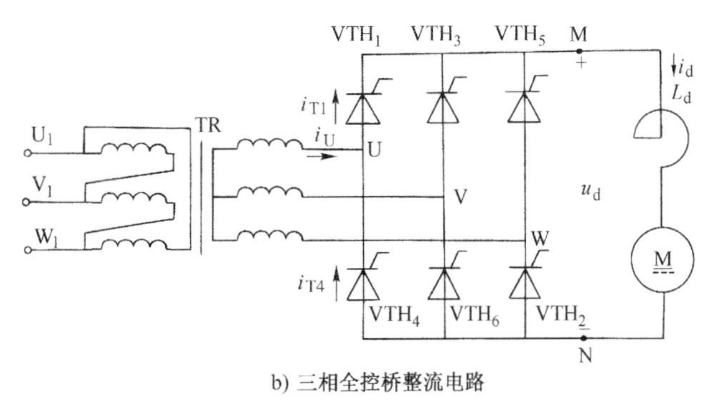

b) 三相全控桥整流电路

图 10-20　三相全控桥整流电路

1. 三相全控桥的工作原理

三相全控桥的工作原理，主要用以下几点说明：

1) 自然换相点，如图 10-21a、b 所示，1 ~ 6 点依次是 VTH$_1$ ~ VTH$_6$ 的自然换相点，即 $\alpha=0°$的点。

2) 从自然换相点（如 1 号自然换相点），右移某 α 值，即是对应的晶闸管（如 VTH$_1$）发出脉冲 u_g（如 u_{g1}）的时刻。

3）$VTH_1 \sim VTH_6$ 一个周期的导通规律，见表10-2。

表10-2　$VTH_1 \sim VTH_6$ 的导通规律

导　通　管	VTH_1	VTH_1	VTH_3	VTH_3	VTH_5	VTH_5
	VTH_6	VTH_2	VTH_2	VTH_4	VTH_4	VTH_6
导通角$\frac{1}{2}\theta_T$	60°	60°	60°	60°	60°	60°
输出电压 u_d	u_{UV}	u_{UW}	u_{VW}	u_{VU}	u_{WU}	u_{WV}
主脉冲 u_g 辅助脉冲 u_g'	u_{g1} u_{g6}'	u_{g1}' u_{g2}	u_{g3} u_{g2}'	u_{g3}' u_{g4}	u_{g5} u_{g4}'	u_{g5}' u_{g6}

4）后相晶闸管导通（如 VTH_3），去关断前相晶闸管（如 VTH_1）。

2. 对触发电路的要求

三相全控桥可控整流电路在任何时刻都必须有两晶闸管同时导通，且一只在共阴极组，另一只在共阳极组。为了保证电路能启动工作或在电流断续后再次导通工作，必须对两组中应导通的两只晶闸管同时加触发脉冲，为此，可采用以下两种触发方式。

（1）单宽脉冲　单宽脉冲波形如图10-21c所示。应使每个触发电路在一周期内发出一个脉冲，其宽度大于60°且小于120°（一般取80°~90°），这样当某晶闸管换相时（如 $VTH_1 \rightarrow VTH_3$），另一组中的已导通的晶闸管（如 VTH_2）所得到的脉冲还未消失，就保证了两个晶闸管（如 VTH_3 和 VTH_2）能同时导通。

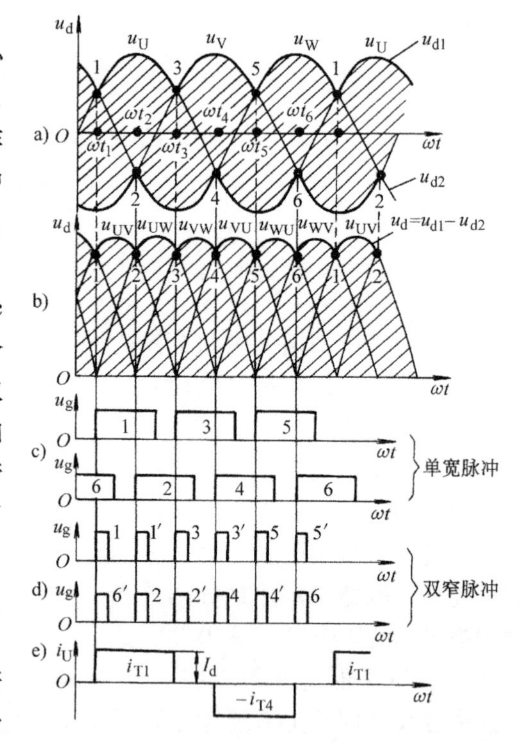

图10-21　三相全控桥整流电路 $\alpha=0°$时的波形

应用实例：同步电压为正弦波的触发电路，可触发200A以下的晶闸管。

（2）双窄脉冲　双窄脉冲如图10-21d所示。其特点是：某 α 时刻，当某晶闸管换相时（如 $VTH_1 \rightarrow VTH_3$），首先使某触发电路（如连接于 VTH_3 的触发电路3CF）在一个周期内发出一个主脉冲（如 u_{g3}）给需导通的晶闸管（如 VTH_3），同时要求另一组中已导通的晶闸管（如 VTH_2）所连接的触发电路（如连接于 VTH_2 的触发电路2CF）再发出一个辅助脉冲（如 u_{g2}'），以使两个晶闸管（如 VTH_3 和 VTH_2）同时导通。

由此可见，一个晶闸管连接一个触发电路，该触发电路每个周期发出一个主脉冲 u_g，延后60°，再发出一个辅助脉冲 u_g'。

应用实例：

1）同步电压为锯齿波的触发电路（简称CF），该电路在一个周期内能输出一个主脉冲和一个辅助脉冲。

2）集成触发器，由集成电路 KC04 移相触发器和 KC41C 六路双窄脉冲形成器及其他元件组成，可得到 800mA 的触发电流，具有移相性能好及抗干扰能力强等特点。一块集成触发器等同于六块锯齿波触发电路板。

由于双窄脉冲的触发电路输出功率大，脉冲变压器（专门传送脉冲信号的变压器，其铁心由特殊的高导磁材料构成）铁心体积小，所以双窄脉冲触发方式被广泛采用。

3. 不同触发延迟角 α 时的 u_d 波形

1）$\alpha=60°$时，u_d 和 i_d 的波形如图 10-22a 所示。

2）$\alpha=90°$时，u_d 和 i_d 的波形如图 10-22b 所示。

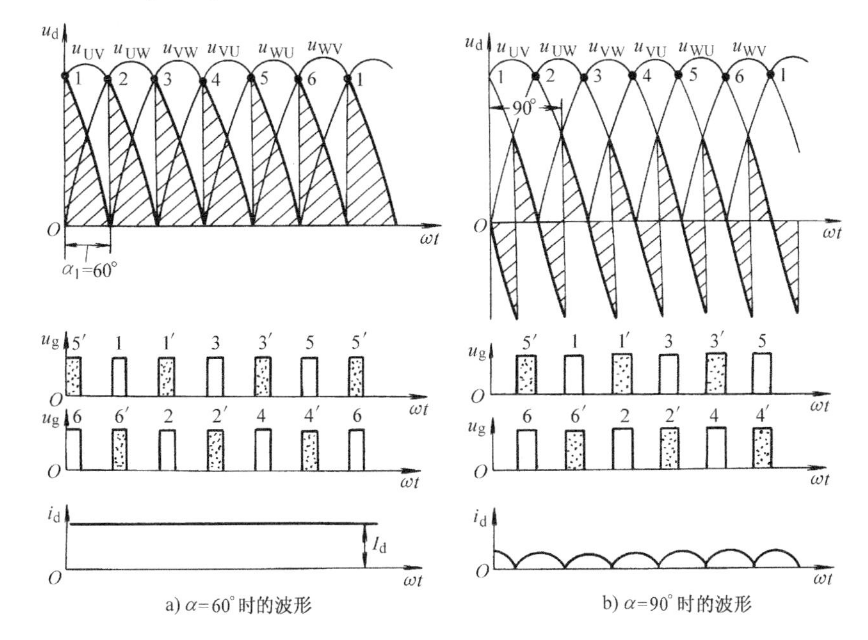

图 10-22　三相全控桥整流电路大电感负载不同 α 时的波形

4. 输出电压 U_d 与输出电流 I_d 的计算

（1）直流平均电压 U_d　由于是大电感负载，在 $0°\leqslant\alpha\leqslant90°$ 范围内，负载电流是连续的，且晶闸管的导通角 θ_T 为 120°，输出电压 u_d 波形连续，所以 u_d 的直流平均电压 U_d 为

$$U_d=2.34U_2\cos\alpha \tag{10-13}$$

式中，U_2 是整流变压器 TR 二次侧相电压有效值。

（2）直流平均电流 I_d

$$I_d=\frac{U_d-E}{R_\Sigma}$$

式中，E 为直流电动机电枢反电动势；R_Σ 为电枢回路总电阻。

综上所述，与三相半波可控整流电路相比，三相全控桥整流输出电压脉动小，所串平波电抗器电感量较小；在负载要求相同的直流电压下，晶闸管承受的最大电压（$U_{TM}=\sqrt{6}U_2$），将减小一半，且无中线。所以，广泛应用于大功率直流电动机调整系统。

第五节　有源逆变电路

将直流电变成交流电的电路称为逆变电路。逆变分有源逆变和无源逆变，若将交流电直接送至电网，则称为有源逆变，若送至负载，则称为无源逆变。无源逆变将在最后一章讨论。同一晶闸管电路在一定条件下，既可用作整流又能用于逆变，此类电路称为变流电路或变流器。

一、两电源间能量的传递

图10-23是晶闸管变流器接直流电动机电枢的系统。

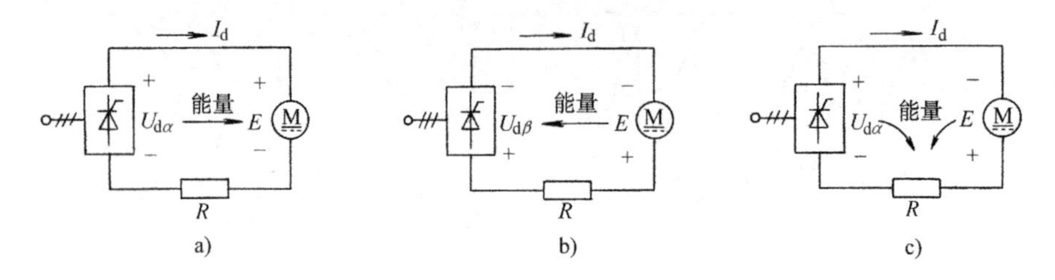

图10-23　能量传递

1）由图10-23a看出，实现从变流器到电动机的能量传递，必须使 $U_{d\alpha}>E$，且变流器工作在整流状态，$\alpha<90°$。变流器把电网的交流能量变成直流能量供给电动机和电阻 R，电动机运行在电动状态。

2）由图10-23b看出，实现从电动机到变流器的能量传递，必须使 $U_{d\beta}<E$，且变流器工作在逆变状态，$\alpha>90°$。变流器把电动机提供的直流能量变成交流能量供给电网和电阻 R，电动机运行在发电状态。

3）由图10-23c看出，若变流器工作在整流状态，电动机工作在发电状态，此时电路中只有电阻是耗能元件，一般 R 很小，回路电流将很大，相当于短路，是不允许的。

二、常用有源逆变电路

1. 三相半波有源逆变电路

图10-24a为三相半波电动机负载电路，为了使电路工作在有源逆变状态，需满足逆变的条件：①触发延迟角 $\alpha>90°$；②直流侧要有直流电源，且 $U_{d\beta}<E$。由图10-24b波形得变流器的直流电压为

$$U_d=1.17U_2\cos\alpha=-1.17\cos\beta \tag{10-14}$$

式中，β 称为逆变角，且 $\alpha=180°-\beta$，逆变角为 β 时的触发脉冲位置可从 $\alpha=180°$时刻前移 β 角来确定。注意，电压 U_d 的参考极性共阴极为正。设

$$U_{d\alpha}=1.17U_2\cos\alpha$$

$$U_{d\beta}=1.17U_2\cos\beta$$

则

$$U_d=U_{d\alpha}=-U_{d\beta}$$

式中，$U_{d\alpha}$参考极性共阴极为正；$U_{d\beta}$参考极性共阳极为正。

电路触发脉冲触发延迟角 α 在 0°~90°时为整流状态，在 90°~180°时为逆变状态，即 β 在 90°~0°时为有源逆变状态。图 10-24b 为 $\alpha=120°$ 即 $\beta=60°$ 时的 u_d 电压波形。ωt_1 时刻 u_{g1} 触发 VTH_1 导通（因有 E 的作用，即使 u_U 相电压为负值，VTH_1 管仍可能承受正压而导通）。与整流一样，按电源相序依次换相，每个晶闸管导通 120°。

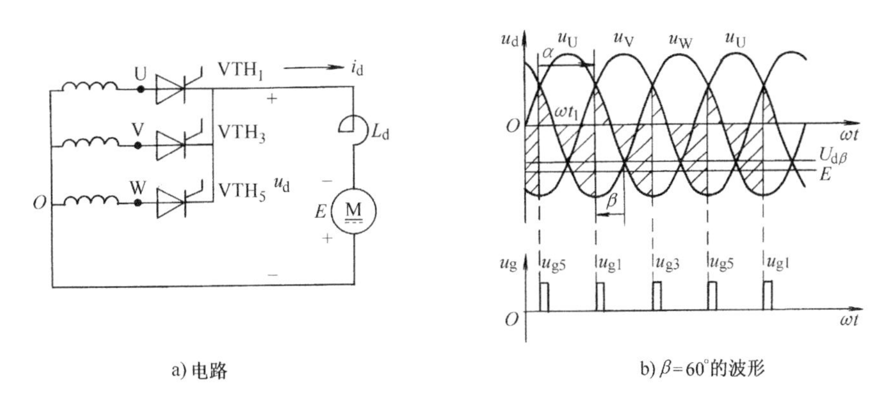

a) 电路　　b) $\beta=60°$ 的波形

图 10-24　三相半波逆变电路

2. 三相全控桥有源逆变电路

三相全控桥逆变电路与整流一样，图 10-25 为 $\beta=30°$（$\alpha=150°$）时的 u_d 电压波形。此电路同样应满足逆变条件。

三、逆变失败

电路工作在有源逆变状态时，晶闸管大部分时间或全部时间导通在电压负半波，电压负半波时晶闸管承受电源反向电压，因而晶闸管的导通主要靠电动机的反电动势 E。从整个电路来说，$U_{d\beta}$ 的实际极性如图 10-26 的实线所示，电流为

$$I_d=\frac{E-U_{d\beta}}{R_\Sigma}$$

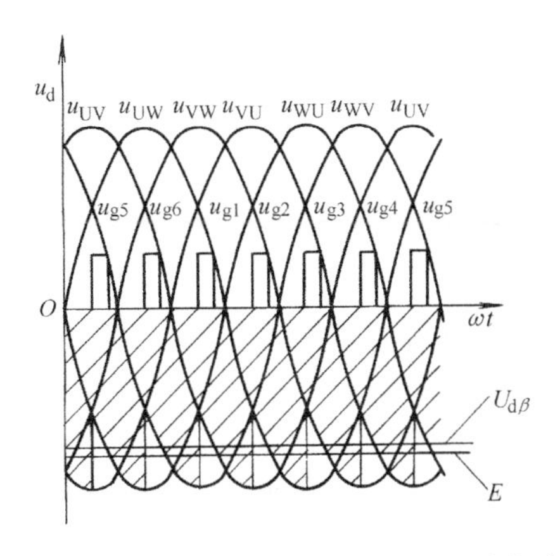

图 10-25　三相全控桥逆变电路 $\beta=30°$ 时的波形

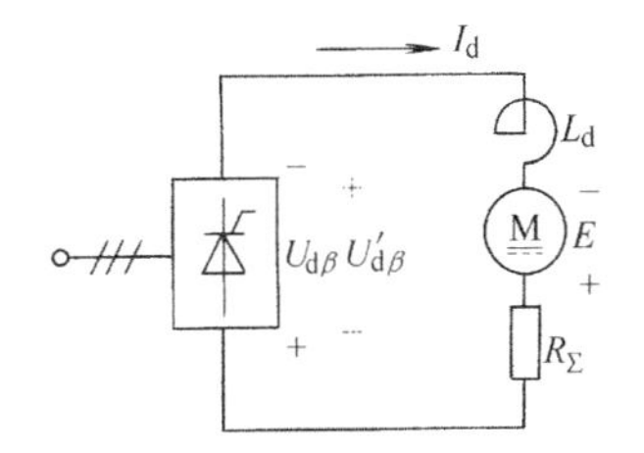

图 10-26　逆变失败电压极性

由于 $E-U_{d\beta}$ 数值很小，电流 I_d 不会很大。当某种原因使晶闸管换相失败，本来在负半波导通的晶闸管会一直导通到正半波，使输出电压 $U_{d\beta}$ 的极性反过来，如图10-26 虚线所示为上

正下负，电流为

$$I_d = \frac{E + U'_{d\beta}}{R_{\Sigma}}$$

由于 R_{Σ} 很小，使 I_d 很大，造成短路事故，这种现象称为逆变失败。为了使逆变电路可靠工作，对工作在逆变状态的晶闸管电路，其触发电路的可靠性、器件的质量及过流保护性能，都比整流电路要求高。

造成逆变失败的原因主要是：

1）触发电路的原因：①触发脉冲丢失；②脉冲分布不均匀；③逆变角太小。

2）晶闸管本身的原因。

3）交流电源方面的原因。

综合以上原因，对于三相半波逆变电路而言，晶闸管的换相必须在电压负半波换相点之前完成，否则就有可能造成逆变失败。为了使逆变正常进行，除了选用可靠的触发器不丢失脉冲外，必须使逆变角 $\beta \geqslant 30°$，即 $\beta_{min} = 30°$。

四、有源逆变的应用

1. 直流电动机的可逆运行

许多生产过程要求电动机能实现快速的可逆控制，即四象限运行方式。例如，采用图 10-27 所示的两组三相全控桥反并联可逆系统，其简化图如图 10-28 所示。反并联系统在任何时刻都有 $(U_{d\alpha})_{\text{I}} = (U_{d\beta})_{\text{II}}$ 或 $(U_{d\beta})_{\text{I}} = (U_{d\alpha})_{\text{II}}$ 的关系，即两组晶闸管的输出电压保持大小相等，方向相反，这种工作状态称为 $\alpha = \beta$ 制。

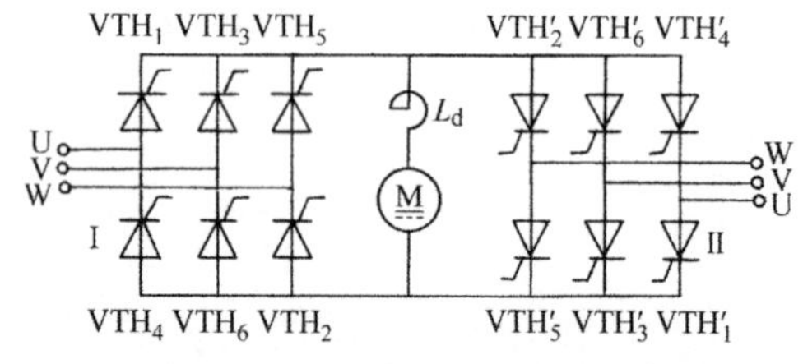

图 10-27 三相全控桥反并联的可逆系统

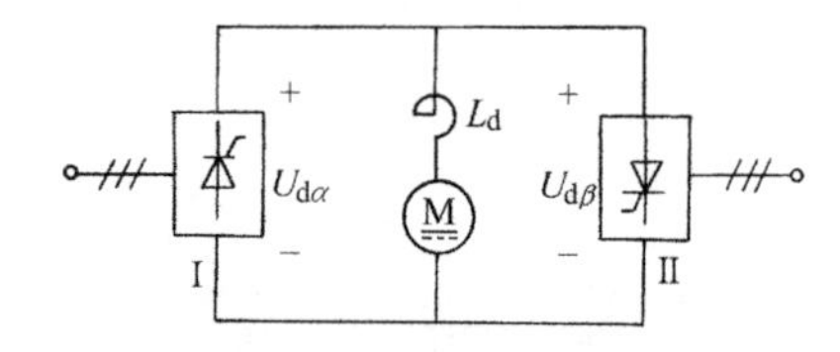

图 10-28 反并联可逆系统简化图

反并联供电时，如两组桥路同时工作会产生很大的环流。环流即只流经两组变流桥之间而不流经电动机的电流。环流是一种有害电流，它不做有用功而占用变流装置的容量，产生损耗使器件发热，严重时造成短路事故损坏元件。

反并联可逆电路有逻辑无环流、有环流和错位无环流三种工作方式。逻辑无环流控制的方法是，在任何时间只允许一组桥路工作，另一组桥路阻断，从根本上限制了环流。现分析逻辑无环流可逆电路的基本原理，其可逆控制过程分析如图 10-29 所示。

电动机正转：在图 10-29 中第一象限，Ⅰ组桥投入触发脉冲，$\alpha_{\text{I}} < 90°$，Ⅱ组桥脉冲封锁阻断，Ⅰ组桥处于整流状态，电动机正转。

电动机由正转到反转：将Ⅰ组触发脉冲后移到 $\alpha_{\text{I}} > 90°$（$\beta_{\text{I}} < 90°$），由于机械惯性，电动机的转速 n 与反电动势 E 暂时未变。Ⅰ组桥的晶闸管在 E 的作用下本应关断，由于 i_d 迅速减小，在电抗器 L_d 中产生下正上负的感应电动势 e_L 且其值大于 E，故电路进入有源逆

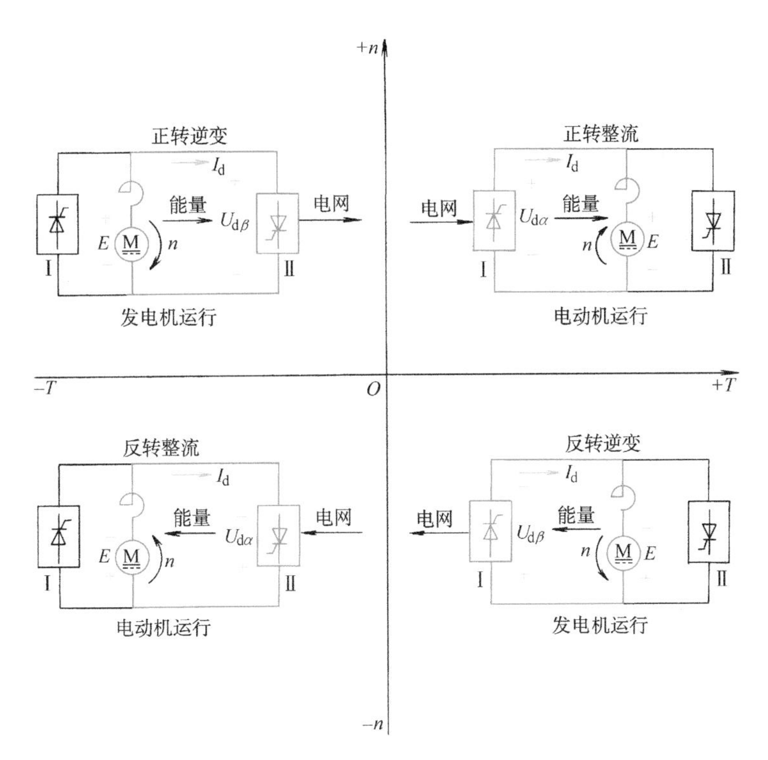

图 10-29　反并联可逆系统四象限运行图

变状态，将 L_d 中的能量逆变返送电网。由于此时逆变发生在原工作桥，故称为“本桥逆变”，电动机仍处于电动工作状态。当 i_d 下降到零，将Ⅰ组桥封锁，待电动机惯性运行 3～10ms 后，使Ⅰ组桥的晶闸管完全进入正向阻断状态后，Ⅱ组桥才能进入有源逆变状态（图中第二象限），且使 $U_{d\beta}$ 值随电动势 E 减小而同步减小，以保持电动机运行在发电制动状态快速减速，将电动机惯性能量逆变返送电网。由于此逆变发生在原来封锁的桥路故称“他桥逆变”。当转速下降到零时将Ⅱ组桥触发脉冲继续移至 $\alpha_{\text{II}} < 90°$，Ⅱ组桥进入整流状态，电动机反转稳定运行在第三象限。

同理，电动机从反转到正转是由第三象限经第四象限到第一象限。由于任何时刻两组变流器不同时工作，故不存在环流。

逻辑无环流系统切换控制比较复杂且动态性能较差，故在中小容量的可逆拖动系统中有时采用有环流反并联可逆系统。该系统的反并联逆变器同时给触发脉冲，所以就可能产生环流，此环流可以加电抗器来限制。

2. 高压直流输电

高压直流输电的原理示意图如图 10-30 所示。u_1、u_2 为两个交流电网系统，两端为高压变流阀，为了绝缘与安全，采用光控大功率晶闸管串并联组成桥路，用光脉冲同时触发多只光控晶闸管。通过分别控制两个变流阀的工作状态，就可控制电功率流向，如控制左边变流阀工作于整流状态，右边工作于有源逆变状态时，则 u_1 电网向 u_2 电网输送功率。

高压直流输电在跨越江河、海峡和大容量远距离的电缆输电、联系两个不同频率（50Hz 和 60Hz）的交流电网等方面发挥着重要的作用，它能减少输电线路的能量损耗。因此，在世界范围内高压直流输电获得了迅速的发展。

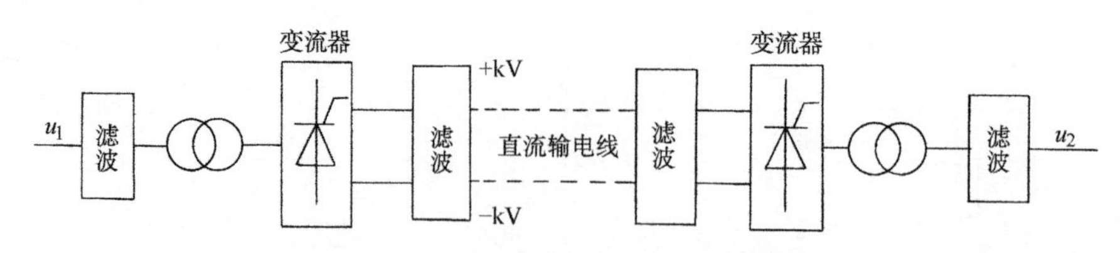

图 10-30　高压直流输电的原理示意图

第六节　双向晶闸管及应用

如前所述，晶闸管只能单方向导通电流，要调节交流电压的大小，需用两只晶闸管反并联，所以出现了双向晶闸管。

一、双向晶闸管的基本结构和伏安特性

1. 基本结构

双向晶闸管从外观上看，和普通晶闸管一样，有小功率塑封型、大功率螺栓型和特大功率平板型。一般调光台灯、吊扇无级调速等多采用塑封型。

双向晶闸管的核心部分是五层三端半导体结构，相当于一对具有公共门极的反并联普通晶闸管。如图 10-31 所示，其中 T_1 称为第一阳极，T_2 称为第二阳极，G 称为门极。注意：门极 G 和第二阳极 T_2 是从元件的同一侧引出的。

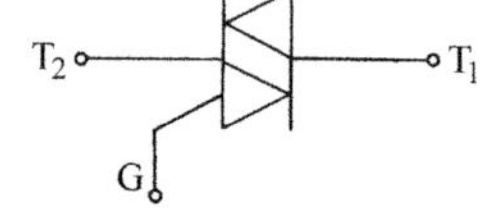

图 10-31　双向晶闸管图形符号

双向晶闸管的型号为 KS□-□，例如 KS100-8 表示双向晶闸管，额定通态电流（有效值）100A，断态重复峰值电压为 8 级（800V）。

双向晶闸管额定通态电流 $I_{T(RMS)}$ 的系列值为：1A、10A、20A、50A、100A、200A、400A、500A。额定电压的分级同普通晶闸管。

要将两只普通晶闸管反并联使用，代替一只双向晶闸管，数值上怎样计算？首先将双向晶闸管的额定电流有效值折算成正弦半波的平均值：$I_{T(AV)}=\sqrt{2}I_{T(RMS)}/\pi$，再向上取系列值即可。如 $I_{T(RMS)}=100A$，则 $I_{T(AV)}=45A$，向上选 50A，额定电压同级别的普通晶闸管，即两只 KP50-7 的普通晶闸管反向并联，两个门极并接作为公共门极，可代替 KS100-7 的双向晶闸管。

2. 伏安特性

双向晶闸管的伏安特性与普通晶闸管的伏安特性不同点在于双向晶闸管具有正、反向对称的 u—i 曲线，正向部分定义为第Ⅰ象限特性，反向部分定义为第Ⅲ象限特性，如图 10-32 所示。

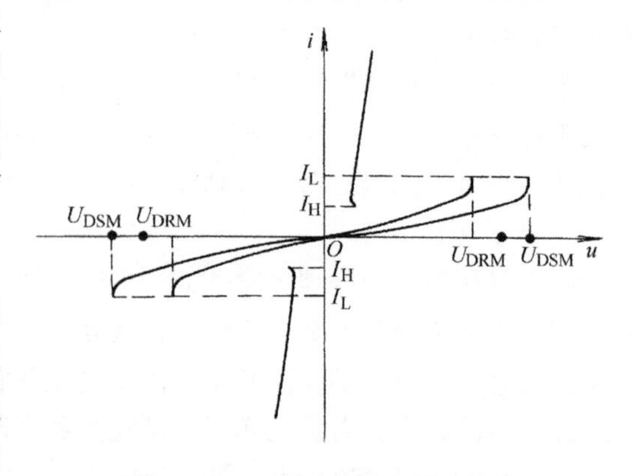

图 10-32　双向晶闸管的伏安特性

二、双向触发二极管组成的触发电路

双向触发二极管是三层结构半导体元件，如图 10-33a 所示。它的两个 PN 结是对称的，因而击穿特性也是对称的。元件的击穿电压控制在 30V 左右或某一要求值上。例如，某双向触发二极管转折电压最小值为 20V，最大值为 30V，对称性为 ±3V（峰值转折电流≤300μA，峰值输入电流 ±0.5A）。双向触发二极管的图形符号及伏安特性如图 10-33b、c 所示。

双向触发二极管组成的触发电路由 VD、RP、C 组成，如图 10-34 所示。当 $u>0$ 时，电源经负载 R_L 及电位器 RP 向电容 C 充电，当电容电压 u_C 达到一定值时，双向触发二极管 VD 转折导通，触发双向晶闸管 VTH；VTH 导通后，将触发电路短路，待交流电压过零反向时，VTH 自行关断。当 $u<0$ 时，电容 C 反向充电、充电到一定值时，VD 反向击穿，再次触发 VTH 导通。

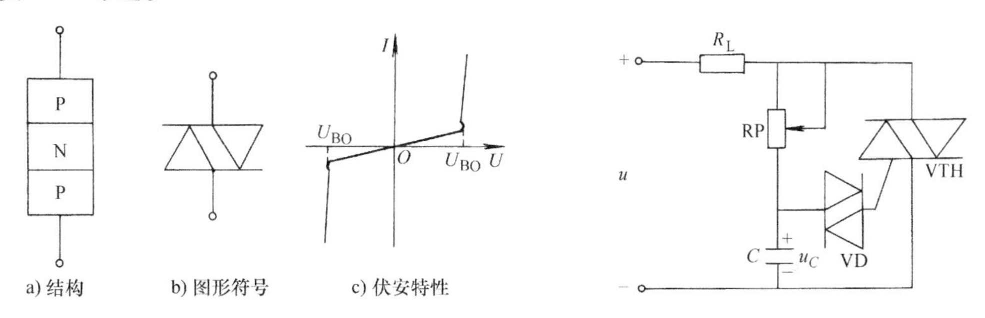

图10-33　双向触发二极管结构、图形符号及伏安特性　　图 10-34　双向触发二极管组成的触发电路

调节 RP 的值即可改变触发延迟角 α 的值，从而在负载两端得到一个可控的交流电压。这就构成了一个单相交流调压电路。

三、单相交流调压电路

交流调压电路是将电网的工频交流电压变换成大小可调的同频率的交流电。有单相交流调压和三相交流调压之分。交流调压广泛应用于工业加热、灯光控制、感应电动机的调速以及电解电镀的交流侧调压等场合。

单相交流调压电路中的主控元件可以是两只普通晶闸管反并联，也可以是双向晶闸管，如图 10-35a 所示。但双向晶闸管的电路简单，成本低，故常被采用。

1. 电阻性负载

电阻性负载交流调压主电路原理图及波形如图 10-35 所示。为方便起见，分析原理时用主控元件是两只普通晶闸管反并联的电路。

当 $u>0$ 时，VTH_1 承受正偏电压，即 $u_{T1}>0$，当触发脉冲电压 u_{g1} 到来时，VTH_1 导通，由于是电阻性负载，电源电压过零时，$VTII_1$ 自然关断。

当 $u<0$ 时，VTH_2 承受正偏电压，即 $u_{T2}>0$，当触发脉冲电压 u_{g2} 到来时，VTH_2 导通，电源电压过零时，VTH_2 自然关断。下个周期重复上述过程。

采用一只双向晶闸管时，门极触发脉冲的周期为 π。

根据交流电的有效值定义可以推出：输出交流电压有效值

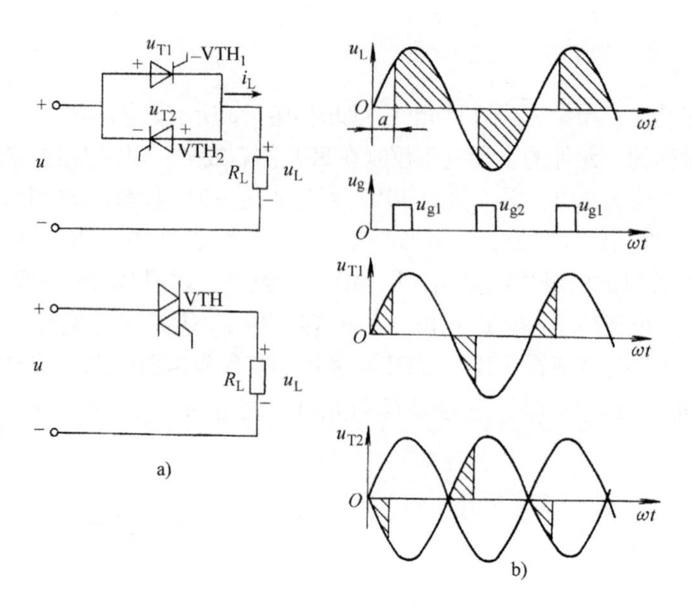

图 10-35 电阻性负载单相交流调压电路及波形

$$U_L = U\sqrt{\frac{1}{2\pi}\sin 2\alpha + \frac{\pi - \alpha}{\pi}} \tag{10-15}$$

输出交流电流有效值

$$I_L = \frac{U_L}{R_L} \tag{10-16}$$

2. 电感性负载

电感性负载交流调压原理电路如图 10-36a 所示。设负载的阻抗角为 φ（$\varphi = \arctan\omega L/R$）。

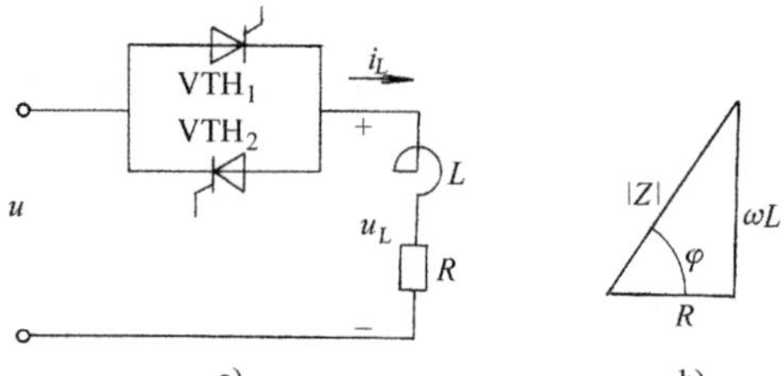

由于电感性负载中电流的变化总是滞后于电压的变化，滞后的角度由阻抗角 φ 决定，因而和电阻性负载有不同之处。当电源电压由正半周过零反向时，电流还未到零，即 VTH 不能在电压过零时自然关断，故还要导通到负半周。波形如图 10-36c 所示为 $\alpha=\varphi$ 的情况，此时，输出电压最大，即 $\alpha_{min}=\varphi$；如图 10-36d 所示为 $\alpha>\varphi$ 的情况，此时，输出电压将减小，当 $\alpha=180°$时，输出电压为零。由此得出结论：电感性负载控制角 α 的移相范围为$\varphi\sim180°$。

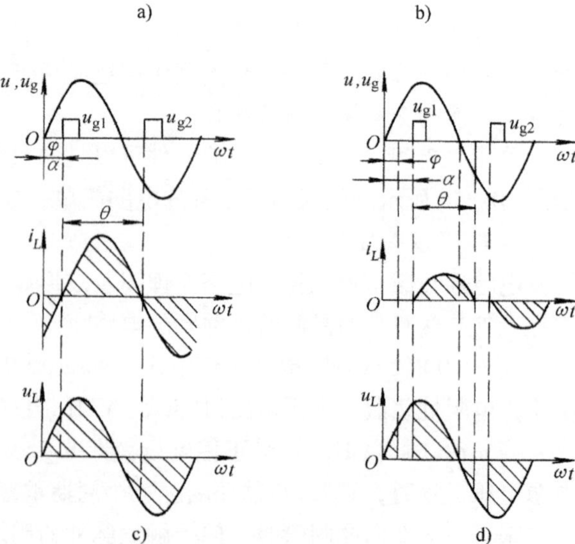

图 10-36 电感性负载单相交流调压原理电路及波形

晶闸管的导通角 θ 的大小，不仅与控制角 α 有关，还与负载的阻抗角 φ 有关。如图 10-37 所示。从图中可以看出，

φ 一定时，α 越小，θ 越大。

3. 吊扇的调速电路

随着电力电子技术的日趋成熟和人民生活水平的不断提高，原来吊扇串电感的有级调速方法正逐步被双向晶闸管无级调速装置所取代，图 10-38 所示为吊扇无级调速原理图。开关 S 和 RP 电位器可选用带开关的电位器，电阻 R 是为最小控制角而设的。双向晶闸管的触发电路原理同前。刚闭合开关 S 时，吊扇应全压起动，起动转矩大，此时转速最快，待吊扇运行正常后，方可顺时针旋转旋钮，使 RP 值增大，以降低供给吊扇的电压，达到调速减风的目的。

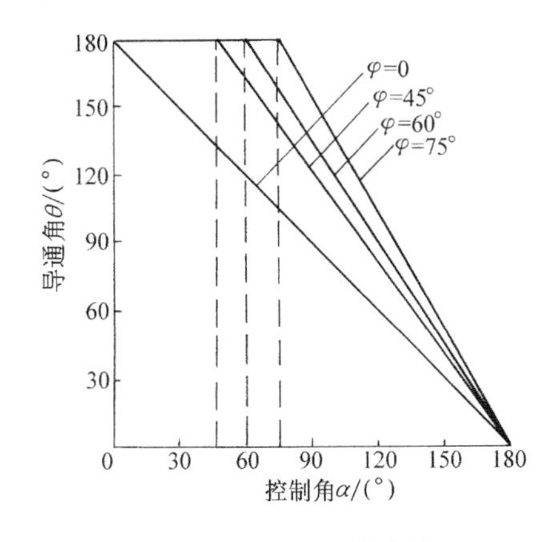

图 10-37　导通角 θ、控制角 α、阻抗角 φ 的关系

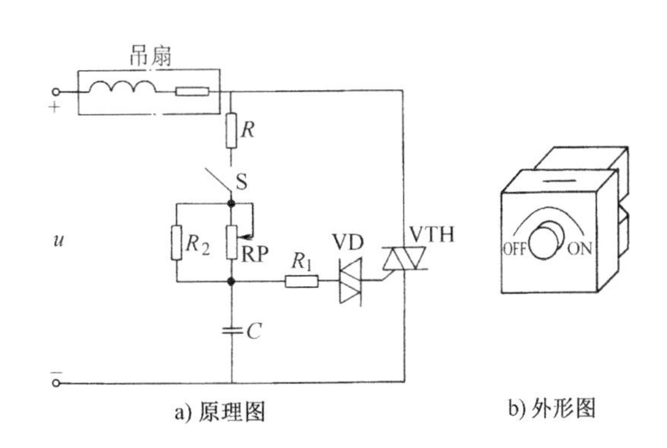

图 10-38　吊扇的调速原理图

R—15kΩ，R_1—100Ω，R_2—3MΩ，RP—150kΩ，C—0.068μF

由于双向晶闸管重新施加 du/dt 的能力差，使它用于感性负载时，器件易损坏，可考虑改用两只反并联的普通晶闸管代替双向晶闸管。

实验课题八　单相半控桥可控整流电路的测试

一、实验目的

1）掌握晶闸管的简单测试方法。

2）了解单结晶体管触发电路的工作原理。

3）理解单相半控桥可控整流电路原理。

二、预习要求

1）预习晶闸管的工作原理，说明阴阳极之间、门极和阴极之间的电阻特征。

2）画出图 10-39 单结晶体管触发电路①～④点的波形。

3）画出图 10-39 所示电路的电阻性负载和大电感接续流二极管的负载的电压和电流波形。

三、实验设备

实验设备清单见表10-3。

表10-3　实验设备清单

序　　号	名　　称	型号与规格	数　　量	备　　注
1	直流电压表、直流电流表		各1	
2	示波器		1	
3	灯箱负载	60W 白炽灯	6只	
4	大电感	200mH	1	
5	晶闸管	KP5-7	2	
6	二极管	ZP5-7	3	
7	单结晶闸管触发电路板			自制
8	万用表	MF50		

四、实验内容

实验电路如图10-39所示。

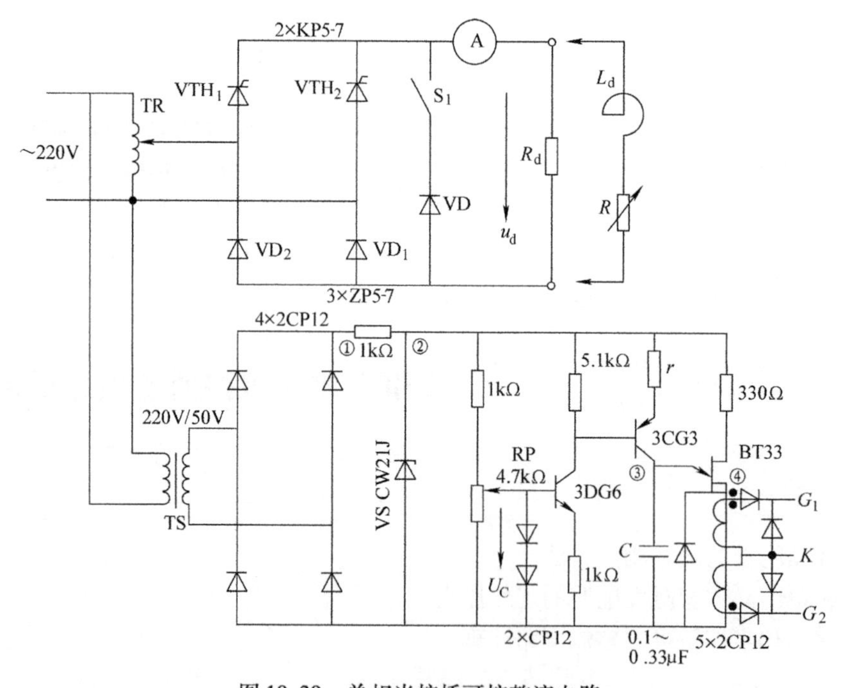

图10-39　单相半控桥可控整流电路

任务1　晶闸管的测试

接电路前，先用万用表测试晶闸管的好坏。

任务2　单结晶体管触发电路的波形测试

测试图10-39单结晶体管触发电路①~④点的波形，并与预习的相关内容作比较。调节

4.7kΩ 电位器，观察输出脉冲的变化。

任务3　电阻性负载电路的测试

1）用示波器测试图 10-39 所示电路的电阻性负载两端的电压波形。并与预习的相关内容作比较。

2）用直流表测量输出电压和电流，算出相应的触发延迟角。

任务4　大电感接续流二极管负载电路的测试

实验内容同实验任务 3。

五、注意事项

1）当晶闸管的阴阳极的电阻接近零时，坚决不能将管子接入电路。否则将烧坏其他管子。

2）接通电路若白炽灯不亮，查找故障方法如下：

① 用万用表交流电压相应档检查电源是否供电正常。

② 在断电的状态下，用万用表的欧姆档检查连接导线是否有断点。

③ 用示波器测试晶闸管两端的电压波形，进一步判断管子是否工作。

边学边练十一　双向晶闸管的应用

读一读1　晶闸管交流开关

晶闸管交流开关是一种比较理想快速的交流开关。与传统的接触器-继电器系统相比，其主回路甚至包括控制回路都没有触点及可动的机械机构，所以不存在电弧、触头磨损、氧化和熔焊等问题。由于晶闸管总是在电流过零时关断，所以不会出现因负载或电路中有电感的储能而造成暂态电压现象。因此，在操作频繁、可逆运行及有易燃、易爆气体等场合，应使用晶闸管作交流开关。

晶闸管交流开关的基本形式如图 10-40 所示。

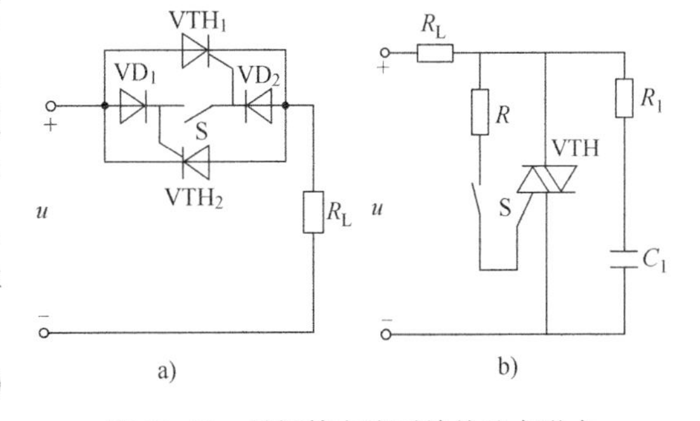

图 10-40　晶闸管交流开关的基本形式

图 10-40a 所示为普通晶闸管反并联的交流开关。合上开关 S，当 $u>0$ 时，电流通过电源正极、VD_1、S、VTH_1 的门极、阴极、负载 R_L、电源负极，使 VT_1 触发导通；当 $u<0$ 时，电流通过电源负极、负载 R_L、VD_2、S、VTH_2 的门极、阴极、电源正极，使 VTH_2 触发导通。这种靠管子本身的阳极电压作为触发电源的形式，称为强触发。图 10-40b 是采用双向晶闸管的交流开关，为Ⅰ+，Ⅲ-触发方

式，线路简单，但工作频率比反并联电路快。

读一读2　固态开关

近几年来，固态开关已得到广泛使用。它包括固态继电器和固态接触器，是一种以双向晶闸管为主控元件而构成的无触点开关。

图10-41所示为采用光敏晶体管耦合器作输入电路的固态开关电路。1、2端为输入端，相当于继电器或接触器的线圈；3、4端为输出端，相当于继电器的一对触点，3端（或4端）与负载串联后接到交流电源上，如图10-42所示。

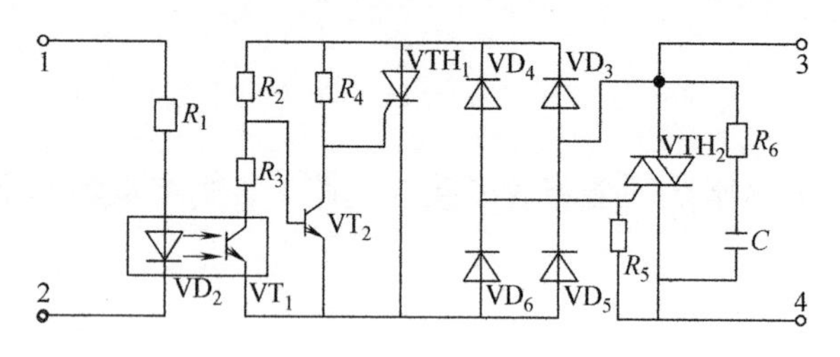

图10-41　固态开关

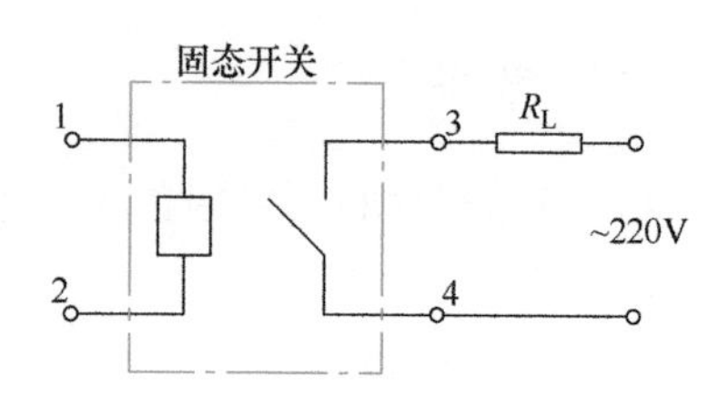

图10-42　固态开关连接示意图

设3端接负载，交流电源经 $VD_3 \sim VD_6$ 整流后，使 VTH_1 始终承受正向电压，当1、2端无控制电压输入时，晶体管 VT_1 截止，VT_2 导通，晶闸管 VTH_1 截止，双向晶闸管 VTH_2 截止（R_5上电流很小），也就是说，3、4端的触点仍处于断开状态；当1、2端有输入信号时，发光二极管导通并发光，使 VT_1 导通，其阻值减小，VT_2 截止，通过 R_4 使 VTH_1 导通，从而使流过 R_5 的电流增大，导致 VTH_2 导通，相当于3、4端的触点闭合，负载得电。

议一议

图10-43中 R_1、R_2、C_2 的作用是什么？

练一练

任务1　搭接一个能实现60W白炽灯调光的电路

参考电路如图10-43所示，图中 R_1、R_2、C_2 是为增大调压范围（移相范围）而特设的。欲要较暗的灯光时，应使导通角 θ 变小（延迟角 α 增大），调节RP使其增大，可以延长 C_1 的充电时间，但此时电压已过峰值，使得电压 u_{C1} 太小，无法触发VD导通，也就无法使VT导通。据正弦交

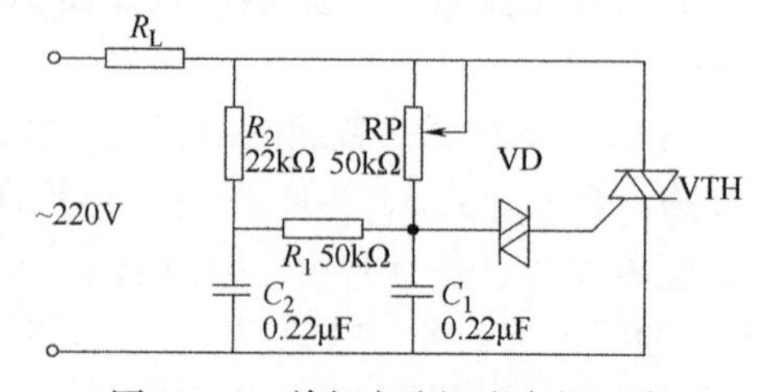

图10-43　单相交流调光台灯电路

流电路的分析可知，电容 C_2 两端的电压 u_{C2} 滞后于电源电压 u，这样可增大 C_1 的充电电压值，达到小导通角时也能使 VT 触发导通。

任务 2　固态开关的应用练习

选择一个固态开关，按图 10-42 接线，加深对固态开关电路的认识。

本章小结

（1）晶闸管是半控型的电力电子器件，可以通过门极控制管子的导通，却不能控制其关断。

（2）晶闸管的导通条件和关断条件

1）晶闸管的导通条件：阳极加正向电压，门极加适当的触发电压。

2）晶闸管的关断条件：阳极电压降为零或加反偏电压，使阳极电流小于维持电流。

（3）晶闸管的额定电流 $I_{T(AV)}$ 是指正弦半波的平均电流，而额定电压 U_{Tn} 是指瞬时电压。管子的选用应考虑余量，即

$$I_{T(AV)} = (1.5 \sim 2) K I_{dM}$$

$$U_{Tn} = (2 \sim 3) U_{TM}$$

（4）可控整流电路的规律

1）电阻性负载和接续流管的大电感（或含有反电动势）负载，电压 u_d 的波形无负值。

2）大电感负载的电压 u_d 波形是连续的，有时 u_d 有负值。

3）凡接有足够大的平波电抗器的负载，其电流 i_d 的波形近似一条直线。单相可控整流电路的导通角 $\theta_T = \pi$，三相可控整流电路的 $\theta_T = 2\pi/3$。

（5）从晶闸管承受正向电压到触发脉冲出现所经历的电角度称为触发延迟角（亦称移相角），用 α 表示。晶闸管在一周期内导通的电角度称为导通角，用 θ_T 表示。触发电路是晶闸管装置中的重要组成部分，触发脉冲的发出时刻决定每个晶闸管的导通时刻，用触发延迟角 α 计量。改变 α，可改变输出平均电压 U_d 的值。

（6）可控整流电路 U_d、I_d 的计算

1）U_d 的计算见表 10-4。

表 10-4　可控整流电路 U_d 的计算

可控整流电路	负载性质或 u_d 波形特点	直流输出电压 U_d
单相半波	电阻性负载	$U_d = 0.45 U_2 \frac{1+\cos\alpha}{2}$
单相半控桥	1）电阻性负载 2）大电感负载加续流二极管负载	$U_d = 0.9 U_2 \frac{1+\cos\alpha}{2}$
单相全控桥	1）电阻性负载 2）大电感负载加续流二极管负载	$U_d = 0.9 U_2 \frac{1+\cos\alpha}{2}$
	大电感负载	$U_d = 0.9 U_2 \cos\alpha$

（续）

可控整流电路	负载性质或 u_d 波形特点	直流输出电压 U_d
三相半波	u_d波形不连续，$\theta_T < 120°$	$U_d = 0.675U_2\left[1+\cos\left(\frac{\pi}{6}+\alpha\right)\right]$
	u_d波形连续，$\theta_T = 120°$	$U_d = 1.17U_2\cos\alpha$
三相全控桥	大电感负载	$U_d = 2.34U_2\cos\alpha$

2）I_d的计算

对含有反电动势的负载 $I_d = \dfrac{U_d - E}{R_\Sigma}$

对其他负载 $I_d = \dfrac{U_d}{R_d}$

3）晶闸管承受的最大反向电压：

单相主电路 $U_{TM} = \sqrt{2}U_2$

三相主电路 $U_{TM} = \sqrt{6}U_2$

（7）同一晶闸管电路在一定条件下，既可用作整流又能用于逆变的电路称为变流电路或变流器。

1）电压表达式

$$U_{d\alpha} = 1.17U_2\cos\alpha$$
$$U_{d\beta} = 1.17U_2\cos\beta$$
$$U_d = U_{d\alpha} = -U_{d\beta}$$

其中，$U_{d\alpha}$参考极性共阴极为正；$U_{d\beta}$参考极性共阳极为正。

2）有源逆变的条件：①触发延迟角 $\alpha > 90°$；②直流侧要有直流电源，且 $U_{d\beta} < E$。

3）最小逆变角 $\beta_{min} = 30°$。

（8）双向晶闸管的伏安特性是Ⅰ、Ⅲ象限对称的普通晶闸管的伏安特性，只要有适当的门极电流，管子就导通。双向晶闸管电流的额定值指有效值。

思考题与习题

一、填空题

10-1 晶闸管的内部结构可等效为（　　）个 PN 结，它的三个电极分别称为（　　）极、（　　）极和（　　）极。

10-2 单结晶体管的内部结构有（　　）个 PN 结，它的三个电极分别称为（　　）极、（　　）极和（　　）极。

10-3 型号为 KP10-8 的普通晶闸管，其 10 的含义是（　　），8 的含义是（　　）。

10-4 将直流电变成（　　）的电路称为逆变电路。逆变分为（　　）和无源逆变。将交流电直接送至电网则称为（　　）。

10-5 双向晶闸管的三个电极分别为（　　）、（　　）和（　　）。

二、单项选择题

10-6　将交流电变换成可控的直流电的过程称为（　　）。

a）交流调压　b）可控整流　c）有源逆变

10-7　晶闸管的内部等效电路图是图 10-44 中的（　　）图。

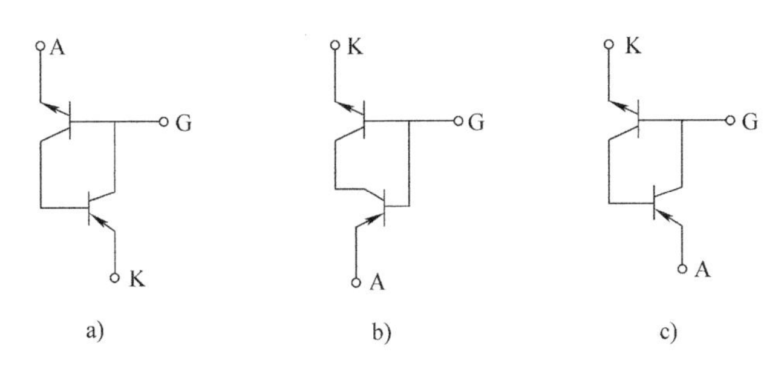

图 10-44　题 10-7 图

10-8　满足整流-电动机状态的电路图是图 10-45 中的（　　）图。

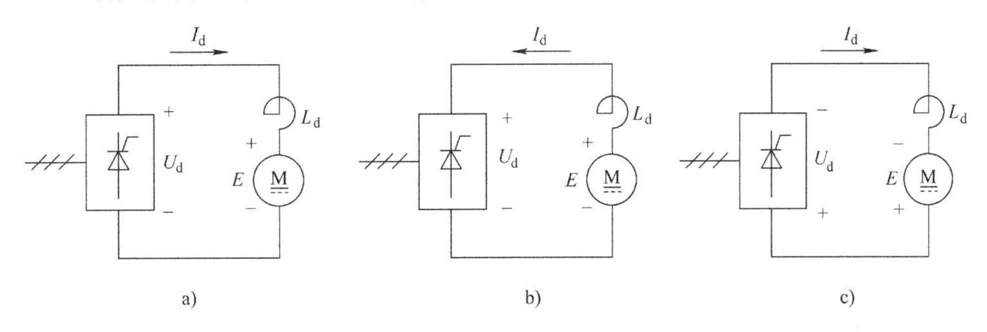

图 10-45　题 10-8 图

10-9　在电感性负载单相交流调压电路中，若负载的阻抗角为 φ，为使负载两端的电压可调，触发延迟角 α 的移相范围为（　　）

a）$0\sim90°$　　b）$\varphi\sim90°$　　c）$\varphi\sim180°$

10-10　某单相交流调光台灯电路如图 10-43 所示，其负载两端电压的正常波形图应该是图 10-46 中的（　　）图。

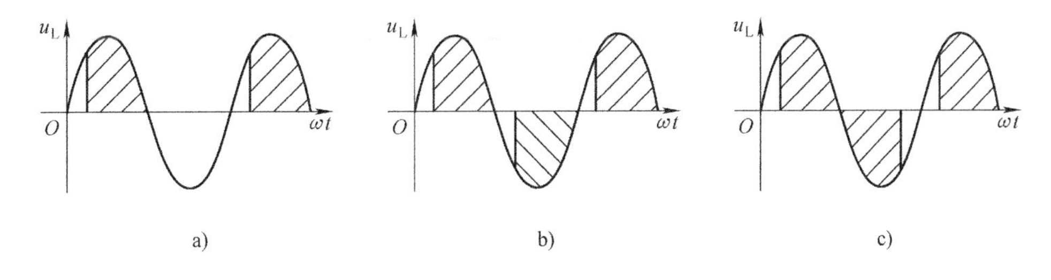

图 10-46　题 10-10 图

三、综合题

10-11　晶闸管的导通条件是什么？关断条件是什么？

10-12 晶闸管导通后，如断开门极的触发信号，结果怎样？

10-13 单相全控桥式整流电路如图10-47所示，u_2为电网电压，当u_2为正半周时，在$\alpha=30°$处，给VTH_1、VTH_3同时送入脉冲，过180°后，给VTH_2、VTH_4同时送入脉冲，试画出u_d及u_g的波形。

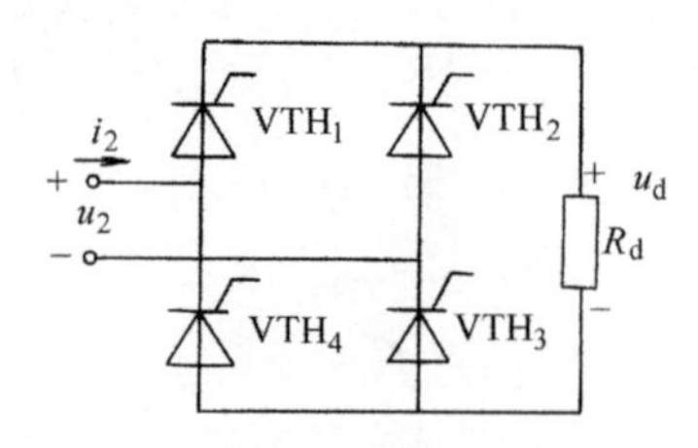

图10-47 题10-13图

10-14 三相半波可控整流电路带电动机负载并串入足够大的电感。已知$U_2=220V$，电动机负载电流为40A，电枢回路总电阻为0.2Ω。试求：

（1）$\alpha=60°$时流过晶闸管的平均电流I_{dT}，电动机的反电动势E。

（2）画出$\alpha=60°$时的u_d和i_d的波形。

10-15 三相全控桥整流电路带大电感负载，负载电阻$R_d=4\Omega$，要求负载电压从0～220V之间可调。试求：

（1）整流变压器二次电压U_2。

（2）画出$\alpha=60°$时的u_d和i_d的波形。

10-16 在图10-48中，一个工作在整流-电动机状态，另一个工作在逆变-发电机状态。

（1）标出U_d、I_d及E的方向。

（2）说明E和U_d的关系。

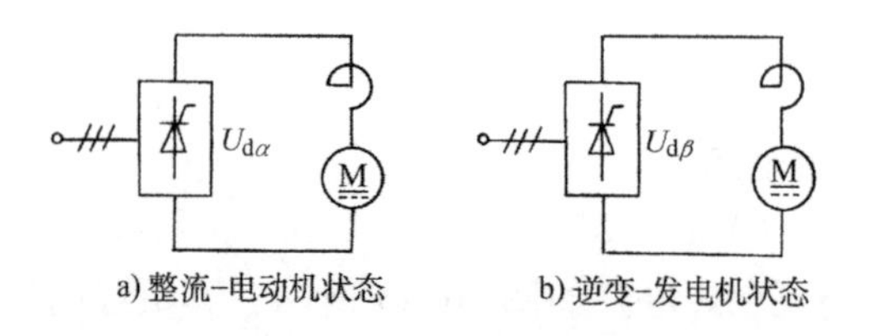

a) 整流-电动机状态　b) 逆变-发电机状态

图10-48 题10-16图

10-17 吊扇调速原理图如图10-38a所示。今要求全压起动吊扇，RP应调大还是调小？当需要小风量时，RP应怎样调节？

10-18 单相交流调光台灯电路原理图如图10-43所示。试画出$\alpha=60°$时，40W的白炽灯两端电压的波形，并求出此时输出交流电压、电流的有效值。

第十一章 全控型电力电子器件及应用

学习目标

通过本章的学习，你应达到：

(1) 了解全控型电力电子器件的工作原理。

(2) 理解变频调速的基本原理。

(3) 了解 PWM 逆变电路的原理。

(4) 理解直流斩波的概念。

第一节 全控型电力电子器件

全控型电力电子器件又称自关断器件，它是指门极的控制信号既可以控制其导通，又可以控制其关断的器件。目前常用的有电力晶体管（GTR），可关断晶闸管（GTO），电力场效应晶体管（MOSFET），绝缘栅双极型晶体管（IGBT），静电感应晶体管（SIT），静电感应晶闸管（SITH），MOS 晶体管（MGT），MOS 晶闸管（MCT）等。这些现代功率开关的发展，使电力电子技术由顺变时代走入今天的逆变时代，各种各样的 PWM 变频电路在新器件的支持下进入了机电一体化的实用领域。本节仅介绍前四种元件。

一、电力晶体管

电力晶体管（Giant Transistor）简称 GTR 或 BJT。它的电流是由电子和空穴两种载流子运动而形成的，故又称为双极型电力晶体管。具有控制方便、开关时间短、通态压降低、高频特性好等优点，因此被广泛应用于交流电动机调速、不间断电源（UPS）以及家用电器等中小容量的变流装置中。

1. 单管 GTR

GTR 的结构和工作原理及外形都与小功率晶体管非常类似，内部也是由三层硅半导体、两个 PN 结构成，它有 PNP 型和 NPN 型之分，其中 NPN 型应用最广。在共发射极接法中，GTR 也有三个工作区：截止区、放大区和饱和区。在电力电子电路中，GTR 工作在开关状态。GTR 的结构示意图和图形符号如图 11-1 所示。

GTR 是用基极电流来控制集电极电流的。当给基极注入驱动电流，经过 T_{on}（管子开通时间），集电极电流达到饱和值 I_{cs}，管子即饱和导通。欲使管子关断，通常给基极加一个负脉冲，经过 T_{off}（管子关断时间），集电极电流逐渐变为零，管子即截止关断。

GTR 的 T_{on} 一般为 0.5 ~ 3μs，而 T_{off} 约为 4 ~ 9μs。容量越大，开关时间也越长。在饱和状态 GTR 的通态损耗最小，但这种状态不利于 GTR 的关断。通常控制基极电流的大小，使 GTR 工作在临界饱和状态，一旦施加反向基极电流，器件可迅速退出饱和进入截止状态，使 T_{off} 减小。

2. 达林顿 GTR

达林顿结构的 GTR 由两个或多个晶体管复合而成，其类型由驱动管决定。如图 11-2a 所示为 NPN 型达林顿结构；图 11-2b 所示为 PNP 型。与单管 GTR 相比，达林顿结构提高了电流增益，但饱和压降增加。实用达林顿电路如图 11-2c 所示。R_1 和 R_2 提供反向电流通路，以提高复合管的温度稳定性；加速二极管 VD_1 的作用是输入信号反向关断 GTR 时，反向驱动信号经 VD_1 迅速加到 VT_2 基极，加速 GTR 关断过程。

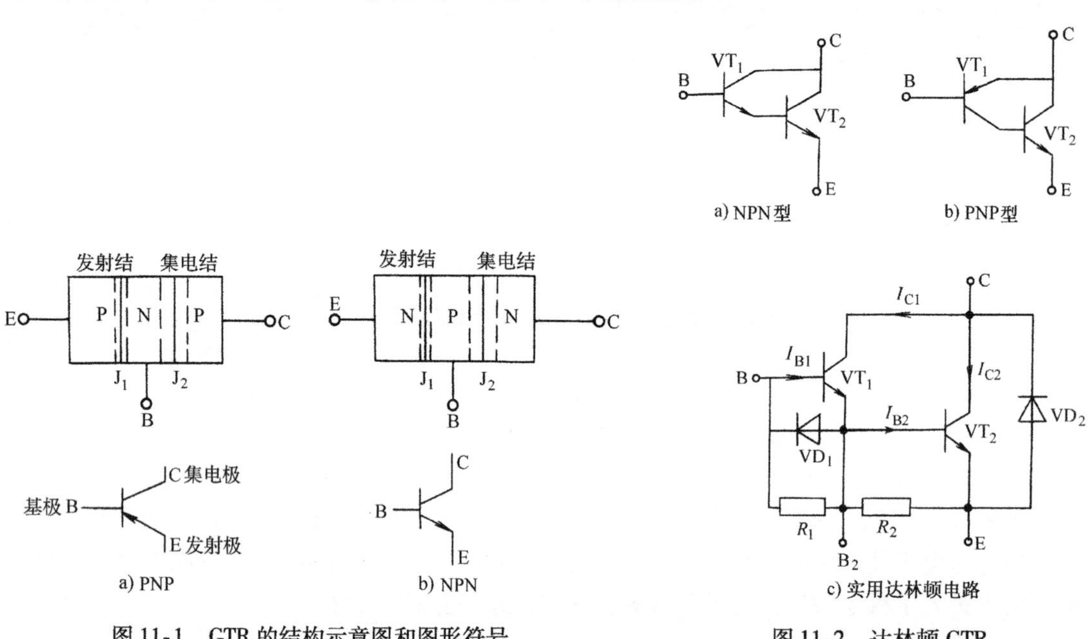

图 11-1　GTR 的结构示意图和图形符号

图 11-2　达林顿 GTR

3. 达林顿模块

作为大功率开关管应用最多的是 GTR 模块。目前其水平为 1800V/1000A，频率为 30kHz。它是将图 11-2c 中的 GTR 管芯、稳定电阻 R_1、R_2、加速二极管 VD_1 和续流二极管 VD_2 等组装成一个单元电路，将几个单元组装在一个外壳内构成模块。现已将上述单元电路集成化，大大提高了性价比。如图 11-3 所示是由两只三级达林顿 GTR 及其他辅助元件构成的单臂桥式电路模块。为了便于改善器件的开关过程和并联使用，中间级晶体管的基极均有引线引出，如图中的 BC_{11}、BC_{21} 等端子。

二、可关断晶闸管

可关断晶闸管（Giant Turn Off Thyristor）简称 GTO，是一种通过门极来控制器件导通和关断的电力电子器件。GTO 既具有普通晶闸管的优点（耐压高、电流大和价格低等），同时

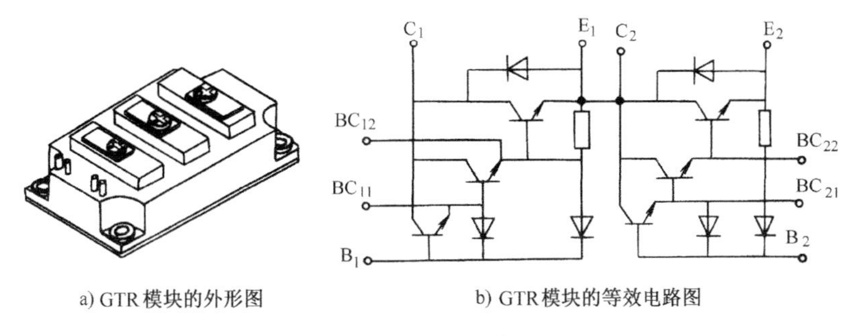

a) GTR 模块的外形图　　b) GTR 模块的等效电路图

图 11-3 GTR 模块

又具有 GTR 的优点（自关断能力）。GTO 主要用于直流斩波和逆变等需要强迫关断的电路中。目前的生产水平已达到 6000V、6000A，适用于开关频率在数百赫兹至 10kHz 的大功率场合。

GTO 结构原理和普通晶闸管相似，也是 PNPN 四层三端半导体器件，其结构、等效电路及图形符号如图 11-4 所示。图中 A、K、G 分别表示阳极、阴极和门极。其等效电路图中的 α_1 和 α_2 分别表示 PNP、NPN 晶体管共基极电流放大系数。与普通晶闸管不同的是，GTO 是一种多元的功率集成器件，其内部是由数以百计的小 GTO 元并联组成。这种特殊的结构除了对关断有利外，也使得 GTO 比普通晶闸管开通过程加快，承受 di/dt 的能力增强。

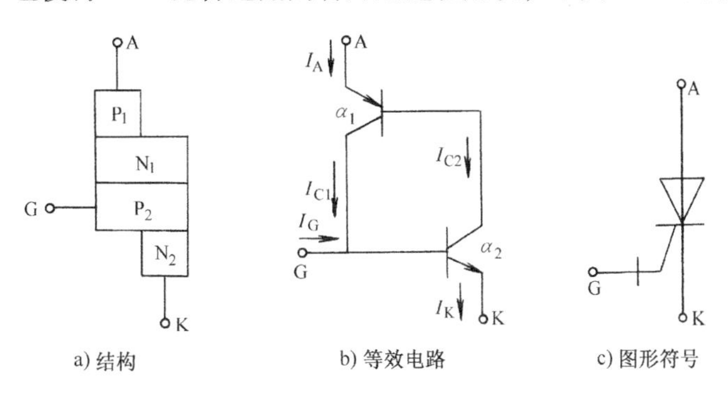

a) 结构　　b) 等效电路　　c) 图形符号

图 11-4 GTO 的结构、等效电路及图形符号

GTO 的导通原理和普通晶闸管类似，所不同的是关断机理。设 GTO 的阳极电压为正向电压，当在门极加正向触发电流 I_G 后，管子内部形成的强烈正反馈如下：

$$I_G\uparrow\rightarrow I_{C2}\uparrow\rightarrow I_A\uparrow\rightarrow I_{C1}\uparrow$$

随着晶体管 $N_2P_2N_1$ 的发射极电流、$P_1N_1P_2$ 发射极电流的增加，α_1 和 α_2 也增大。当 $\alpha_1+\alpha_2>1$ 时，两个等效晶体管均饱和导通。

与普通晶闸管不同的是 GTO 导通时，总的放大系数 $\alpha_1+\alpha_2$ 仅稍大于 1，使 GTO 处于临界饱和状态，使得门极负信号易于关断 GTO。

处于导通状态的 GTO，如果给门极加负关断脉冲，则 $P_1N_1P_2$ 晶体管的集电极电流 I_{C1} 将被从门极抽出形成 $-I_G$，使 $N_1P_2N_2$ 晶体管基极电流减少，在正反馈的作用下，使阳极电流 I_A 很快下降到零而关断。

三、电力场效应晶体管

电力场效应晶体管（Metal Oxide Semiconductor Field Effect Transistor）简称电力 MOSFET。它是一种单极型电压控制器件，具有自关断能力，且输入阻抗高，驱动功率小，开关速度快，工作频率可达1MHz，是近几年发展最快的一种全控型电力电子器件。目前，电力 MOSFET 的耐压水平为100V，电流为200A，开关时间仅13ns，因此它在小容量机器人传动器、荧光灯镇流器及各类高频开关电路中应用极为广泛。

电力 MOSFET 与小功率 MOS 管的工作机理是相同的，但为了提高电流容量和耐压能力，在芯片结构上却有很大不同：电力 MOSFET 采用小单元集成结构以提高通流容量，采用垂直导电排列以提高耐压能力。

电力 MOSFET 的种类和结构繁多，根据载流子的性质可分为 P 沟道和 N 沟道两种类型，但主要是 N 沟道增强型（栅极电压大于零时才存在导电沟道）。电力 MOSFET 的图形符号如图 11-5 所示，它有三个电极：栅极 G、漏极 D、源极 S。

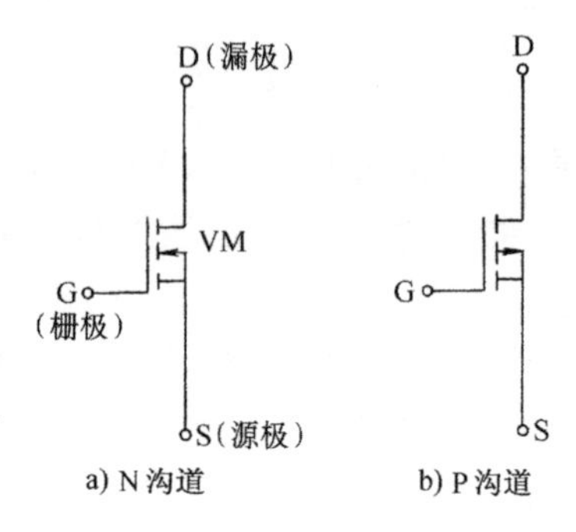

图 11-5 电力 MOSFET 的图形符号

电力 MOSFET 的工作原理与传统的 MOS 器件基本相同，当漏极 D 接电源正极，源极 S 接电源负极，栅源之间电压 U_{GS}为零或为负时，漏源之间无电流流过。若栅极和源极之间加正向电压即 $U_{GS}>0$，且 U_{GS}大于开启电压 U_T时，在栅极下面就形成了导电沟道，使管子导通，形成漏极电流 I_D；当 U_{GS}小于开启电压 U_T时，$I_D=0$，管子关断。U_{GS}超过 U_T越多，漏极电流 I_D 越大，所以电力 MOSFET 是电压控制器件。

由于电力 MOSFET 内部有一个寄生晶体管，所以 MOSFET 无反向阻断能力，即 $U_{DS}<0$，管子也导通，但此时 I_D 不受 U_{GS}的控制。

四、绝缘栅双极型晶体管

绝缘栅双极型晶体管（Insulated Gate Bipolar Transistor，IGBT），它是以场效应晶体管 MOSFET 作为基极，以电力晶体管 GTR 作为发射极与集电极复合而成。集 GTR 和 MOSFET 的优点于一身，既具有输入阻抗高、工作速度快、热稳定性好等特点，又有通态压降低、耐压高和承受电流大等优点，因此发展很快。目前，IGBT 产品已系列化，最大电流容量达1800A，最高电压达4500V，工作频率达50kHz。在电动机控制、中频电源、各种开关电源及其他高速低损耗的中小功率领域，IGBT 有取代 GTR 和 MOSFET 的趋势。

IGBT 的等效电路和图形符号如图 11-6 所示。其中，G、C、E 分别称为栅极、集电极和发射极。

当 $U_{CE}>0$ 且 $U_{GE}>U_T$时，场效应晶体管首先导通，从而给 PNP 电力晶体管提供了基极电流使之导通。当 $U_{GE}<U_T$或 $U_{CE}<0$ 时，场效应晶体管关断，使 PNP 电力晶体管基极电流为零而关断。所以，IGBT 也是全控型电力电子器件。

目前，IGBT 已发展成智能功能模块（IPM），该模块是先进的混合集成功率器件，由高速、低耗的 IGBT 芯片和优化的门极驱动及保护电路构成。其内置功能有 PWM（见本章第三节）控制电路和过电流、过电压保护电路等，提高了系统的可靠性。

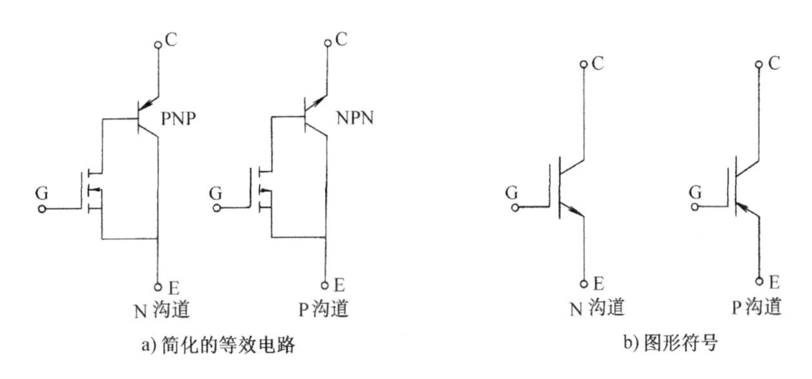

图 11-6　IGBT 的等效电路与图形符号

无论使用全控型电力电子器件，还是使用普通晶闸管，都应有缓冲保护电路，关于此内容，请参阅有关教材。

第二节　变频器的基本概念

随着电力电子技术的发展，相对于直流电动机而言，结构简单的异步电动机的变频调速得到了迅猛的发展。

对交流电动机实现变频调速的装置称为变频器。其功能是将电网提供的恒压恒频交流电变换成为变压变频的交流电，对交流电动机实现无级调速。

可控整流是将交流电变换成可调的直流电，这已在前面讲过。而逆变则是将直流电变成交流电。逆变电路又分为有源逆变和无源逆变电路。若将直流电变成和电网同频率的交流电，直接送回电网，则称为有源逆变；若将直流电逆变成某一频率或可变频率的交流电直接供给负载使用，则称为无源逆变。下面将要介绍的变频器中的逆变电路就是无源逆变，有时也称逆变器。

变频调速技术和节能紧密联系着，这就使变频器在恒压供水、自动生产线、提升机、电梯等设备有较好的应用前景。目前，已开发出 L1000A 电梯专用变频器，其部分性能已超出国外同类产品。

一、变频调速的基本原理

异步电动机的转速表达式为

$$n = \frac{60f_1}{p}(1-s) = n_0(1-s)$$

式中，f_1 是定子供电频率（Hz）；p 是磁极对数；s 是转差率；n 是电动机转速（r/min）。

由上式可知，只要平滑地调节异步电动机的供电频率 f_1，就可以平滑地调节异步电动机的同步转速 n_0，从而实现异步电动机的无级调速。

但事实上只改变 f_1 并不能正常调速，因为据电机学知

$$T_e \propto \phi_m$$

$$\phi_m \propto \frac{U_1}{f_1}$$

假设调速时只改变 f_1，设 $f_1\uparrow$，则 $\phi_m\downarrow$，于是电磁转矩 $T_e\downarrow$，这样电动机的拖动能力会降低，对恒转矩负载会因拖不动而堵转。若调节 $f_1\downarrow$，则 $\phi_m\uparrow$，会引起主磁通饱和，这样励磁电流急剧升高，会使定子铁心损耗 $I_m^2R_m$ 急剧增加。这两种情况都是实际运行中所不允许的。

由上可知，只改变频率 f_1，实际上并不能正常调速，在许多场合，要求在调节 f_1 的同时，调节定子供电电压 U_1 的大小，通过 U_1 和 f_1 的配合，实现不同类型的调频调速。

当 $f_1 \leqslant f_{1n}$ 时，对恒转矩负载，都采用电压频率比例调节，低频段加以电压补偿的恒转矩调速方式，即

$$\frac{U_1}{f_1}=\frac{U_{1n}}{f_{1n}}=\text{常数}$$

式中，f_{1n} 是定子供电额定频率；U_{1n} 是定子供电额定电压。

当 $f_1 > f_{1n}$ 时，对近似恒功率负载，采用只调节频率 f_1，而不调节电压 U_1 的控制方式，即

$$U_1 = U_{1n}$$

二、变频器的分类及结构形式

1. 变频器的分类

变频器的基本分类如下：

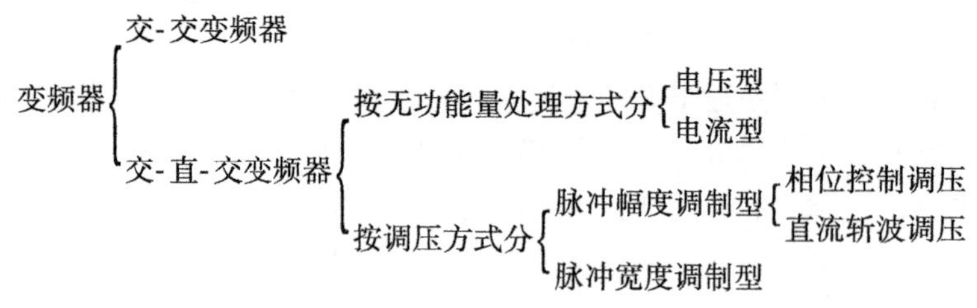

2. 变频器的结构形式

交-交直接变频器和交-直-交间接变频器的结构对比如图 11-7 所示。

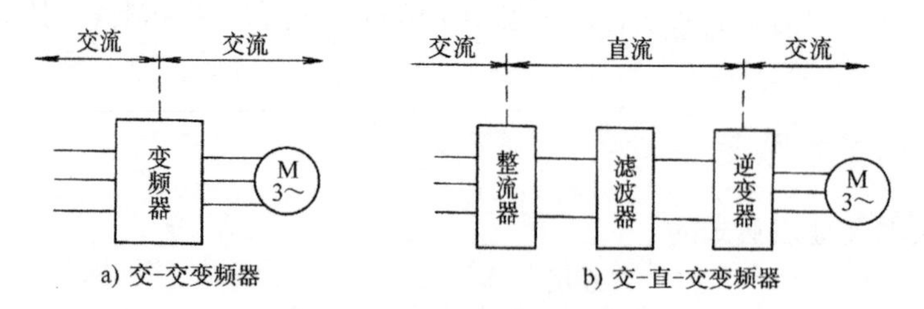

图 11-7 两种类型的变频器

交-直-交电压型变频器的结构形式如图 11-8 所示。

因直接变频器的输出最高频率仅为电网频率的 1/3，适用于如轧机、矿山卷扬、船舶推进等低速大功率的调速装置。所以，大多数场合采用的是间接变频器。

三、逆变器的基本原理与换流方式

变频器有三相和单相之分，下面以单相为例，介绍逆变器的基本原理与换流方式。

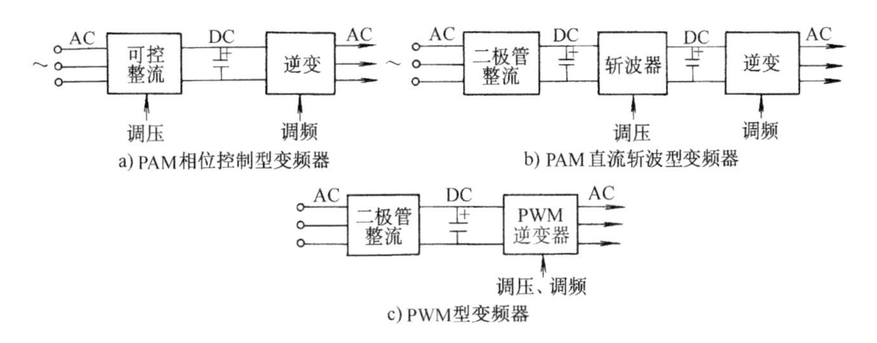

图 11-8　交-直-交电压型变频器的结构形式

图 11-9a 是单相桥式逆变电路原理图。图中开关 $S_1 \sim S_4$ 构成了桥式电路的四个桥臂，它们由电力电子器件及其辅助电路组成。当开关 S_1、S_4 闭合，S_2、S_3 断开时，$u_o = U_d$，反之 $u_o = -U_d$，其波形如图 11-9b 所示。这样就把直流电变成了交流电——无源逆变。显然，四个桥臂的切换频率就等于负载电压 u_o 的频率，若能控制其切换频率，u_o 的频率就可调节了。这就是逆变器的基本原理。

当负载为电阻性时，负载电流 i_o 和电压 u_o 的波形形状相同，如图 11-9b 所示。

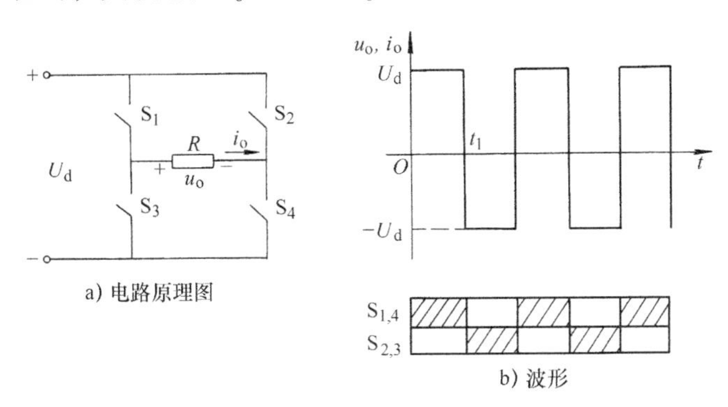

图 11-9　单相桥式逆变电路工作原理

如上所述，在 t_1 时刻出现了电流从 S_1 到 S_2 的转移。电流从一个臂向另一个臂顺序转移的过程称为换流或换相。无论臂是由晶闸管还是由全控型电力电子器件组成，只要给门极适当的信号，就可以使其导通，但器件的关断要比使器件导通复杂得多，因此，研究换相主要是研究如何使器件关断。在变频电路中，常用的换流方式有以下三种：

（1）器件换流　利用电力电子器件自身具有的全控型的自关断能力进行换流。

（2）负载换流　利用输出电流超前于电压（即电容性负载），如果超前的时间大于晶闸管的关断时间，就能保证晶闸管完全恢复正向阻断能力，从而实现电路可靠换流。

（3）强迫换流　由附加的换流回路，产生一个脉冲，使原来导通的晶闸管承受反向脉冲电压，并维持一段时间，迫使晶闸管可靠关断。

第三节　脉宽调制型变频器

在交-直-交变频器中，脉宽调制（PWM）型变频器已占居主导地位。它的基本原理是对逆变电路中的开关器件的通断进行有规律的控制，使输出端得到等幅不等宽的脉冲列，用这些脉冲列来代替正弦波。

一、PWM型变频器的基本工作原理

在采样控制理论中有一个重要的结论，即：冲量（脉冲的面积）相等而形状不同的窄脉冲（如图11-10所示），分别加在具有惯性环节的输入端，其输出响应波形基本相同。也就是说，无论脉冲的形状如何，只要脉冲的面积相等，其作用的效果基本相同。这就是PWM控制的重要理论依据。

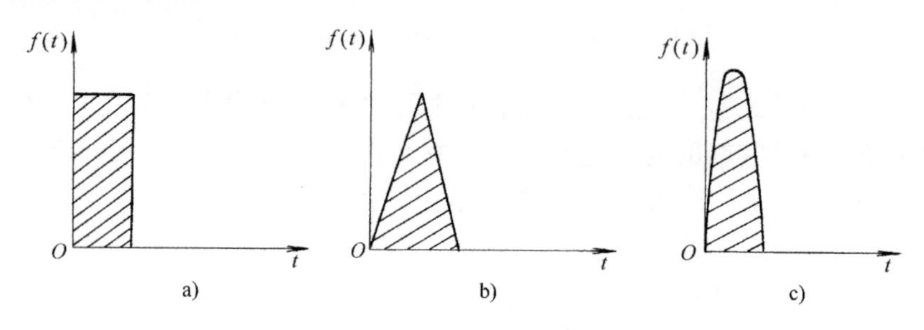

图11-10　形状不同而冲量相同的各种脉冲

PWM型变频器的基本原理示意图如图11-11a所示，设PWM逆变器的输出电压为等幅不等宽的脉冲列 u_o，异步电动机要求的输入电压为 u_i，波形如图11-11b所示。若用等幅不等宽的脉冲列来等效这个正弦半波，必须使其6个脉冲的阴影面积分别与相对应的等分的正弦半波6块阴影面积相等，其对异步电动机的作用效果就基本相同。

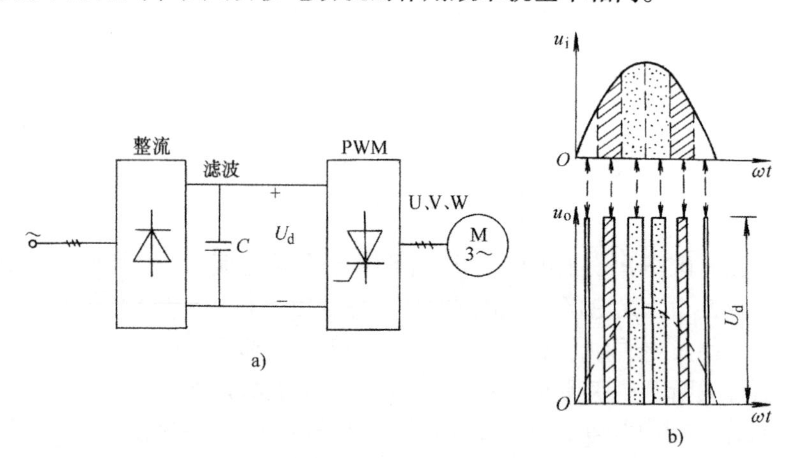

图11-11　PWM型变频器基本原理示意图

在PWM波形中，各脉冲的幅值为定值 U_d，即 U_d 直流电源为不可控整流电路，这就使整个装置控制简单，可靠性提高。若要改变与输出电压 u_o 等效的输入电压 u_i 的幅值，只要按一定比例改变脉冲列中各脉冲的宽度即可。

下面分别介绍单相和三相PWM型变频电路的控制方法与工作原理。

1. 单相桥式PWM型变频电路的工作原理

单相桥式PWM型变频电路原理图如图11-12所示。电路中 VT_1 ~ VT_4 为GTR自关断器件，负载为感性。控制方式可以采用单极性和双极性两种。

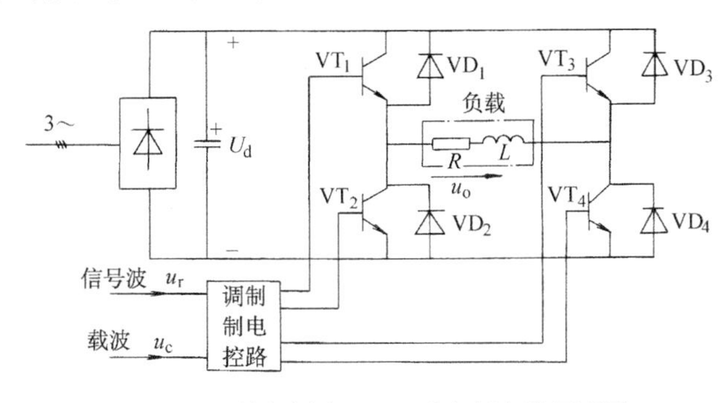

图 11-12 单相桥式 PWM 型变频电路原理图

（1）单极性 PWM 控制方式工作原理 单极性脉宽调制方法的特征是在半个周期内载波信号 u_c 是单极性的信号。那么，怎样得到 PWM 波形呢？

实用中采用调制控制，如图 11-13 所示，负载上想得到的正弦波作为调制信号 u_r，把接受调制的等腰三角波作为载波信号 u_c。调制信号 u_r 为正弦波的脉冲宽度调制叫正弦波脉冲宽度调制（SPWM）。对逆变桥 VT_1 ~ VT_4 的控制方法如下：

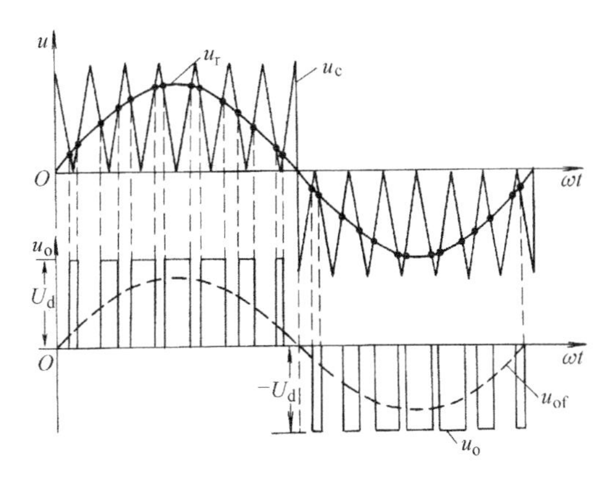

图 11-13 单极性 SPWM 调制波形

1）当 $u_r > 0$ 时，让 VT_1 一直保持通态，VT_2 为断态，在 u_r 与 u_c 正极性三角波交点处控制 VT_4 的通断。在 $u_r > u_c$ 各区间，控制 VT_4 为通态，则输出电压 $u_o = u_d$；在 $u_r < u_c$ 各区间，控制 VT_4 为断态，则 $u_o = 0$，此时，负载电流可通过 VD_3 和 VT_1 续流。

2）当 $u_r < 0$ 时，让 VT_2 一直保持通态，VT_1 为断态，在 u_r 与 u_c 负极性三角波交点处控制 VT_3 的通断。在 $u_r < u_c$ 各区间，控制 VT_3 为通态，则输出电压 $u_o = -u_d$；在 $u_r > u_c$ 各区间，控制 VT_3 为断态，则 $u_o = 0$，此时，负载电流可通过 VD_4 和 VT_2 续流。

图 11-13 中 u_o 的波形即是图 11-12 所示 PWM 变频电路单极性控制的输出电压 u_o 的波形（注：u_{of}为 u_o 的基波分量，该分量即是要等效的正弦波信号）。

（2）双极性 PWM 控制方式工作原理 双极性脉宽调制方法的特征是载波信号 u_c 是双极性的信号。如图 11-14 所示为双极性 SPWM 调制波形。对逆变桥 VT_1 ~ VT_4 的控制方法

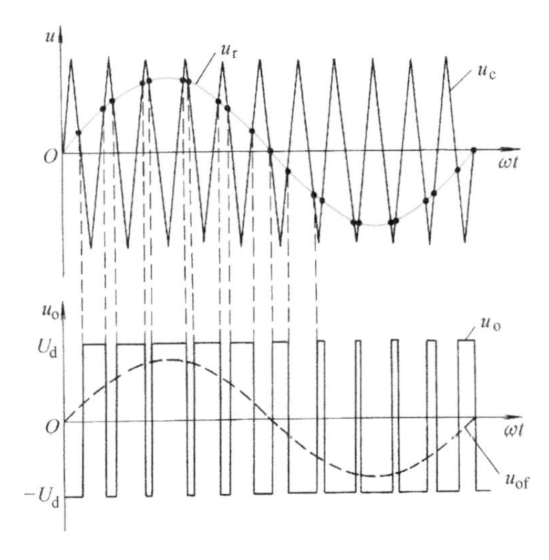

图 11-14 双极性 SPWM 调制波形

如下：

只要 $u_r>u_c$ 的各区间，给 VT_1 和 VT_4 导通信号，而给 VT_2 和 VT_3 关断信号，则 $u_o=u_d$；在 $u_r<u_c$ 的各区间，给 VT_2 和 VT_3 导通信号，而给 VT_1 和 VT_4 关断信号，则 $u_o=-u_d$。这样，逆变电路的输出电压 u_o 为两个方向变化等幅不等宽的脉冲列。

2. 三相桥式 PWM 变频电路的工作原理

三相桥式 PWM 变频电路原理图如图 11-15 所示。其中，三相弱电调制信号 u_{rU}、u_{rV}、u_{rW}为可变频变幅的对称普通正弦波，载波信号 u_c 可为单极性或双极性。VT_1 ~ VT_6 是电力晶体管，VD_1 ~ VD_6 二极管为感性负载换流过程提供续流回路。双极性 SPWM 调制波形如图 11-16 所示。以 U 相为例，其控制规律为：

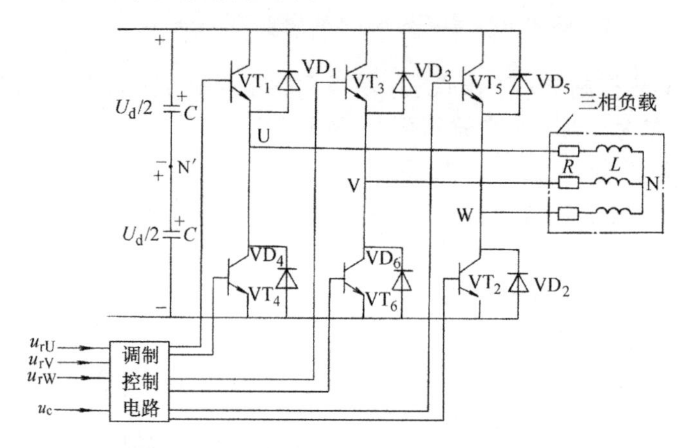

图 11-15　三相桥式 PWM 变频电路原理图

只要 $u_{rU}>u_c$，就导通 VT_1，封锁 VT_4，$u_{UN'}=U_d/2$；只要 $u_{rU}<u_c$，就封锁 VT_1，导通 VT_4，$u_{UN'}=-U_d/2$。

同理，可得 $u_{VN'}$、$u_{WN'}$的波形，如图 11-16 所示。据此，再求出各相的线电压 u_{UV}、u_{VW}、u_{WU}和相电压 u_{UN}、u_{VN}。

在双极性 PWM 控制方式中，理论上要求同一相上下两个桥臂的开关管驱动信号相反。但实际上，为了防止上下两个桥臂直通而造成直流电源短路，通常要求先施加关断信号，经过一定的延时，才给另一个施加导通信号，这个延时将给输出 PWM 波形带来偏离正弦波的不利影响。

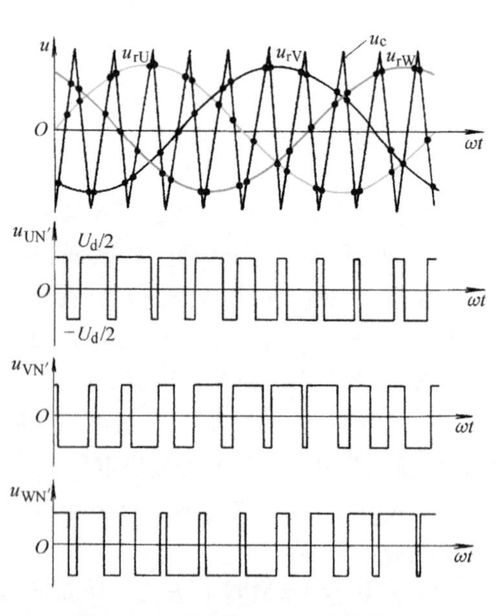

图 11-16　双极性 SPWM 调制波形

综上所述，调制信号 u_r 的幅值和频率将决定输出电压 u_o 的幅值和频率。

二、PWM 变频电路的调制控制方式

在 PWM 变频电路中，载波频率 f_c 与调制信号频率 f_r 之比，称为载波比，即 $N=f_c/f_r$。

（1）异步调制控制方式　如果在控制过程中载波比 N 不是常数，则称为异步式调制。

异步调制控制方式较为简单，但由于半个周期内，脉冲的个数和相位都不固定，使输出波形偏离了正弦波。当 N 越大，失真越小。

（2）同步调制控制方式　如果在控制过程中保持比值 N 为常数（一般取 3 的整数倍），则称为同步式调制。

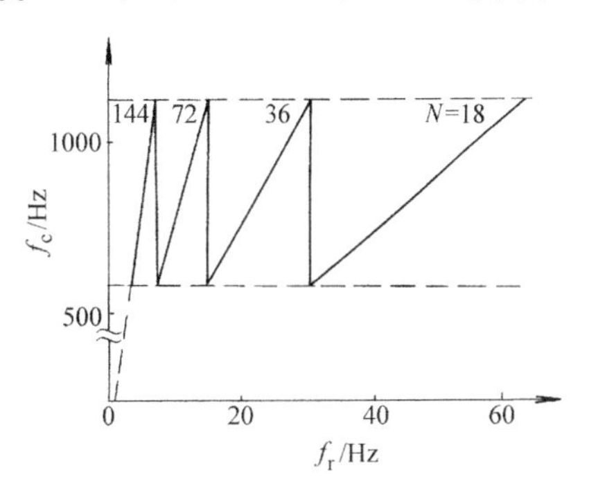

图 11-17　分级同步式控制方案

同步式调制控制方式相对较复杂，通常采用微机控制。由于半个周期内，脉冲的个数和相位都固定，使输出波形等效于正弦波。但输出电压频率很低时，f_c 随 f_r 一起减小，会引起转矩脉动。所以，应采用分级同步式调制方案，如图 11-17 所示。

第四节　直 流 斩 波

将直流电源的恒定电压，通过电力电子器件的开关控制，变换成可调的直流电压的装置称为直流斩波器。它具有效率高，体积小以及成本低等优点，广泛应用于直流牵引的变速拖动中，如地铁、城市电车、电瓶搬运车等。

一、直流斩波器的控制方式

在直流斩波电路中，电力电子开关器件的阳极始终承受正电压，要使管子关断，有两个途径：①采用普通晶闸管或逆导晶闸管，增加关断晶闸管的附加电路。②采用全控型电力电子器件。

通常直流斩波器主电路是由直流电源、电力电子开关器件、直流串励牵引电动机负载等组成，如图 11-18a 所示。其控制方式有如下三种：

（1）定频调宽控制　定频调宽控制是指主开关管的通断周期 T 不变，而改变每次导通的时间 τ，使输出脉冲宽度改变，从而改变斩波器输出电压的平均值，如图 11-18b 所示。

（2）定宽调频控制　定宽调频控制是指主开关导通时间 τ 不变，而改变通断周期 T 的控制方式，如图 11-18c 所示。

（3）调频调宽控制　调频调宽控制是既调周期 T，又调脉宽 τ 的控制方式，如图 11-18d 所示。

二、逆导晶闸管直流斩波器

逆导晶闸管是普通晶闸管和整流二极管并联的二合一新型器件，符号如图 11-19a 所示。逆导晶闸管型号为 KN，例如，KN100/50-8，它表示晶闸管额定电压为 800V，额定电流为 100A，而整流二极管的额定电流为 50A。

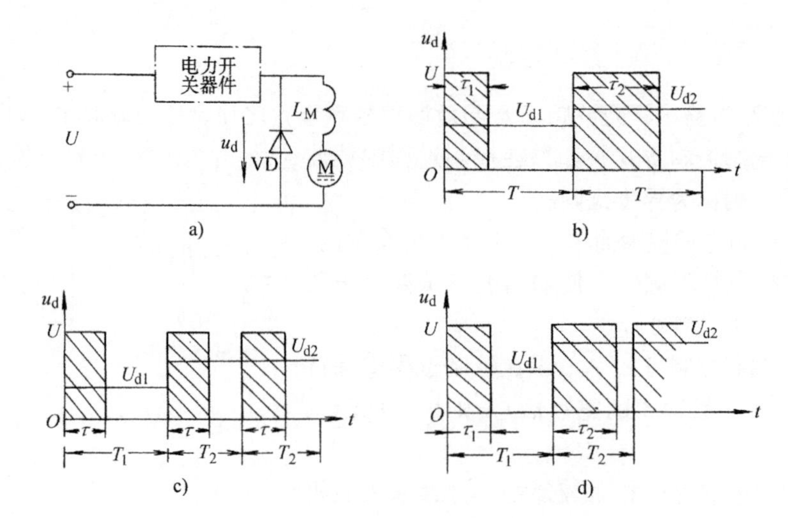

图 11-18　直流斩波器原理图及控制方式

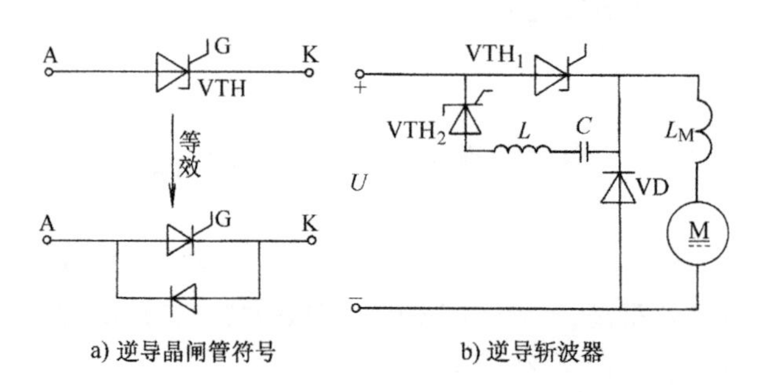

图 11-19　逆导晶闸管与逆导斩波器

L、C 放电振荡回路的原理及波形如图 11-20 所示。当 S 闭合，L、C 放电振荡的结果是 C 两端的电压极性反过来。在图 11-19b 所示的定频调宽逆导斩波器电路中，当电源 U 接通

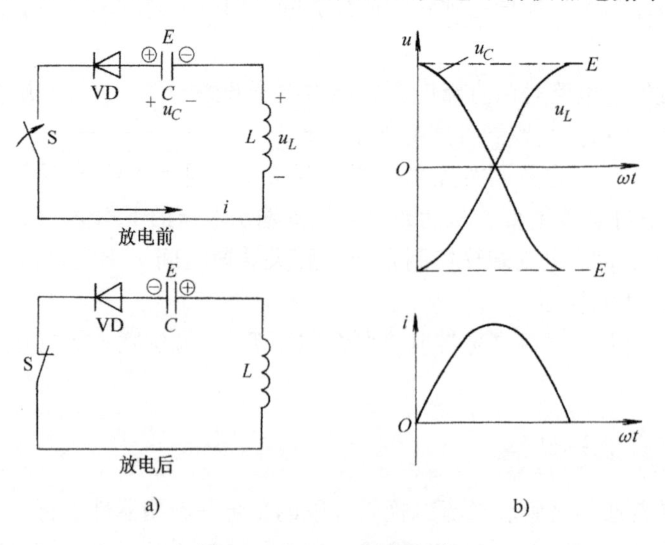

图 11-20　L、C 放电振荡

后，C 两端的电压极性是左正右负；VTH_1 触发导通后，若想关断 VTH_1，需触发 VTH_2 导通，L、C、VTH_2、VTH_1 形成放电振荡回路，使 C 两端的电压极性反过来为左负右正；之后，又反方向经 VTH_1、VD_2、L、C 振荡放电，当放电电流等于 VTH_1 提供给负载的电流后，使 VTH_1 关断。之后，放电电流流向 VD_1、直到放电结束，C 两端的电压极性重新回到左正右负，为下个周期做好准备。

三、GTO（或 GTR）直流斩波器

据统计，用全控型电力电子器件组成的斩波器比普通晶闸管组成的斩波器可使整机体积缩小 40%，质量减轻 30%，且噪声低、控制性能好。

GTO 和 GTR 组成的直流斩波电路如图 11-21 所示。

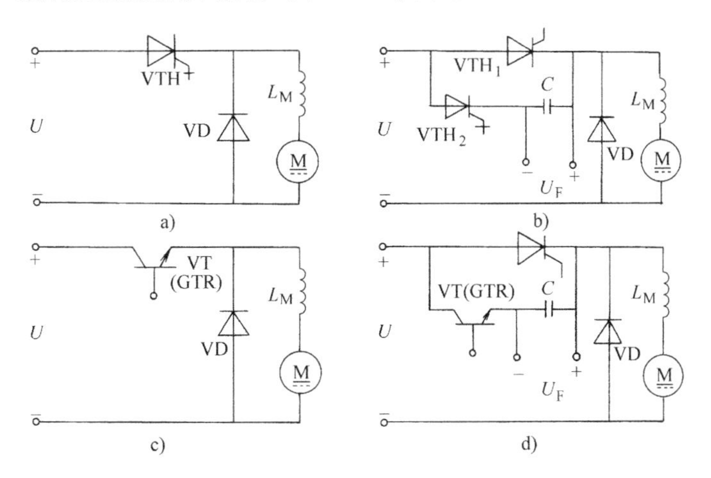

图 11-21 GTO 和 GTR 的斩波电路

直接采用 GTO 作主控开关的斩波电路如图 11-21a 所示，对 GTO 施加正脉冲时 VTH 导通，直流电源向负载供电；当给 VTH 门极负脉冲时，GTO 便关断，直流电源停止向负载供电，负载电流经续流二极管 VD 续流。

间接采用 GTO 的斩波电路如图 11-21b 所示，该电路主控开关是普通晶闸管 VTH_1，VTH_2、C 是为关断 VTH_1 而设的附加电路。当要关断 VTH_1 时，触发 VTH_2 导通，与之串联的辅助关断直流电源 U_F 给 VTH_1 施加反向电压，使 VTH_1 关断；之后，再给 VTH_2 门极送入负脉冲使 VTH_2 关断。

GTR 组成的斩波电路如图 11-21c、d 所示，其工作原理分别与图 11-21a、b 相似。

本章小结

（1）电力电子器件，又称电力半导体器件，分为不可控型（如整流二极管），半控型（又称可控导通型，如普通晶闸管、双向晶闸管等）和全控型（又称可控导通关断型或称自关断型，如 GTR、GTO、MOSFET、IGBT 等）。

（2）全控型电力电子器件导通与关断条件小结

器件简称	GTR	GTO	MOSFET	IGBT
导通条件	基极注入驱动电流	同普通晶闸管	$U_{GS} > U_T$	$U_{CE} > 0$ 且 $U_{GE} > U_T$
关断条件	基极加负脉冲	门极加负脉冲	$U_{GS} < U_T$	$U_{GE} < U_T$ 或 $U_{CE} < 0$

（3）异步电动机变频调速 U/f 控制方式要通过 U_1 和 f_1 的配合才能实现。

当 $f_1 \leqslant f_{1n}$ 时，对恒转矩负载，采用 U_1/f_1 为常数的比例调节，低频段加以补偿。

当 $f_1 > f_{1n}$ 时，对恒功率负载，调频率，不调电压。

（4）变频电路中，常用的换流方式有三种：①器件换流，②负载换流，③强迫换流。

（5）PAM 和 PWM 型变频器

PAM 是脉冲幅度调制型变频器，包括相位控制调压和直流斩波调压。

PWM 是脉冲宽度调制型变频器，其中调制信号是正弦波的叫正弦波脉冲宽度调制型变频器，用 SPWM 表示。

（6）直流斩波的控制方式有三种：①定频调宽控制，②定宽调频控制，③调频调宽控制。

思考题与习题

一、填空题

11-1 填写下列器件电路图符号：GTO（　　　　）、N 沟道 IGBT（　　　　）、GTR（　　　　）、N 沟道功率 MOSFET（　　　　）。

11-2 可关断晶闸管简称（　　　　），电力场效应晶体管简称（　　　　），电力晶体管简称（　　　　），绝缘栅双极型晶体管简称（　　　　）。

11-3 电力电子器件按其开关控制性能可分为不控型器件、（　　　　）和（　　　　）。

11-4 将直流电源的（　　）电压，通过电力电子器件的开关控制，变换为（　　）的直流电压的装置称为直流斩波器。

11-5 变频器的主要功能是将电网的（　　　　）交流电，变换成为（　　　　）的交流电，可以对交流电动机实现无级调速。

二、单项选择题

11-6 GTO 的全称是（　　）。

a）可关断晶闸管　　b）绝缘栅双极型晶体管　　c）电力晶体管

11-7 将直流电变成交流电的过程称为（　　）。

a）整流　　b）有源逆变　　c）逆变

11-8 将交流电变成直流电的过程称为（　　）。

a）整流　　b）可控整流　　c）直流斩波

11-9 逆导晶闸管是（　　）器件。

a）全控型电力电子器件　　b）半控型电力电子器件　　c）不可控型电力电子器件

11-10 PWM 型变频器不存在（　　）环节。

a）二极管整流　　b）可控整流　　c）逆变

三、综合题

11-11　试区分并简述下列概念：

（1）无源逆变和有源逆变。

（2）PAW 和 PWM。

（3）交流调压和直流斩波。

（4）普通晶闸管和全控型电力电子器件。

11-12　变频调速的两种控制方式是什么？

11-13　试简述直接变频器和间接变频器的特点。

11-14　变频电路中，常用的换流方式有哪几种？

11-15　试比较单极性 SPWM 和双极性 SPWM 的原理，并说明 SPWM 中的“S”是何意思？

11-16　直流斩波器的控制方式有哪几种，试用图说明。

附　　录

附录A　常用阻容元件的标称值

电阻的标称阻值和云母电容、瓷介电容的标称电容量，符合表中所列标称值（或表列数值乘以10^n，其中n为正整数或负整数）。

E24	E12	E6	E24	E12	E6
允许误差 ±5%	允许误差 ±10%	允许误差 ±20%	允许误差 ±5%	允许误差 ±10%	允许误差 ±20%
1.0	1.0	1.0	3.3	3.3	3.3
1.1			3.6		
1.2	1.2		3.9	3.9	
1.3			4.3		
1.5	1.5	1.5	4.7	4.7	4.7
1.6			5.1		
1.8	1.8		5.6	5.6	
2.0			6.2		
2.2	2.2	2.2	6.8	6.8	6.8
2.4			7.5		
2.7	2.7		8.2	8.2	
3.0			9.1		

电阻器的阻值及精度等级一般用文字或数字印在电阻器上，也可用色点或色环表示。对不标明等级的电阻器，一般为±20%的偏差。用色环表示阻值及精度的方法见表1-2和表1-3。

附录 B　国产部分检波与整流二极管主要参数

部标型号	旧型号	最大整流电流 I_{FM}/mA	最大整流电流时的正向压降 U_F/V	反向工作峰值电压 U_{RM}/V
2AP1		16	≤1.2	20
2AP2		16		30
2AP3		25		30
2AP4		16		50
2AP5		16		75
2AP6		12		100
2AP7		12		100
2CZ52A	2CP10	100	≤1.5	25
2CZ52B	2CP11			50
2CZ52C	2CP12			100
	2CP13			150
2CZ52D	2CP14			200
	2CP15			250
2CZ52E	2CP16			300
	2CP17			350
2CZ52F	2CP18			400
2CZ52G	2CP19			500
2CZ52H	2CP20			600
2CZ55C	2CZ11A	1000	≤1	100
2CZ55D	2CZ11B			200
2CZ55E	2CZ11C			300
2CZ55F	2CZ11D			400
2CZ55G	2CZ11E			500
2CZ55H	2CZ11F			600
2CZ55J	2CZ11G			700
2CZ55K	2CZ11H			800
	2CZ12A	3000	≤0.8	50
2CZ56C	2CZ12B			100
2CZ56D	2CZ12C			200
2CZ56E	2CZ12D			300
2CZ56F	2CZ12E			400
2CZ56G	2CZ12F			500
2CZ56H	2CZ12G			600

附录C 国产部分硅稳压管主要参数

部标型号	旧型号	稳定电压 U_Z/V	稳定电流 I_{FM}/mA	耗散功率 P_Z/mW	最大稳定电流 I_{ZM}/mA	动态电阻 r_z/Ω
测试条件		工作电流等于稳定电流	工作电流等于稳定电流	-60 ~ +50℃	-60 ~ +50℃	工作电流等于稳定电流
2CW52	2CW11	3.2 ~ 4.5	10	250	55	≤70
2CW53	2CW12	4 ~ 5.5	10	250	45	≤50
2CW54	2CW13	5 ~ 6.5	10	250	38	≤30
2CW55	2CW14	6 ~ 7.5	10	250	33	≤15
2CW56	2CW15	7 ~ 8.5	5	250	29	≤15
2CW57	2CW16	8 ~ 9.5	5	250	26	≤20
2CW58	2CW17	9 ~ 10.5	5	250	23	≤25
	2CW18	10 ~ 12	5	250	20	≤30
2CW60	2CW19	11.5 ~ 14	5	250	18	≤40
	2CW20	13.5 ~ 17	5	250	15	≤50
2DW230	2DW7A	5.8 ~ 6.6	10	200	30	≤25
2DW231	2DW7B	5.8 ~ 6.6	10	200	30	≤15
2DW232	2DW7C	6.1 ~ 6.5	10	200	30	≤10

注：型号

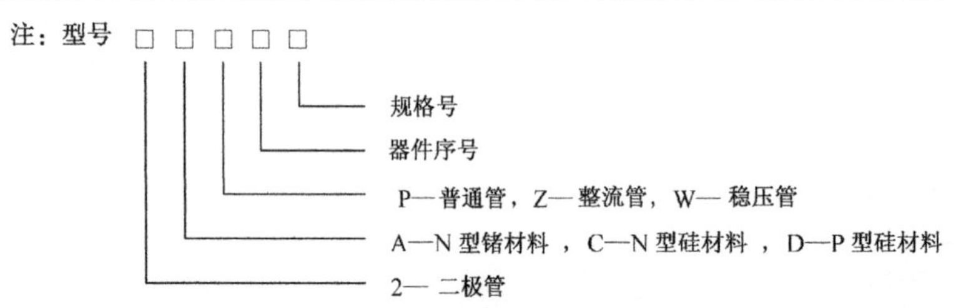

部分思考题与习题答案

第一章

1-1　图a　$U_{ab}=30V$，图b　$I=0.5A$，图c　$U_{ab}=6V$，图d　$I=0A$

1-2　$I=1A$；1-3　$U_{ab}=28V$；1-4　$V_a=15V$，$V_b=13V$，$V_c=3V$，$I=0.5A$

1-5　图a　2.67Ω，图b　0Ω，图c　2.4Ω，图d　1.33Ω，图e　6Ω

1-6　a；1-7　c；1-8　b；1-9　a；1-10　b

1-11　6V；－1V；6W

1-12　11V；0.5A；4.5A；2.4Ω

1-13　5A；25V

1-14　10V；10kΩ；15kΩ

1-15　7V

1-17　1A

1-18　8.08；1.92；1.73；5.19

1-20　22.5kΩ；475kΩ；2000kΩ

1-21　0.2778Ω；27.5Ω；250Ω

1-22　2A，5Ω；7A，2Ω；20V，4Ω；20V，2Ω

1-23　16V，4Ω；－7V，12Ω

1-24　3A

1-26　4A

1-27　$(40-20e^{-400t})V$；$40e^{-400t}mA$

第二章

2-1　功率因数角，相位差；2-2　初相位，瞬时值，相位差

2-3　瞬时值，相量，有效值；2-4　设备，电流，能量损耗；2-5　为零

2-6　b；2-7　a；2-8　d；2-9　c；2-10　b

2-11　$u=310\sin(314t+30°)V$

2-12　$i=8\sin(\omega t+\pi/3)A$

2-13　$u=100\sin(314t+70°)V$；$i=10\sin(314t-20°)A$；90°

2-14　10A；220V

2-15 537V

2-16 2.5+j4.3；j20；31.7−j14.8；−110+j190.5；6+j8；−100

2-17 $10\angle 36.9^\circ$；$64.5\angle -60.3^\circ$；$23.3\angle -121^\circ$；$3.6\angle 146.3^\circ$；$13.4\angle -26.6^\circ$；$8\angle 90^\circ$

2-18 9+j8；3+j12；$42.1\angle 25.4^\circ$；$3.2\angle 92.7^\circ$

2-19 18.7−j12.3；$200\angle -30^\circ$

2-20 $220\angle 0^\circ$V；$10\angle 30^\circ$V；$5\angle -60^\circ$A

2-22 $5.7\sqrt{2}\sin(300t-14.96^\circ)$A

2-23 $311\sqrt{2}\sin(\omega t-75^\circ)$V

2-24 $2\sqrt{2}\sin(314t-60^\circ)$A

2-25 250W；$50\sqrt{2}\sin(314t+\pi/4)$V

2-26 18Ω；2688.9var；$12.2\sqrt{2}\sin(300t-90^\circ)$A

2-27 0.14H

2-28 $2\sqrt{2}\sin(100t+90^\circ)$A；800var

2-29 29μF

2-30 0；11.3A；8A

2-31 141.4V；100V

2-32 $3.7\sqrt{2}\sin(\omega t-60^\circ)$A

2-33 $4.4\angle 60^\circ$A；$110\angle 60^\circ$V；$190.5\angle -30^\circ$V

2-34 $23.9\angle -65.3^\circ\Omega$；容性；$37.7\angle 74.6^\circ\Omega$；感性

2-35 125W；125var；176.8V·A

2-36 $18.19\angle 33.61^\circ\Omega$

2-37 $4.09\angle -68.2^\circ$A

2-38 43.33Ω

2-39 13.18μF；92.31A；66.67A

2-40 10^4rad/s；2A；8kV；160

第 三 章

3-1 振幅相等，角频率相等，相位彼此相差120°；3-2 正序，负序，正序

3-3 线电压，相电压，线电流，相电流；3-4 $\sqrt{3}$倍，30°；3-5 $\sqrt{3}$倍，30°

3-6 b；3-7 c；3-8 c；3-9 a；3-10 d

3-11 $220\angle -30^\circ$V，$220\angle -150^\circ$V；$380\angle 0^\circ$，$380\angle -120^\circ$V，$380\angle 120^\circ$V

3-12 $10\angle -150^\circ$A；$10\angle 90^\circ$A；$\dot{I}_U+\dot{I}_V+\dot{I}_W=0$

3-13 $10\angle 0^\circ$A；$10\angle 120^\circ$A；$10\sqrt{3}\angle -30^\circ$A $10\sqrt{3}\angle -150^\circ$A；$10\sqrt{3}\angle 90^\circ$A

3-14 $5.5\angle -60^\circ$A；$5.5\angle -180^\circ$A；$5.5\angle 60^\circ$A

3-15 $2.2\angle 0^\circ$A；$2.2\angle -120^\circ$A；$2.2\angle 120^\circ$A；$\dot{I}_N=0$

3-16 $1.9\angle -60^\circ$A，$1.9\angle -180^\circ$A，$1.9\angle 60^\circ$A；$3.3\angle -90^\circ$A，$3.3\angle 150^\circ$A，$3.3\angle 30^\circ$A

3-17 （1）2.2A，2.2A；（2）3.8A，6.6A

3-18 0.87；3.9kW

第 四 章

4-1 电磁感应；4-2 电压，电流，阻抗；4-3 110V，330V；

4-4 电压变化率，效率；4-5 磁耦合，电的直接联系

4-6 b；4-7 b；4-8 b；4-9 a；4-10 b

4-12 $N_{21}=220$ 匝；$N_{22}=72$ 匝

4-13 增大；$N_2'=85$ 匝

4-15 $U_{2N}=229.2V$

第 五 章

5-1 直流电，机械，电磁力

5-2 全压起动，减压起动，电枢回路串电阻起动，改变电枢电流方向，改变电枢电压极性

5-3 $n=(1-s)n_1=60(1-s)f_1/p$，变极调速，变频调速，改变转差率调速

5-4 不能，电容分相，电阻分相

5-5 电脉冲信号，角位移或直线位移，脉冲频率

5-6 c；5-7 b； 5-8 a； 5-9 a；5-10 b

5-11 $P_1=17.6kW$；$I_N=80.2A$

5-13 $s=0.0233$

5-14 $I_N=5.04A$；$S_N=0.0533$；$T_N=14.8N \cdot m$

5-15 $\cos\varphi=0.87$；$T_N=194.9\ N \cdot m$；$s=0.02$

5-16 $T_N=196.9\ N \cdot m$；$T_m=393.8N \cdot m$；$T_{st}=354.4\ N \cdot m$

5-17 1）能 $T_{st}=65.6\ N \cdot m$；2）不能 $T'_{st}=42.04N \cdot m$

第 六 章

6-1 单向导电；最大整流电流；最高反向工作电压；反向电流

6-2 0.1V；0.5V

6-3 交流；直流

6-4 发射；集电

6-5 电流控制电流；电压控制电流

6-6 相反；相同

6-7 开路，短路，短路

6-8 差动放大；好；大；差模电压放大倍数与共模电压放大倍数

6-9 阻容；变压器；直接；光电

6-10 a；6-11 b；6-12 a；6-13 b

6-14 a；6-15 b；6-16 b；6-16 a

6-17 a）0V；b）6V；c）−12V

6-18 13.5V，6.75mA

6-19 89V

6-20 （1）$I_{BQ}=25.5\mu A$；$I_{CQ}=2.55mA$；$U_{CEQ}=4.35V$

（2）$A_u\approx-115.4$；$r_i=1.3k\Omega$；$r_o\approx3k\Omega$

6-21 $U_{BQ}=4V$；$U_{EQ}=3.3V$；$I_{CQ}\approx I_{EQ}=1.65mA$；$I_{BQ}\approx0.033mA$；$U_{CEQ}\approx10.225V$

6-22 $r_i=67.6k\Omega$；$r_o=22\Omega$

6-23 10^5；100dB

6-24 $u_{od}=10mV$；$u_{oc}=0.20005mV$

第 七 章

7-1 直接，输入，中间，输出，差动；7-2 同相，反向，差动

7-3 静态工作点，放大倍数，通频带，非线性失真

7-4 电压，减小，增强，输出电流，增大，增大，减小

7-5 电压并联，电压串联，电流并联，电流串联

7-6 a；7-7 c；7-8 b；7-9 b；7-10 c

7-11 −5V；−13V；+10V；+13V

7-13 −2；6.67kΩ

7-14 12kΩ；27kΩ

7-15 −7.5V

7-16 −3V

7-18 $u_o=-\frac{R_f}{R_1}u_i$；$u_o=\frac{R_5}{R_4}\times\frac{R_2}{R_1}u_{i1}+\left(1+\frac{R_5}{R_4}\right)u_{i2}$

第 八 章

8-1 BCD

8-2 与；或；非

8-3 真值表；逻辑函数表达式；逻辑图

8-4 TTL；CMOS

8-5 编码器；译码器；数据选择器

8-6 a；8-7 c；8-8 b、c；8-9 a、c；8-10 b

8-11 $(1011)_2=(11)_{10}$；$(11010)_2=(26)_{10}$；$(1110101)_2=(117)_{10}$；$(110101)_2=(53)_{10}$；$(10100011)_2=(163)_{10}$；$(11111111)_2=(255)_{10}$

8-12 $(10101111)_2=(AF)_{16}$；$(1001011)_2=(4B)_{16}$；$(10101001101)_2=(54D)_{16}$；$(1001110110)_2=(276)_{16}$

8-13 $(5E)_{16}=(1011110)_2$；$(2D4)_{16}=(1011010100)_2$；$(47)_{16}=(1000111)_2$；$(6CA)_{16}=(11011001010)_2$；$(F0)_{16}=(11110000)_2$

8-14 $(37)_{10}=(00110111)_{8421BCD}$；$(312)_{10}=(001100010010)_{8421BCD}$；$(86)_{10}=(10000110)_{8421BCD}$；$(47)_{10}=(01000111)_{8421BCD}$

8-15 (1) 010、100、101、110；(2) 011、101、110、111；
(3) 010、100、101

8-16 $L = A\overline{B} + B\overline{C}$；$L = \overline{\overline{AB} \cdot \overline{BC} \cdot \overline{AC}}$

8-19 图 a、b、d、e、g 是正确的

8-20 1000；1000；0001；1111

8-21 $Z = \overline{A}BC + \overline{A}B + AB\overline{C}$

第 九 章

9-1 原来的状态

9-2 触发器

9-3 上升沿（正边沿）；下降沿（负边沿）

9-4 1；0

9-5 数码；移位

9-6 a；9-7 c；9-8 b；9-9 a；9-10 c

9-16 16；256；1024

9-17 2；3；3；4；6

9-19 13；65

第 十 章

10-1 3；阳；阴；门或控制

10-2 1；第一基；第二基；发射

10-3 额定电流 10A；额定电压 8 级即 800V

10-4 交流电；有源逆变；有源逆变

10-5 T1 第一阳极；T2 第二阳极；G 门极

10-6 b；10-7 c；10-8 a；10-9 c；10-10 b

10-14 (1) 13.3A；120.7V

10-15 (1) 94V；

10-18 197.3V；0.16A

第 十 一 章

11-2 GTO；MOSFET；GTR；IGBT

11-3 半控型器件；全控型器件

11-4 恒定电压；可控

11-5 恒压恒频，变压变频

11-6 a；11-7 c；11-8 a；11-9 b；11-10 b

参 考 文 献

[1] 申凤琴. 电工电子技术基础 [M]. 2版. 北京：机械工业出版社，2012.
[2] 孟宪芳. 电机及拖动基础 [M]. 3版. 西安：西安电子科技大学出版社，2015.
[3] 于建华. 电工电子技术基础 [M]. 2版. 北京：人民邮电出版社，2011.
[4] 周德仁. 维修电工与实训 [M]. 北京：人民邮电出版社，2006.
[5] 沈任元，吴勇. 数字电子技术基础 [M]. 2版. 北京：机械工业出版社，2009.
[6] 沈任元，吴勇. 模拟电子技术基础 [M]. 2版. 北京：机械工业出版社，2009.
[7] 莫正康. 电力电子应用技术 [M]. 3版. 北京：机械工业出版社，2000.
[8] 申凤琴. 电工电子技术及应用 [M]. 2版. 北京：机械工业出版社，2009.
[9] 申凤琴.《电工电子技术基础》教材编写的实践与探索 [J]. 中国职业技术教育，2014 (19).